国际信息工程先进技术译丛

构建基于IPv6和移动IPv6的物联网：向M2M通信的演进

[美] 丹尼尔·迈诺里（Daniel Minoli） 著
郎为民 王大鹏 陈 俊
赵 欣 陈 虎 等译

机 械 工 业 出 版 社

本书紧紧围绕物联网发展过程中的热点问题，以物联网的理论、应用与标准演化为核心，比较全面和系统地介绍了物联网的基本原理和基于 IPv6 与移动 IPv6 技术构建物联网的最新成果。全书共分为 9 章，分为理论、应用与物联网底层标准 3 个部分。理论部分包括物联网的定义、体系结构、基本特征和关键技术等内容；应用部分包括物联网在智能计量、智能医疗、智能交通和智能家居等方面的应用实现；物联网底层标准部分包括几种主要的物联网标准演化过程、第 1、2 层连接中涉及的物联网技术标准、第 3 层连接中涉及的 IPv6 技术、移动 IPv6 技术以及 6LoWPAN（基于低功耗无线个域网的 IPv6）技术等内容。本书全面介绍了与物联网有关的技术标准，描述了物联网的基础知识，演示了物联网在应用中的诸多实例，并列出了可供延伸阅读的大量参考文献。本书材料权威丰富，体系科学完整，内容新颖翔实，知识系统全面，行文通俗易懂，兼备知识性、系统性、可读性、实用性和指导性。

本书可作为电信运营商、技术投资商、服务提供规划者、设备开发工程师、物联网及互联网服务提供商、电信公司，以及无线服务提供商的技术参考书或培训教材，也可作为高等院校通信与信息系统专业的本科生、研究生教材。

译者序

近年来，物联网概念蓬勃兴起，以2013年为例，仅中国物联网市场规模就达4896亿元，预计到2015年，这一规模将达到7500亿元，发展前景将超过计算机、互联网、移动通信等传统IT领域。作为信息产业发展的第三次革命，物联网涉及的领域越来越广，其理念也日趋成熟，可寻址、可通信、可控制、泛在化与开放模式正逐渐成为物联网发展的演进目标。而对于“智慧城市”的建设而言，物联网将信息交换延伸到物与物的范畴，有价值的信息的极大丰富和无处不在的智能处理将成为城市管理者解决问题的重要手段。物联网技术具有应用领域多、支撑技术涵盖面广的特点，集成了现有的计算机、通信、交通、工程、医学等多种学科领域，属于新兴融合技术。当前，国外相关研究机构研究成果不断，出现了大量的物联网应用实现标准。新技术、新标准层出不穷，为解决物联网实现技术标准纷繁复杂的现象，构建统一的物联网运转底层技术标准，已成为物联网发展道路上日益突出的问题。相比来说，国内物联网实现协议标准的领域发展步伐较慢。因此，在我国大力发展物联网技术和急需培养新兴技术人才的今天，引入并翻译一本当前国外物联网主流技术标准归纳和新IPv6、MIPv6技术下物联网构建研究的书籍，对于推动国内物联网技术迅速发展具有重要的学术和应用价值。

鉴于上述原因，作者翻译了这本目前国外在物联网技术标准方面归纳性较强的专业书籍，本书首先普及了物联网的概念与应用领域，其次，着重对现有的物联网技术标准进行了分门别类的分析和讨论，从各种现有的物联网标准上归纳出物联网技术标准的演化路线与发展方向。最后，详细讨论分析了在IPv6、MIPv6技术下如何构建物联网底层联网实现的过程。本书的结构循序渐进，归纳有序，内容介绍上由浅入深，思路明确、条理清晰，通俗易懂。从物联网现有标准的归纳及如何在IPv6、MIPv6下构建物联网的角度来看，本书是这类领域中的第一本书，希望通过本书的引进出版，可为业内从事物联网实现标准的研究人员提供参考，进而为其工作提供便利，以推动国内物联网标准的快速发展和工程实践的深入应用。

本书共分9章，第1章首先对物联网的概念进行介绍，普及了物联网的知识、应用领域和发展趋势，并对IPv6在物联网中的地位进行了探讨；第2章着重对物联网的定义和框架进行了研究和分析；第3章主要介绍了物联网的几种典型应用领域；第4章研究了物联网的基本机制，并对物联网中的关键技术进行了分析和探讨；第5章从RPL、CoAP、REST等标准或协议的详细介绍着手，分析归纳了物联网技术的标准演化过程；第6章从WPAN和蜂窝移动网络技术两个方面详细研究分析了物联网技术中最底层的1、2层互联技术与标准。第7章着重讨论了IPv6技术下，物联网第3层网络层中的网络交换技术；第8章详细研究了MIPv6技术的通用机制、邻居发现机制以及其他机制与操作原理，并讨论了MIPv6技术在物联网第三层联网中的应用效果与运行机制；第9章针对物联网终端设备的功耗敏感等特点着重讨论了IPv6下低功耗无线个域网技术——6LoWPAN技术的应用目标与数据传输等。

本书主要由郎为民、王大鹏、陈俊、赵欣、陈虎负责翻译，空军预警学院的黄美荣，解放军国防信息学院的刘建国、陈放、苏泽友、刘勇、陈凯、张国峰、陈红、瞿连政、徐延军、张锋军、毛炳文、刘素清、邹祥福、余亮琴、张丽红、王昊、钟京立、李建军、夏白桦、蔡理金、高泳洪、靳焰、王逢东、任殿龙、胡东华、孙月光、陈于平、孙少兰也参与了本书部分章节的翻译工作，李海燕、马同兵、胡喜飞、王会涛、于海燕绘制了本书的全部图表。和湘、李官敏、陈林、对本书的初稿进行了审校，并更正了不少错误，在此一并向他们表示衷心的感谢。同时，本书是译者在尽量忠实于原书的基础上翻译而成的，书中的意见和观点并不代表译者本人及所在单位的意见和观点。

由于译者的水平有限，加之时间上的限制，本书的翻译难免存在不妥之处，敬请广大读者批评指正，译者在此深表谢意。

谨以此书献给所有关心、支持和帮助过我的人们！

郎为民
2015年春

原书前言

随着可直接接入互联网的设备不断增多，一种全新的普适计算模式——物联网（Internet of Things，IoT）应运而生。物联网是一种新型的互联网应用，它能够随时随地提供世界万物的信息。物联网具有两个特点：第一，它是一种新型的互联网应用；第二，它能对世间万物的信息进行处理。物联网基于互联网及其网络的不断延伸，以及互联网的体系架构，涵盖了各种物理互联的实体。物联网旨在为终端用户提供更加智能的服务，营造智能环境，传输数据。因此，物联网是可实现机器对机器（Machine to Machine，M2M）通信的新一代信息网络。物联网消除了地理空间与虚拟空间的时空差距，不仅营造了一种“智能地理空间”，而且构建了一种新型的人际关系。也就是说，物联网将促进人类与环境的深度融合。物联网将渗透到节能、物流等社会生活的许多领域。

在物联网的基础感知层，一般使用 UID（Unique Identification，唯一标识）和/或 EPC（Electronic Product Code，电子产品码）对物体进行编码，然后（通常）将物体的相关信息储存于 RFID（Radio Frequency Identification，射频识别，即电子标签），并使用 RFID 读写器通过非接触读取的方式上传物体信息。在物联网领域，集微处理器和存储器于一体的智能卡（Smart Card，SC）将大显身手。在物联网的网络层，人们能够通过这些嵌入式的智能设备（微处理器）和嵌入式的主动无线功能搜集大量的数据，甚至获取一定的控制功能。在人体生物医学传感器（支撑体域网）、家用电器、电源管理以及工业控制等领域都有相应的应用。物联网应用层的传感器更加精密，其中一部分传感器接入分布式无线传感器网络（Wireless Sensor Network，WSN）。WSN 可以收集、处理、传输大量的环境数据（诸如气温、大气和环境中化学物质的含量，甚至是处于不同城市、区域或大型配电网等不同地理位置周边的高分辨率视频图像）。

最近，物联网备受研究人员的广泛关注，大量有关物联网的文章问世。几年前，或许是得益于私营企业网络，物联网的具体应用才刚刚起步。然而，现如今基于互联网，适用于更大范围的系统已开始推广。物联网技术的推广应用关键在于 IPv6 的发展。

本书将主要研究物联网相关发展趋势，并针对如何将物联网技术应用于服务提供商网络，以节约成本；以及如何做好这些营利性服务的市场推广等问题提出了可操作性的建议。同时，本书还阐释了物联网的物理层、MAC 层、上层结构以及机器对机器协议等内容。

规划者们或许会提出质疑，比如：什么是物联网？怎样应用 M2M？如何实现具体的操作？其安装成本是多少？标准化问题是否解决？物联网的安全隐患有哪些？有鉴于此，本书将从以下几个方面展开研究：不断完善的无线标准，尤其是低能耗医疗应用标准；IPv6技术；移动IPv6（Mobile IPv6，MIPv6）技术；相关应用问题；物联网应用中的关键底层技术；物联网的实现方法以及物联网实现过程中或遇到的挑战和中长期的机遇。

本书还将具体介绍不断发展的物联网商业应用（尤其是医疗护理）、各类标准化进展和IoT/M2M各层协议栈等最新物联网技术。本书将用大量篇幅阐述IPv6、移动IPv6和6LoWPAN/RPL路由协议。本书认为，IoT/M2M或将成为IPv6的“杀手级”应用。它涵盖了维系IoT/M2M应用的各类标准，具体包括：家庭局域网（Home Area Networking，HAN），AMI，IEEE 802.15.4，6LoWPAN/RPL，智能能源2.0，ETSI M2M，ZigBee IP（ZIP），ZigBee个人家庭及医院监护（Personal Home and Hospital Care，PHHC），智能物体中的IP技术（IP in Smart Object，IPSO），蓝牙低功耗技术（Bluetooth Low Energy，BLE），IEEE 802.15.6无线体域网（Wireless Body Area Network，WBAN），IEEE 802.15 WPAN TG4j（Task Group 4j，4j任务组）医疗体域网，ETSI TR 101 557，近场通信（Near Field Communication，NFC），专用短程通信（Dedicated Short Range Communications，DSRC）/WAVE以及相关协议，IETF IPv6低功耗有损网络路由协议（Routing Protocol for Low power and lossy network，RPL）/低功耗有损网络路由算法（Routing Over Low power and Lossy network，ROLL）路由协议，IETF轻量级应用层协议（Constrained APPl-ication Protocol CoAP），轻量级REST风格环境（Constrained RESTful Environment，CoRE），3GPP机器类型通信（Machine Type Communication，MTC），长期演进（Long Term Evolution，LTE）蜂窝系统，以及IEEE 1901。

此外，本书不仅从体域网/健康电子平台/辅助性技术的角度阐述了IoT/M2M最新标准化进展，而且还将介绍空中监视、物体跟踪、智能电网、智能卡以及家庭自动化等内容。

本书是基于MIPv6应用物联网的开创之作，尤其是在当今“移动”的大环境下。本书对海内外技术投资商、运营商与服务提供规划者、首席技术官、物流专员、设备开发工程师、技术集成商、物联网及互联网服务提供商（Internet Service Providers，ISP）、电信公司以及无线服务提供商等类读者大有裨益。

目　　录

第1章 物联网概述

1.1 概述

随着可直接接入互联网的设备日益增多，一种新型普适计算模式诞生了。最近四十年来，互联网的部署与应用发展迅猛，从一个拥有几百台主机（Advanced Research Project Agency Network，ARPA网络，互联网的前身）的网络发展成连接无数实体网络的平台。最初，互联网是通过专门研发的网关连接主机和认证终端。就在最近，互联网已经实现各种服务器和各种用户之间的连接，用户可以获取各种信息，享受各种应用服务。目前，互联网借助社交媒体，把各种各样的人有效地连接在一起，同时实现了人和虚拟社区的连接。互联网的这种发展态势还将继续，它将稳步发展成为一种包罗万象的普适计算与通信的新型基础设施结构。未来的互联网将实现已安装（或将要安装）嵌入式无线（有线）接入设备的各种物体之间的连接，可以对各种数据收集、数据分析、决策制定以及远程遥控（传动、驱动）系统实施控制。物联网中的"物"包括（但不局限于）各种机器、家用电器、车辆、人类、宠（动）物及其栖息地和企业公司等。万物间的交互通过无数网络来实现，比如功能、形式、大小各异的计算机网络、iPad、智能手机、监控节点、传感器、电子标签以及各种应用服务器主机等设备。

这种新型模式旨在以互联网为基础，构建以实现物理世界万事万物智能互联为中心的物联网。在物联网中，广泛部署的各种设备和物体都将安装嵌入式设备（或处理器），并按照一定的通信机制（通常是无线连接）实现接入。物联网将缩小物质世界万物与其在信息系统中的逻辑表示之间的距离。物联网倡导者们把它称作"下一代互联网络（Next Generation Network，NGN）"。因此，物联网是一种新型的互联网应用，其中物体的任何信息凭借互联网这一基础设施都可以实现全球共享。当然，除了互联网，也可以运用私有局域网、广域网等互联数据网络。物联网具有两个属性：其一，物联网是互联网的拓展应用；其二，物联网处理物体的信息（物联网域中的物体之间可进行信息交换与通信）。大约十年前，美国麻省理工学院的凯文·艾什顿教授首次提出"物联网"这一概念㊀[1]。"物联网"中的"物"

㊀ 类似的说法还有：普适计算、泛在智能、感知计算、物体联网等。虽说法不一，但所指一样。通常，业内人士在解释术语时，会给某一概念贴上某一标签。例如，20世纪60年代末，有人说"分时计算（time-sharing）"，到了80年代，有人说"效用计算（utility computing）"，而90年代，人们用"网格计算（grid computing）"，进入21世纪初期流行"云计算"。事实上，只是给同一个概念冠以不同的名称。

通常是指物体、设备、终端节点、远程传感器等。

一般来说，物联网凭借传感器、标签等廉价的信息收集及分发设备，可实现万物之间、任何人和物体之间随时随地地快速交互。执行器也是物联网的一部分。我们也可以这样描述物联网：能实现人对机器（Human-to-Machine，H2M）、机器对机器㊀无缝持续通信的下一代信息网络。物联网首先是要实现万物之间的连接；其次，赋予万物以独特的遥测能力；然后，为万物配置基于网络的接口（特别是需要人类接入时）；最后，实现万物驱动（如启动某一功能或某些功能）。其中的物体可以是静止的（比如家用电器），也可以是供应链上（端对端，或者中间的仓库）的货车、物流包装（甚至是包装箱子内部的物品）。

在物联网的基础感知层，通常要将物体进行UID和（或）EPC编码，然后将物体相关信息储存于RFID电子标签，并使用RFID读写器通过非接触读取的方式上传物体信息。事实上，美国国防部已经要求其供应商使用UID和RFID，以实现全球供应链的现代化。沃尔玛自2006年1月1日起已开始要求其供应商使用RFID和EPC。此后，其他一些商家也相继效仿。在物联网领域，集成微处理器和存储器的智能卡将扮演极其重要的角色。

在物联网的网络层，嵌入式智能（微处理器）和嵌入式主动无线设备搜集大量数据，并有可能具备网络控制功能。在人体医学传感器（支撑体域网）、家用电器、电源管理以及公司管控等领域都有相应的应用。

物联网应用层的传感器更加精密，其中一部分传感器接入分布式无线传感网络。该网络不仅可以收集、处理、传输大量的环境数据（诸如气温、大气和环境中化学物质的含量，甚至不同地理位置周边的高分辨率视频图像），有选择性地对一些或者所有的数据进行预处理，同时还能将上述所有信息传输至中心（或分布式/虚拟）网站进行进一步的处理。物联网中的物体可以分布在不同的城市、区域或大型配电网中等地方。物联网中的“物体”还涉及个域网（Personal Area Network，PAN）、车载网（Vehicular Network，VN），以及时滞容错网络（Delay Tolerant Network，DTN）。

许多人认为物联网就是互联网或者/及其互联网服务的全面拓展，它可以建立并支撑万物（及其内在的基础信息）与作为网络中心节点的数据收集和管理中心（也可以是分布式的数据收集和管理云）之间的链接[2][3]。物联网的运行伴随着实时的信息处理以及普适计算。物联网也被看作是一种全球网络，它综合运用数据捕获技术和通信网络，将物理实体与虚拟物体连接在一起。有鉴于此，物联网是基于互联网范围、网络延伸以及互联网体系架构的拓展。它涵盖物理世界的万事万物，为终端用户提供智能服务，并能提供更为强大的数据传输功能。也有人把物联网看作是一种环境智能网，也就是说，物联网可以使环境变得智能，具有环境友好和环境感知能

㊀ 有人（比如3GPP：第三代合作伙伴计划）也使用MTC（机器类通信）描述机器-机器系统。

力，可对人类的各种需求做出反应。在物联网世界里，计算、网络技术与人类如影随形、无处不在：世间万物以及互联智能设备无缝交互，构建了一种新型智能环境[4]。

物联网有效消除了地理空间与虚拟空间的时空距离，构建了一种新型人类—环境（人类—机器）关系。物联网倡导者们把这种新型关系称作“智能地理空间”。物联网将促进人类与环境的融合。智能环境涵盖若干传感器和执行器网络，可辐射到家庭、办公室、建筑大楼以及民用设施；并以此为基础，为实现智能城市、智能交通、智能电网等提供大型端对端服务。最近，IEEE 计算机协会称，“物联网有望成为自万维网问世之后最具颠覆性的技术。据预测到 2020 年，将有高达一千亿可独立识别的物体与互联网连接，然而人类对于物联网基础技术的了解与物联网本身的发展尚存在一定的差距。这对研究人员来说将是一个巨大的挑战。此外，物联网还将在技术、社会经济、政治甚至意识形态领域产生深远的影响[5]”。

图 1-1 显示了物联网应用领域中交互空间的逻辑分区，分别阐释了人对人（Human-to-Human，H2H）通信、机器对机器（M2M）通信、对机器（Human-to-Machine，H2M）通信以及体内设备（Machine-in-Human，MiH）通信（MiH 通信设备包括体内嵌入式芯片、医疗监控探头、GPS 手镯等）。物联网的核心就是

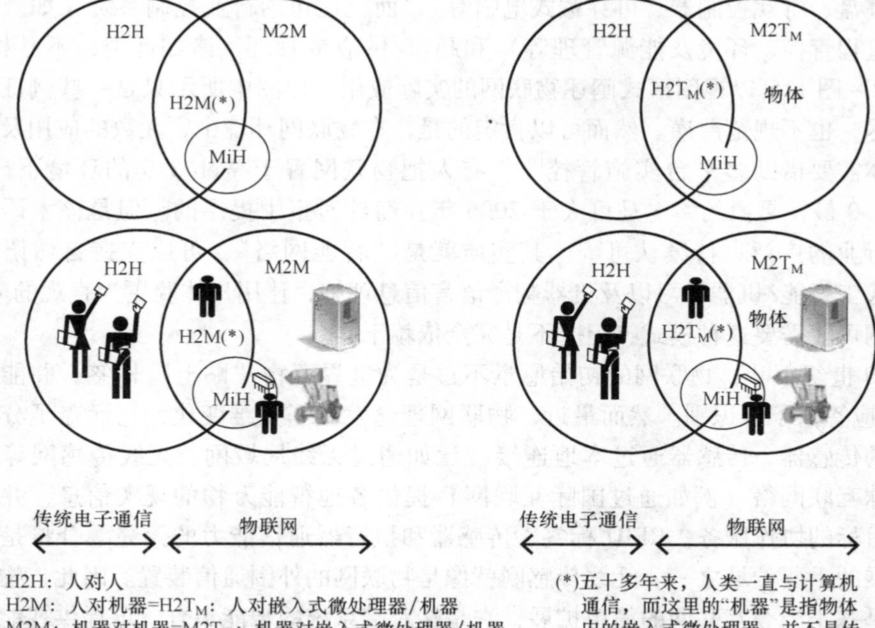

图 1-1　H2H、H2M 与 M2M 环境

M2M、H2M 和 MiH 应用，这也是本书关注的重点内容。

最近，物联网被视作一种新兴的智能社区构建模式。该模式是采用 M2M 技术（包括 H2M 技术）将各种设备组网，目前欧洲电信标准协会（ETSI）等机构正在制定相关标准。M2M 服务旨在实现自动化的决策和通信流程，并为泛在物联网应用（如车队管理、智能测量、家庭自动化和智能医疗）中的持续、高效交互提供支持。从本质上讲，M2M 通信是两个或者两个以上实体之间的通信，无须人类直接介入：不在同一地点、功能各异的设备之间可以交互，无须人类过多介入，甚至根本不需要人类介入。通常情况下，M2M 通信模块直接与目标设备集成［如自动读表系统（Automated Meter Reading，AMR）、售货机、报警系统、监控设备和车载设备等］。上述目标设备涉及工业、交通、金融、零售、能源、智能家电和医疗保健等领域。在新型标准体系下，有线、无线系统都可以和类似的其他设备通信；但是，M2M 设备一般要通过移动数据通信网与应用服务器连接。

物联网应用前景广阔，如节能、物流、家电控制、智能电网等领域。实际上，人们越来越关注各种设备的实时连接与监控。上述设备不仅包括个人医疗设备（病人监控和健康监控）、建筑自动化［即人们熟知的楼宇自控系统（BA&C），如安全设备/摄像头，公共建筑供暖、通风及空调系统（HVAC），自动读表系统等］、小区/商业监控（如安全 HVAC 系统、照明系统、访问控制及花园草坪洒水系统等）、家用电子产品（如电视、DVR 录像机等）、个人电脑及其外围设备（如鼠标、键盘、游戏控制器、可穿戴式电脑等），而且还包括行业控制系统（如资产管理、流程管控、环境及能源管理等）和超市/供应链管理。诸如此类，不胜枚举。图 1-2 ~ 图 1-5 以视图形式阐述物联网的实际应用，但图中所示只是一些例证，既不详尽，也不规范严谨。然而可以肯定的是，在物联网环境中，无数的应用及其应用主体需要借助多平台实施管控[6]。有人把物联网置于 Web 3.0 的环境下研究，Web 3.0 最初是由约翰·马可夫于 2006 年在纽约时报中提出的。但是该术语尚未得到行业的广泛、持续认可[7]。其实质就是“智能网络”，可以支持自然语言搜索、人工智能/机器学习以及机器翻译语言信息理解，让用户体验更为直观的应用。物联网可能需要这种模式，但并不是完全依赖于它。

20 世纪中叶，物联网的初始愿景不过是为世界万物“贴上”标签，并能通过 RFID 应答器予以识别。然而最近，物联网理念发生了多维变化，它涵盖了分散于各地的传感器。传感器通过本地连接（比如通过无线局域网、无线传感网等）或者全球互联网络（例如通过国际互联网）提供各地智能万物的现实信息，并促进面向目标的协作服务。RFID 标签、传感器和执行器通信能力的无缝融合将是物联网发展的重要领域之一。无线传感网就像是物联网的外围通信装置。因此，物联网并不是基于当今互联网的简单扩展，它是端对端系统的智能集合，可提供智能解决方案。有鉴于此，物联网涉及传感、通信、组网、计算、信息处理和智能控制等多种技术，本书将介绍上述有关技术。

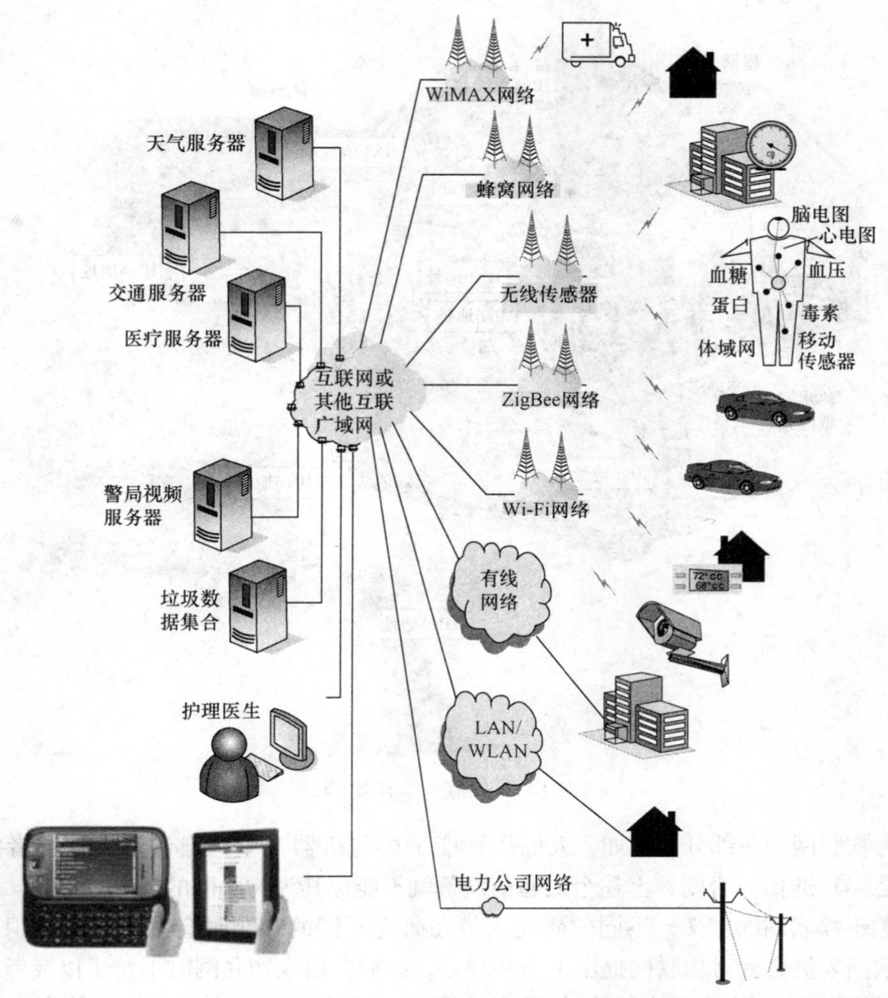

图 1-2　物联网应用案例

如上所述，人们认为，物联网覆盖了 M2M、H2M 和 HiM 空间。据估计，2011 年，全球人口已达 70 亿，各种机器 600 亿台。最近，Frost&Sullivan 市场调研公司预测，到 2017 年，美国的联网笔记本、上网本、平板电脑以及 MiFi 节点等移动计算设备将高达 5000 万台。同时，蜂窝式 M2M 设备有望从 2010 年的 2400 万台增至 7500 万台；2020 年，全球 M2M 联网设备将从 2010 年的 6000 万台增至 20 多亿台[8]。有市场调研显示，2012 年 M2M 收益高达 380 多亿美元[9]。还有一些市场调研机构预测，截至 2015 年（前），全球将有 150 亿联网设备、35 万亿 GB 数据的存储与分析需求，成本将达三兆美元[10]。上述市场数据勾勒了未来数年物联网技术的主要发展与部署。需要指出的是，智能手机、平板电脑等个人通信设备可以纳入机器范畴，当然也可被简单地看作是终端节点。当这些个人通信设备用作 H2M 设备时，

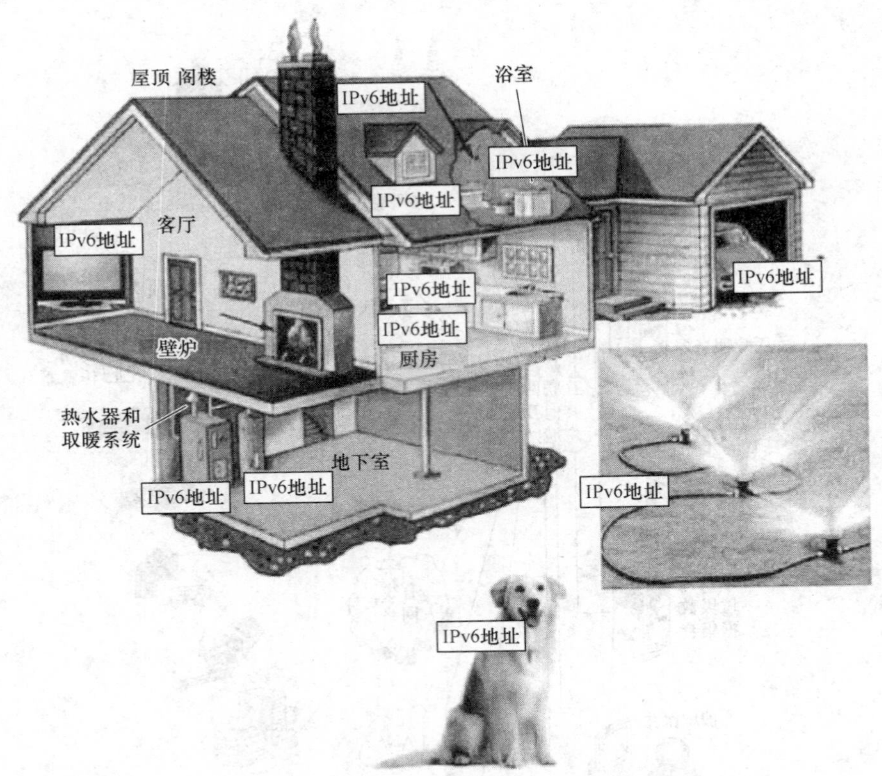

图 1-3　物联网应用案例

就成为物联网的一部分。比如，人们用智能手机与机器（室内自动调温器或者家用电器之类）通信。否则，上述个人通信设备就不能称其为物联网的组成部分。

关于物联网的定义，不同的研究人员在研究不同的问题时会有不同的认识。最近，欧洲委员会针对物联网提出了一些观点，我们在研究物联网时不妨予以参考[11]。

“物联网的功能性与识别性是最为重要的，因此，可以这样理解：兼有身份与虚拟特质的物体在智能空间里运行，无论是在社会层面，还是个人层面，它们都可以使用智能接口互为连接并实现通信。”

显然，这一认识强调无缝集成，即“互联的物体将在未来互联网中发挥积极作用”。物联网这一术语的内涵源于“互联网”和“物体”两个概念。前者是指“计算机网络基于网间 TCP/IP 标准协议包互联而成的全球性网络”，而后者是指“未能准确识别的物体”。因此，从语义的角度来说，“物联网让所有能够被独立寻址的普通物理对象按照标准通信协议，实现互联互通的全球性网络”。

有人认为，在物联网架构下，“物体可发起会话”，“物体可以应答”[7]。这就意味着，设备之间也具有沟通能力。物体所需的数据和环境感知能力取决于物联网应用发展，本书将对此展开研究。研究人员认为，物联网中的“物”要具备感知生产、形状及所有权变更、物理域各种参数等数据的能力。而且，在一些具体的应

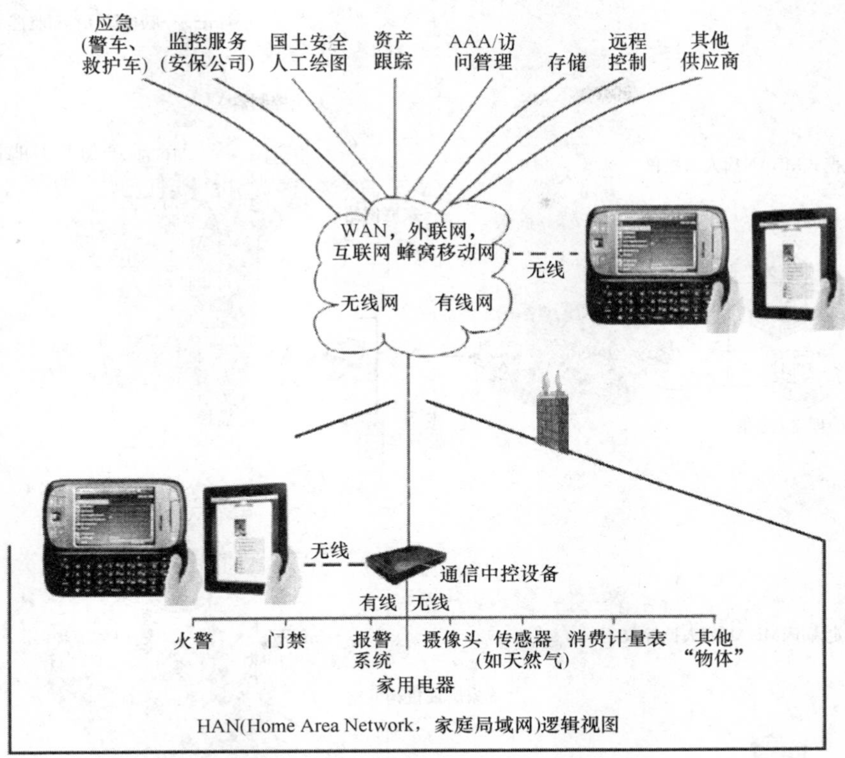

图 1-4 物联网应用案例（含服务提供商）

用中，物联网中的“物”要像执行器那样，主动与环境进行交互。

宏观上讲，物联网由感知域、网络域和应用域组成。我们认为数据处理［即人们熟知的数据融合点或人（Data Integration Point or Person，DIPP）］也是行政决策和（或者）数据累积的过程；“远程物体”（即人们熟知的数据端点）也就是感知、数据收集以及（或者）执行器。表 1-1 对物联网世界的“物”进行了分类。人（DIPP）与机器（远程设备）（如恒温器）之间交互（比如人离家后可以改变恒温器的设置），机器与机器之间交互（比如服务器通过读取用户电表处理用电事宜）。人们可以使用 PC 或笔记本，越来越多的人会使用平板电脑或者智能手机实现交互。DIPP 可通过固定节点（如 PC 或者服务器）、本地无线环境（如家庭固定热点）或者移动节点（如使用智能手机）接入物联网。“远程物体”的位置既可是固定的（如恒温器），也可是位于无线局域网或传感网络中（但要相对固定），还可以是移动的（如 MANET 移动自组网——由无线连接的移动设备构成的无中心结构自动配置网络，或者 3G/4G 蜂窝网）。

在物联网支持者看来，物联网并不遥远，并且目前已经开始应用。尽管尚需进一步研究以及（或者）制定标准，尤其是有关大型、小功率需求、广域分布（传感器广域分布）的应用，物联网支持者与开发商们正努力基于互联网协议包进一

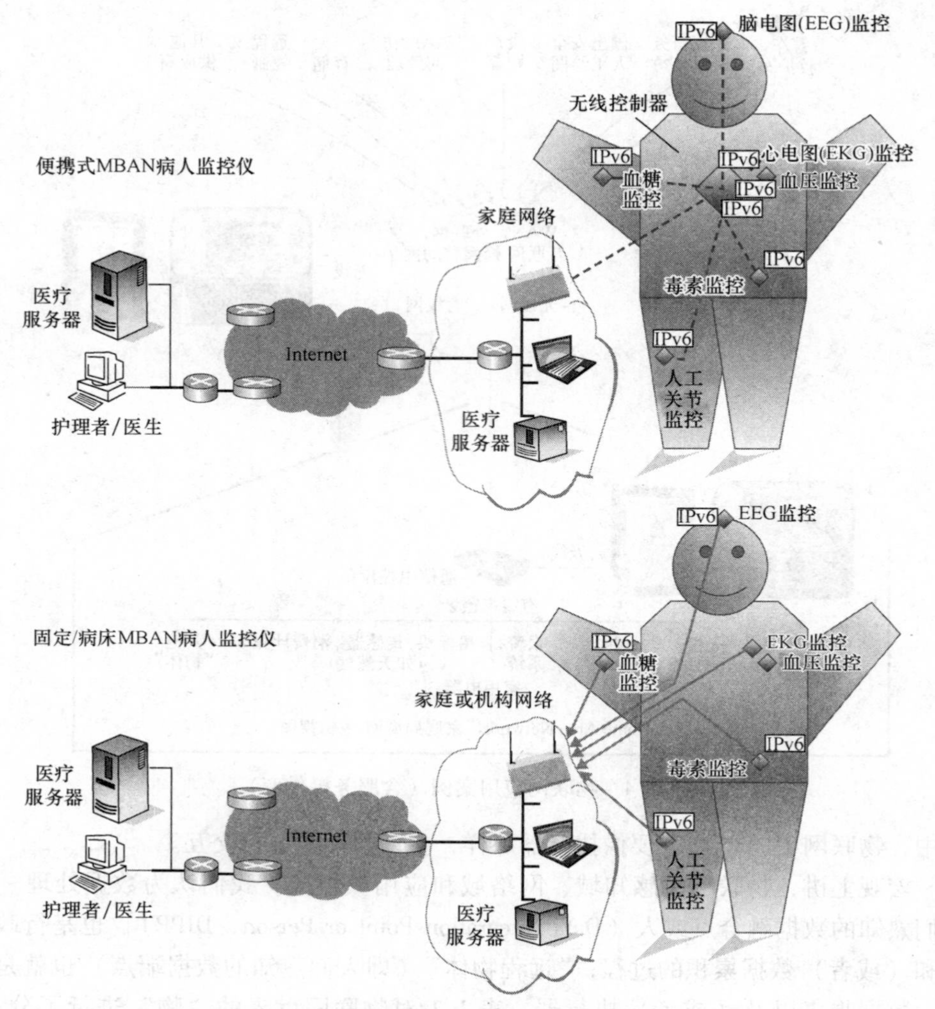

图 1-5　物理网体域网应用案例

步完善已有的应用。无论如何，建设物联网的首要目标不是要重构互联网[12]；许多研究人员只是把物联网简单地理解为一般意义上的“互联网的发展”［或许是根据蜂窝网类推而来，即互联网长期演进项目（LTEI）］，并且基于这种认识展开相关工作。重要的是，如果物联网中的每个物体都将直接并能独立寻址，那么就需要巨大的地址空间。

鉴于嵌入式设备的成本与能耗需求，物联网体系必须具备高效的协议以及通信结构。物联网要素（构件）的标准化问题尤为重要：实现物联网的标准化，就能降低物联网部署的复杂性，提高新型服务的效率，以及降低网络的整体资本性支出（Capital Requirements，CAPEX）和运营成本（Operating Expense，OPEX）。为实现商业化物联网，我们需要开发网络核心技术，突破瓶颈（即“最后一公里”技术）。

表 1-1　物联网中“物”的分类

H2M										
DIPP“物”	H	固定接入/连接			本地移动接入/连接			完全移动接入/连接		
位于远端的“物”（DEP）	M	目标设备是固定的	目标设备在本地范围内具有移动性	目标设备拥有不受本地限制的完全移动性	目标设备是固定的	目标设备在本地范围内具有移动性	目标设备拥有不受本地限制的完全移动性	目标设备是固定的	目标设备在本地范围内具有移动性	目标设备拥有不受本地限制的完全移动性
举例		使用办公室 PC 访问家中恒温器	使用办公室 PC 访问家中宠物监控设备	使用办公室 PC 访问子女（青少年）车中 GPS	使用家庭、办公室、连接无线热点的 PC 访问家中恒温器	使用家庭、办公室、连接无线热点的 PC 访问家中宠物监控设备	使用家庭、办公室、连接无线热点的 PC 访问子女（青少年）车中 GPS	使用智能手机访问家中恒温器	使用智能手机访问家中宠物监控设备	使用智能手机访问子女（青少年）车中 GPS
M2M										
DIPP“物”	M1	固定接入/连接			本地移动接入/连接			完全移动接入/连接		
位于远端的“物”（DEP）	M2	目标设备是固定的	目标设备在本地范围内具有移动性	目标设备拥有不受本地限制的完全移动性	目标设备是固定的	目标设备在本地范围内具有移动性	目标设备拥有不受本地限制的完全移动性	目标设备是固定的	目标设备在本地范围内具有移动性	目标设备拥有不受本地限制的完全移动性
举例		通过办公室/提供商服务器访问电表	通过办公室/提供商服务器访问家中宠物监控设备	通过办公室/提供商服务器访问用车人员车辆中的 GPS	通过基于 WLAN 的办公室/提供商服务器访问电表	通过基于 WLAN 的办公室/提供商服务器访问家中宠物监控设备	通过基于 WLAN 的办公室/提供商服务器访问用车人员车辆中的 GPS	通过基于 3G/4G 漫游的提供商服务器访问电表	通过基于 3G/4G 漫游的提供商服务器访问家中宠物监控设备	通过基于 3G/4G 漫游的提供商服务器访问用车人员车辆中的 GPS

过去二十年里开发的各项技术可用于物联网的实现，比如IEEE 802.15.4个人局域网（PAN）、无线局域网（Wireless Local Area Network，WLAN）、无线传感器网（Wireless Sensor Network，WSN）、3G/4G蜂窝网、城域以太网、多协议标签交换（Multiprotocol Label Switching，MPLS）、虚拟专用网（Virtual Private Network，VPN）系统等技术。无线接入和（或）无线自组mesh网络将降低物联网应用“最后一公里”的成本，比如物联网的分布式监控应用。然而，我们认为，影响物联网发展的基础性技术是IPv6。实际上，物联网有可能成为IPv6的“杀手级”应用（热点应用）。虽然最近一段时期，基于IPv4的物联网取得了一定进展，但是其延展性及实用性尚取决于IPv6技术，以确保物联网应用更加经济，应用范围更加广泛。基于IP的物联网具有许多优势，但是，我们必须明确，要应对未来的挑战需要基础设施和支撑技术。所以，人们普遍认为，物联网的发展很大程度上取决于IPv6技术。

物联网相关利益方包括国内外技术投资方、技术开发商、规划方、承运方、服务提供商、首席技术官（Chief Technical Officer，CTO）、物流人员、装备研发工程师、技术集成商、互联网骨干网及其服务提供商、云服务提供商以及电信与无线服务提供商，见图1-6。

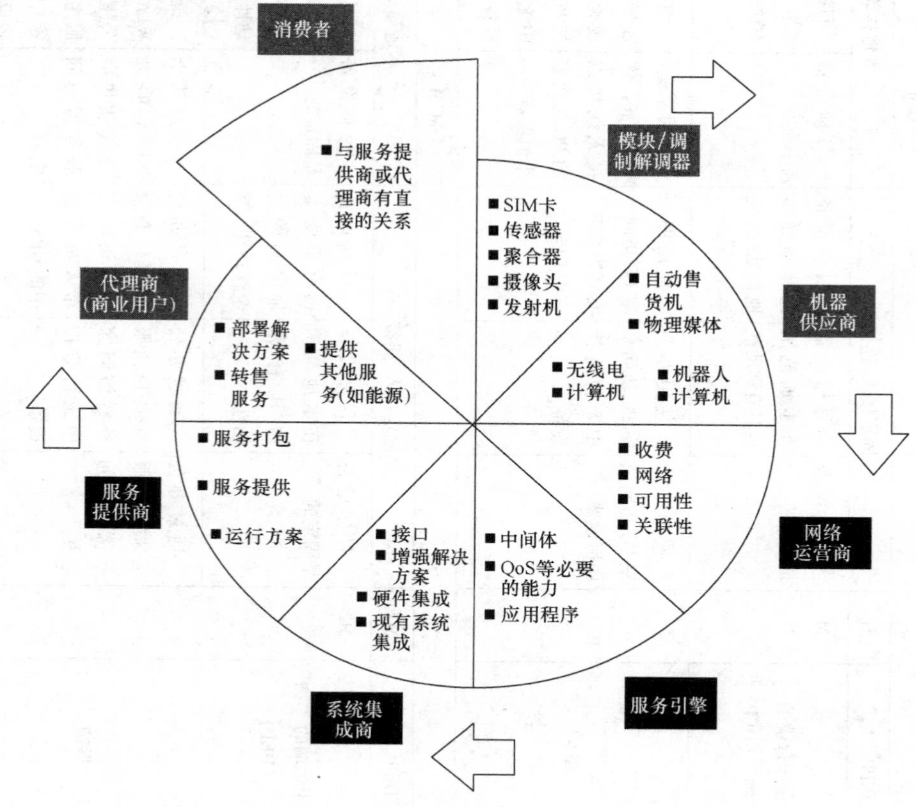

图1-6　部分物联网/M2M利益相关方

1.2　物联网应用实例

汽车与车队管理、远程医疗（也称远程护理）、移动医疗（健康）、能源设施、公共基础设施、电信、安全防务、车载信息服务、ATM/POS/公共电话亭以及数字显示等垂直产业已开始纳入物联网能力建设范围。物联网倡导者声称，它将带来广泛的智能服务与应用。无论是个人还是公司，应用物联网，就能应对日常生活中的各种挑战。例如，远程医疗监控系统将能协助管理成本费用，缓解医护人员短缺的矛盾；智能交通系统将有助于减少交通拥堵以及拥堵引发的空气污染等问题；从公共电网到供应链的智能分发系统将有助于降低产品成本，提高服务质量；物品电子标签系统将能促进系统循环，提高废物处理的效率[13]。诸如此类的应用或将改变社会运转的方式，从而对人们未来的生活产生极大的冲击。今天的许多家庭娱乐、监控系统通常为终端用户提供网页风格的用户界面。物联网旨在将上述性能充分扩展至其他设备及应用。早期的应用如下（也可参阅表 1-2）：

表 1-2　物联网范畴

服务行业	应用机构	应用地域（部分）	相关设备（部分）
房地产	商业/公共机构	办公大楼、学校、医院、机场、体育馆等	UPS、发电机、HVAC 系统、EHS、照明系统、监控系统、安全控制与接入等
	工业机构	工厂、加工场地、仓库、净化室、校园等	
能源	供应商/消费者	发电厂、输电配电厂、能源管理、AMI 等	涡轮、风车、UPS、电池、发电机、燃料电池等
	其他可用能源系统	太阳能系统、风能系统、联合发电系统等	
	石油/天然气运营商	钻井、井口装置、泵、管道、炼油厂等	
消费者与家庭	基础设施	家庭配线/路由器、家庭网络接入、家庭能源管理	电源系统、HVAC 系统/恒温器、灭火装置、MID 移动互联设备、洗碗机、冰箱、烤箱、洗衣机/干洗机、计算机、数码摄像机、仪表、灯具、游戏机、电视机、PDR 等
	安全	家庭防火系统、环境安全系统、安保/防入侵系统、用电保护系统、远程遥测/家庭视频系统、儿童老人监护、保姆监控等	
	环境	家庭 HAVC 系统、家庭照明、家庭灭火装置、家用电器监控、家庭游泳池和浴缸等	
	娱乐	电视、PDR 等	

（续）

服务行业	应用机构	应用地域（部分）	相关设备（部分）
医疗	护理	医院、诊所、急诊室、医护站、实验室、医生办公室等	核磁共振、手持设备、医疗器械植入器、手术器械、体域网（Body Area Network，BAN）设备、电源系统等
	体内/家庭	医疗器械植入器、家庭监控系统、体域网等	
	研究	诊断实验室、药物实验室等	
工业	资源自动化	矿区、灌溉区、农业产地、监测环境（湿地、林地等）	水泵、阀、畜牧医疗、输送机、管道、罐、电机、驱动器、转换器、包装系统、电力系统
	流体管理	石油化工厂、食品厂、酒厂、饮料厂等	
	加工转换	金属加工厂、纸张加工厂、塑料加工厂、电子装配厂、冶金厂等	
	配线	管线、传送带	
交通	非车辆	飞机、火车、汽车、船只、轮渡等	车辆、船只、飞机、红绿灯、动态标识系统、收费站、标签等
	车辆	客车、商用车辆（小汽车、摩托车等），建筑车辆（塔吊等）	
	交通子系统	收费亭、红绿灯和车辆管理、路标、桥梁/隧道路况传感器等	
零售	商店	超市、购物中心、小商店、配送中心等	POS终端、收银台、自动售货机、ATM机、停车计费器等
	服务行业	旅馆、饭店、咖啡馆、宴会厅、购物中心等	
	专业服务机构	银行、加油站、保龄球馆、电影院等	
公共安全	监控	雷达、军事安全、速度监测系统、安全监控系统等	车辆、轮渡、地铁、直升机、飞机、摄像机、急救车、警车、消防车、三角测量系统、化学/放射性监测无人机等
	装置		

（续）

服务行业	应用机构	应用地域（部分）	相关设备（部分）
公共安全	跟踪服务	商用车辆、邮政车辆、急救车、警车等	车辆、轮渡、地铁、直升机、飞机、摄像机、急救车、警车、消防车、三角测量系统、化学/放射性监测无人机等
	公共基础设施	供水处理工厂、下水道系统、桥梁、隧道等	
	应急服务	紧急响应相关	
IT 系统与网络	公共网络	网络设施、市话局、数据中心、海底电缆、有线电视前端、ISP 中心、邮电宾馆、蜂窝基站、离线浏览器、网络操作中心	网络构件、交换器、核心路由器、天线塔、电源系统、服务器、备用发电机、电线杆等
	企业网络	数据中心、网络相关设备（路由器等）	

（1）移动的物体

1）零售

2）物流

3）药品

4）食品

（2）泛在的智能设备

（3）环境与生活辅助设施

1）医疗

2）智能家庭

3）交通

（4）教育与信息

（5）环境与资源节约

污染与灾难规避

当然，还有更多其他的应用，比如：

（1）智能家用电器

（2）借助环境/生态感知事物确保电器效率

（3）现实与虚拟世界的交互，可执行的标签、智能标签、自主标签、协同标签

（4）智能设备协同

（5）泛在阅读器

（6）智能交通

（7）智能生活

（8）身体保健
（9）安全生活
（10）能源与资源节约
（11）AMI 智能电表基础设施
（12）能源采集（生物、化学、电磁感应等）
（13）恶劣条件下发电
（14）能源再生
（15）环境智能
（16）认证、信任、检验
（17）“万物”搜索
（18）虚拟世界
（19）面向设备的网络直接连接

物联网技术将首先大规模应用于零售业，并取代零售商品的条形码。迄今为止，物联网技术在这一领域的应用面临许多挑战：其一，以电子标签取代条形码，成本巨大；其二，金属、液体货品流通运输技术尚待进一步发展；其三，安全隐患不容忽视。尽管如此，有关试点项目已经展开。人们知道，在未来一段时期，这两种识别机制将同时存在。但是，鉴于电子产业的发展无疑将降低无线射频识别标签的成本，RFID 标签对零售商的诱惑将不断加强，最终将采用 RFID 标签取代传统的条码。物流业旨在提高货物流通效率，拓展增值空间。未来的货栈有望实现全自动运转，来往货物及订单将自动传至供应商处。例如，运用物联网技术，食品的流通将能直接在制造商与消费者之间进行，无须人为参与；而且制造商可直接获取市场需求的反馈。近来，物联网技术已用于医疗物流。值得注意的是，据报道，在美国，每年有 7000 多人因药物未能及时送达而失去生命。医疗物流涉及药品和患者，医疗物流系统需要医护人员的配合与支持，并能实现从供应链到病床，甚至在患者入院前的相关资源整合[11]。医疗费用正以每年至少 1% 的趋势上升，目前已经占全美国内生产总值（GDP）的 16% ~ 17%。无线通信与移动监控设备的应用可减少老年人住院率，并延长其独立生活的时间，从而使医疗成本每年递减几十亿美元[14]。以上仅列举了物联网应用的部分领域，其未来的发展将覆盖计量、数据收集、状态（推理）预测及反馈等领域。此外，一些研究人员还预测，未来云计算与物联网将实现融合。有关内容以及物联网的其他应用将在后面章节中（主要是第 3 章）予以阐述。

1.3　IPv6 的功能

我们一直认为，物联网很有可能成为 IPv6 的“杀手级”应用。与 IPv4 或其他协议相比而言，IPv6 的优势在于，其网络地址近乎无限，可按照统一的标准实现全球万物的识别与互联，无须额外的态势或网络地址（再）处理。

世间万物（无论是虚拟万物，还是逻辑万物）不仅需要，而且也可以拥有永久性的独立识别码，即对象标识符（Object ID，OID）；同样，所有端点网络（位置）或中介点网络（位置）也可需要永久性的独立网络地址；而 IPv6 近乎无限的网络地址恰恰可以满足这些需要。如果网络中的事物所具备的智能足以运行通信协议栈并实现相互交流，这些事物便可绑定一个网络地址。这样，任何物体就拥有了一个元组［OID，NAdr（网络地址）］。当然，该元组的再次访问将随着时间、位置以及状态的变化而发生改变。在静止或者近乎静止的环境下，可以将事物的 OID 与其拟入网进行同样的设置；也就是说，事物的元组变为（NAdr，NAdr）。而在少数移动的环境下，事物的 OID 可随着新的网络地址而刷新，这样，事物的元组变为（NAdr'，NAdr'）。但是，事物的移动趋势明显，动态环境频繁，因此，为了保持最大程度的灵活性，原则上最好能将 OID 和 NAdr 区别开来，即将事物的元组设为（OID，NAdr），其中 OID 虽为不变量，但仍可独立于 IPv6 网络地址空间。

以上所述在 IPv4 条件下无法实现，其原因在于，IPv4 采用了 32bit 的地址结构，仅 $2^{32}\sim10^{10}$ 个网络地址（位置）域可独立识别；而 IPv6 的地址域为 128bit，即有 2^{128} 个地址可用，因此，其可用的独立节点地址达 $2^{128}\sim10^{39}$ 个。IPv6 可提供 $340\times1M^{11}$（即 340282366920938463463374607431768211456）个地址。目前已有许多标签以 128bit 运行，可提供 $2^{128}\sim10^{39}$（$\approx3.4\times10^{38}$）个独立识别码。但在 IPv4 条件下，事物的元组（OID，NAdr = OID）无法独立定义。

IPv6 最早定义见于 1995 年 RFC 1883 中，并在其后的更新版 RFC 2460 "互联网协议 IPv6 的特性"（S. Deering 和 R. Hinden，1998.12）中进一步修改完善。近几年发布的 RFC 不断完善了 IPv6 的概念与功能。IPv6 不仅涵盖了 IPv4 的最佳特性，同时还摒弃了 IPv4 的所有局限，所以 IPv6 是进一步优化的互联网协议。具体来说，IPv6 具有以下优势：

1）扩展性和强大的地址空间：如上所述，IPv4 中规定 IP 地址长度为 32bit；而 IPv6 中 IP 地址的长度为 128bit。理论上讲，IPv4 可提供 $2^{32}\sim10^{10}$ 个网络地址；而 IPv6 有 2^{128} 个可用地址。因此，IPv6 的可用独立节点地址达 $2^{128}\sim10^{39}$ 个。

2）即插即用：IPv6 采用即插即用机制实现各种设备的网络连接，相关所需配置自动运行，无需向服务器申请即可实现。

3）更高的安全性：IPv6 特性描述中要求通过加密有效载荷和通信源认证等方法增强网络安全。IPv6 集成了 IPSec，通过强大的嵌入式网络层加密认证系统，为用户提供端对端的安全特性。

4）更强的移动性：IPv6 的移动机制（即增强型移动 IP）高效、鲁棒。该机制也就是包括 RFC3775 中基础协议在内的移动 IPv6 协议族。

无论是物联网，还是智能手机之类的设备，都需要实现移动节点（Mobile Node，MN）与远端节点（固定节点或移动节点）目的地的直接通信，例如，收集环境等数据的移动传感器等。无论连接网络的实时位置或者网络组件如何变化，IPv6 网络地址要保持不变，从而有效保持可达性及灵活的移动性。鉴于多种局限，IPv4 无法实现这一目标，然而，根据 RFC3775 “IPv6 中的移动性支持”（2004.6）描述，移动 IPv6 可以实现这一目标。RFC3775 就是移动 IPv6 的基础特性。RFC 是由互联网工程任务组（IETF）发布的一系列互联网特性相关内容的备忘。移动 IPv6 取决于 IPv6 能力的发展。

RFC3775 指出，如果没有 IPv6 的移动性支持，当移动节点远离家乡网络（Home Network，HN）时，发往该移动节点的数据分组将无法送达。为保证通信的连续性，移动节点一旦运行至新的链路就需要改变 IP 地址，这样，这一移动节点一旦改变位置，就无法连续传输数据，无法建立与更高层级的连接。在 IPv6 时代，互联网用户中移动用户（包括设备物体）占有相当大的比例，所以 IPv6 的移动性支持显得尤为重要。移动 IPv6 可保证 IPv6 网络中移动节点的可达性：移动节点可采用自身与家乡代理（Home Agent，HA）的通道改变其互联网连接点，同时保持与更高层级的通信功能特性。换句话说，移动 IPv6 可保证移动节点与互联网的连通性，这一过程也称“切换”，见图 1-7。

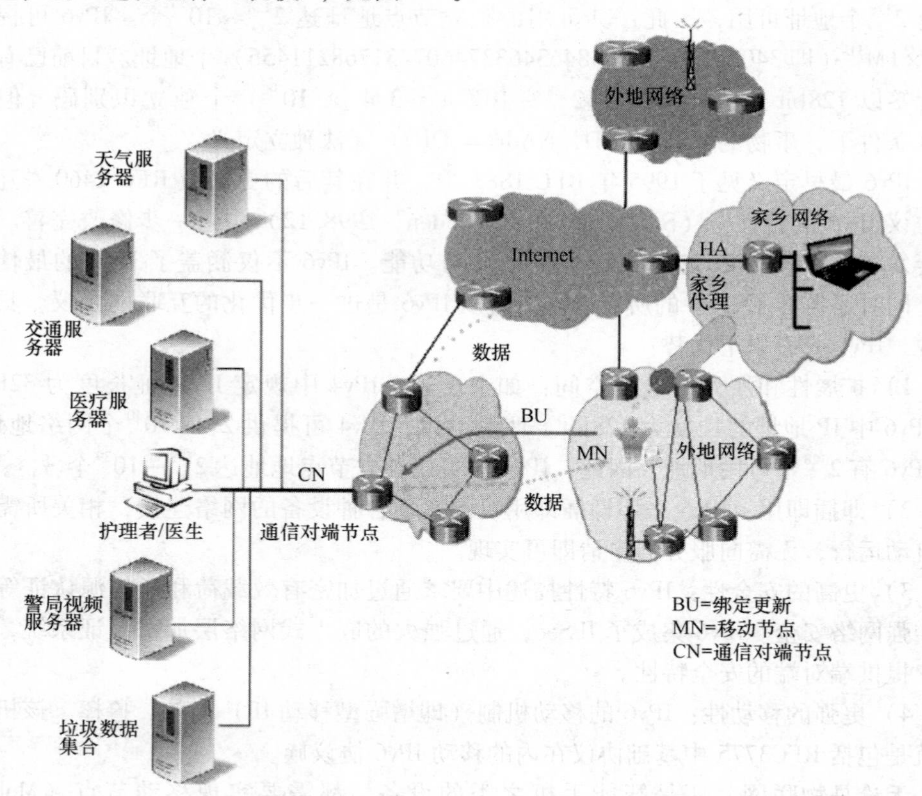

图 1-7　移动 IPv6 中通过家乡代理实现通信

关键问题在于，如何传输、接收来自设备物体的信息，如何在移动状态下完成上述任务。要明确的是，从某种程度上讲，通过在物理层建立新的物理连接，实现移动管理。也就是，像蜂窝网络（或者 Wi-Fi，WiMAX、ZigBee）交接那样通过在物理层获取新链路，并以一种透明的方式传至上一层级（IP 层以及支持视频流的更高层级）。但是，有些时候也需要在 IP 层进行交接，移动 IPv6 属于第二种情况。上述两种情况下的通用协议栈如图 1-8 所示。

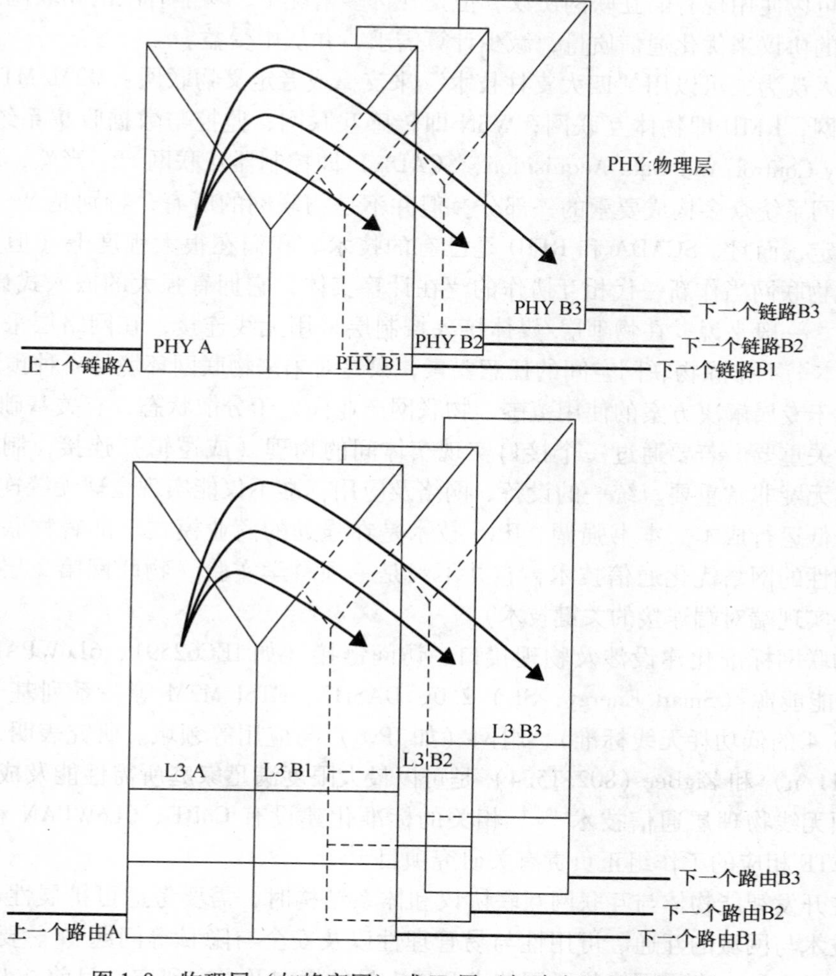

图 1-8 物理层（如蜂窝网）或 IP 层（如路由）的通信交换

IPv6 赋予物体之间寻址及身份认证的能力，从而使所有的物体在必要时交换信息。这样，任何人或物体都可能构建一张包括处理器、通信节点、中继器、传感器和触发器的错综复杂的“网”。

1.4　发展领域和标准化建设

尽管物联网相关领域的技术取得了重要突破，物联网现实应用方案试点评估面临的困难仍然阻碍着技术的进一步成熟与推广。显然，由于物联网标准化建设成效有限，不同设备的能力尚无法匹配，通信需求与处理带宽不匹配。如上所述，物联网系统可以使用现有的互联网协议，但是在许多情况下，功能有限的物联网还需依靠其他的协议来优化通信质量，减少计算需求，并从中受益。

有人认为，可以用“四大支柱技术”来支撑或者定义物联网：M2M/MTC 即设备互联网；RFID 即物体互联网；WSN 即传感互联网；监控与数据收集系统（Supervisory Control And Data Acquisition，SCADA）即控制器互联网[7]。当然，它们只是物联网系统众多构成要素的一部分，但并不是物联网的所有，特别是 WSN 尚未独立界定，而且，SCADA 和 RFID 是已有的技术。我们在很大程度上（但并不完全）把物联网当作新一代相互协作的泛在计算实体，它拥有强大的嵌入式计算/通信能力。一般来说，在物理层/媒体接入控制层采用无线连接，在网络层采用移动 IPv6。本书不排除物联网空间的任意要素，只是对未来物联网环境的一种预测。

鉴于专属解决方案的使用范围，物联网产业尚处于分散状态，有关基础技术的发展至关重要。若要通过一个接口实现实体间的物理（或逻辑）连接，制定严格的标准无疑非常重要。统一的设备、网络及应用标准不仅能实现全球无缝连接，而且可降低运行成本。本书强调，IPv6 技术是在强劲的商业模式下部署物联网的一种基础性的网络优化通信技术，它并不只是一项科学实验（物联网第 2 层无线技术也是实现端对端连接的关键技术）。

物联网标准化建设涉及物理接口、访问链接（如 IEC62591、6LoWPAN、ZigBee 智能能源（Smart Energy，SE）2.0、DASH7、ETSI M2M 等一系列基于 IEEE 802.15.4 的低功耗无线标准）、组网（如 IPv6）与应用等领域。研究表明，Wi-Fi（802.11/n）和 ZigBee（802.15.4）是可以最大限度满足家庭所需性能及成本要求的两项无线物理层通信技术[16]。相关的标准化建设有 CoRE、6LoWPAN 和 ROLL 等，IETF 相应的工作组正负责有关研究项目[12]。

在开发智能物体与互联网互联协议和体系结构时，需要考虑可扩展性、能效、不同技术与网域的互通、可用性与易管理性以及安全与隐私等问题[12]。要实现物联网的泛在性，尚需围绕物联网技术开展大量的横向及纵向研究。目前，人们已经开始了相关领域的众多研究。备受关注的热门研究项目如下[13-15]：

1）物联网各层/域的标准化；

2）物联网融合的体系结构与中间件；

3）智能物体协议：端对端/M2M 协议及其标准化；

4）移动管理；

5）云计算以及物体网络互联；

6）轻型加密协议栈的实现；

7）物体端对端的安全性能；

8）程序引导装入技术；

9）物联网路由协议；

10）全球互联。

1.5　当前研究的领域

鉴于物联网技术发展的潜在利益，企业与技术策划人员或许会提出“物联网是什么？”“物联网对具体的应用将带来什么益处？”“部署物联网所需的成本是多少？”“物联网的安全隐患有哪些？”等类似疑问。本书将阐述 IPv6 技术、MIPv6 技术、物联网应用及其关键技术、物联网实现方法、实现物联网面临的挑战以及中长期机遇。

下列观点对本书的研究产生了一定的影响和冲击[11]：

“……RFID 等识别技术是即将问世的物联网时代的基石。RFID 应用理念最初涉及零售业与物流业，以取代物品的条形码，但是物联网技术的发展远不止这一简单的识别工程。在不远的将来，IPv6 之类的单一编码技术有望使任意物体可识别、可寻址。智能设备将能依其环境及任务设定执行不同的任务，智能‘物体’的行动与运行将毫无限制。智能设备将指导运输，自适应运行环境，自动配置，自主保养、维修，最后甚至自动废弃。然而，为实现这一环境智能水平，物联网主要技术尚待进一步革新与发展。要实现‘物物通信’的愿景，必须加强监管、标准化及互操作性建设……”。

“M2M 的发展演进：在技术采纳的‘完美风暴’中，M2M 正借助现代互联网技术、基础设施以及成熟的信息技术中间件和相关解决方案，使各行各业更好地利用运营资产及有关信息[8]”

“M2M 终将发展成为电信领域的重要组成部分，并将对众多行业产生革命性冲击，随之而来的各种服务与应用将带来巨大的商机。在当今这一用户饱和的时代，运营商还在设法赢得市场份额，M2M 将是改写收益来源、每用户平均收入（ARPU）和流失率的一个绝好机会……M2M 现已成功应用于若干行业，且成效喜人……智能服务、智能计量以及互联家庭的实现将营造一个机器-机器互联、能源应用环保的高科技生活环境。M2M 旨在使用户的生活质量明显提高，企业经营立于不败之地，服务提供商运营顺畅[9]……”

“相信，M2M 时代不久将来临。扬基集团最近预测，2015 年，全球蜂窝通信网络的连接将从 2011 年的 8180 万增至 2.175 亿，其产生的收益将翻一番（即从 31 亿增至 67 亿美元）。M2M 将拥有极大的市场潜力，未来十年，M2M 将成为无线领域最大的经济增长点……随着硬件价格的走低以及不断增长的端对端方案的投入应用，M2M 市场不再遥不可及[17]。"

"物联网或使我们周围的任一物体之间得以交换信息，并相互协调，从而提高我们的生活质量。智能服装将能与汽车、家庭的温控系统进行智能交互，为人们选择最适宜的温度和湿度。智能书籍可与电视等娱乐设备交互，给人们提供必要的解读[18]……"

"……（物联网时代）可能性与机遇无限[19]……"

"物联网将实现智能物体的泛在交互，促进信息与数字世界的有效融合，它也是实现 M2M 的关键推动器。智能（移动）物体被赋予传感、促发和交互能力，便可实现实时信息交换，影响现实实体以及城市生态系统的其他事物，从而营造一种智能泛在的计算环境。最终目标就是要通过所谓的物联网和全球有效通信，实现各种信息与服务接入（访问），并将 M2M 纳入基于 IPv6 和智能物体的物联网……要实现这些目标，现有技术和 RFID 是否能适配 IPv6 和未来的物联网、智能城市的安全与隐私需求、物联网的安全隐私设计以及先进的新型互联网体系架构、模型及其在智能宜居城市的应用等都是需要重点关注的问题[20]。"

第 2 章将介绍物联网的模型框架结构；第 3 章将介绍物联网的实际应用，其中包括体域网（BNA）和空中无源监视（比如伦敦的"钢环"摄像监视系统，现在美国的许多城市也有类似应用）；第 4 章将研究物联网的寻址等基础运行机制以及物联网应用的关键支撑技术；第 5 章将探讨物联网的新型应用标准；第 6 章将讨论物联网感知层和网络层的无线互联问题；第 7 章将讨论物联网第 3 层（应用层）连接，特别是对大型物联网部署至关重要的 IPv6 机制；第 8 章将评论移动 IPv6 技术的（潜在）应用前景；第 9 章将简要回顾适用于物联网环境的低功率无线局域网络（6LoWPAN）的关键技术。

本书面向广大技术投资者、研究人员、学者、技术开发人员、规划运营商、服务提供商、技术集成商、互联网骨干网运营商及其业务提供商、云服务提供商、电信运营商以及无线设备提供商。

本书为 IPv6 系列读物之一。严格来说，我们认为，无论是 IPv6，还是移动 IPv6，并不是支撑物联网发展的唯一技术。事实上，早期物联网也采用 IPv4 技术。但是，基于 IPv6 和移动 IPv6 协议的平台将为物联网服务与能力提供一个面向未来的、具有可扩展性的、泛在的、理想的应用环境。附录 1. A 列举了若干相关书籍，其中大多数为专著；我们将对 IPv6 技术的应用予以重点关注。

附录 1. A　相关文献

本附录列举了新近问世的物联网相关文献，这些文献并不局限于本书的主要内容。本书涉及的 IPv6 技术是基于商用模式部署物联网的首选通信基础技术，而不仅仅只是一项科学实验而已。

下面列出了一些相关书籍：

- Giusto D，Iera A，Morabito G，Atzori L，editors，The Internet of Things：20th TyrrhenianWorkshop on Digital Communications. 1st ed. Springer；2010.
- Uckelmann D，Harrison M，Michahelles F，editors，Architecting the Internet of Things，Springer；2011.
- Chaouchi H，editor，The Internet of Things：Connecting Objects，Wiley；2012.
- Chabanne H，Urien P，Susini J-F，editors，RFID and the Internet of Things，Wiley-ISTE；2011.
- Lu Yan，Yan Zhang，Laurence T. Yang，The Internet of Things：from RFID to the Next-generation Pervasive Networked Systems，Wireless Networks and Mobile Communications Series，CRC Press，Taylor and Francis Group；2008.
- Evdokimov S，Fabian B，G¨unther O，Ivantysynova L，Ziekow H，RFID and the Internet of Things：Technology，Applications，and Security Challenges，Hanover，Mass.：Now Publishers Inc.；2011.
- Hazenberg W，Huisman M，Meta Products：Building the Internet of Things，Amsterdam，NL：BIS Publishers；2011. 26 WHAT IS THE INTERNET OF THINGS?
- Hersent O，Boswarthick D，Elloumi O，The Internet of Things：Key Applications and Protocols. New York：Wiley；2012.
- Zhou H，The Internet of Things in the Cloud：A Middleware Perspective，New York，NY：CRC Press；2013.

参考文献

1. Ashton K. That 'Internet of things' thing. RFID Journal, 2009.
2. Ping L, Quan L, Zude Z, Wang H. Agile supply chain management over the Internet of Things. 2011 International Conference on Management and Service Science (MASS), 2011 Aug, 1–4; Wuhan, China.
3. Zheng J, Simplot-Ryl D, et al. The Internet of Things. IEEE Communications Magazine, November 2011;49(11):30–31.
4. Practel, Inc., Role of Wireless ICT in Health Care and Wellness – Standards, Technologies and Markets, May, 2012. CT: Published by Global Information, Inc. (GII).
5. IEEE Computer. The Internet of Things: The Next Technological Revolution. Special Issue, February 2013.
6. Schlautmann A. Embedded Networking Systems in the Smart Home & Office. *M2M Zone Conference* at the International CTIA Wireless 2011; 2011 Mar 22–24;Orange County Convention Center, Orlando Florida.
7. Zhou H. *The Internet of Things in the Cloud: A Middleware Perspective*. New York: CRC Press; 2013.

8. Duke-Woolley R. Wireless Enterprise, Industry & Consumer Apps for the Automation Age. *M2M Zone Conference* at the International CTIA Wireless 2011; 2011 Mar 22–24; Orange County Convention Center, Orlando Florida.
9. Peerun S. Machine to Machine (M2M) Revenues Will Reach $38.1bn in 2012. Visiongain Report, United Kingdom; 2012.
10. Kreisher K. Intel: M2M data tsunami begs for analytics, security. Online Magazine, (Oct 8), 2012. Available at http://www.telecomengine.com.
11. *Internet of Things in 2020 – Roadmap For The Future,* INFSO D.4 Networked Enterprise & RFID, INFSO G.2 Micro & Nanosystems in co-operation with the Working Group RFID Of The ETP EPOSS. (European Commission – Information Society and Media.) Version 1.1–27, May, 2008.
12. Internet Architecture Board, Interconnecting Smart Objects with the Internet Workshop 2011, 25th March 2011, Prague.
13. Gluhak A, Krco S, et al. A Survey on Facilities for Experimental Internet of Things research. Communications Magazine, IEEE, 2011;49(11):58–67.
14. Staff. Smart networked objects and Internet of Things. White paper, January 2011, Association Instituts Carnot, 120 avenue du Général Leclerc, 75014 Paris, France.
15. Ladid L. Keynote Speech, International Workshop on Extending Seamlessly to the Internet of Things (esloT-2012), in conjunction with IMIS-2012 International Conference; 2012 July 4–6; Palermo, Italy.
16. Drake J, Najewicz D, Watts W. Energy Efficiency Comparisons of Wireless Communication Technology Options for Smart Grid Enabled Devices. White Paper, General Electric Company, GE Appliances & Lighting, December 9, 2010.
17. Yankee Group. *Global Enterprise Cellular M2M Forecast*, April 2011, Boston, MA. Available at www.yankeegroup.com.
18. Lee GM, Park J, Kong N, Crespi N. The Internet of Things – Concept and Problem Statement. July 2011. Internet Research Task Force, July 11, 2011, draft-lee-iot-problem-statement-02.txt.
19. Principi B. CTIA: Global M2M deployments becoming a reality. Telecom Engine Online Magazine, (May 9) 2012. Available at www.telecomengine.com.
20. Ladid L, Skarmeta A, Ziegler S. Symposium On Selected Areas In Communications: Internet Of Things Track, IEEE 2013 Globecom, December 9–13, Atlanta, GA, U.S.A.

第 2 章　物联网定义与架构

本章主要介绍物联网理念、定义及其实用框架。

2.1　物联网定义

在第 1 章里，我们指出，物联网是以互联网为基础发展起来的，其目标是实现 AP 节点或者若干 AP 节点按需安全获取全球万物相关信息。目前，关于物联网的定义尚在不断完善中，因此，下文是对物联网理念的一种诠释，并非措辞严格的定义。但是，我们临时为物联网确定了一种“工作定义”，并将其作为本文研究的逻辑基点。

2.1.1　一般性认识

关于物联网的定义，有以下一些认识：

“物联网是 20 世纪的新生事物。物联网域中，实物消费品（元产品）接入网络，并通过传感器和触发器相互交流……”[1]

“如今，用户通过互联网可以体验各种应用，比如，发送电子邮件、即时信息以及应用社交网络。在执行应用服务的同时，用户无须在场，但是目前在许多情况下，用户需要保持在位。虽然不同的终端设备在性能上存在明显差异，但是互联网中终端设备的性能通常较高。随着各种设备接入互联网，其相关特性必将发生变化。‘物联网’域中的大量设备享受基于互联网协议的通信服务。而且，其中的许多设备并不需要人们直接介入，它们可以是建筑物、车辆和环境中的一分子。不同的设备在计算能力、可用内存和通信带宽等方面将有不同的要求。其中的许多设备将提供新型服务，和之前未互联的设备相比，这些设备甚至能创造更多的价值。一些设备已经基于传统的方式实现了互联，但是现在要转而使用互联网协议，所有的应用要凭借统一的通信媒介从而实现更多的通信服务……”[2]

“M2M 是指机器之间的交互，比如机器间的数据自动交换（‘机器’还包括虚拟机器，如软件应用等）。鉴于其功能与潜在应用，M2M 正在催生泛在物联网，或者说智能物体互联网。但是，经进一步论证考察，M2M 尚只是关于遥测技术（测量数据自动远距离传输）和 SCADA 数据采集与监控等高要求应用的流行用语。与遥测技术和 SCADA 不同的是，大多数 M2M 应用，尤其是目前使用的通信协议和传输方法，都是基于既定标准。遥测技术应用专门的解决方案，在很多情况下，这些解决方案甚至仅面向一个具体的用户或者应用程序；而 M2M 理念应用 TCP/IP

等用于互联网和局域网的开放式协议，任何情况下的数据格式也是一致的……”[3]

“物联网涉及大量的应用程序。关于物联网中的‘物’包括哪些设备，人们有不同的认识。大多数物联网设备都会受到不同程度的制约。物联网应按照不同的应用领域予以划分……”[4]

“信息通信技术的发展催生了智能手机、个人电脑和掌上电脑等个人无线设备。这些设备都是基于 IP 网络运行，因此，接入互联网的设备正以几何速度增长。这样，互联网的定义通常被界定为“未来互联网和物联网”。物联网的目标是全面融合并统一通信系统，这样，各种系统便处于可控状态，还能全面接入其他系统，实现泛在通信与计算，从而界定新一代的通信服务。”[5]

“物联网的愿景是将任一物体接入小型设备，使其可凭借唯一的 IP 地址予以识别。这些设备之间可自动交互。物联网的实现取决于能否攻克下列技术难关：①转变现行 IP 地址使用模式，未来要能给任一物体提供一个 IP 地址；②设备的嵌入式芯片所需功率要更小且更节能；③进一步开发软件应用，实现其与来自互联非计算设备的数据流之间的交互，并对数据流进行管理。上述互联非计算设备构成了一个智能系统，可以适应和应对各种变化。”[6]

“……物联网将是一种先进的网络，它涵盖一般的物理实体、计算机以及其他电子设备。一般的物体都是网络的一部分，无须构建自主网，便能实现协作、理解实时环境数据，并在必要时做出相应的回应……最初，物联网要将我们周围的物体（包括电器、电子产品和非电器等）连接起来，从而实现无缝通信，并提供相应的服务。RFID 标签、传感器、触发器和移动电话等的发展为实现物联网奠定了物质基础。物联网中的物体可交互合作，并能随时随地接入、享受更好的服务……物联网是日常物体的网络化互联。物联网还是让所有能独立寻址的普通物理对象按照标准通信协议实现互联互通的全球泛在网络。物联网域的物体无所不包，它包括电脑、传感器、人类、触发器、电冰箱、电视机、车辆、移动电话、服装、食物、药品、书籍等。这些物体可分为人、机器（如传感器、触发器等）和信息（如服装、食物、药品、书籍等）三类。这些‘物体’可至少通过一种独立的方式予以寻址识别，与其他物体进行交互，并确认身份……如果某物得以识别，它就是物联网中的‘物体’……”[7,8]

“……通常我们要重点建设新一代网络化物体的通信、传感和执行能力，提供大量的应用服务，实现从简单互联物体（传感网络中）向更为复杂、更为智能的物体间通信发展……从 IETF/IRTF 的角度来说，我们的愿景之一是，通过 IP 实现全球互操作，从而使异构/约束物体高度智能……”[8,9]

“……M2M 所指的设备为借助各种固定、无线网络接入互联网的物体，它们之间可互相通信，并和世间万物通信。‘嵌入式无线通信’这一术语是针对无线蜂窝通信用于电话之外的各种设备连接的有关应用。全球移动通信系统协会（GSMA）广泛使用这一术语……”[10]

“物联网”一词最早是在 2001 年由麻省理工自动识别技术中心启用的。当时的“物联网”架构包括以下四个部分[11]：

1）被动式射频识别标签，如 EPC 全球联盟开发的第一类第二代工作频率为 860～960MHz㊀的超高频电子标签。

2）接入本地（计算）系统读取产品电子代码的读写器。

3）基于对象名解析服务（Object Naming Service，ONS）协议，提供 IP 连接的、收集 EPC 信息的本地系统。

4）处理 ONS 请求与恢复物理标识语言（PML）文件（如包含关于 RFID 的有意义信息的 XML 文件）的 EPCIS 信息服务器。

综上所述，物联网这一术语可谓包罗万象。本章最后将列举部分有关物联网定义的参考文献[7-9,12-19]。

2.1.2　ITU-T 电信标准化部门对物联网的认识

国际电信联盟远程通信标准化组织（ITU-T）正在寻找一种统一的方法对物联网进行定义描述。迄今为止，该部门尚未找到一个合适的定义，“能涵盖物联网的方方面面，因为物联网涉及的领域非常广泛……无论我们怎样给物联网下定义，都不能让所有人满意”[20]。

我们可以把互联网看作是拥有许多技术能力的基础设施，也可以把它看成是一种理念，它能提供大量的数据交换与连接服务。前者是把互联网描述成互联计算机网络构成的全球系统，这些网络（包括大量的个人网、公共网、商业网、学术网、政府服务器、计算机以及节点等）使用 TCP/IP 互联网协议栈实现交互；后者把互联网看作是全球逻辑互联的计算机和网络，可支持用户间的信息交换，包括但不局限于万维网的互联超文本文件。如今，即便按照以上两种情况对物联网进行定义，不同的专家学者亦存在不同的观点[20]：

观点一：物联网只是一种理念，它并不是网络基础设施；物联网并非技术范畴，只是一个理念（或者说是一种现象）。

观点二：物联网是基础设施。

如图 2-1 所示，如果将物联网看成是基础设施，那么物联网应具备基础设施的所有特点，如服务与功能性需求、体系结构等。如果将物联网看成是一种理念，那么需要基于每一个技术领域确定支撑物联网理念的相关能力与具体功能。

国际电信联盟远程通信标准化组织第十三研究组（ITU-T SG13）推出 Y. 2002 项目（泛在组网及其对下一代网络的支撑作用）时指出，泛在组网并非新型网络；

㊀（也称第二代标准）定义实体与逻辑的被动式反向散射，询答器先言，无线射频系统的需求，该系统包括询答器（亦称读写器）和标签，其工作频率为 860～960MHz。

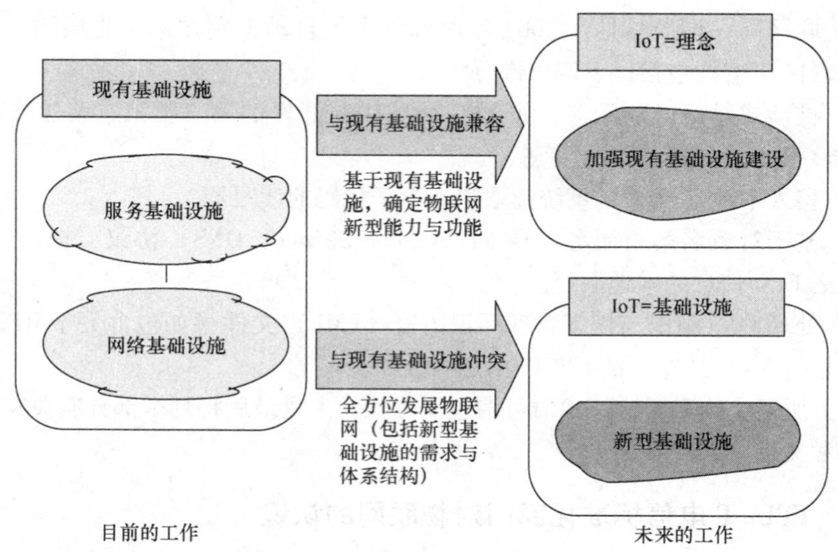

图2-1　物联网定义下的标准化方向

物联网是一种概念设计目标，同时必须开发相应的标准。基于该概念目标（简单定义），每一个研究组可对其进行具体的定义。从SG13的观点来看，新一代网络、智能泛在网（Smart Ubiquitous Network，SUN）以及未来网络（Future Network，FN）应具备物联网的关键特性。SG13将基于新一代网络、智能泛在网以及未来网络，重点加强组网技术开发，而不是构建一个全新网络。

电信标准化部门认为，应给物联网更为普通的简短定义，而不是从技术层面进行定义。这有助于物联网应用向众多领域拓展，而且更容易得到其他各研究组的认可。然后，我们可以着力对物联网的应用范围（如服务、网络、控制、安全、质量、收费等）予以界定，并研究探索相关的技术问题，为下一步的标准化建设奠定基础。电信标准化部门"极力坚持把物联网作为一个理念，并给出简短定义，拒绝对其进行冗长的技术描述"[20]。表2-1和表2-2就是物联网全球标准化工作组（IoT-GSI）对物联网提出的颇具代表性的定义。

有人认为，M2M的部署应覆盖传感器和控制器、收集来自传感器和控制器的数据"边界"、存储管理数据的"云"以及对数据进行最终评价的"代理"等四个作用域[21]。

表2-1　有关物联网定义的第一种认识（物联网是一种理念）

代表性定义	参考依据
物联网是未来计算与通信的技术革新，其发展取决于从无线传感到纳米科技等诸多领域的技术进步	ITU互联网报告（2005）：物联网，执行概要
物联网是指万物（无论是精密物体还是一般物体）通过传感器、RFID标签和IP地址互联的网络	Margery Conner，EDN杂志技术编辑，传感器赋能物联网，2010.05

（续）

代表性定义	参考依据
物联网把物理实体与虚拟世界连接起来，使它们无论何时何地都能和任意物体、任何人互联。物联网域中，同一空间和时间域的物理实体、人、虚拟数据和环境都能交互	欧洲物联网研究系列项目，物联网愿景及其面临的挑战，2010.3
物联网是一种泛在组网或普适计算环境。它也是一种愿景——世间万物可凭借网络赋能，通过无线或有线通信网络互连	ENISA 欧洲网络与信息安全局
物联网世界里，物理实体与信息网络无缝连接，而且主动参与业务流程。各种服务通过互联网与这些“智能物体”相连，并能基于安全隐私考虑，质疑物体的状态甚至调整更新有关信息。其中，RFID、传感器网络等只是赋能技术	SAS
物联网是一种高品质的服务理念。它基于现有的、不断发展的全球信息通信技术（ICT）基础设施，实现物体互联，并提供信息服务	

表 2-2　有关物联网定义的第二种认识（物联网是一种基础设施）

代表性定义	参考依据
物联网是全球网络基础设施。它利用数据捕获和通信技术实现物理实体和虚拟物体的互连。物联网包括现有的以及不断发展互联网等网络，它将具备特定物体的识别、传感及连接功能，而上述功能也是开发高度自主的数据捕获、事件传输、网络连接和互操作性等一体化服务与应用的基石	全球 RFID 运作及标准化协调支持行动
物联网是全球信息通信基础设施。它在现有的、不断发展的信息通信技术支持下，利用数据捕获和通信功能，使物理实体与逻辑对象能够基于统一的标准和互操作的通信协议进行互连，并能在必要时，自动响应（无须人类干预），促进信息流转和知识生产，从而丰富人类生活 注：物理实体可包括传感器、相关设备和各种机器等，逻辑对象包括容量等	最初见于中、日、韩三方讨论中，ITUQ3/13 曾进行修改完善
物联网是全球信息通信基础设施，利用传感器和触发器进行数据捕获、处理以及传输，实现物理实体与虚拟物体（物理实体的信息对应体）的互连。物联网高于互联网，能为一切应用提供与实体相关的一体化服务（含物体的识别与监控）	出自法国电信有关物联网的定义
物联网是全球信息通信基础设施，可实现物体互连，提供信息服务 注：基础设施不只是网络	
还有一种更具指导性的定义如下：	
物联网由连接物体的传感网络和通信设备组成，能提供可供分析的数据，并能触发自主行动。这些数据还能进一步为关键规划、管理、政策制定以及决策提供智能指导	出自思科

2.1.3 工作定义

综合已出版的专著以及本书前面有关物联网的各种观点，我们对物联网的工作定义如下：物联网是一个泛在的计算、通信应用与应用-消费集成系统，可分为本地物联网（L-IoT）、城市物联网（M-IoT）、区域物联网（R-IoT）、国家物联网（N-IoT）和全球物联网（G-IoT）。它涵盖：①四处分散、安装有单向（或双向）嵌入式通信设备（或具有计算能力）的可感知物体；②物联网域的物体可通过有线（无线）局域网（广域网）追踪；③（应用）系统以高度人工或计算机智能传输或发出入站数据和（或）出站命令。

该定义说明，物联网中的“物”通常包括物体、标签、传感器或者触发器，一般不含商用/个人计算机、便携式计算机、智能手机或者平板计算机。我们认为，从上述定义来看，物联网既是一种理念，也是一种基础设施。如无特别需要界定其属性，我们认为“物联网”这一专业术语可涵盖所有的技术。

值得注意的是，有关物联网的定义有很多种。上述定义并不排斥其他研究人员对物联网的认识，毕竟，我们必须为本书要研究的问题确定一个参考基点。

此外，还有两种相关的“工作性定义”：

其一：传感器是能主动检测自然或人造环境中变量（如建筑大楼、生产线或者工业流程中的某一部分）的设备。

传感与控制技术包括电磁场传感器、无线射频传感器、光/光电/红外传感器、雷达、激光、导航/定位传感器、地震波/压力波传感器、环境参数传感器（如风力、湿度、温度等传感器）以及面向国土安全的生化传感器等。

鉴于设备的性能，通常将传感网络中的远程设备分为两类：全功能设备（Full Function Device，FFD）和精简功能设备（Reduced Function Device，RFD）。传感器和触发器是无数物体中的一部分。物联网域中的物体也可以从功能性的角度予以分类。

其二：触发器是一种大小尺寸各异（超小型、巨型）的机械化设备，可完成机械或系统控制、阀门开启与关闭、某旋转或线性移动的启动、物理移动的启动等一系列任务。物理实体通过触发器作用于环境。

触发器的能量主要来自电池能、太阳能和动能，它还是实体交互（液压、气压）的源泉。触发器一旦收到外部指令或某种刺激，就会将能量转换成某一行为或动作。

物联网域的“物”（对象）是某实体的模型。一个物体之于其他物体的不同在于其行为存在差异。“物”或具备某一功能，并可提供某种服务（可对其他实体或物体施加影响的“物”意味着，它可提供某种服务）。为便于建模，相关功能与服务的物体行为及其接口被进一步具体化[18,22]。必要时，“物”可执行多种功能，一种功能也可由几种“物”共同执行。还有人把“物”称作“智慧/互联物体”。在ITU 给出的定义中[18]，“物”还包括终端设备（如人们访问网络使用的智能手机、个人计算机等）、远程监控设备（如摄像机、传感器等）、信息设备（如内容分发服务器）、各种产品、内容及资源等。但是，我们在第 1 章指出，为便于本书论述，可以将个人通信设备（智能手机、平板计算机）看成是机器，甚至是终端节点。当个人通信设备用作 H2M 设备时，比如人们用智能手机实现与恒温器或者家用电器等通信，我们就认为个人通信设备是物联网的一部分；反之亦然。因智能/互联物体自身不同的大小、移动性能、能量来源、连接机制以及协议，它们具有异构特质。一个物理实体与若干实体交互，完成多种任务，其生成的数据可供其他实体使用。通常情况下，这些物体资源是有限的。而且，不同的网络接口具有不同的覆盖率和数据率。此时的网络环境具有蓝牙、IEEE 802.15.4（6LoWPAN、ZigBee）、近场无线通信（NFC）等低功耗有损网络的特点[8]。物联网域中的物体（对象）的分类如图 2-2，它们具有如下特点[8]：

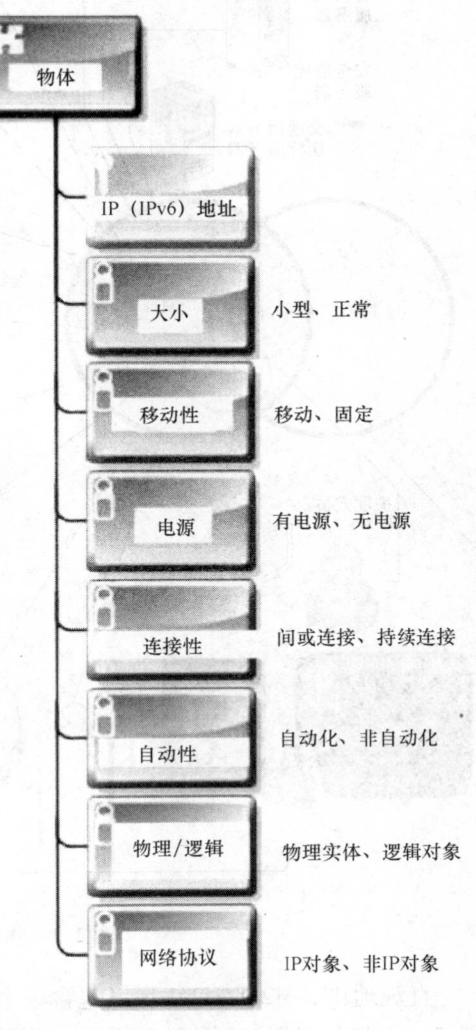

图 2-2　物体（对象）分类

1）可感知和（或）触发；
2）通常很小（但不绝对）；
3）计算功能有限（但不绝对）；
4）能量有限；
5）与物理世界互连；
6）间歇连接；
7）可移动（但不绝对）；
8）备受关注；
9）受制于设备，而不是受制于人（但不绝对）。

虽然从原则上讲，物联网比 ETSI M2M 标准定义下更具包容性，但是 M2M 相关定义有助于完善本书的论述。我们在图 1-1 中对实体-实体交互空间进行了详细的逻辑分区，其中包括 H2H 交互、M2M 通信、H2M 通信以及 MiH 通信（MiH 设备可包括医疗监控仪，全球定位腕带等）。目前有关物联网讨论的重点在于

M2M、H2M 和 MiH 应用及其在图 2-3 中显示的应用范围。图 2-4 显示了物联网属性分类。

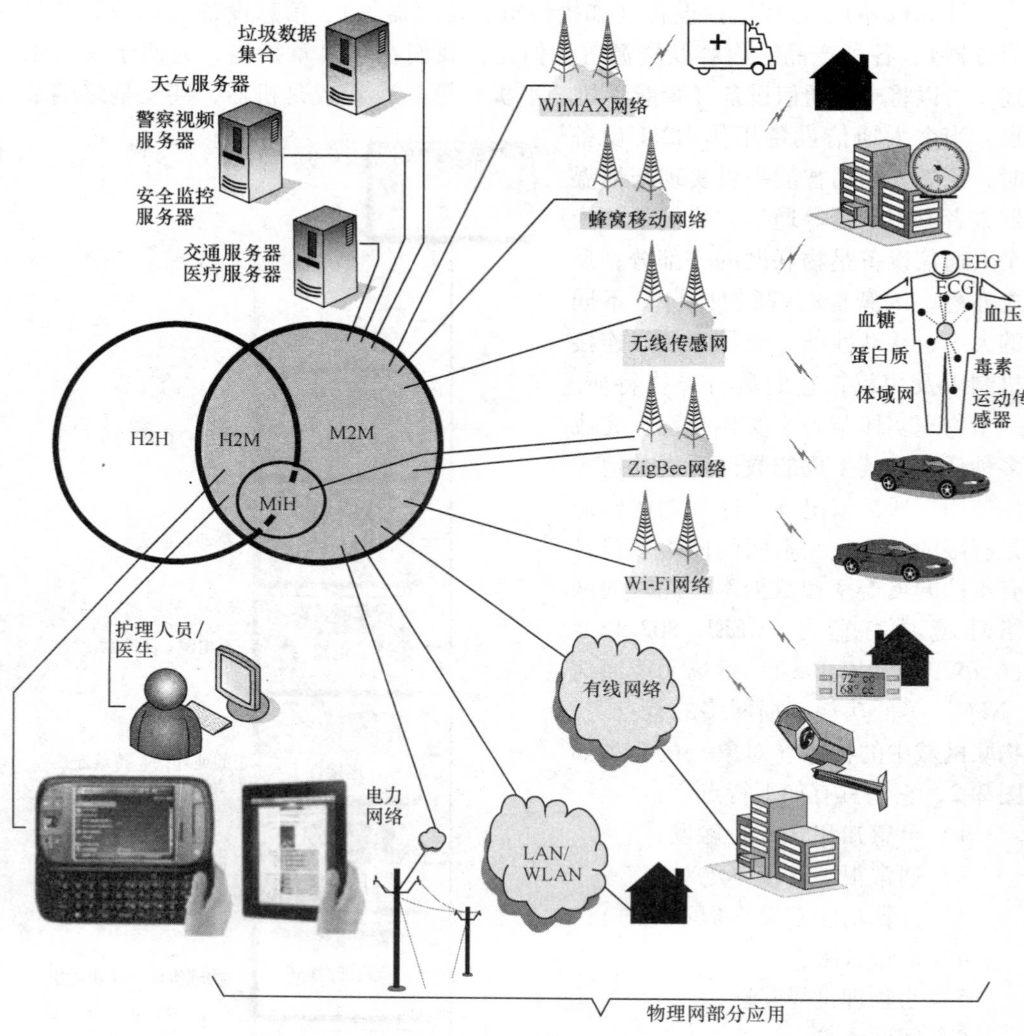

图 2-3 物联网应用范围

直观地讲，M2M/H2M 环境包含三个要素：数据融合点[㊀]、通信网络以及数据端点（仍然是机器）。图 2-5 所示，进程 X 和应用 Y 构成了实际的功能端点。一般来说，数据端点就是一个微电脑系统，它的一端通过特定的接口与某一进程或者上一级子系统连接，另一端接入通信网络。然而，和 MiH 环境下一样，数据端点可

㊀ 鉴于数据融合点可对应于端点也可对应于人，所以我们在第一章里把 DIP 也叫作数据融合点（人）。

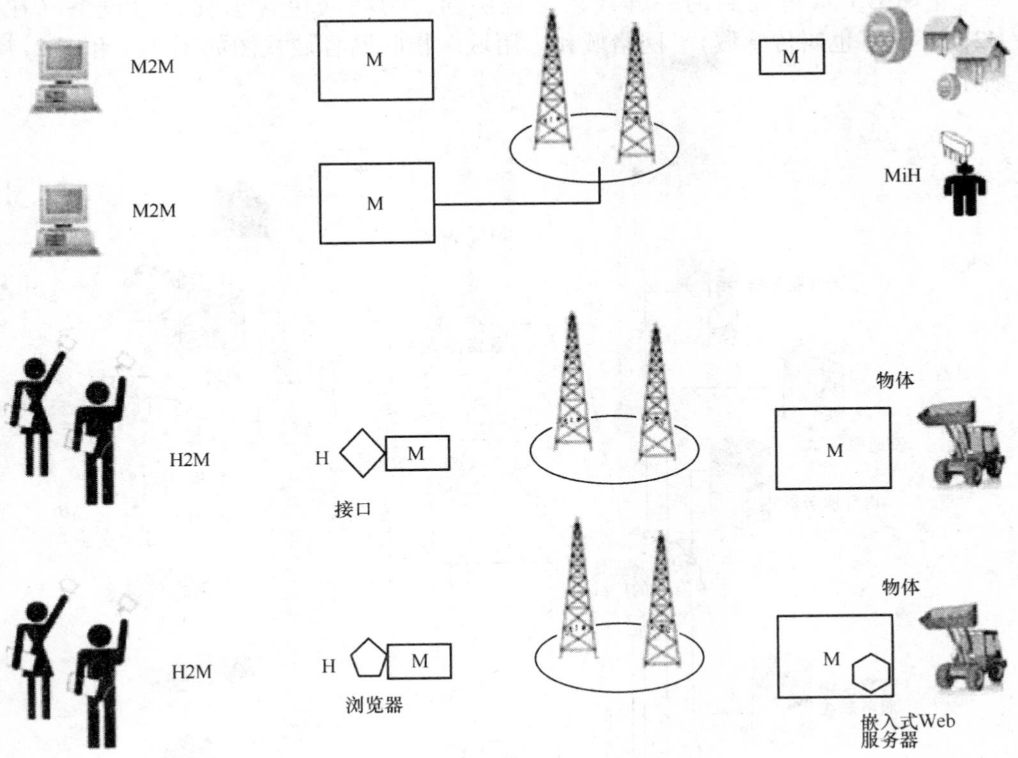

图 2-4　物联网属性分类

以是人，也可以是机器。许多应用都有巨大的数据端点库[3]。数据融合点可以是互联网服务器、公司主机上运行的应用软件或者云服务应用程序。前面已经提到，物联网基本应用包括（但并不绝对）智能仪表、电子医疗、物流追踪、监控、交易、家庭自动化、城市自动化、联网用户以及车辆。

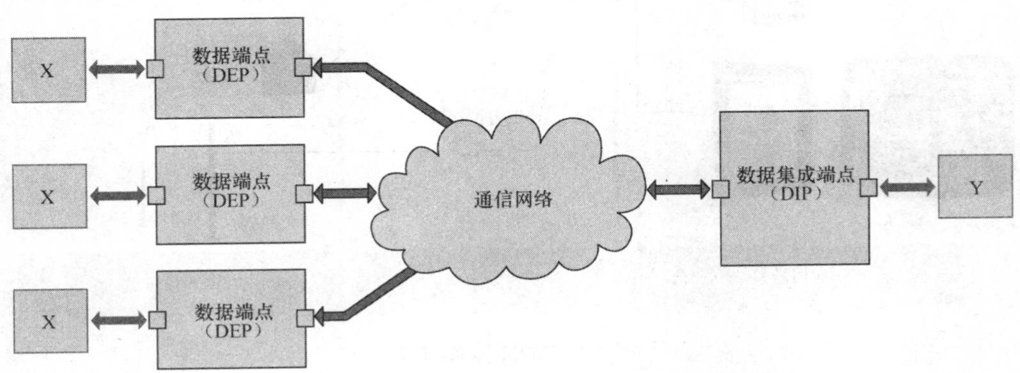

图 2-5　M2M 应用中的基本要素

正如第1章里提到的一样，在宏观层面，物联网包含远程传感设备（在M2M环境下也叫传感域）、网络域和应用域。物联网各域视图如图2-6和图2-7所示。

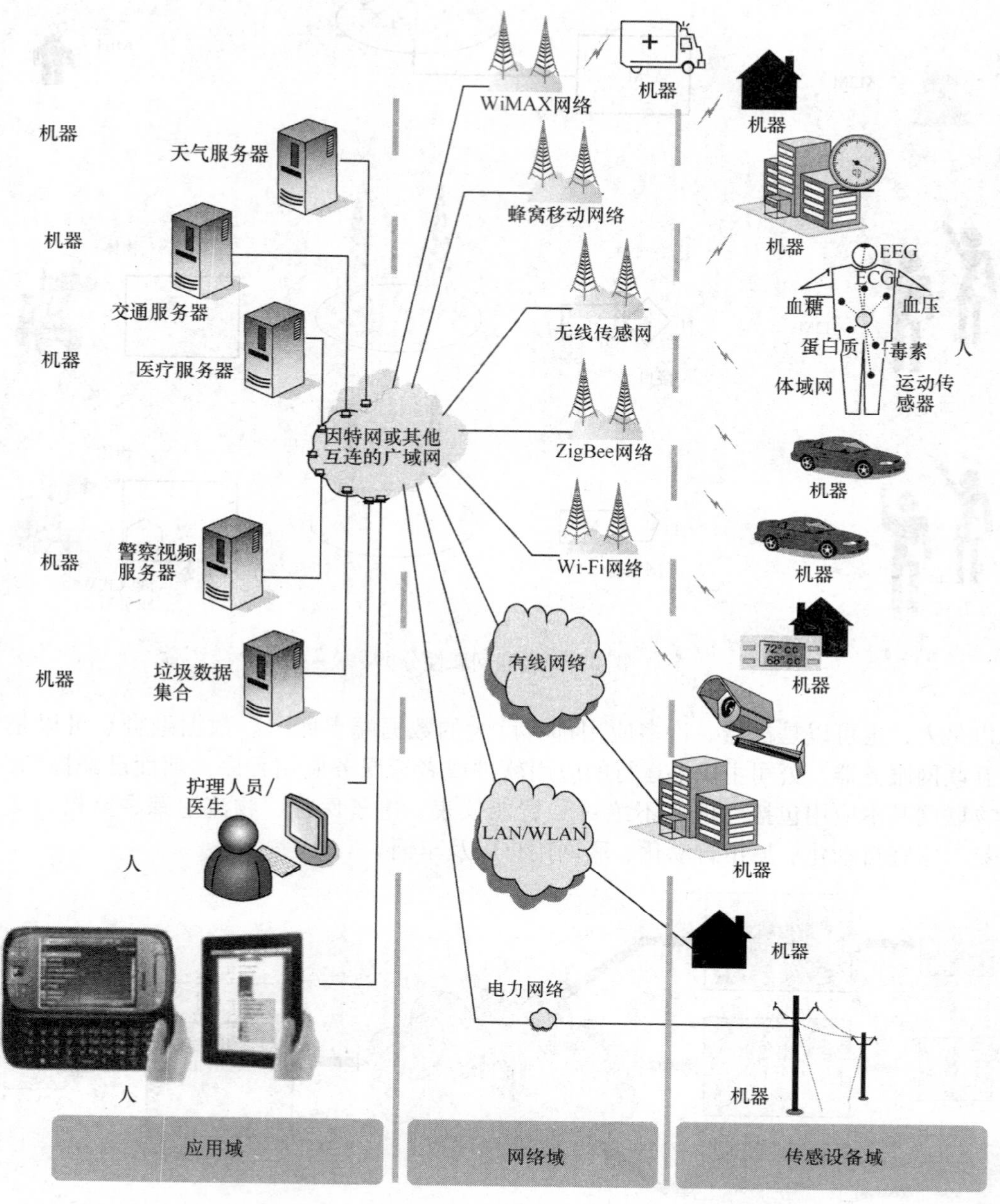

图2-6 M2M体系结构

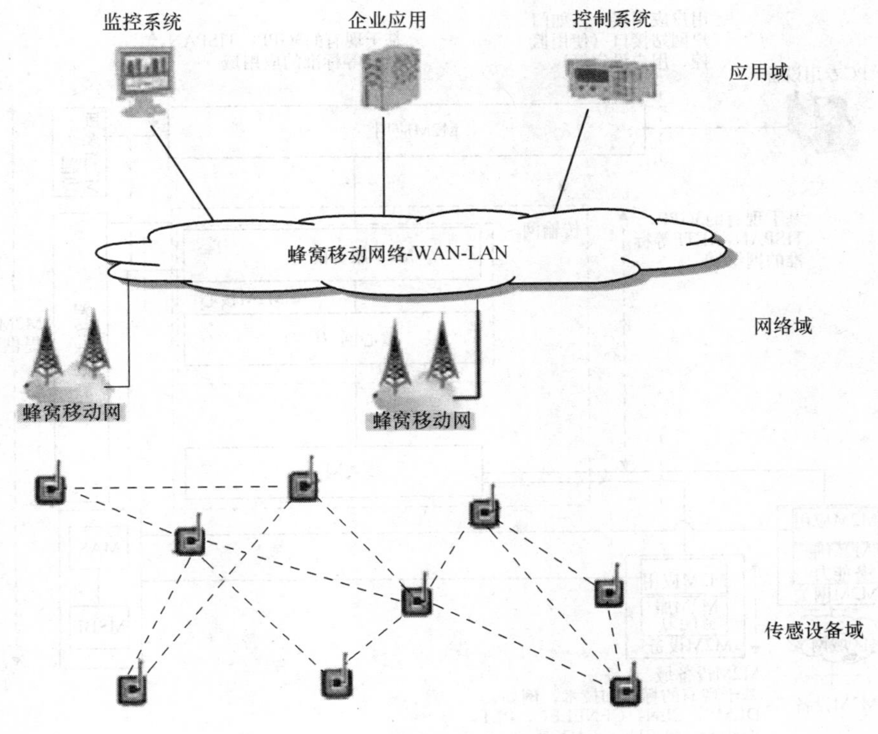

图 2-7　M2M 体系架构实例

2.2　物联网体系架构

ETSI TS 102 690 V1.1.1 (2011-10) 说明中对高级系统架构（HLSA）（如图 2-8 所示）进行了定义，该说明对目前有关物联网的讨论大有裨益。后面我们要对 HLSA进行阐述，有关简介见参考文献［23］。HLSA 包括设备和网关域、网络域以及应用域。其中设备和网关域包括下列要素：

（1）M2M 设备：使用 M2M 服务能力运行 M2M 应用程序的设备。M2M 设备接入网络的方式如下：

1）直接连接。M2M 设备通过接入网接入网络域，执行注册、认证、授权、管理以及按需分配等进程。M2M 设备可为接入该系统、网络域的潜在的其他设备（如传统设备）提供服务。

2）“网关即网络代理”。M2M 设备通过某 M2M 网关接入网络；M2M 设备通过 M2M 区域网络接入 M2M 网关。对于接入的 M2M 设备来说，M2M 网关就像网络域代理。认证、授权、管理以及自动配置（服务开通）等都可以通过代理完成（M2M 设备可以通过多个 M2M 网关接入网络域）。

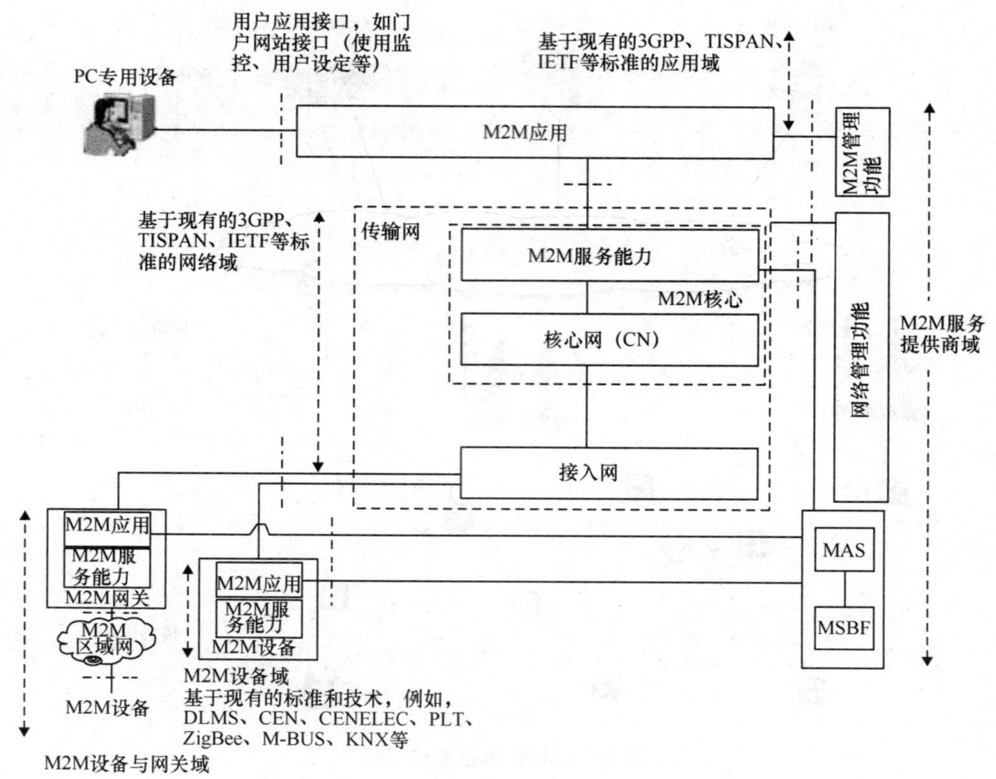

图 2-8　M2M HLSA

（2）M2M 区域网络：用于建立 M2M 设备和 M2M 网关之间的连接。M2M 区域网络包括 IEEE 802.15.1、ZigBee、Bluetooth、IETF ROLL、ISA100.11a 等个域网（Personal Area Network，PAN）技术以及电力线通信（Power Line Communication，PLC）、M-BUS 网络远程抄表系统、无线 M-BUS 和 KNX㊀系统等本地网络。

（3）M2M 网关：使用 M2M 服务能力运行 M2M 应用程序。网关为 M2M 设备

㊀ KNX 是 KNX 协会执行的一种基于 OSI 网络的智能楼宇通信协议，为欧洲标准 CEN EN 50090 和国际标准 ISO/IEC 14543 所核准。它是由欧洲三大总线协议——EIB、BatiBus 和 EHS 合并发展而来的。该协议以 EIB 为基础，兼顾了 BatiBus 和 EHS 的物理层规范，并吸收了 BatiBus 和 EHS 中配置模式等优点，提供了家居和楼宇自动化的完全解决方案。因此，KNX 涵盖以下实体层：

1）双绞线（沿用 BatiBUS 和 EIB Instabus 标准），该方法使用差分信号，速度为 9.6kbit/s。媒体接入的控制主要采取 CSMA/CA 方法。

2）电力线组网（沿袭 EIB 和 EHS 标准）。

3）无线射频。

4）红外网。

5）以太网（也叫 EIBnet/IP 或者 KNXnet/IP）。

和网络域之间的代理。M2M 网关可为网络域中与之相连的其他设备（如传统设备）提供服务。例如，M2M 可以运行某应用程序，搜集、处理来自传感器和上下文参数的各种信息。

网络域包括以下几个要素：

（1）接入网：M2M 设备和网关域通过接入网与核心网连接。接入网包括（但并不一定）xDSL 数字用户线、混合光纤同轴电缆（Hybrid Fiber Coax，HFC）、卫星、GSM/EDGE 无线接入网（GSM/EDGE Radio Access Network，GERAN）、UMTS、地面无线接入网（UMTS Terrestrial Radio Access Network，UTRAN）、改进型 UMTS 地面无线接入网（eUTRAN）无线局域网以及全球微波互联接入（Worldwide Interoperability for Microwave Access，WiMAX）。

（2）核心网：具有下列功能（不同核心网的特征库各不相同）：

1）IP 连接为基础，也可以通过其他方式连接；

2）服务与网络控制功能；

3）与其他网络连接；

4）漫游功能；

5）核心网络（Core Network，CN）（但并不一定）包括 3GPP、ETSI TISPAN 和 3GPP2 核心网。

（3）M2M 业务能力：

1）提供各种应用共享的功能；

2）提供开放式功能接口；

3）使用核心网功能；

4）通过隐藏网络特性来简化、优化应用程序的开发与部署。

“M2M 业务能力”和“核心网”被统称为“M2M 核心”。

应用域由以下要素构成：M2M 应用程序，即运行业务逻辑，并通过开放式接口使用 M2M 业务能力的应用程序。

M2M 服务提供商全域的管理还具备如下功能：

（1）网络管理功能，包括访问与核心网管理所需的所有功能，具体有网络开通、监督和错误管理。

（2）M2M 管理功能，包括网络域 M2M 业务能力管理所需的所有功能。M2M 设备及网关的管理使用特定的 M2M 业务能力。

1）M2M 管理功能包括 M2M 业务引导程序功能（M2M Service Bootstrap Function，MSBF），它可在合适的服务器内实现。MSBF 业务启动功能将推动 M2M 服务层设备（或 M2M 网关）永久性安全证书业务以及网络域 M2M 业务能力建设。

2）MSBF 引导的永久性安全证书存储于 M2M 认证服务器（M2M Authentication Server，MAS），该服务器可以是 3A 服务器。MSBF 业务启动功能可内置于 MAS 服务器；如果 MAS 服务器为 3A 服务器，可以通过适配接口将引导安全证书传输至该服务器（例如 IETF RFC 3588 中定义的 DIAMETER 协议）。

从理论上讲，上述机制与能力在物联网的 H2M 模块同样有效，但是可能需要在接入层予以前端开发（按照上述描述，亦可将其看作应用程序），这样，用户可以通过直觉接口和机器实现交互。基于 HTML/HTTP 的浏览器与机器的同类软件交互就是其中一例（当然，这需要数据端点/机器支持的更高层级的能力，以运行嵌入式 Web 服务器软件模块）。（如 Web 服务器用于嵌入式服务器或某应用时，必须优先考虑设备或应用程序的基本功能，同样，Web 服务器必须最大限度减少资源需求，同时，Web 服务器还要确定其对系统产生的负荷㊀）。

2.3 节点的基本功能

和 HLSA 一样，远程设备通常需要基础协议栈以确保本地连接和网络连接（本书术语里涵盖传输层 TCP、UDP 等协议）。此外，还需要上一级应用程序支持协议及其不同程度的计算精度/功能技巧，如图 2-9 所示。物联网设备在最大传输单元（Maximum Transmission Unit，MTU）、精简与完整 Web 协议栈（COAP/UDP versus HTTP/TCP）、单堆栈与双堆栈、节点睡眠算法、安全协议、处理与通信带宽等性能上存在差异[25]。前面所涉及的 3GPP、3GPP2、ETSI TISPAN、eUTRAN、GERAN、HFC、IETF ROLL、ISA100.11a、KNX、M-BUS、PLC、卫星通信、SCADA、UTRAN、WiMAX、无线 M-BUS、W-LAN 以及 xDSL 等组网技术将在此后各章详细阐述。

一般来说，分布式控制/M2M 需要持续变量来控制应用程序。一般性需求如下[26]：

（1）数据重传（中继）：

1）协议栈丢包后网络恢复或网络提示应用；

2）即时恢复往返延时。

（2）独立于 MAC/PHY 物理层的网络。

（3）网络规模：

1）上千个节点；

㊀ Oracle's GoAhead Web 服务器是一个源码免费、功能强大、适应性强、可以运行在多个平台的嵌入式 Web 服务器。该服务器已广泛接入嵌入式操作系统；而 Appweb 嵌入式服务器运行速度快、功能更强大，但是需要更大的内存。如果设备要求一个简单、低端 Web 服务器，且设备内存较小，GoAhead Web 服务器是理想的选择。如果设备对性能、扩展安全要求较高，则应选择 Appweb。Appweb 是广泛部署的嵌入式网络服务器，正应用于组网设备、网络电话、移动设备、消费性设备、办公设备以及企业 Web 应用及其架构等。成千上万的设备嵌入了 Appweb 服务器。无论脱机时、还是在 Apache 等反向代理服务器的网络场，该服务器都可以同效运行[24]。

图 2-9 协议栈（一般视图）

2）多种链路速度。

（4）组播传输：

1）全网覆盖；

2）可靠（主动应答）。

（5）复制控制（抑制）。

（6）紧急消息：

1）其他队列等候；

2）其他传输。

（7）队列传输的常规流量。

（8）按照对等网络/消息分开计时。

（9）节点轮询：

1）按照序列；

2）无应答。

（10）网络范式支持对等网络：并非都为客户端/服务器。

（11）功能：

1）发现节点；

2）发现节点功能；

3）传输分段记录（文档）。

（12）交换分段记录。

（13）网络与应用程序版本管理。

（14）简单发布/订阅解析软件。

（15）安全性：

1）强加密；

2）相互认证；

3）防止记录/回放攻击；

4）密钥签名算法。

最后一项密钥签名算法是 NSA 的一套指令，要求密钥制定与认证算法基于椭圆曲线密码学，加密算法为高级加密标准。该算法界定了 128bit 和 192bit 两个安全等级（更多信息见术语表）。

参 考 文 献

1. Hazenberg W, Huisman M. *Meta Products: Building the Internet of Things*. Amsterdam, NL: BIS Publishers; 2011.
2. Internet Architecture Board. Interconnecting Smart Objects with the Internet Workshop 2011, 25th March 2011, Prague.
3. Walter K-D. Implementing M2M applications via GPRS, EDGE and UMTS. Online Article, August 2007, http://m2m.com. M2M Alliance e.V., Aachen, Germany.
4. Nordman B. Building Networks. Interconnecting Smart Objects with the Internet Workshop 2011, 25th March 2011, Prague.
5. Ladid L. Keynote Speech, International Workshop on Extending Seamlessly to the Internet of Things (esloT-2012), in conjunction with IMIS-2012 International Conference; 2012 Jul 4–6; 2012, Palermo, Italy.
6. Financial Times Lexicon, London, U.K. Available at http://lexicon.ft.com.
7. Botterman M. Internet of Things: an early reality of the Future Internet. Workshop Report, European Commission Information Society and Media, May 2009.
8. Lee GM, Park J, Kong N, Crespi N. The Internet of Things – Concept and Problem Statement, July 2011. Internet Research Task Force, July 11, 2011, draft-lee-iot-problem-statement-02.txt.
9. Staff. Smart networked objects and Internet of Things. White paper, January 2011, Association Instituts Carnot, 120 avenue du Général Leclerc, 75014 Paris, France.
10. OECD. Machine-to-Machine Communications: Connecting Billions of Devices. *OECD Digital Economy Papers*, No. 192, 2012, *OECD Publishing*. doi:10.1787/5k9gsh2gp043-en
11. Urien P, Lee GM, Pujolle G. HIP support for RFIDs. HIP Research Group, Internet Draft, draft-irtf-hiprg-rfid-03, July 2011.
12. Atzori L, Iera A, Morabito G. The internet of things: a survey. Computer Networks, October 2010;54 (15):2787–2805.
13. Guinard D, Trifa V, Karnouskos S, Spiess P, Savio D. Interacting with the SOA-based Internet of things: discovery, query, selection, and on-demand provisioning of web services. IEEE Services Computing, IEEE Transactions, July–September 2010;3 (3).
14. ITU-T Internet Reports. Internet of Things. November 2005.
15. Malatras A, Asgari A, Bauge T. Web enabled wireless sensor networks for facilities management. IEEE Systems Journal, 2008;2 (4).

16. Sarma A, Girao Joao. Identities in the Future Internet of Things. Wireless Pers Comm., 2009.
17. Sundmaeker H, Guilemin P, Friess P, Woelffle S, editors. *Vision and Challenges for Realizing the Internet of Things*. European Commission, Information Society and Media, March 2010.
18. ITU-T Y. 2002. Overview of ubiquitous networking and of its support in NGN. November 2009.
19. Zouganeli E, Svinnset IE. Connected objects and the Internet of things-a paradigm shift. Photonics in Switching 2009, September 2009.
20. International Telecommunications Union, Telecommunication Standardization Sector Study Period 2009–2012. IoT-GSI – C 44 – E. August 2011.
21. Kreisher K. Intel: M2M data tsunami begs for analytics, security. Online Magazine, October 8, 2012. Available at http://www.telecomengine.com.
22. Lee GM, Choi JK, et al. Naming architecture for object to object communications. HIP Working Group, Internet Draft, March 8, 2010, draft-lee-object-naming-02.txt
23. Machine-to-Machine Communications (M2M); Functional Architecture Technical Specification, ETSI TS 102 690 V1.1.1 (2011-10), ETSI, 650 Route des Lucioles F-06921 Sophia Antipolis Cedex – France.
24. Embedthis Inc. Promotional Materials, Embedthis Software, LLC, 4616 25th Ave NE, Seattle, WA 98105. Available at http://embedthis.com.
25. Arkko J. Interoperability Challenges in the Internet of Things. Interconnecting Smart Objects with the Internet Workshop 2011, 25th March 2011, Prague.
26. Dolan B, Baker F. Distributed Control: Echelon's view of the Internet of Things. Interconnecting Smart Objects with the Internet Workshop 2011, 25th March 2011, Prague.

第3章　物联网应用实例

本章阐述物联网的应用案例仅限于现有领域（物联网新的应用还在不断增加），但是相关考查测试并不全面。我们讨论业已问世的应用，其中不乏产生产业效益的。关于物联网的应用，支持者有如下认识[1]：

“……许多应用都与物联网密切相关。对于个人用户来说，物联网提供了家庭自动化、安全监控、自动化设备监控以及日常事务管理等应用。对于专业人士来说，自动化应用能随时提供有用信息，对有关工作和决策可发挥明显的作用。有了传感器、触发器，各行业的运转将更加高效、迅捷，同时能获得更高的利润。若干事务的管理人员可以将数字化物体和物理实体连接起来，自动完成相关任务。在物联网模式下，各部门在能源、计算、管理、安全以及交通领域都将受益。技术的进一步发展将有助于实现物联网的愿景。RFID识别技术使得每一个物体可通过独立识别码予以识别。只要物体可实时识别与跟踪，阅读器即可读取有关信息。应用无线传感技术，物体可提供实时环境信息。智能技术赋予物体‘智力’，使其可以思考与通信。纳米技术有助于缩小芯片，同时具有更强大的信息处理和通信能力。”

3.1　概述

表1-2提供了物联网应用的有关术语，尽管并不一定涵盖所有或者是完全规范的表述；图3-1在参考文献［2］的基础上以同样的模式阐释了应用程序的分类，

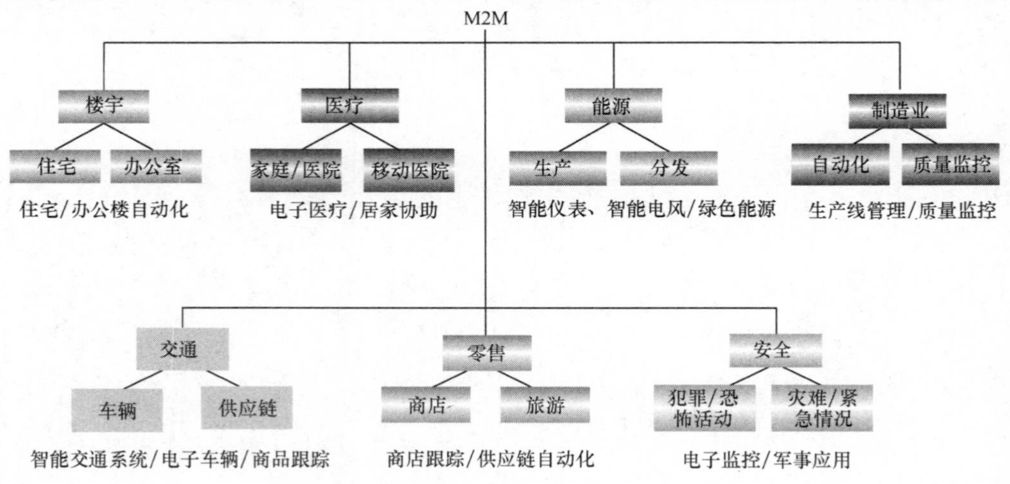

图3-1　M2M的应用分组

尤其是在M2M环境下的分类情况。毋庸置疑，截至目前，短期内或可实现的物联网应用包括建筑自动化和远程监控（有效拓展商用空间）、智能能源（支持办公大楼/家庭能源管理）、医疗保健（提供健康监控）、家庭自动化（营造智能家庭）以及零售业服务（实现智能购物）。

物联网应用甚至还将包括下列领域：

（1）公共服务和智能城市：

1）遥测：如智能计量（表）、停车计量和零售机；

2）智能交通系统（Intelligent Transportation System，ITS）和车辆管理；

3）实现消费者和市民与公共基础设施互连（如公共交通）；

4）楼内自动化和市、区基础设施；

5）城市运转（车辆、自动收费、消防等）；

6）全球电网管理、智能电网；

7）全球用电需求响应（Demand Response，DR）。

（2）汽车、舰船管理，资产追踪：

1）电子车辆，如导航、道路安全和交通管制；

2）驾驶员安全和应急服务；

3）车队管理系统：出租车监控、货车管理；

4）后座娱乐设备集成；

5）新一代全球定位系统（Global Positioning System，GPS）业务。

（3）商务市场：

1）工业监控，如工业机器、电梯监控；

2）商务大楼及其监控；

3）流程监控；

4）自动化维护；

5）家庭自动化；

6）无线自动读表系统（Automated Meter Reading，AMR）/负荷管理（Load Management，LM）；

7）国土安全应用：核生化、辐射无线传感器；

8）军用传感器；

9）环境（陆海空）及农业无线传感器；

10）金融：POS终端、票务；

11）安全：公共监控、个人隐私。

（4）智能家庭、智能办公室的嵌入式网络系统：

1）智能设备：如AC交流电源控制、照明控制、采暖控制以及低功耗管理；

2）自动化家庭：远程媒体控制；

3）智能仪表与能效：应用智能电网提高能效；

4）电子医疗：居家（协助）帮手，居家移动医疗服务（含远程监控、远程诊断手段）；

5）安全与应急服务：远程服务融合。

表 3-1 按照 3GPP 机器类型通信（Machine Type Communication，MTC）文献相关界定，分类解释应用案例[3]。3GPP 标准使用 MTC 来描述 M2M 系统。

表 3-1　3GPP TS 22.368 Release 10 中 MTC 应用案例

类　别	具体案例
消费设备	数码相机、数码相框、电子书籍
医疗监控生命特征	远程诊断、援助老残 网络访问远程医疗点
仪表计量	煤气、电网控制、采暖、工业计量、水电
支付	游戏机、POS 机、自动售货机
远程维护/监控传感器	电梯监控、照明、泵阀 车辆诊断、售货机监控
服务区 MTC 应用	固定电话备份、小汽车/驾驶员安全 物理访问监控（如，大楼出入） 安全监视系统
跟踪、追溯车队管理	资产追踪、导航、订单管理、按公里数付费、道路收费 道路交通优化/转向、交通信息

近年来，ETSI 在下列文献中公布了物联网（尤其是 M2M）若干应用案例：

1）ETSI TR 102 691："Machine-to-Machine Communications (M2M); Smart Metering Use Cases"。

2）ETSI TR 102 732："Machine-to-Machine Communications (M2M); Use Cases of M2M Applications for eHealth"。

3）ETSI TR 102 897："Machine-to-Machine Communications (M2M); Use Cases of M2M Applications for City Automation"。

4）ETSI TR 102 875："Access, Terminals, Transmission, and Multiplexing (ATTM); Study of European Requirements for Virtual Noise for ADSL2, ADSL2plus, andVDSL2"。

5）ETSI TR 102 898："Machine-to-Machine Communications (M2M); Use Casesof Automotive Applications in M2M Capable Networks"。

6）ETSI TS 102 412："Smart Cards; Smart Card Platform Requirements Stage 1 (Release 8)"。

此外，国际标准化组织还出版了以下相关文件。

ISO 16750："Road Vehicles—Environmental Conditions and Testing for Electrical and Electronic Equipment（道路车辆电气电子设备的环境条件和试验）”。

ESTI 提到的一些应用在下文中将进一步予以阐述。

3.2　智能计量/先进计量基础设施

欧洲未来电网技术平台对智能电网的定义是，能以智能方式融合所有接入用户（消费者、发电厂等），确保电力持续高效、经济、安全供应。智能电网的关键要素是智能电表网，可自动对下进行计量，对上可对电网进行实时监控，并具备网络重大事件信息处理能力，同时还可以发现、隔离以及排除故障。具体来说，通过智能计量网，公共事业公司可以：①远程控制个人用户的用电与断电；②遥控或者自动升级配置电网；③搜集不同时段的用电数据；④在需求关键时段自动调整用户负荷。智能电网还可以自动发现窃电行为，并能在仪表被篡改时通知公司。通常，人们认为，智能电器与智能电网设备是需求响应使能。智能计量的优势在于，无须上门读表，读表更精确，需求响应管理以及奖励性税收还可以降低成本[4]。

物联网的总体目标是对公共事业提供的电、水、煤气等资产消费实施监控。公共事业公司将 M2M 通信模块与计量设备（物联网的“物”）融合，并配置智能计量服务；这些智能仪表可以自动将相关信息发送至服务器应用程序，从而直接记账或者对（已计量的）资源实施管控。物联网最终的目的就是利用来自消费端点的信息实时、精确地提高能源分配效能。类似的应用还有电、水、煤气等的预付协议，即用户采用预付方式购买一定数量的电、水、煤气等。相关预购信息将被安全传输至计量设备，并被安全存储于 M2M 模块。当预购部分消耗完毕，相应的安全触发功能启动，从而切断资源供应[5,37]。图 3-2 是一种用于自来水公司的智能流量表，该理念也适用于天然气或用电计量。

图 3-2　感知流量仪表

高级量测体系（Advanced Metering Infrastructure，AMI）是一种电力服务基础设施，它位于终端用户（或终端设备）与电力公司之间。AMI 是智能电网的执行系统，也是实现需求响应的主要手段。截稿时的市场预测显示，智能仪表零部件的需求量将以每年 15% 的速度增长，到 2015 年将增至 5 亿。

支持物联网建设的人们认为，应用智能设备和能源管理系统将有助于消费者管理所有的消费，减少相关费用。AMI 与仪表与家域网（HAN）的融合应用使消费者能近乎实时地了解用电费用、监控能源应用，同时基于家庭的财政指标管理用电。为了帮助用户管理能源消耗，相关制造商正在设计通信系统嵌入式产品，以便与家域网（和 AMI 仪表）互联。智能设备获取用户用电费用和使用偏好信息以后，就能对设备进行相应的管理，以防违规操作或在必要时调整运行环境，以减少高峰时段的能源需求。因此，上述智能管理有望降低用户费用，也能减少峰值需求。如能降低峰值，便无须建造尖峰负荷发电厂㊀（仅应对峰值负荷），减少设施建设费用。峰值负荷可能是每天出现几个小时，甚至有可能一年才出现几个小时。电力公司还无须（或推迟）为满足鲜见的峰值负荷对基础设施进行升级改造[6]。

当然，AMI运行环境较为复杂。AMI以及家域网系统等基础技术将会使用户和电力公司受益。为方便有效部署，HAN通信网络最好基于一定的网络技术，该网络技术应具备如下特点：使用开放性标准、成本较低、能耗最低以及无须扩展新的基础设施。通常，可由网络操作系统内外的集中控制实体对计量设备进行监控。鉴于需要集中监控，集中控制实体可向计量设备发出指令获取计量信息，而无须计量设备自主发送有关信息。根据计量应用程序的特点，有时需要低延迟应答（例如，高压管线的计量）。为完成这一任务，集中控制实体需要计量信息时，需要告知计量设备。一般来说，由于IPv4地址空间存在局限，计量终端位于网络地址转换之后，未指配IPv4路由地址[3]。有鉴于此，物联网设备/物体必须应用IPv6协议技术。

AMI可采用诸多方法和通信标准，将终端设备和电力公司应用程序互联。为实现物理服务层的通信，现有的通信协议有待组合/修订完善。基本模型如图3-3所示[37]。虽然若干基于电力载波（PLC）通信手段从技术上讲是可行的，但是目前尚无任何成熟且具有投入竞争力的技术和协议，并使其成为切实可行的解决方案。尽管如此，已有相关企业（标准化组织）正在制定设备标准，支持上述应用，例如，欧洲委员会（European Commission，EC）对下列行动给予了大力支持：

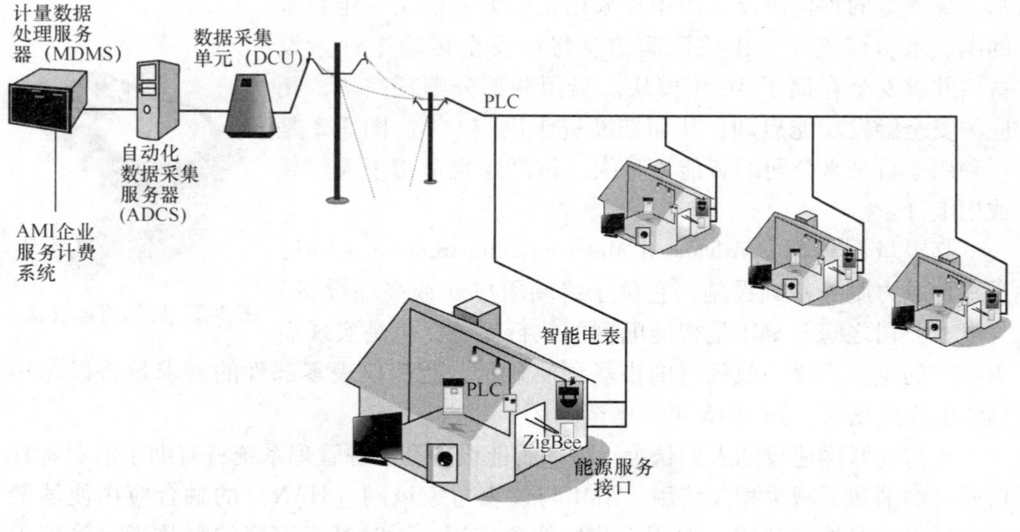

图3-3 高级量测体系

㊀ 尖峰负荷发电厂仅在电量峰值需求时运行。

（1）欧洲委员会 M/411 智能计量规定：2009 年 3 月由能源运输总署总理事（Directorate-General for Transport and Energy，DGTREN）颁发的一项旨在构建欧洲智能仪表标准，实现互操作，让用户实时掌握消费态势的规定，并呈送欧洲标准化委员会（CEN）、欧洲电工标准化委员会（CENELEC）和欧洲电信标准协会（ETSI）等三个欧洲标准化组织（European Standards Organization，ESO）。

（2）欧洲委员会 M/490 智能电网规定：2011 年 3 月由能源运输总署总理事颁发的一项旨在构建欧洲智能电网的规定，并呈送欧洲标准化委员会（CEN）、CENELEC 欧洲电工标准化委员会（CENELEC）和欧洲电信标准协会（ETSI）等三个欧洲标准化组织。

3.3　电子医疗/体域网

电子医疗应用包括医疗与健身。倡导者设计的蓝图是，移动医疗监控系统可无缝衔接、互操作，缩短人体病兆出现与疾病诊断的间隔时间。这类应用是将一种或多种生物传感器置于体内或随身携带，这样，人体某些特定参数便可传输并可进行远程监控。上述传感器让患者可远离有线设备，无需待在家里或者医院的病床上接受检查、诊断。身体传感器通过无线连接，通常便于携带，这样，患者活动范围有了较大的灵活性[7]。这类传感器可以是若干可穿戴的身体传感单元，每个传感单元都包含一个生物传感器、一台无线电收发机、一根天线以及嵌入控制与计算技术。一般来说，患者使用的若干传感器接入身体的中央单元。上述身体传感系统——传感器以及互联——统称为无线体域网（Wireless Body Area Network，WBAN），也可是医疗体域网（Medical Body Area Network，MBAN），或者医疗体域网系统（Medical Body Area Network System，MBANS）。但是，MBANS 并不一定是无线系统[8]。图 3-4 为 WBAN 视图。

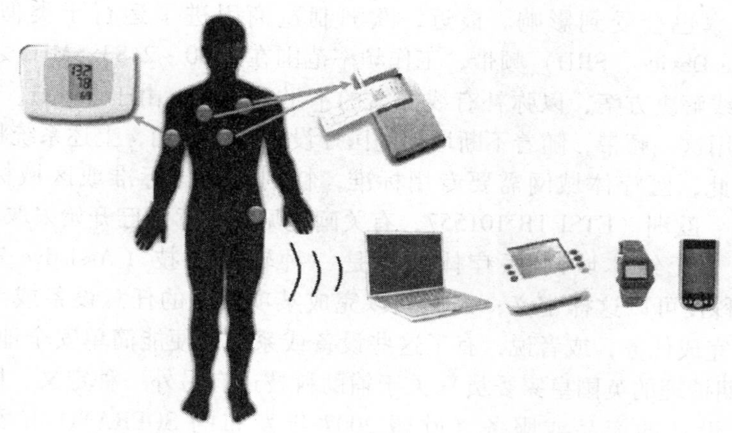

图 3-4　无线体域网/医疗体域网（WBAN/MBAN）

医疗体域网技术包括身体上捕获临床信息（如体温、呼吸功能）的小型、低能耗传感器。传感器用于监控，以发现病症、掌握病情发展、缓解和康复。患者一旦康复，医疗体域网便允许他们在医疗机构范围内活动，同时继续对身体状况的发展进行监控。医疗体域网包括两套成对的设备，其中一套是随身携带的传感器，另一套设备或是随身携带或为离患者（传感器）不远的交换机[9]。这些设备多为一次性设备，其大小和形状与创可贴相近；一次性传感器包含一个低能耗无线电发射机。通常，传感器要记录患者的体温、脉搏、血糖含量、血压（Blood Pressure，BP）以及呼吸道健康状况；其优势在于：机动性强、护理质量更高，成本却更低。部分类似医疗保健类传感器如下：

1）血糖仪：一种测量血糖大体浓度的仪器，用于糖尿病等慢性疾病的管理；

2）脉氧仪：一种间接测量患者血氧值（SpO_2）的仪器；

3）心电图（Electrocardiograph，ECG）仪：一种测量与记录心脏生物电活动的仪器；

4）公共医疗救护仪：一旦病情紧急，可利用这类设备紧急呼叫“医护人员”，并进行咨询；“医护人员”可以是某监控中心、医疗救护团队甚至是家人。相关设备可以是探测仪、吊坠式紧急按钮或者腕带式发射仪。

无线体域网、医疗体域网以及医疗体域网系统的开发涉及无线体域监控技术的正规化、标准化建设，必须依靠低能耗系统完成医疗设备间非语音数据的传输，尤其是有关物理层、MAC 层、IP 网络层等上层频宽和通信。无线体域网包含一个或多个无线体域传感器，同时搜集多项关键征兆参数；此外可能还有医疗触发设备，与随身（或距离人体 10m 以内）的监控设备通信。现有技术能针对患者关键病征以及排风扇和注入泵之类的触发器进行有线监控。一般来说，测量患者重要病征的体域传感器和触发器通过有线接入病床患者监控仪。这种模式限制了患者的活动范围，降低了患者的舒适度，影响了患者的康复周期。由于护理人员要协助患者活动，工作效率也会受到影响。最近，欧洲制造商引进了运行于类似短距设备（Short-Range Device，SRD）频带、工作频率范围在 2400 ~ 2483.5MHz 之间的首个患者监控无线解决方案，以弥补有线方案的不足。然而，由于 Wi-Fi、蓝牙、ISM 装备等都使用这一频带，随着不断增加的医疗设施相关应用，上述系统将难以满足需求[8]。因此，医疗体域网需要专用标准，特别是全球标准或区域标准。美国（如下所示）、欧洲（ETSI TR 101557，有关阐述见第 6 章）已开始采取相关行动。

人们认为无线体域网/医疗体域网是一种辅助科技（Assistive Technology，AT）。辅助科技可以这样定义：人们赖以完成某项任务的任意设备或系统。没有它，就无法完成任务，或者说，有了这些设备或系统，便能简单安全地完成任务。（致力于长期护理的英国皇家委员）关于辅助科技还有另外一种定义，即专为残疾人或老年人设计的产品或服务（欧盟 2007 年发布的 SOPRANO 市场分析报告 D1.1.2）[10]。表 3-2 描述了 MBAN 技术的优势及意义背景[9]。

表3-2　MBAN技术的优势及意义背景

优　点	描　述
患者护理转型，拯救生命	• 美国50%的患者未被监控。移动体域网提供了一种解决方案，使医疗护理机构可监控患者，这样，医生就能获得实时、准确的信息，并对患者进行干预治疗，从而拯救生命 • 移动体域网考虑了泛在、可靠监控，使护理服务提供商有机会及时识别可能危及生命的问题或事件。美国医疗促进协会的一项研究表明，监控中的心脏停搏患者生还率高达48%，而未受监控患者生还率仅为6% • 移动体域网的部分频谱还可用于医院范围以外以及患者家里。对居家患者实施监控可降低疾病再次发作的可能性，从而节省医疗费用 • 移动体域网设备让患者更加独立、活动范围更大。患者可以待在医院，也可以待在家里，能更为舒适地享受更加周到的护理
节约成本	• 在患者病情严重恶化之前，内科医生可以借助移动体域网技术对其进行干预治疗，患者无须长时间待在重症监护室，而且可以降低后续医疗费用。某护理公司预测，早期发现疾病并进行相应的治疗，可以有效减少突发（非预期性）转院治疗，这样，每月能节省150万美元的医疗费用 • 一次性无线传感器还有助于预防医院交叉感染。据估计，使用一次性传感器可为每一位患者节省2000～12000美元——在全国范围内可节省的费用高达110亿美元 • 比如，对心肌梗死患者实施远程监控，每年能节省100亿美元
加速移动医疗创新	• 移动医疗行业包括移动应用、基于云的数据管理，无线医疗设备以及其他旨在加强患者管理、促进护理服务的解决方案 • 在美国，近1700万人通过手机访问健康数据。这与2010年相比增加了125% • 到2015年，移动医疗产业价值有望达到20亿～60亿美元 • 88%的医生赞成患者在家里监控个人健康状况，尤其是体重、血糖和重要生命体征 • 早期发现病征可以及早治疗，治疗结果会更好。例如，66%的心脏病患者首次入院后的6～9个月之内将会再次入院。据估计，如对四位慢性病患者实施远程监控，将有可能在之后的25年内节省1970亿美元

标准化将带来规模经济效益，无论患者是在医院、护理机构，还是在家里，有了统一标准，对患者的监控将更加便捷。电子医疗和移动医疗取决于互联设备组群，其中包括基于近场通信技术（Near Field Communication，NFC）与智能手机通信的设备以及基于低能耗、近程无线电通信技术［如蓝牙低功耗（BLE）、ZigBee[10]或Kingsley[39]］与其他节点通信的设备。

1）ZigBee旨在基于开放式IEEE标准，部署低成本、低能耗的可靠无线监控产品。其设计理念简洁，监控设备使用普通电池可运行若干年。

2）BLE是一种低功耗的蓝牙技术。利用该蓝牙技术可上报传感器的数据，仅一枚小型纽扣电池可维持一年。尽管从传输速率和射频距离上来说，BLE不如同类基于IEEE标准的传统蓝牙技术，但是其低能耗以及较长的电池寿命适宜于医疗领域短距离监控应用。

3）NFC是一种智能手机或平板电脑等设备与读写器之间的非接触通信。非接触通信让用户可通过NFC兼容设备示意智能手机传输信息，无须接触或者连接线。

有关无线技术将在第6章进行进一步阐述。

2010年中期，美国联邦通信委员会（FCC）称，拟在全美为身体传感器分配频谱带宽，以便使用移动体域网对患者的主要生命体征进行监控。该委员会还计划制定新的规则，以促进无线医疗设备频谱的集中应用，从而使美国率先为覆盖医院、诊所以及医生办公室的移动体域网专门分配频谱[9]。有了新分配的频谱带宽，患者的随身无线传感器构成了接入指定控制节点的网络，该节点集合了各种结果并将相关数据传输至中央计算机系统。美国联邦通信委员会的移动体域网提案是若干行业努力创新的成果，准许相互兼容的不同用户共享2360～2400MHz频段。该频谱使用提案加强了医疗无线设备制造商频谱能力以及可靠性，确保进一步简化产品开发。长期以来，它们要基于若干不同的频率运营。新的频率分配方案将：

1）为医院候诊室、电梯大厅、（药物）配置区以及其他人口高密区的移动体域网应用提供更为可靠的服务以及更大的容量。

2）提供更为有效的监控、在病情发展的关键时刻找到患者、及时采取措施控制病情、最终挽救患者生命，从而大幅提高患者护理质量。

3）减少医疗费用，同时加强竞争力、促进技术创新，并方便开发新型无线医疗设备的公司准入。

医疗护理监控应用包括慢性病监控、个人健康以及体型监控。其中的慢性病包括糖尿病、哮喘、心脏病以及失眠等疾病。一般来说，慢性病尤其是当病情发展到较为严重时，都需要某种形式的医疗监控。正如参考依据10（以下几段也是基于该部分内容）中所描述的那样，慢性病监控包括以下内容：

1）阶段性监控：适用于非重症患者，跟踪患者特定指标，识别其病情发展或恢复情况。主要监控患者的心率、体温等重要生命体征以及血压、血糖含量和心电图等疾病特征指标，以确定异常情况和病情发展趋势。对患者实施阶段性监控，医疗传感器采集的所有数据需注明时间，并安全传输至患者监控系统网关。此外，网关要将信息进行安全整合至数据库服务器。私人、家庭医疗护理可访问存储于数据库服务器的信息，以便监控病情发展。

2）持续性监控：使用于重症患者，需要经常、持续测量身体各项指标，包括患者休息、适度运动期间的心率、体温、脉搏、血氧等重要生命体征，以便调整治疗方案、恢复或诊断。重要生命体征指标波形（如脉搏波脉冲、心率等）被安全输入人体数据采集单元进行数据融合，并按顺序存储，然后安全传输至体外网关（如个人计算机/笔记本计算机、平板或移动电话）以便储存、并进行数据分析，或者直接将数据传输至移动终端。患者或护理方经体外单元远程触发人体传感器；人体传感器采集的有关测量数据安全、持续传输至临时存储数据的人体单元。最终，记录的测量数据将被安全、持续批量传输至体外单元，并由护理方长期保存和进一步分析。体外单元可用于测量时的波形安全监视。护理专业人员凭借捕获的数据，进行恰当的诊断或者调整治疗级别。

3）紧急监控：基于特定患者和疾病预设情况触发警报器。在这种情况下，需要持续监控患者的心率、体温等重要生命体征以及血压、脑电图、心电图等相关疾病特定指标。同样，传感器采集的数据要注明时间，并安全传输至患者监控系统网关。另外，根据预先配置可自动发出警报、自动响应并采取行动。例如，在对一位糖尿病患者实施监控过程中，如果发现患者血糖含量低于某一特定数值，就会向患者、内科医生和（或）医护工作者发出警报。一旦警报持续，监视器将对其进行频繁数据采样。无论是医疗设备，还是网关，都可以发出警报。

个人健康监控涉及个体的活动与安全（特别是老年人）。相关应用包括烟雾报警、恐慌按钮、运动传感器、家庭传感器（如床、门、窗户和淋浴等）以及其他辅助性的生活设施。上述设备采集的信息被安全传输至中央单元，以辅助决策、分析、跟踪和存储。个人健康监控包括以下内容：

1）老年人活动监控：重点监控老年人的日常活动。该应用除了穿戴式医疗传感器/设备外，还涉及对其他非医疗传感器（如环境传感器）的监控。例如，如果老年人必须按照日程安排活动，早上测量体重，上午 11 点、下午 5 点采集血糖值等，护理方可以监控其日常活动方式。如果未完成日常活动，他将会收到相应的提醒。

2）安全监控：是指对家庭环境安全的监控。家庭环境监控包括有毒气体、水、火等安全隐患。此外，家人的心率、体温等重要生命体征也属监控范围。

个人体型（健康状况、保健、健身）监控包括①监控、跟踪健康水平；②个性化健身计划（执行）情况：

1）监控、跟踪健康水平：重点跟踪个人的保健（健身）状况或进展。个体在执行健身计划时，要按照预设记录大量的监控参数（如在跑步机上跑步时，自己对心率、体温、血氧值进行监控）。人体自带的医疗传感器记录上述信息，然后安全传至网关或数据采集单元，并适时在跑步机监控显示屏上显示，同时显示的还有跑步机的其他性能信息。此外，网关还将信息传输至数据服务器，以便存储记录。

2）个性化健身计划重点是突出个性。个人健身计划可由教练或者自行输入。例如，要按照教练制定的计划在跑步机上完成马拉松训练，每天训练时，教练要记录路程、步幅以及最大心率。教练还会监控其呼吸模式。其中，跑步机记录跑完的路程和步幅，个人携带的无线医疗设备监控其心率和呼吸。

至截稿时，MBAN 技术的应用包括以下内容：

1）胎儿遥测：一种小而轻、无创性技术，用于持续监测胎儿健康状况，不影响孕妇的自由活动。

2）家庭护理救命吊坠：一种用于采集老年人或慢性病患者健康信息的设备。该设备对上述人群实施监控，可让他们安全、平静、独立地生活。

3）预测与早期预警系统：（为患者）提供持续监控，有助于防止患者病情突然恶化。

4）截稿时，本领域已有大量解释性案例说明，具体如下文 ㊀。

Sierra Wireless 公司已经开发出 Positive ID 安全模块，可对糖尿病患者的血糖值实施监控。Cinterion/Gemalto 开发了 Aerotel 系统，该系统可进入睡眠呼吸暂停综合征患者体内的气流进行实时调整。该公司还开发了 M2M 模块，以远程实时监控心律失常问题。最近，近场通信技术在美国率先由 iMpack 公司应用于跟踪睡眠质量，用时钟将夜间采集的数据传输至诺基亚 C7 NFC 智能手机。它采用嵌入式应用程序生成初步结果，然后传给内科医生[11]。

截稿时，关于无线体域网的部分研究如下：

1）体内/身体网络天线设计；

2）无线体域网的无线电传播信道建模；

3）电磁辐射与人体组织；

4）干扰管理与减少干扰；

5）无线体域网与其他无线技术共存；

6）物理层、MAC 层和网络层协议与算法研究；

7）无线体域网端到端服务质量（Quality of Service，QoS）研究；

8）高能效与低能耗协议；

9）无线体域网能源管理；

10）无线体域网与异构网络集成；

11）无线体域网（轻型）安全、认证与加密方案；

12）标准化研究。

3.4　城市自动化

有关城市自动化部分应用如下：

1）车流量管理系统与交通灯动态控制；

2）路灯控制；

3）公共交通乘客信息系统；

4）被动监视（见本书第 3.9 节）。

类似的城市传感器包括环境传感器和活动传感器。其中，环境传感器涉及如下：

1）暖气；

㊀ 本文提到的公司仅为实体的解释性案例，或能提供文中讨论的技术与服务，但并不是相关服务唯一的提供商。文中提及某一公司或某一种业务既不是建议，也不是说它比其他的都要优越。

2）湿度；

3）风力；

4）声音；

5）煤气；

6）微粒；

7）光、其他电磁频谱；

8）地震波。

活动传感器涉及如下：

1）人行道/道路压力；

2）车辆/行人监测；

3）停车场使用率。

ETSI TR 102 897：“M2M 通信；M2M 城市自动化使用案例”对这些应用进行了如下阐述[12]：

使用案例一：车流量管理系统与交通灯动态控制。城市道路车流量取决于道路车辆总数、时刻与日期、现时天气及未来天气、现时交通问题与事故以及道路建设等多种因素。车流量传感器为中央车流量管理系统提供重要的流量信息。车流量管理系统可制定实时交通优化方案，继而控制车流量；通过显示屏为司机提醒交通拥堵信息，从而控制交通；通过交通灯指导车辆避开交通拥挤的道路。车流量管理系统还可以和可控的交通灯实现交互，延长或缩短绿灯时间，以提高使用率较高的道路吞吐量；动态调整的交通信号有助于有效管理车辆，从而减少城市的燃油消耗、空气污染、交通堵塞，提高行车效率。

使用案例二：路灯控制。路灯无须始终保持同一亮度，也可以达成既定的安全目标。路灯的亮度取决于月光和天气等情况。调整路灯亮度有助于减少能耗和市政支出。每一处路灯接入（通常为无线接入）中央路灯管控系统。控制系统可基于本地传感器测量的本地信息，对路灯进行远程控制，或降低路灯亮度，或开关路灯。

使用案例三：公共交通乘客信息系统。公共汽车、通勤列车等公共交通工具按照时刻表运行，但是运行时间也会受到外部不确定因素的影响。乘客需要知道如何选择下一班交通工具；相关信息能帮助乘客做出科学的选择，避免长时间的延误。在这种应用中，不同公共交通工具的现时位置信息被告知中央系统，该系统可将交通工具的现时位置信息与其在每个时间点（或检查站）即将抵达的位置信息匹配。鉴于时间差，该系统可计算出现时延误时间以及预期抵达下一站的时间。交通工具的位置信息可通过各站点或 GPS/GPRS 跟踪设备（每隔一段时间提供位置信息）捕获。具体方法如下：

1）基于站点测算的方法。公共汽车的线路信息在经常停靠的每一车站（或行车区间的站点）被捕获。由于每个车站的传感器能将有关数据传输至中央系统，所以可以将时刻表中的抵达时间与实际抵达时间进行对比，从而计算出晚点时间，并在下一站点显示变化。在这一应用中，每辆车都必须安装应答器（可以是红外应答器、RFID 应答器、短程通信应答器，也可以是光识别应答器）。此外，每个车站必须安装一个以上的站点系统，以读取、接收车线路信息。如遇多个站台的大型车站，则需配置多个系统。

2）基于 GPS/GPRS 测算的方法。每辆车需安装 GPS/GPRS 跟踪系统，除了提供现时信息之外，还可提供直接或间接与业务内线路匹配的相关信息。该系统基于日常时间/位置模式，可计算出确切的时间差并在乘客显示屏上显示即将抵达的时间。

综合使用上述两种方法，可以实现地铁、有轨电车等轨道交通与公共汽车等道路交通的融合。

3.5　汽车运用

物联网/M2M 在汽车与交通领域的应用着眼安全、防护、连接导航以及保险和道路收费、紧急援助、车队管理、电车收费管理以及交通优化等交通业务。上述应用通常需要将物联网/M2M 通信模块嵌入汽车或交通器材。该应用涉及的技术将面临移动管理与硬件环境问题等挑战。相关应用的描述以参考文献［13］为基础（以下几段内容也基于此）。

（1）故障呼叫：故障呼叫向路边援助机构发送车辆的位置信息，同时发送语音信息。故障呼叫通常是由用户按动开关即可启动该项服务。增强型故障呼叫服务不仅能传输位置信息，还可以传输车辆现时诊断信息。

（2）失窃车辆追踪（Stolen Vehicle Tracking，SVT）：汽车 M2M 通信的基础应用就是追踪行驶中的车辆，既可以管理车队，也可以确定失窃车辆的位置。失窃车辆追踪系统旨在加强车辆防范，防止失窃。失窃车辆追踪服务提供商定期从车载资讯控制单元（Telematics Control Unit，TCU）搜集位置信息，并与警察交互。车载资讯控制单元还可以在非法入侵或者行驶时，自动发出警报。该控制单元还能与发动机管理系统（Engine Management System，EMS）连接，这样，凭借远程指令，便可使车辆停止或减速。车辆安装嵌入式 M2M 设备，结合定位技术，可以通过移动蜂窝网络与位于 M2M 核心的实体服务器通信。M2M 设备可直接与电信网通信；M2M 设备将融合基于网络机制的独立型 GPS、辅助型 GPS、Cell ID 等定位技术。对于失窃追踪应用，M2M 设备通常嵌入一个很难发现或者较为隐蔽的地方，所以不易遭窃贼破坏。追踪服务器是位于 M2M 核心的实体，由财产主人或服务提供商操作，以接收、处理、生成各元件的位置及速度信息。追踪服务器可触发某一特定 M2M 设备，更新位置和速度信息；或者通过配置 M2M 设备，定期自动更新，或者基于事件触发更新。

（3）远程诊断：远程诊断可大致分为以下几类：

1）保养提醒：当车辆行驶达到一定里程（比如，距离上一次保养已接近制造商建议服务周期的 90% 时），TCU 向车主或指定经销商发出信息，提醒车主（或经销商）保养时间已到。

2）车况检查：TCU 使用内置诊断报告功能，可定期或经车主要求，搜集车辆概况，并将诊断报告发给车主、经销商或者制造商。

3）故障触发：当发现故障［故障诊断代码（DTC）］时，便触发 TCU 将 DTC 以及有关信息传给经销商或者制造商。

4）增强型故障呼叫：车主手动发出故障呼叫时，TCU 将位置数据和 DTC 状态信息传给路边援助服务机构或者制造商。

（4）车队管理：车队负责人希望跟踪车辆——比如，要实时了解每一辆车的位置与速度——进而进行规划及优化业务工作。车队管理应用要求车队里的每一辆车都应安装 M2M 设备，从而可以：

1）与车载测算车速的传感器连接。

2）与发现位置的设备连接。

3）凭借正确的网络访问证书（如 USIM）与移动通信网建立连接。

车队主人服务器接收、融合、处理来自车队的跟踪数据，并将上述信息提供给车队主人。可以对设备进行相关配置，使其定期，或根据预设时间，或基于某类事件（如穿过某地域），自动通过蜂窝网络与服务器建立通信。M2M 服务器还可以命令 M2M 设备报告其位置/速度数据，如图 3-5 所示。

车辆—基础设施通信。欧洲一项智能运输系统指令㊀，要求执行车辆交通安全应用。一些车辆制造商业已开始部署车辆—车辆通信，例如，无线接入车载环境（Wireless Access in Vehicular Environments，WAVE）。但是，尚未充分开发车辆—路边基站应用。这样，车辆安装嵌入式 M2M 设备，与定位技术结合，可通过移动通信网络与实体服务器通信。凭借该应用，安装 M2M 设备的车辆或能：

1）实现与测算速度、外部环境的传感器连接；

2）实现与定位设备连接；

3）凭借正确的网络访问证书（如 USIM 全球用户身份模块）与移动通信网建立连接；

4）将交通安全信息上传至交通信息服务器或从交通信息服务器下载交通安全信息。

相关设备可针对外部冲击、发动机故障等情况进行配置，由车辆传感器触发，通过蜂窝网络与服务器建立通信。例如，交通信息服务器根据位置信息，为车辆提取路边基站或应急信息。或者，基于外（内）部传感器信息、预订情况，将车辆信息提供给交通信息服务器。详见图 3-6。

㊀ 指令（Directive）是欧洲联盟的一种立法，要求各成员国实现某一目标，但是对实现手段不作强制性规定。

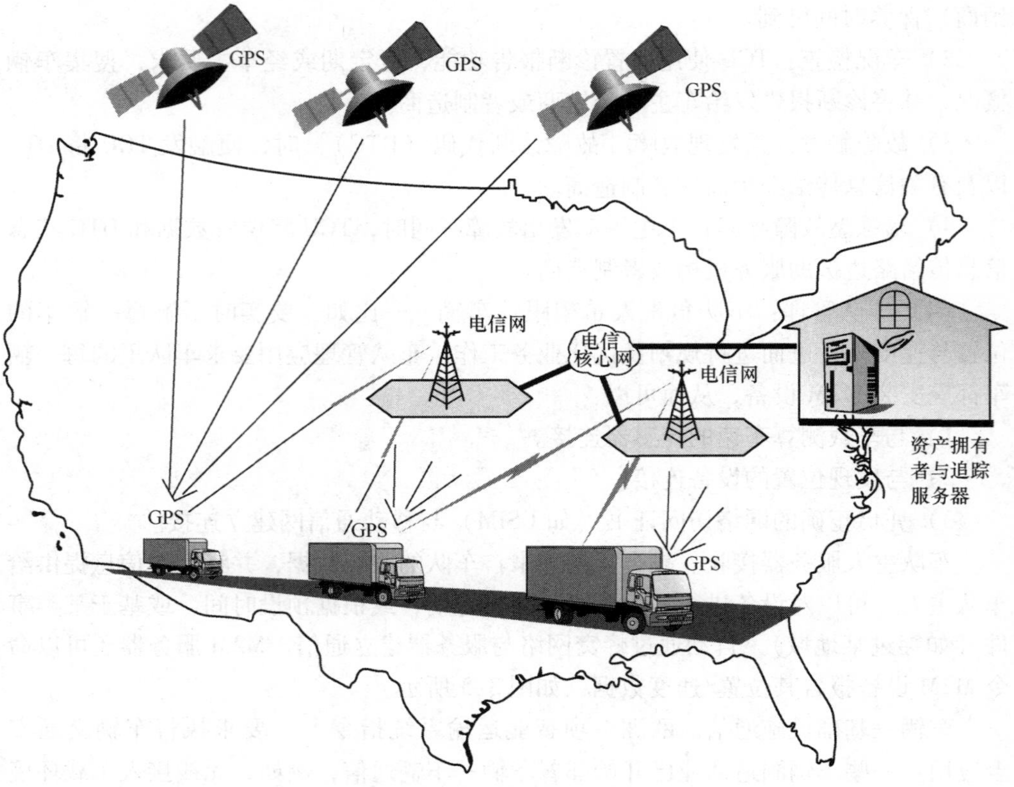

图 3-5　车辆资产追踪

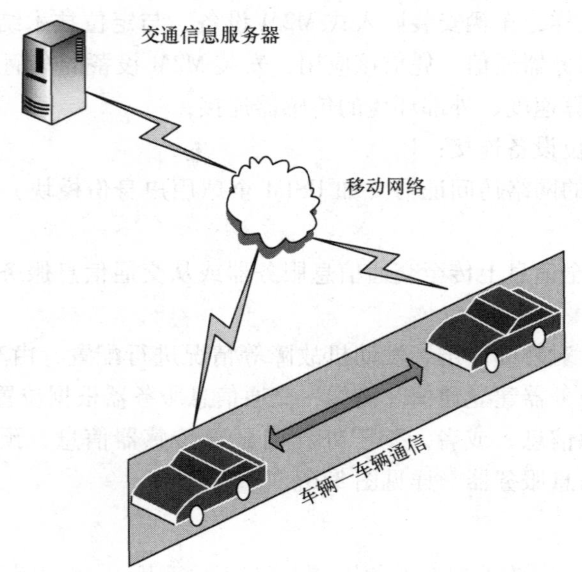

图 3-6　车辆-基础设施通信

保险服务：按公里数付费（Pay-As-You-Drive，PAYD）项目可降低保险商的现实风险成本，并能基于车辆行驶的时间、地点、方式、距离等反馈信息，为终端用户提供更具竞争力的服务产品。

3.6　家庭自动化

最近，在物联网/M2M 时代，家庭自动化备受人们的关注。家庭自动化的基础应用有媒体远程控制、加热控制、照明控制（含低能耗景观照明控制）以及家电控制。作为智能空间之一的传感家庭就是“下一代”应用。上文中提到的智能仪表与能效（充分利用智能电网的潜力）、远程医疗（如居家协助、家庭移动医疗服务等）以及安全与应急服务均可纳入这一范畴。

M2M 通信有望在住宅区大显身手，日常生活助手（如家电）等各类工具设备让人们的生活更加舒适、安全、健康、节能，从而提高人们的生活质量。部分居家控制类应用如下：

1）照明控制；

2）恒温器/采暖通风与空调（HVAC）；

3）白色（大型）家电；

4）电器控制；

5）居家显示。

部分居家安全应用如下：

1）门禁电话；

2）窗锁；

3）运动探测器；

4）烟雾/火警；

5）婴儿监控；

6）医疗吊坠。

示例如图 3-7 所示。

居家能耗涉及用户节省成本这一因素，因此是广为关注的一项家庭应用问题。使用物体占用传感器，可以确定房间里是否有人。如果房间无人，照明系统自动关闭；还可以利用其他的传感器来控制家庭各种设备（温控、电视等）的能耗状况。传感器和触发器可以是独立的（如光敏传感器），也可以接入 M2M 网关控制节点（无线或 PLC 有线节点）。网关融合各传感器（如室外温度、多区加热状态）数据后，给相关触发器发出相应的指令（例如，切断某一房间、区域甚至所有房间的取暖器）。M2M 系统基于房间短期情况变化（人们进出房间、上班、下班回家等）或长期状态（如周末、节假日家人外出度假等），自动调整家庭设备的应用状态，可有效降低能耗[5]。

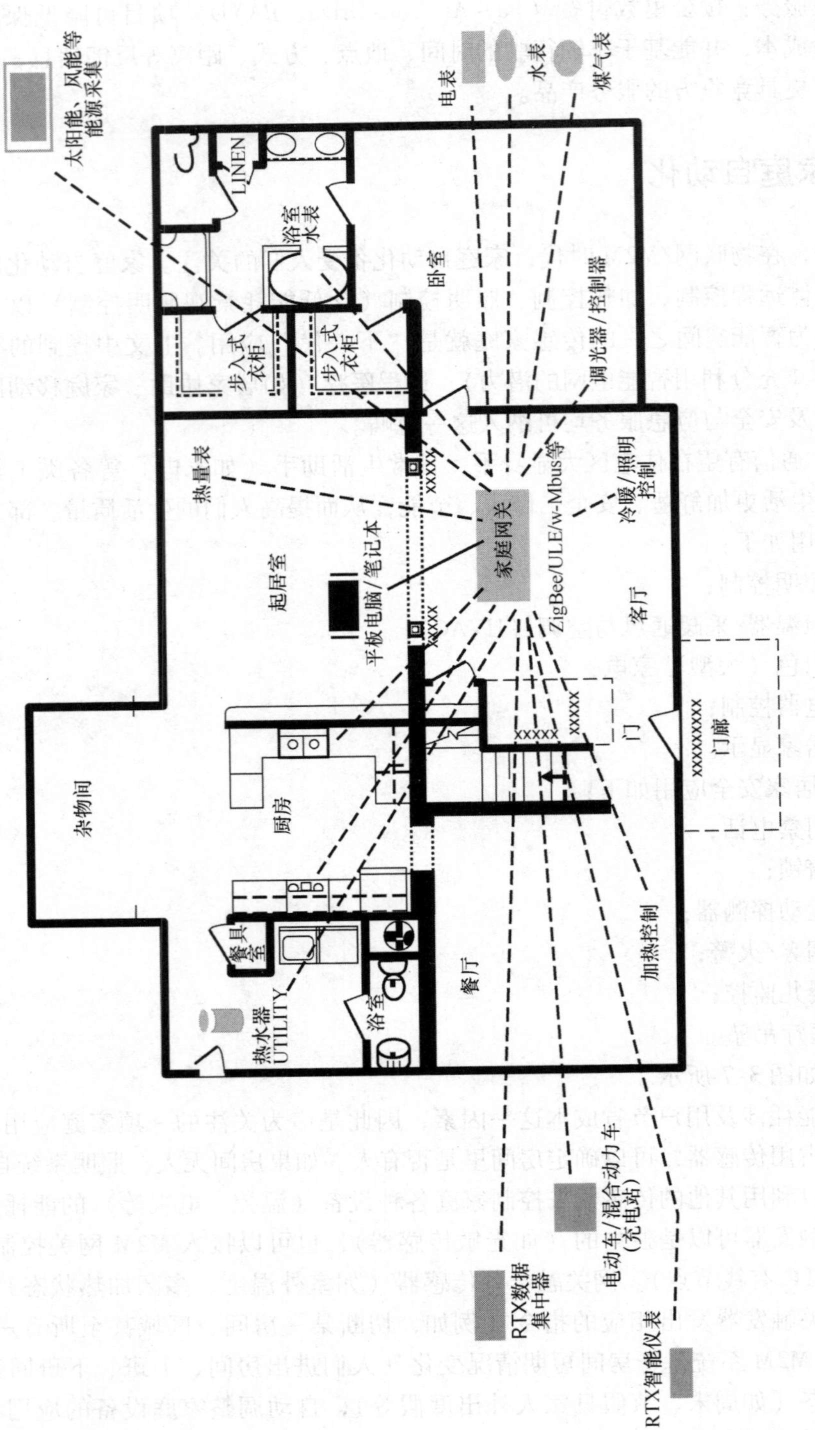
太阳能、风能等
能源采集
电表
水表
煤气表
LINEN
浴室
水表
卧室
调光器/控制器
步入式
衣柜
步入式
衣柜
热量表
冷暖/照明
控制
ZigBee/ULE/w-Mbus等
家庭网关
平板电脑/笔记本
起居室
客厅
门
门廊
杂物间
厨房
餐具
室
餐厅
浴室
热水器
UTILITY
加热控制
电动车/混合动力车
（充电站）
RTX数据
集中器
RTX智能仪表

图 3-7 家庭自动化

3.7　智能卡

一般智能卡与特殊 M2M 系统使有线、无线通信在工商业领域广泛拓展应用。如今，人们一般认为智能卡就是物理安全访问控制证书。智能卡旨在保护用户身份和密钥，必要时执行加密算法。智能卡是一种防篡改设备，相关技术涉及接触式与非接触式系统，其终端为与智能卡建立安全信道的实体，例如类似于卡片的接入设备（Card Acceptance Device，CAD）、手机卡片接入设备、机顶盒、笔记本电脑/台式机/平板电脑，详见图 3-8。

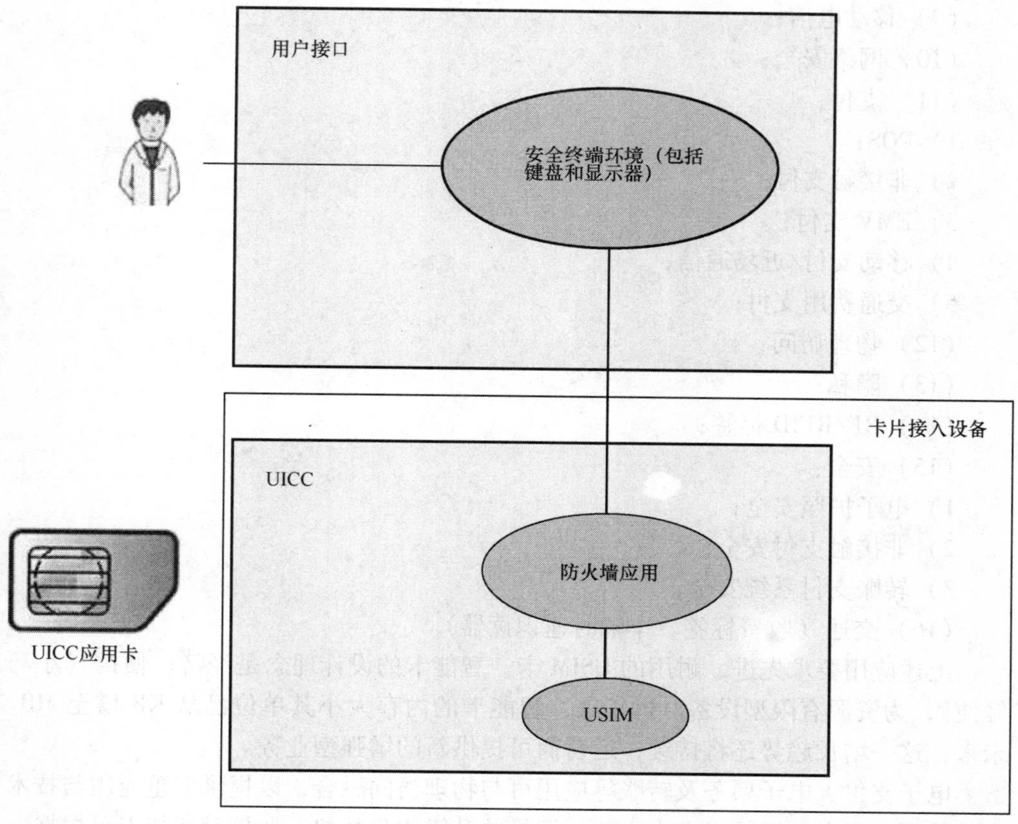

图 3-8　通用集成电路卡（UICC）（含用户界面）

相关应用包括设施监控、售货机、安全系统、工业机械、汽车、交通管理、速拍相机以及医疗设备。智能卡的更多应用如下：

（1）生物辨识系统；

（2）赛博安全；

（3）企业 ID 卡；

（4）政府ID卡：

1）电子护照；

2）FIPS201卡；

3）真实身份；

4）护照卡/WHTI。

（5）医疗；

（6）身份；

（7）逻辑访问；

（8）市场调研；

（9）移动电信；

（10）网络安全；

（11）支付：

1）POS；

2）非接触支付；

3）EMV支付；

4）移动支付/近场通信；

5）交通费用支付；

（12）物理访问；

（13）隐私；

（14）RF/RFID标签；

（15）安全：

1）电子护照安全；

2）非接触支付安全；

3）转账支付系统安全；

（16）交通（收费标签、车辆时速识读器）。

上述应用要求先进、耐用的USIM卡。智能卡的设计理念是经济、便携（小巧轻便），为资源有限型设备。近年来，智能卡的内存大小其单位已从KB增至MB。未来，这一增长趋势还将持续，运营商可提供新的增强型业务。

电子支付、电子票务及转账等应用可与物理访问融合，以提供多重应用与技术身份凭证。发卡方还可以在中央单元记录并升级用户特权。非接触智能卡可根据卡内所存储的数据，认证用户身份，确定其访问级别，准许持卡人进入某设施。智能卡还可附加其他认证因素（如生物辨识模块）以及其他卡片技术（如智能卡芯片）[14]。POS应用也是其中一例。目前，大多数POS终端为有线连接，这样一来，终端的位置便相对固定。如要完成交易，必须前往POS终端所在地——这或许会带来一定程度的不便，甚至影响经营。在许多情况下，如POS机终端、停车计时器、车库收费站位置较远等，有线连接有一定难度而且成本较高。因此，可以选择无线方式安全连接 POS 终端。随着无线 POS 终端、路边停车场、收费机器等相继安装 M2M 通信模块，为信用卡或借记卡网上交易提供通信，新型商业应用即将开启[5]。

非接触型卡使用近场通信供电并实现近距离通信。鉴于这类设备无须与识读器物理接触，其操作方便，可提高交易效率。虽然应答器运行需要电源，但是耗电量并不大。被动式设备的运行无须内置电池，其电能来自识读器产生的磁场。这就意味着，被动式设备的生命周期无限，但其识读范围较短，且需要较高功率的识读器[15]。适用于物理访问控制应用的非接触技术有 125kHz、ISO/IEC 14443 和 ISO/IEC 15693 等三种。

（1）125kHz 只读技术：目前许多 RFID 访问控制系统使用该技术体制。事实上，它基于行业标准而非国际标准。该技术需要安全的独立编码，便于后端系统传输与处理。卡片相关权利与特权由后端系统来确定。

（2）非接触智能卡是基于 ISO/IEC 14443 和 ISO/IEC 15693 标准的智能读写设备，可存储各种数据，运行范围广。非接触智能卡的运行频率为 13.56MHz，可进一步分为 ISO 14443（读写距离略近）和 ISO 15693（读写距离略近）两种，读写距离大致在 10cm ~ 1m 之间。ISO14443 标准中的非接触式智能卡可以分为 A 和 B 两种型号。按照 ISO14443 标准，A、B 型卡使用不同的通信以及选卡步骤。ISO 14443A 标准大多用于非接触卡，与底层大众化商业产品兼容。该标准规定智能卡的工作频率和调制编码方式（ISO 14443-2），防冲撞机制（ISO 14443-3）以及通信协议（ISO 14443-4）。该标准规定，在识读器—智能卡通信中使用幅移键控和改进型米勒代码（通信速率为 106kbit/s）[15]。

建立近场通信可使识读器、询问器、主动设备等形成无线射频电流，从而使其能与另一个含识读器所要信息的近场通信兼容设备或近场通信标签通信。被动式设备，如智能型海报的近场通信标签存储信息，并与识读器通信，但不主动识读其他设备。两个主动设备之间的对等（点对点）通信在近场通信中或可实现，两个设备可相互发送、接收信息。近场通信可维持 NFC Forum 中蓝牙以及其他近场通信标准（含日本备受欢迎的 Felica）等不同无线通信手段之间（如）的互操作性。2004 年，诺基亚、飞利浦和索尼创立了近场通信论坛，要求制造商设计开发 NFC 兼容设备时必须执行一定的标准。这样，便能确保 NFC 的安全，并且可以自如地运用各种版本的技术体制。NFC 作为一种广受欢迎的支付与数据通信方式，其发展的关键在于兼容性。它必须能与其他无线技术设备通信，并能够与不同的 NFC 传输交互。例如，将信用卡、地铁卡、纸质优惠券集成于一个设备后，持有者便可以乘火车、购物、兑换优惠券、信用积分，甚至能与智能手机互通联络信息。NFC 技术在欧亚部分地区很受欢迎，并已在美国部署。例如，Google 公司开发了 Google 钱包，支持万事达卡 PayPass 无线支付；PayPal 支持智能手机之间转账业务；其他一些公司也有望加入电子支付这一行列。可以预想，随着技术的部署，NFC 兼容智能手机将越来越普遍，而且越来越多的商家将会提供 NFC 卡识读器，为客户提供方便[16]。本书随后将再次阐述这一问题。

智能卡应用取决于应用环境。例如，在银行领域，用户信息包括身份、账户信息、可能还有近期的交易信息以及用于安全功能下的安全密钥。授权操作包括持卡人认证、自动交易注册（登记）以及有效交易；在移动通信中，用户信息又包括身份、个人信息（如地址簿）、操作员相关信息和用于安全功能下的安全密钥，可进行用户认证、语音加密访问用户私人信息。用户不能通过键盘、触屏（显示屏）等外围设备直接访问相关信息。智能卡访问必须通过终端，如果端对端通信存在不安全因素，可能导致安全隐患。为了规避功能强大的防篡改设备，必须确保网络最脆弱环节的安全性。如果不加强安全防护，黑客或会对终端或者终端的数据交换发动攻击[17]。通用集成电路卡（Universal Integrated Circuit Card，UICC）是 GSM 和 UMTS 网络中移动终端所使用的智能卡。通常，UICC 包含几种应用，一张智能卡可访问 GSM 和 UMTS 网络。UICC 可以存储（如目录）。在 GSM 网络环境中，UICC 包含用户识别模块（SIM）应用；而在 UMTS 环境中则为 USIM 应用。它是新一代 SIM 卡，适用于 3G 高速蜂窝网环境的手机或者笔记本计算机。UICC 智能卡硬件一般由 CPU、ROM、RAM、EEPROM 以及 I/O 电路组成。

智能健康卡的应用依然落后于信用卡和移动电话 SIM/USIM 卡应用，但是在医疗欺诈盛行、用于医疗数据管理难度较大的国家，智能健康卡业已开始应用。2009 年 2 月，美国签署的《促进经济与健康之医疗信息技术法案》（HITECH），鼓励医疗生态系统利益相关者使用“认证科技”构建网络（受保护的医疗基础设施），以便搜集、交换标准化医疗数据（电子医疗记录），同时确保上述数据的可用、安全、可靠、共享与准确。对于智能安全技术，尽管还没有一个准确的界定，但是它必须能处理所有利益相关者（患者、医生、护士、专家、药剂师等）的权利、密钥与证书、加密方式以及强认证（如某些情况下的生物特征信息）。美国医学会尤其重视紧急情况下使用智能卡的优势所在。该卡可存储个人过敏史、血型、目前的治疗方案等信息。ID 身份安全联盟在全美推广个人健康智能卡应用。最近，该组织表示，使用智能卡，只需用十年时间就能将医疗欺诈产生的费用减少 3700 亿美元。本书截稿之时，美国已推出了若干种智能健康卡。例如，个人健康卡开发商 LifeNexus ㊀推出了一种可以用作信用卡的健康卡。美国还发行了一种嵌入非接触芯片（万事达 PayPass）的手镯，它还包含一个独立识别编号（VITA 码 ㊁），以便在紧急情况下访问携带者的个人医疗信息。德国拟与保险公司联手推出为在线使用设

㊀ 参见前文有关脚注。

㊁ VITA 公司开发的 VITA 编号是一种分配给每一个用户的独立数字识别，印刷于 VITA 带上。该编码将用户与其应急反应档案关联。和其他身份辨识环不一样的是，VITA 码只有在需要给人有关信息的时候，才关联姓名资料，而其他身份辨识环印有所有的个人信息。

计的新一代健康卡（eGK Generation 1plus）。在法国，为医疗工作者开发的新型CPS3卡已经投入使用。这种非接触卡目前执行欧洲IAS ECC标准（包括签名、识别与认证）[11]。

参考文献［17］中提到了有关UICC的其他应用，如下所述（其中某些应用要求UICC与终端之间有专用的高速信道）：

（1）UICC是设备管理的控制端点。设备管理的目的在于为远程设备管理提供协议与机制。设备管理包括：①设定初始配置信息；②后续安装与设备中信息的持续更新（固件更新）；③从设备提取管理信息；④处理设备相关事件与报警。在上述应用中，设备中的智能卡将能：①用现时信息支持设备的动态服务开通；②处理设备固件更新过程中的部分安全问题（运营商控制的服务访问、原发认证等）。为实现上述目标，智能卡必须存储设备管理对象，且可通过智能卡—设备接口访问，并能通过远程服务器管理。

（2）数字版权管理（Digital Rights Management，DRM）与分布式应用。DRM用以从服务提供商处获取媒体内容，终端用户使用这些媒体内容的权利是有限的。通常，媒体内容应该能在任意兼容终端（如，CD播放器上的CD音乐光碟）生成，以便用户将自己的内容传输到任意地方。即便设置密码，也不会改变其操作授权。如果用户为移动网络运营商用户，有关授权将绑定设备，而不是用户。这就意味着，当用户更换播放器（例如，手机）时，必须将有关授权下载至新设备，并为新终端ID进行重新认证。只要有可用的网络连接，或者终端隶属于系统的用户域，这一进程就可以正常运行。

（3）多媒体文件管理。鉴于UICC将能存储/加（脱）密多媒体文件（如MMS、图片、MP3格式文件以及视频等），服务质量、数量不会因数据上传、下载耗时长而受到影响。例如，如果能将图像、声音，甚至视频短片与所有相关信息关联，以便在访问电话簿时，显示所有的图像和视频，那将是趣味无穷（会带来商机）。

（4）UICC的人—机接口。尺寸较大的智能卡或能将卡片发行商的人—机接口存储于UICC。初始化过程中，终端能发现UICC的类型信息（运营商、服务提供商、特征等信息），并能上传卡片发行者为定义其服务及目的的完整的人-机接口。

（5）实时多媒体（实时）数据加密/脱密。UICC可直接或间接对数据流进行加（脱）密（如受保护的语音通信或流媒体）。例如，用户应能接收经由UICC内置授权加密的多媒体文件。媒体内容和密钥应存储于UICC，脱密过程可在卡内执行，并能通过流协议予以脱密，从而提高其安全性。此外，用户还能将个人媒体信息存储于UICC中，对其按照UICC加密特征进行保护处理后予以传送。

（6）UICC终端应用存储。UICC可存储、分发可在初始化阶段甚至之后通过终端上传的应用程序。从UICC上传应用程序至终端（反之亦然）应能按照用户购买时的授权动态进行。这样，就能对终端的运营商有关应用进行有效管理，必要时可实时更新服务。

（7）UICC与PC的直接/间接连接。目前对于有些设备来说可以（也应该可能）将UICC直接接入笔记本电脑，或者将手机与笔记本电脑连接，以便将某些个人数据（多媒体短信服务、图片、影片、应用程序等）快速下载至UICC，或从卡上快速取回个人数据；还可以方便执行加密操作，确保访问环境的安全（如电子商务中的PKI技术）。用户应该把UICC看作是可信任的个人存储设备，确保其有效应用。

（8）智能卡的网络服务器。UICC可以被看作是一种网络服务器，可使用通用的互联网浏览器与互联网连接。访问UICC内容及应用程序要使用标准浏览器和标准协议，所以，该解决方案无须使用中间件便可接入UICC各项功能模块。媒体内容可存储于智能卡，也可在智能卡上动态生成，然后传输至终端——目的就是，复用手机（手持设备）标准的图形功能，准许移动运营商提供安全、受欢迎的服务。终端与应用程序之间的有效通信界面可增强网络服务器的性能。基于TCP/IP的通信使UICC凭借标准协议和方法享受本地或远程服务。

（9）UICC杀毒。和PC环境一样，UICC无论是作为存储设备，还是用来下载新的应用程序与服务，都要求卡片自身可运行杀毒软件。UICC可以自动扫描、升级病毒库，也可以管理用户授权。

（10）高价票务方案。UICC可用于购买票据并将其安全存储。鉴于票据的高额价值，UICC必须运行充分的保护机制（例如，窃取他人手机后无法使用有关票据）。UICC内的各种票据可能会在浏览、使用、删除之前，需要系统自行认证。UICC存储的各种票据还可以浏览查看，并可进行安全合法地转让。和传统的非接触卡相比，这是一项新增的功能。针对这一应用，UICC票务为发行方提供了一种低成本方法来运行非接触型票务系统。

（11）支付应用。UICC包含非接触型支付所需的应用与数据。该应用里的UICC终端可以执行非接触类支付，即在非接触POS机上完成支付，还可以作为账户代理，由第三方执行借方交易，完成交易。

（12）积分应用。UICC包含积分应用所需的应用与数据模块。UICC终端可在非接触类POS机执行非接触类积分应用。

（13）医疗应用。UICC包含医疗应用所需的应用与数据模块。UICC终端可用于存储医疗及健康保险数据资料。无论UICC处于何种供能模式，都可以使用这些基础数据。执行严格的安全保密规则（例如，有关医院关闭终端规定）时，可以使用非接触界面。

智能卡联盟（SC Alliance）是一个由若干成员公司组成的非营利性、跨行业的联盟。它致力于一系列智能卡技术的推广应用，旨在加速拓展智能卡技术应用的认可范围。该联盟成员涉及银行业、金融服务领域、计算机、电信、科技、医疗卫生、零售业、娱乐业等领域以及若干政府机构。

3.8　移动物体的跟踪与监控

跟踪与追踪应用是汽车与物流领域生产制造、分发与零售环节较为典型的应用。在物流领域通常应用 RFID 标签。汽车领域的应用强调以下三个方面：一是紧急情况下的人身安全；二是资产跟踪以防失窃或者执法应用；三是车队管理，以提高运营效率。类似的服务还有远程诊断、导航系统、PAYD（保险、车内服务）等，参见表 3-3（基于参考文献［5，13］）。上述应用中，M2M 模块要在更大的温度、湿度范围内正常运行。此外，与 M2M 的通信连接必须能耐受汽车、卡车、建筑机械等的发动机以及车辆移动等引发的振动（有一定的耐受能力）。跟踪设备的运行环境通常较为恶劣。这就意味着，设备将常常面临强烈的振动或撞击。鉴于 M2M 通信模块的运行空间有限，其体积必须尽可能实现最小化。

表 3-3　跟踪与追踪应用实例

实　例	相关描述
紧急呼叫	车内紧急呼叫系统可通过自动或手动的方式，将车辆位置和驾驶员相关信息发送至应急中心。车载 M2M 通信模块支持车辆与应急服务中心之间的应急呼叫与数据迁移。车载 M2M 通信模块与传感器互联，能识别交通事故，并与应急中心建立相应的连接，推送位置、事故等级等信息。该应用关键的需求在于，M2M 模块及其传感器/界面应具备充分的耐受能力。即便遭遇事故中的强振，依然能够正常运行
车队管理	该应用中，车辆需要嵌入式通信模块（通常，其所有者为服务提供商，而不是驾驶员）来随时搜集沿途位置、时机、交通拥堵、维护保养数据、旅行地环境等信息。通信模块通过移动网络将上述信息传输至服务器应用程序，并用于跟踪车辆。基于路况等实时信息，物流应用程序可以对行驶（交付）计划与路线进行优化。计划更新后将发送给驾驶员。使用保养相关信息完成车辆保养维护，还可以进行远程应急维护（修）。另外，环境传感器可用来恢复产品的物流与环境信息
防盗跟踪	该应用中，使用 M2M 有关功能可以找回失窃的车辆。M2M 模块可支持与第三方实体的网络安全通信。要对 M2M 模块进行保护，避免失窃和误用。此外，还要增强系统的隐蔽与安全性，避免失窃或误用，这样一来，其可用位置极为有限，所以，M2M 模块的尺寸必须尽可能小
人/动物保护/跟踪	该应用中，人（个人、医护人员、老人或儿童等）、动物携带集成 M2M 通信模块的便携式、可穿戴式设备。M2M 通信模块自动或按需将信息传输至应用服务器，以对目标的状态与位置进行跟踪。同时，还会用到 GPS、蜂窝三角测量功能。可通过植入 M2M 模块、UICC 的应用程序来提供有关服务
目标保护/跟踪	该应用的目的是跟踪与追踪。应用中，集装箱、建筑设备等目标对象装配内置 M2M 通信模块的便携式设备，也可以是 GPS，将目标位置/状态信息自动/按需推送至应用服务器。服务器可以对目标的状态和位置实施监控

跟踪（任意车辆、集装箱、人、宠物等）是一种与GPS关联的一般性应用，使用蜂窝科技也可以执行跟踪。GPS系统依赖卫星群持续发送信号。卫星每12h可绕地球运转一周，轨道为地球上空20183km的中地球轨道（Medium Earth Orbit，MEO），如图3-9所示。GPS接收机可基于卫星信号传输与接收的时延来进行定位。GPS卫星星座至少由24颗卫星组成，均匀分布在6个轨道平面上，即每个轨道面上至少有4颗卫星。另外，俄罗斯、欧洲也在正计划部署自己的GPS。理论上讲，只需其中3颗卫星，就能精确定位用户端在地球上所处的位置及海拔；但事实上需要更多的卫星。GPS用一颗卫星确定接收机的位置、速度与方向（根据时变，通过测算多普勒效应或者位置的数值微分来实现）。基本的服务方案如图3-10所示。

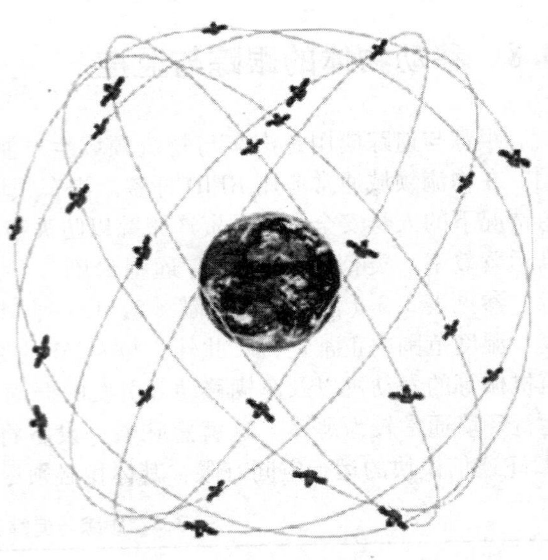

图3-9　GPS卫星

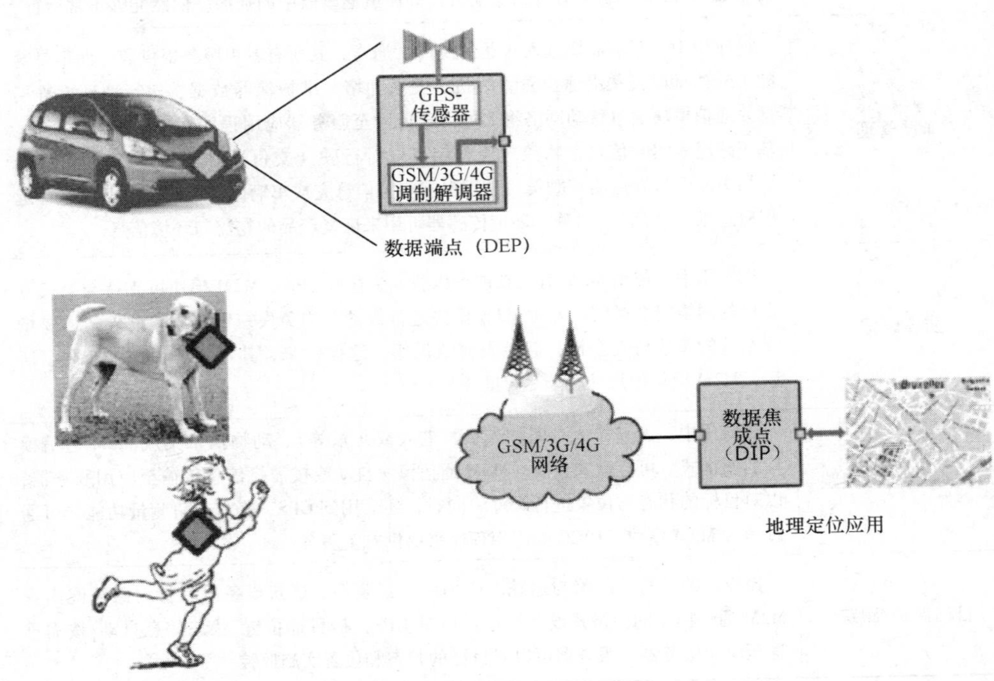

图3-10　定位/跟踪应用

其中，数据端点包括一个 GPS 传感器和一个蜂窝调制解调器。GPS 传感器将位置数据迁移至蜂窝调制解调器，然后，调制解调器通过蜂窝网将位置数据传输至数据融合点。此时，对定位数据进行解析、使用地图或地理信息系统（Geographic Information System，GIS）予以显示，或者按需存储。

3.9　被动空中监视系统/“钢环”摄像监视系统

高分辨率数字视频监视系统（Digital Video Surveillance，DVS）、车牌识别技术、面部识别系统、交通摄像、射程探测系统（Gunshot Detection System，GDS）、空中无人机监视系统以及其他相关技术等空中融合监视技术（Integrated Open-air Surveillance，IOS）正越来越广泛用于支持公共安全管制。部署上述基础设施成本较低，将为服务提供商和系统集成商带来可观的利润。“露天监视”是指在公共区域实施监视，此类监视可借助高分辨率（甚至是微光）（无线、有线）数字摄像机、车牌识别技术、GDS 技术以及其他相关技术或者传感器等来完成。“综合”是指分散和各地的系统、技术与数据库系统通过组网，可以将大量有关背景数据与元数据归档。IOS 技术充分运用了上述两种能力。相关的许多应用都属于物联网应用范畴，其中的“物”就是传感器、摄像头以及其他相关仪器设备。

IOS 技术可以对公共物理域的要素进行信息搜集、聚合与分析，它与“大众监视”这一术语的内涵不尽相同。“大众监视”是指全民泛在监视[一][二]。本书在这一部分要重点阐述的是空中监视，而不是其他领域的监视（如语音和数据通信的窃听）。无论监视对象是否同意，都可以对其实施空中监视。空中监视可以不考虑对

[一] “大众监视”可以和语音、数据通信窃听、元数据搜集等同时进行，但是本书不涉及该内容。我们只是在说明最近一项覆盖 50 个左右国家的调查中时顺便提及。调查显示，近年来，监视行为越来越普遍。例如，泰国、美国、新加坡、英国、中国、马来西亚、俄罗斯等国家可见大众监视（以及空中监视）的应用。2006 年，欧盟通过并开始执行《数据保护指令》（2006/24/EC 指令）。该指令规定，电信公司必须对通信元数据（比如主呼叫方、被叫方、时间、呼叫频率等）予以保护，并将搜集的数据交由政府机构处理（政府机构保存这些数据的时间可长达两年时间）。该指令还规定，调查大型犯罪案件需访问有关信息时不受任何限制。

[二] 该指令规定，成员国要保证，通信提供商必须按照规定保护必要的数据。

1）追踪、识别通信源

2）追踪、识别通信终点

3）识别通信日期、时间及时长

4）识别通信类型

5）识别通信设备

6）定位移动通信装备

指令要求，国家机关在特殊情况下，正如各成员国在国家法律中所规定的那样，“为了大案、要案的调查、侦测与起诉”，可以使用相关数据。

象的利益。但是，这一部分重点阐释相关的合法应用。该技术既用于正当的执法，也被用于其他目的。虽然可能存在非法滥用、盗用监视，但本文不涉及相关内容㊀。

这里有一个案例。20 世纪 90 年代，英国伦敦市在全市实施电子管制，以确保安全。该系统至今一直沿用“钢环”这一名称。2005 年，伦敦市的更多领域开始应用“钢环”系统。2007 年，纽约市宣布了一项计划，安装摄像头与路障，以发现、跟踪和威慑恐怖分子。这一举措就是广为人知的“曼哈顿下城安全行动”，该行动与“钢环”系统异曲同工。“曼哈顿下城安全行动”旨在加强若干物理域“关键目标”的安全。纽约市警察局也安装了一个系统，跟踪每一辆汽车或驶入曼哈顿区的车辆，并以投影的形式扩散，该系统还可以监控其他恐怖威胁。纽约市警察局的这一提案被称为“哨兵行动”。该项行动与“安全行动”一起加强曼哈顿下城的安全。据报道，截至 2013 年初，曼哈顿下城区公共场所安装了 3000 台监控摄像头，并通过“区域感知系统”集成，使用人工智能技术提供数据挖掘。就在不久前，美国其他一些城市也发布了类似的通告。近年来，美国联邦政府力图提高监视技术，增加相关项目开发预算。地方及联邦政府正投入资金构建监视设备网络，以监控街道、购物中心、机场等公共场所[18-20]。在个人层面，内华达大学里诺校区、德克萨斯大学奥斯丁校区和宾夕法尼亚大学等许多大学校园也开始使用摄像监控系统，来加强安全监控[18]。

如图 3-11 所示，摄像头、三角设备和无线传感器等分散式设备通过（多重技术）网络接入控制/运行操作中心，予以推广应用。连接服务可包括传统的电信业务，含 T1 专线、光纤链路、城域以太网服务、多协议标签交换（MPLS）、互联网服务和无线连接，含 3G/4G 蜂窝网、WiMAx、Wi-Fi 连接、点对点微波通信以及其他无线技术。

IOS 的基本目标是，综合运用各种技术与分析工具，在城区与近郊形成物理、电子域的安全防护，从而构建并保持“零犯罪区域”。目前，商场、大街上、公园里、警察给闯红灯的司机开罚单的交叉路口等区域的摄像头随处可见。交叉路口的摄像头可监控驶入城市的每一辆车——摄像头可捕捉所有的车牌号码。

最近，通过视频影像辨识波士顿马拉松爆炸案嫌疑犯这一成功的执法案例进一步推动着 IOS 技术的发展，尤其是视频监控在全美内外各大城市的推广部署。数据融合与数据挖掘需要强大的计算（人工）能力，而拥有上述数据所带来的利益是不言而喻的。未来，面部识别技术将被推广。

IOS 相关服务的部署在犯罪高发区域发挥了明显的作用。IOS 倡导者和执法人

㊀ 监视计划也受到了强烈的反对。笔者有望前往电子隐私信息中心监视焦点 http：//epic. org/，或者隐私国际网站，http：//www. privacyinternational. org 进行进一步咨询。

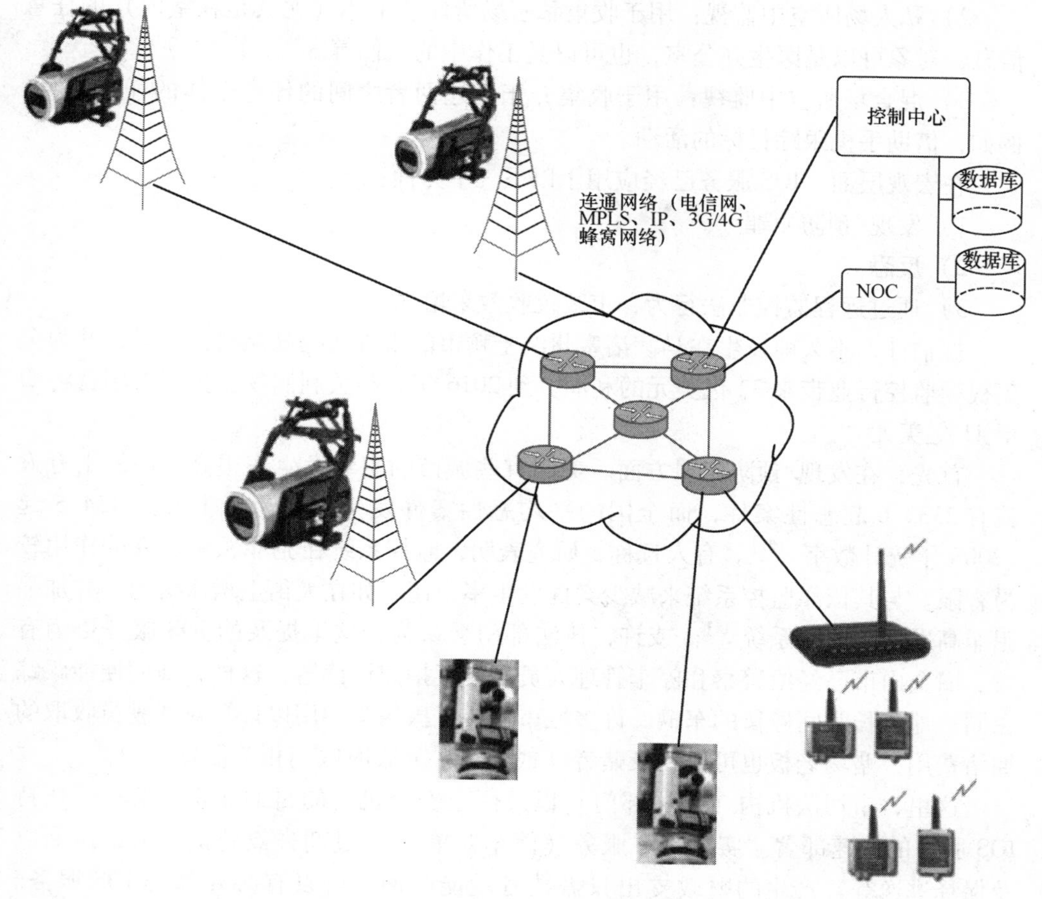

图 3-11　分散式 IOS 设备的推广应用

员经常感到，IOS 的“正面效益大于其负面影响（有关隐私的担忧）”。越来越多的城市执法部门和国土安全机构开始采用一般意义上的空中监视手段。目前，美国内外正以不同的形式部署 IOS 系统。巴尔的摩、芝加哥、新奥尔良等城市由联邦政府拨款安装摄像头监视网络。2010 年前后，更多的机构与城市开始部署 IOS 能力。

IOS 所具备的相关功能远远超过了一般意义上的执法行为。它可以感知有毒化学物质、炸药以及生物制剂，可借助化学传感覆盖物进行反恐侦查。而且，在人们每一次电话拨号、刷卡、单击鼠标的同时，信息也被记录、编辑、存储。一般情况下，权威机构有权利对上述数据进行深度挖掘。虽然有关数据并非公之于众，但是处于被动监控状态。

IOS 可分为以下几个方面：

1）公共场所空中监视：用于收集公共场所任意个体（无论室内外）的各种信息。监视对象可以在人群中，也可以在大街上，抑或是展销中的某辆汽车。

2）私人场所空中监视：用于收集私密场所任意个体（尤其是在室内）的任意信息，对象可以是医生办公室，也可以是工作中的人们等。

3）混合场所空中监视：用于收集介于上述两者之间的任意个体的任意信息。例如，借助手机跟踪目标的活动。

在宏观层面，IOS服务已经应用于以下三个方面：

1）发现/预防犯罪

2）反恐

3）通过远程监控非法行为，市政税收效果增强。

据估计，不久前发生在马萨诸塞州波士顿市的事件将提高燃料销售量，并为全美视频监控行业带来32亿美元的利润。到2016年，相关利润仅在美国市场就将增至41亿美元。

首先，在发现/预防犯罪方面。美国有些城市的犯罪发生率很高——每十万人就有2332.6起恶性案件，而全国的平均恶性案件发生率仅为每十万人454.5起(2008年统计数字)[21]。有人宣称，研究表明，监控系统在犯罪领域发挥的作用较为有限。与其依靠监控系统来减少案件发生率，还不如在大街上增派警力，并加强犯罪高发地的照明系统[18]。或许，执法部门会认为，这里提及的IOS服务更为有效。旧金山市已经给警察和停车管理人员配发了拍照识读器，这样，他们便能跟踪在同一地点长时间停留的车辆。许多城市安装了摄像头，用以计算对驾驶员收取的拥堵费用，赌场老板也可以在豪赌者（或骗子）光临时收到相关信息[22]。

这里，市司法机构（执法部门）以及国土安全机构的目的非常明确——扶持IOS服务的快速部署。实现IOS服务（停车罚单[38]、过期失效登记、吊销执照以及保释逃逸等）产生的财政支出只需数月就能收回，所以有必要部署IOS服务。极为重要的是，及时发现犯罪行为并快速堵截可有效制止犯罪，同时减少犯罪行为的发生。部分国土安全拨款已用以部署IOS系统，一些州、市、当地司法机构采用同样的方式来实现公共安全互操作通信（Public Safety Interoperable Communications，PSIC）。

正如前面提到的，IOS服务基于伦敦的“钢环”理念。20世纪90年代，英国伦敦在全城部署了安全监控警戒设施，以震慑可辨识的威胁行为。该系统一直沿用“钢环”这一名称。部署“钢环”系统以后，直通城市的道路变窄了。由于加设了小型之形路障，驾驶员经过此地时必须减速，道路上互联的摄像头进行摄像记录。之形路障是指赛马道或者大路上蛇形急弯道处设置的障碍，以降低行驶速度。通常，这种路面中央都设有混凝土路栏，并设有岗亭，警察在此站岗执勤，监控车辆㊀。自2003年2月起，伦敦拥堵收费区纳入“钢环”系统，闭路电视（Closed

㊀ 尽管名为“钢环”，但是实际上是与水泥设施相楔的电子设备。

Circuit TV，CCTV）将记录道路上的所有车辆相关信息。20世纪90年代，武装警察在岗亭全天候站岗执勤。2001年9·11事件之后，恐怖袭击以及其他恐怖威胁、安全威胁又有抬头之势。2005年，“钢环”系统进一步拓展，辐射到伦敦更多行业领域。当年，伦敦市已安装了20万个摄像头，全国则约有430万个。(目前，英国投入使用的摄像头占全球的1/5，其中8000台为速拍摄像头)。据估计，平均14位市民一个摄像头，一个英国人每天被300个摄像头盯着——据估计，每周，每个英国人一般会被各种方式共记录3245次（对于生活在英国的普通人来说，他的购物习惯、移动电话使用情况、电子邮件、白天的行踪、旅行以及互联网搜索记录等信息都被存储下来。其中，绝大多数信息将在数据库中保存若干年，有些甚至会无限期保存）[23]。

视频监控只是IOS服务所使用的若干技术之一。执行IOS服务可以运用现有技术，但有待集成新的技术。随着新型（经济型）技术（例如，静止、运动中简易爆炸装置电磁探测、超宽频微波袭击技术等）的发展，传感器技术得以更新提高。夜视/IR红外传感技术、步态分析技术等视觉探测技术的发展潜力巨大。空中集成监控相关技术还包括以下几个方面：

（1）无线、有线高分辨率（微光）DVS视频服务器。可根据震慑原则、现场条件及视角等因素将摄像头或秘密，或公开架设于室内外，对其进行全方位（上下、左右）移动及镜头变倍、变焦控制。

1）室外摄像头要相对结实、防爆，可架设于电线杆、墙壁和物体表面。

2）传输介质（铜、光纤、无线）以及摄像头电源（有线、太阳能、电池等）取决于物理环境。未来，将对摄像头进行可扩展结构设计。

3）可进行选择性录像，也可设置为全天候、无间断录像。

4）警察可远程监控摄像头，可对其进行全方位（上下、左右）移动及镜头变倍、变焦控制和旋转控制。摄像头运用无线技术，具有全时监控功能。配置较为复杂的摄像头系统单位成本可高达6万美元。

（2）图像处理系统（指挥中心）用于分析实时视频流、提醒执法人员及时发现异常行为（如非正常行人、趴着不动的路人等）、可疑画面（如人群聚集或四处奔跑等）以及简单的移动画面。必要时，还要对嫌疑人等进行面部识别。

（3）执照牌识别，其对象为可视范围内停止或以90km/h时速驶过收费站的车辆。另外，机动巡逻员可使用手持式条形码（注册标签）扫描仪进行识别。

（4）可燃气体探测系统使用了声音三角定位技术（伊拉克率先使用该技术成功发现夜间狙击手）。可燃气体探测系统将与视频服务器集成，这样，视频服务器发现炮火之后，将能在特定区域进行微光变焦、启动录影功能。

（5）移动障碍系统用以有选择性地对指定检查站的人和车辆实施控制。

（6）VPA实时定位报告系统综合运用GPS、无线射频三角测量以及其他自动车辆定位技术（Automated Vehicle Locator，AVL）（路标转发器/检查站点）。相关人员可配备主动转发器或（和）交通工具。跟踪行动初始阶段可使用基础的经济型技术（如通过手机或其他便携式无线装备系统跟踪），后期可启用军用高分辨率（+/-1m）设备。

（7）计算机辅助快递基于预设和（或）用户设定的威胁目录/排序，将虚拟外围设备地址（VPA）指向有关事件、目标。当然，还可以使用人工智能（Artificial Intelligence，AI）技术清除预设。

（8）地理信息技术将与数学摄影和遥感技术（Photogrammetry and Remote Sensing，PRS）融合，以识别建筑结构、自然资源以及已知的有害物质。

（9）互操作技术适用于不同系统、不同人员（当地警察、州机构、执法部门、国内应急办公室以及情报人员等），以扩大覆盖与监视范围。必要时，还要覆盖美国联邦应急事务管理署、联邦调查局、美国缉毒局和美国 ATF 特别反应组等联邦机构。

（10）传统隐蔽报警系统用以提醒有关人员注意可疑事件的发生。

（11）无线传感器用于探测毒性化学物质、爆炸物和生物制剂，凭借传感联网系统，构建一种全城分布式环境。

在 IOS 监视范围内，可通过启动或关闭不同区域摄像头、打开可疑区域摄像头，并对监控强度、密度进行动态调整。表 3-4（部分基于参考文献［23］）为数据收集（含空中信息）一览表。

表 3-4　数据收集一览表

移动电话	一般情况下，每人每天平均用手机拨 3 个电话、至少发送 3 条短信。每一次网络服务商要从电话发射塔进行三角测算，记录被叫方有关信息、主叫方的位置及行动方向。用户即便没有使用自己的手机，其位置信息也可能被跟踪，其原因在于设备本身会定期发送独立识别信号。警察以及调查犯罪案件的公共机构等可以访问上述所有信息
互联网	互联网服务提供商对客户上网时间、姓名、地址、网络连接的独立识别码（即 IP 地址），使用的浏览器以及位置信息等信息进行编辑。他们还会记录有关电子邮件的详细信息，如收件人、邮件发送的具体时间和日期等。2008 年，英国平均每人每天浏览 50 个网站、发送 32 份邮件，目前很有可能更高[23]。隐私维权人士对此深表担忧，因为，目前国内 BT、Virgin Media、TalkTalk 三大互联网服务提供商将上述数据提供给 Phorm 数字广告公司，以分析人们的网络浏览习惯。如果执法部门和公共权力机关提出要求，互联网服务提供商会心甘情愿地将其拥有的客户相关信息拱手相让。去年，英国政府官员提出索要电话及互联网有关信息的要求高达 52 万次，而前年为 35 万次。互联网搜索引擎也会编辑用户资料，如用户的 IP 地址及其搜索内容。平均每人每天要用谷歌搜索 68 次，谷歌公司存储相关数据的时间长达 18 个月。谷歌公司、互联网提供商等正在针对互联网用户创建巨大的数据库。按照法律规定，这些公司可能会强制性地将这些数据交由第三方或政府进行管理；公司也有可能丢失数据，造成数据的滥用

（续）

会员积分卡	商场“会员”卡内储存了申请办卡客户的若干信息。会员卡不仅记录了个人信息，也记录了他们所光顾的品牌商店、交易次数以及消费金额。就英国的Nectar卡而言，在英国，每周有一千万人使用该积分卡，用户信息被编辑后，从中可以清楚地看出持卡人的购物习惯
银行	进行有关调查时，也会要求银行将私人账户信息提供给某权力机关。他们还会将私人资料提供给信用调查机构、催债公司和打假机构（欺诈预防组织）。通过借记卡和信用卡，还可以查询到交易地址及交易明目
闭路电视监控	英国最大规模的监控（源）系统是闭路电视监控网络。一般来说，每人每天平均会出现在300个闭路电视监控画面中，而且这些录像将被若干组织机构保存，且保存的时间周期不一。在伦敦地下网络中，伦敦交通局保存有关视频片段的时间长达14天。伦敦交通局运营的地铁站闭路电视摄像头多达8500个，地铁火车上有1550个，而公共汽车上则多达60 000个。目前，英国公共场所闭路监控摄像头的数量位居全球第一。2002年的一项研究估算，英国约有420万个摄像头。目前，这一数字可能大大增加
牌照识别	闭路电视摄像头的最新发展是自动牌照识别系统的广泛应用。该系统用于识别车辆牌照，然后在数据库中搜索，从而发现车辆涉嫌（犯罪）线索。国家自动牌照识别系统由（英国）沿机动车道及主干道警长协会维护。该系统捕获的车辆牌照及相关日期、时间和行驶地点将被存储于数据库，且保留时间可长达两年
公共交通和汽车收费卡	旅行通行证（交通乘车卡）［如伦敦的牡蛎（Oyster）卡、牛津的Key card］也会泄露大量的个人信息。一旦实名注册，上述卡片将记录个人旅行经历、具体时间和相关费用。小汽车的易湃车易通卡就具有类似的功能
工作场所	越来越多的公司开始使用射频标签安全通行证，对员工进行监控，记录员工上下班的具体时间
大街小巷	车载摄像头记录街景，并上传至谷歌街景网站
飞机场	迈阿密国际机场是全美若干全身成像机器应用试点之一。该机器可以发现藏于衣服下面的武器和炸药等物品。借助该机器，还可以探测到非金属类危险物品、不能被金属探测器发现的物品以及在使用摸身检查（即使用微米波技术、非侵入的方式成像）时或被遗漏的物品。考虑到隐私问题，一些地方禁止使用该项技术[24]

表3-5中基于最近的应用实例，对一些方法、事件和观点进行了阐释。近来，美国IOS系统的部署呈上升趋势，其中包括国内无人机的相关应用。

表 3-5 IOS 系统最新解释性实例

纽约州纽约市	纽约市警察局正在制订一项计划，拟跟踪驶入曼哈顿地区的每一辆轿车、卡车等各类车辆，并摄像以防放射性物质或者恐怖威胁。该提议——“哨兵行动”与另外一项预算达 9000 万美元的安保行动同时进行，旨在加强纽约市曼哈顿下城地区的安全。警方官员称，“哨兵行动”主要依赖安装于 16 座大桥以及曼哈顿 4 条隧道（包括布鲁克林、华盛顿大桥和林肯隧道）的牌照识别器、核辐射探测器以及闭路电视监控来完成。每天驶入曼哈顿的各类车辆约为一百万辆，车辆相关数据——车牌号、辐射值、照片等——将由承载可疑车辆信息的计算机自动进行分析。经分析，无嫌疑车辆的数据将在 30 天以后从警察局记录中清除。该计划要征集 116 台固定和移动牌照识读器、3000 台闭路电视摄像机。上述设备由百老汇指挥中心的警察实施监控（据报道，截至 2013 年，该目标已经实现）。从某种程度上讲，该计划是以伦敦金融区的“钢环”监控系统为蓝本。截稿之时，该行动尚处于规划阶段，因此，有关“哨兵行动”的成本预算尚未知晓。正如所料，该提议引起了“民权卫士”的强烈不满[25]
华盛顿特区	考虑到公共卫生与安全，2008 年，华盛顿特区官员已开始赋予警察访问城区用于监控交通、学校以及公有房屋的 5260 余台闭路电视摄像机的权利，这使该特区成为全国最大的监视网络之一。城市视频监控系统旨在将该区政府机构管理的 5200 余台监控摄像机整合为一个大型网络系统，并由市国土安全和应急事务管理局负责。该系统覆盖了该区的公立学校和住房管理局。按照计划，政府机构有权分享视频录像，同时为城市提供全天候、无间断的主动监控网络服务。该举措通过增设摄像头提高机构的监控能力，将有望加强本区的反监视能力以及公共安全。例如，警察可以利用犯罪案件高发区的 225 台监控摄像机开展工作，其他机构也可以访问全市室外 1388 台摄像头的数据信息以及室内的 3874 台摄像头的数据信息。该特区公立学校管理的监控摄像头近 3500 个。市交通部管理的 131 台设备通常监控街道，但也可以调整作他用[26]。经警察局局长证实，2008 年，使用监控摄像头使距离设备 250ft（1ft = 0.3048m）范围内的暴力案件减少了 19%，1000ft 范围内的暴力案件减少了 4%。近年，该区拟投入 90 万美元加强对整合后监控网络的管理以及相关的队伍建设 不久前，特区官员在路灯杆、警车以及政府大楼上加装了摄像头。但是目前，他们拟将上述监控摄像头安装于扫路机上，加强对城市居民的监控。这样，官方就能将清路区域违停的车辆进行扫描并摄像。这种摄像头单价约 4 万美元，首批将部署两台清路机。市里还要在路灯杆以及住宅区加装 74 台监控摄像机，这将在一定程度上震慑犯罪分子。官方称，如果每月有 20% 的司机在清路区域违章停车，市财政收入将额外增加 20 万美元
波士顿	截至 2013 年中期，波士顿金融区约有 250 个公有、私有摄像头和数码摄像机用于监控、预防恐怖事件。这一数字还将继续增加

（续）

华盛顿梅迪纳	在梅迪纳，新近竖起了一块警示牌，提示大家："您已进入 24h 视频监控区域"。最近在各十字路口安装了摄像头，以监控驶入城区的车辆。按照"车辆牌照自动识别"项目有关规定，一旦汽车驶入梅迪纳，摄像头将会捕获其车牌照。几秒钟之内，该车牌号就会进入数据库（分析）。如果（经分析）发现该车辆涉嫌重案——比如，该车被曾因失窃报警或者司机为杀人嫌疑犯——相关信息将立即报告给警察，便于即刻采取行动。即便没有发现车辆的负面记录，所有捕获的信息也将会保存 60 天，以备未来发生案件时，警察可挖掘有关数据。警察局局长称，这些摄像头使我们的工作更加智能化，从而做到先发制人。当地政府经过多年的酝酿（2008 年发生 11 起抢劫案），最终决定采取此项举措（以抵制犯罪）。然而，美国民权联盟发言人称，该举措涉嫌侵犯隐私。但是，梅迪纳市政府官员则认为，为预防犯罪，可牺牲个人隐私[27]
华盛顿亨茨波镇	2006 年以来，亨茨波镇一直使用视频摄像连续记录出入本镇的车辆。本地共有八台摄像机，东西南北四个方向各两台。居民对此无丝毫不满。本系统曾经为多起交通事故提供了可靠证据[27]
密歇根州、纽约州边界	美国边境巡逻队在密歇根州和纽约州又增设了 16 座视频监控塔机，这是一项科技应用计划的一部分——利用科技确保美国北部毗邻加拿大 4000mile（1mile = 1609.344m）边境沿线地带的安全。政府将价值2000 万美元的工程项目授予波音公司。该公司还负责了美国—墨西哥边境一项名为"虚拟屏障"的项目。遗憾的是，该项目因技术漏洞百出，人们对其颇有微词。前面提到的 16 座视频监控塔机中的 11 座安装在底特律，另外 5 座架设在纽约布法罗，以监控加拿大与美国交界处的圣克莱尔湖和尼亚加拉河的水上交通。目前，河岸有边境巡逻队驻扎，监控水上交通[28] 密歇根州的弗林特市也正在招标，在全市架设监控摄像头，以预防犯罪。为节省经费，该市将在灯杆摄像机盒上警察局徽标旁显示承办单位的名称，盒上的蓝色警灯将全天候闪烁。这一系统被称作便携外显式数字监控系统。计划架设的 14 台监控摄像机价值约 50 万美元[29]
伊利诺伊州、亚利桑那州、马里兰州	芝加哥是美国监控技术应用最为广泛的城市，该市在国土安全电子网中架设了 2 250余台监控摄像机。该项目由国土安全部资助，并将有关设备接入同一网络（长达 900mile 的光纤电子网[26]）。摄像头接入运营（设备控制）中心，并由警察持续不间断监控。此外，据报道，伊利诺伊州已开始筹划在 20 个州警区每一条州际公路的各个方向安装高速摄像机，这样，每年可增加 5000 万美元的税收。目前，安装有摄像头的车辆专速辖区内的超速驾驶员，但是州法律不允许在州际公路上架设高速摄像机。截至 2013 年，芝加哥政府曾访问了一万台公有（私人）视频监控摄像机。同样，西塞罗也经国土安全部认可，计划安装几台监控摄像机 亚利桑那州在高速公路上安装了 100 台高速摄像机，总价值达 2000 万美元。该州针对超速达 10mile 的车辆予以 165 美元的罚款，这样一年可征收 9000 万美元的罚金 巴尔的摩利用联邦政府拨款投资建设监控摄像系统以及"监控中心"。架设中的摄像机与现有的高速公路监控摄像头连接，该项目涉及马里兰州的五个县市——安妮·阿伦德、巴尔的摩、卡罗、哈特福、霍华德，将实现与城市监控系统的连接

（续）

佛罗里达州	奥兰多正在实施一项名为 IRIS 的视频监控项目，旨在发现犯罪行为或其他事件，并向执法部门发出警报。该项目中的高科技摄像机与伦敦的类似，将架设于奥兰多的繁华地带，以预防犯罪。IRIS 监控摄像机也叫“智能相机”。奥兰多将架设 60 台移位侦测摄像机，第一批共安装 18 台，价值总计 130 万美元。奥兰多是美国第一批使用高科技摄像机提供实时数据的城市之一。一旦发现异常情况，警察局可以及时派员前往现场予以处理，同时也可以及时将官员派往“敏感区域”——商场使用的传统技术是一种离线记录（通常是为未来留作证据）。新型系统不仅可以做到这些，同时还可以通过采集实时视频搜集信息[30] 截至 2013 年，奥兰多警察局在市共内共布设了 138 台摄像机，并且还在不断增加布设。警察局称，2012 年，近 800 起案件在调查中调用了监控视频，并成功完成了 100 例抓捕行动 不久，迈阿密警察局可能在美国率先使用前沿空中监视技术，以进一步打击犯罪行为。由霍尼韦尔国际公司生产的一种小型无人飞行器，可借助光电或者红外传感器悬停并侦查目标。不久，该无人飞行器有望在佛罗里达大沼泽地带上空首飞。试飞后，如果联邦航空局批准使用无人机（监控），迈阿密戴德警察局将着手在城区上空部署重量达 6. 3kg 的无人机，以全面打击犯罪行为。该无人飞行器原本用于战术环境下的侦查行动。霍尼韦尔国际公司生产的这种无翼飞机小巧轻便，可放置于背包中，而且可以垂直起降。政府机构认为，这种蜻蜓大小的无人飞行器和 20 世纪 20 年代用于激光制导监视行动中的“the Insectohopter”（模拟昆虫的无人机）类似。据报道，政府机构对该无人飞行器有着强烈的兴趣。未来 10 年中，小型飞机有可能产生巨大的经济效益[31]（据报道，美国政府目前已投入使用的无人飞行器型号有近 100 种）
其他地区	帝伯龙是位于旧金山湾的一座城镇。此地正计划使用摄像机记录穿过城市边境的车辆的牌照。许多城市居民认为该计划是打击城外犯罪分子的惯用手段。相关的识读器使用字符识别软件，可以将车牌照与失窃汽车或涉案车辆数据库进行对比，（必要时）立即通知相关警局。该项目预计成本为 10 万美元。大街上一旦安装了监控摄像头，追捕劫匪将变得更加容易：警察将搜寻来往车辆牌照，然后由侦探审查是否有车辆曾经涉案。来往车辆的相关信息将被保存 60 天。当然，警察只能在调查案件时才有权访问上述信息。最近几年，车牌照识读器颇受欢迎。帝伯龙是率先在规定场所安装监控机的城市之一——甚至可能是最早记录来往车辆信息的城市。加利福尼亚高速警察（California Highway Patrol，CHP）在分布于 4 个固定场所的 18 辆巡逻车上安装了识读器。他们发现，自从 2005 年 8 月开始安装识读器，越来越多的失窃车辆物归原主。2008 年 12 月，加利福尼亚高速警察凭借该设备找到了 1739 辆小汽车，抓获了 675 名罪犯[22] 在新奥尔良，数码相机拍摄的图像被传至主（文档查询）服务器，便于监控。可以在任何地方（包括警车上）访问基于互联网的文档查询服务器。新泽西的帕拉默斯正在某购物中心试点安装运行摄像监控系统，该项目由联邦政府提供部分建设经费；联邦政府有望为罗德岛新港郡提供资助，安装监控摄像机；路易斯安那州的圣·伯纳德教区也已利用联邦拨款安装了监控摄像机

（续）

英国	据当地报纸报道，目前，随着空中监视飞机用于打探浪费能源的家庭，大众监视有了新的突破[32]。热成像摄像机正被用于生成彩色编码地图，有助于市政官员识别罪犯。飞机给家庭或公司拍照，其中失热严重的显示为红色，而隔热性能较好的则显示为蓝色。市政府已出资 3 万英镑，用携带热成像摄像机的飞机来判定哪些家庭正在浪费能源。诺福克布罗德兰区政府在推行一项举措，出资 3 万英镑租安装有带热成像摄像机的飞机。鉴于举措成效明显，其他的地方政府也相继效仿 不久，英国警察便可以借助类似于伊拉克、阿富汗战场上跟踪敌方部队的无人侦察机，对国内家庭进行监控。无人机的引进计划已列入内政部科技创新战略。内政部认为，远程遥控无人机可协助警察搜集证据、跟踪罪犯，而其人身安全不受任何威胁。这种微型飞机可以安装摄像头和热跟踪装置，这样，警察可在控制室实施空中侦察。和传统的直升机或小型侦察机相比，这种无人机不仅噪声更低，而且燃油成本也较低。内政部科技创新战略指出，“未来，无人机或将成为警察局广为应用的工具，而且将减少警察面临的风险，同时还能提供有力的起诉证据，并为警察行动提供实时帮助[33]” 生活在英国的每一个人每周平均有 3254 条个人信息被存储，其中绝大部分信息将在数据库中保存多年，有的甚至将无限期保存。相关数据包括购物习惯、手机使用情况、电子邮件、白天行踪、旅行以及互联网搜索历史等。很多情况下，上述信息会由银行、商场保存；但有时可能要求上述机构将有关信息移交给某些合法机构。英国政府已经在执行一项规定，即授权地方机构以及有关公共机关访问大量的电子邮件和互联网记录。电话公司也保存了客户的数据信息，而且（比如，英国）根据有关要求已将个人有关信息移交给了 650 个公共机关

3.10　控制运用实例

除了上述应用之外，还有如下应用（参考文献［5］中已有相关描述）。

（1）售货机控制。无论是办公大楼、公共建筑内，还是室外公共场所和加油站等场所，售货机都随处可见。通常，售货机的补货与维护由员工手动完成。他们定期到现场查看、补货，必要时还要对售货机进行维护。M2M 技术的引进实现了售货机管理的自动化：嵌入式 M2M 通信模块访问（移动）电信网络，将售货机相关现状（如现时存货、维护状况、可能遭受的损坏和故障等）信息提供给运营商，这样，只需在最为需要的时候，造访售货机并对相关问题予以处理和维护即可。

（2）生产设备控制。不同行业的生产过程需要分布式生产设备（如建筑机械、加工设备和食品生产设备等），上述设备机器所处的物理环境可能较为恶劣，因此需要修理与维护。通常，专业技术人员会定期前往，检查是否有损坏或故障，必要时对其进行修理、维护等。而使用 M2M 技术，可以通过访问移动通信网络，进而推送生产设备的现时状态信息（如现时维护状态，或会导致设备故障的损坏情况等；另外，还可以通过 M2M 传输软件的升级数据、执行远程维护），从而提高设备效率、优化其运行过程。

3.11 其他应用

有关物联网的其他应用还有很多，而且未来将会继续拓展。例如，目前，M2M 以及数据采集与监控应用正被用于支持卫星链路。卫星服务提供商认为，M2M 通信是全球性需求，可实现城市、郊区、远郊、农村、海洋等各种环境的无间断、无缝数据连接。基于卫星的 M2M 能实现世界各地少量信息的传送。有关应用包括政府、环境监测、气候分析、警察与海岸警卫队、近海钻探和采矿等。观察家们已发现，金融、能源、海运行业公司对卫星服务的需求正不断上升。尽管截稿之时，蜂窝系统在 M2M 市场所占份额尚占据着绝对优势，基于卫星的业务所占份额很小（2011 年，仅占 2%，营业额仅为 6%），但是 M2M 将是卫星业务的增长点。据预测，到 2016 年，全球卫星 M2M 市场价值将达到 23 亿欧元。其中，亚太地区发展速度最为迅猛，尤其是中国、印度尼西亚、越南和印度等国[34]。支持者认为，M2M 市场将是卫星领域的一个颇具吸引力、潜力无限的经济增长点，将为市场带来许多商机，尤其是纵向市场[35]。

又如，美国美洲银行已在论证一项技术——客户只需用苹果手机或安卓手机等设备扫描物品，就能完成支付。这与前面提到的智能卡理念类似，但并不完全相同。谷歌、eBay 旗下 PayPal 公司正探索如何将手机变成数字钱包，实现信用卡、借记卡、优惠券一体化，而且能存储信用积分信息。截稿之时，全球移动支付市场价值高达 1700 亿美元。最初，美国美洲银行测试了近场通信技术的应用。收银台示意后，手机里的芯片便发射无线信号；这种新型手段适用于苹果手机以及其他使用安卓操作系统的手机（iPhone5 未嵌入近场通信）。美洲银行在近场通信技术测试过程中，让客户将支付数据信息存储于手机里一个较为安全的位置，然后在商户完成支付。当然，商家必须有手机信号识读设备[36]。在最近的测试中，客户将支付卡存储于计算机服务器。需要支付时，客户可启动手机应用程序，并扫描收银台的二维码即可完成支付。

参考文献

1. Lee GM, Park J, Kong N, Crespi N. The Internet of Things – Concept and Problem Statement. July 2011. Internet Research Task Force, July 11, 2011, draft-lee-iot-problem-statement-02.txt.
2. Scarrone E, Boswarthick D. Overview of ETSI TC M2M Activities, March 2012, ETSI, 650 Route des Lucioles F-06921 Sophia Antipolis Cedex – France.
3. 3rd Generation Partnership Project, Technical Specification Group Services and System Aspects; Service Requirements for Machine Type Communications (MTC); Stage 1 (Release 10); Technical Specification 3GPP TS 22.368 V10.1.0 (2010–06).

4. African Utility Week Conference: 22–23 May 2012, Nasrec Expo Centre, Johannesburg. Available at www.african-utility-week.com.

5. Machine-to-Machine communications (M2M); M2M Service Requirements. ETSI TS 102 689 V1.1.1 (2010–08). ETSI, 650 Route des Lucioles F-06921 Sophia Antipolis Cedex – France.

6. Drake J, Najewicz D, Watts W. Energy Efficiency Comparisons of Wireless Communication Technology Options for Smart Grid Enabled Devices. White Paper, General Electric Company, GE Appliances & Lighting, December 9, 2010.

7. ETSI TR 102 732: Machine to Machine Communications (M2M); Use Cases of M2M Applications for eHealth. (2011–03). ETSI, 650 Route des Lucioles F-06921 Sophia Antipolis Cedex – France.

8. ETSI TR 101 557 V1.1.1 (2012–02), Electromagnetic Compatibility and Radio Spectrum Matters (ERM); System Reference document (SRdoc); Medical Body Area Network Systems (MBANSs) in the 1785 MHz to 2500 MHz range.

9. Staff. FCC Chairman Unveils Proposal to Spur Innovation in Medical Body Area Networks, to Transform Patient Care, and Lower Health Care Costs. May 17, 2012, Federal Communications Commission, 445 12th Street SW, Washington, DC 20554.

10. ZigBee Wireless Sensor Applications for Health, Wellness and Fitness, March 2009, ZigBee Alliance. Available at www.zigbee.org.

11. Staff. Smart Cards, Mobile Telephony and M2M at the Heart of e-health Services. CARTES & IDentification Conference, Parc des Expositions Paris-Nord Villepinte, November, 2011.

12. ETSI TR 102 897: Machine to Machine Communications (M2M); Use Cases of M2M Applications for City Automation. (2010-01). ETSI, 650 Route des Lucioles F-06921 Sophia Antipolis Cedex – France.

13. ETSI TR 102 898: Machine to Machine Communications (M2M); Use Cases of Automotive Applications in M2M Capable Networks. (2010-09). ETSI, 650 Route des Lucioles F-06921 Sophia Antipolis Cedex – France.

14. Smart Card Alliance. Contactless Technology for Secure Physical Access: Technology and Standards Choices. Smart Card Alliance Report, October 2002, Publication Number: ID-02002, Princeton Junction, New Jersey.

15. Hancke G. A Practical Relay Attack on ISO 14443 Proximity Cards. White Paper, July 2008, University of Cambridge, Computer Laboratory JJ Thomson Avenue, Cambridge, CB3 0FD, UK.

16. Promotional Material of NearFieldCommunication.org. Available at www.nearfieldcommunication.org.

17. ETSI TS 102 412: Smart Cards; Smart Card Platform Requirements Stage 1 (Release 8). (2007-07). ETSI, 650 Route des Lucioles F-06921 Sophia Antipolis Cedex – France.

18. Electronic Privacy Information Center, Spotlight on Surveillance, More Cities Deploy Camera Surveillance Systems with Federal Grant Money, May 2005, Washington, D.C. Available at http://epic.org/.

19. Department of Homeland Security, *Budget-in-Brief Fiscal Year 2006*, at 81-82 (Feb. 7, 2005).Available at http://www.epic.org/privacy/surveillance/spotlight/0505/dhsb06.pdf.

20. Rotenberg M, Laurant C. *Privacy and Human Rights: An International Survey of Privacy Laws and Developments*, EPIC and Privacy International 2004 (EPIC 2004).

21. O'Leary-Morgan K, Morgan S, Boba R, editors, *City Crime Rankings 2009—2010*. Washington, DC: CQ Press, A Division of SAGE; November 23, 2009.

22. Bulwa D. *Tiburon May Install License Plate Cameras*. San Francisco Chronicle; July 10, 2009.
23. Gray R. How big brother watches your every move. The Sunday Telegraph, 16 Aug 2008.
24. Cordle IP. Miami Airport Security Cameras see Through Clothing. Miami Herald, July 22, 2008.
25. AP/Crain's New York, NYPD Planning to Track Every Vehicle in Manhattan. August 18, 2008.
26. Washington Times. D.C. Police Set to Monitor 5,000 Cameras. April 9, 2008.
27. Krishnan S. Cameras Keep Track of all Cars Entering Medina. Seattle Times, September 16, 2009.
28. Sullivan E. Surveillance Towers Planned for Detroit, Buffalo, AP, March 31, 2009.
29. Foren J. Flint seeks sponsors for police surveillance cameras. Flint Journal, July 30, 2008.
30. Local6.com. Orlando Surveillance Cams Will Detect Motion, Alert In Real-Time. June 23, 2008.
31. Brown T. Spy-in-the-sky Drone Sets Sights on Miami. Reuters, March 26, 2008.
32. Levy A. Council Uses Spy Plane with Thermal Imaging Camera to Snoop on Homes Wasting Energy. Daily Mail, 24th March 2009.
33. Wardrop M. Remote-controlled Planes Could Spy on British Homes. The Sunday Telegraph, 24 Feb 2009.
34. IDATE. The Satellite M2M Market 2012–2016. Report, IDATE Consulting & Research, April 23, 2012, London, UK.
35. Staff. Satellite M2M: An Emerging Revenue Stream, September/October 2010. Available at www.satellite-evolution.com.
36. Rothacker R. Bank of America Tests Technology to Pay with Phones. Reuters, October 1, 2012.
37. Jung N-J, Yang I-K, Park S-W, Lee S-Y. "A design of AMI protocols for two way communication in K-AMI", Control, Automation and Systems (ICCAS), Conference Proceedings 2011 11th international Conference on, Date of Conference: 26-29 Oct. 2011, S/W Center, KEPCO Res. Inst., Daejeon, South Korea, Page(s): 1011–1016.
38. Washington Times. Street-sweeper Cameras Eye Illegal Parking. April 2, 2008.
39. Kingsley S, "Personal body networks go wireless at 2.4GHZ", ElectronicsWeekly Online Magazine, 16 May 2012, http://www.electronicsweekly.com.

第4章　物联网基本机制与关键技术

本章简要介绍了物联网设计和应用环境中应考虑到的一系列基本问题和技术。由于物联网涉及的相关因素较多，本章主要把物联网看作服务概念与基础设施的结合物，重点论述其中与最基本的逻辑和技术基础设施相关的因素。

4.1　物联网对象与服务的识别

在物联网应用的设计和部署领域存在诸多关键的基础问题。下文的论述综合参考了一系列公开发布的文件，主要包括参考文献［1-3］。

对象和服务识别是物联网应用的首要问题。尽管由于用途和实际使用的不同，识别符的种类各异，但全球唯一标志是其首选。识别码可分为对象识别符（Object ID，OID）和通信识别符两类。对象识别符主要包括射频识别（Radio Frequency Identification，RFID）/电子产品码（Electronic Product Code，EPC）、内容识别㊀、电话号码及统一资源标识符（Uniform Resource Identifier，URI）/统一资源定位器（Uniform Resource Locator，URL）等。通信识别符包括媒体访问控制（Media Access Control，MAC）地址、网络层/IP 地址及会话/协议 ID 等。目前，有研究人员提议，定义一个逻辑上独立于网络地址的对象身份层，物联网则以身份为导向。射频识别（RFID）是该提议的方法之一，尽管不尽完善但较为实用，其逻辑上依附于识别对象，并可作为所依附对象的电子 ID。

除此之外，还可采用本书第一章所阐述的一般识别方法。其中，值得注意的是，所有对象都采用一种永久唯一的识别符——对象识别符（OID），既可取又可行。不仅如此，所有端点网络位置和/或中间点网络位置都拥有一个永久唯一的网路地址（NAdr），同样既可取又可行，IPv6 地址空间可确保位置识别的实现。如果对象位于网络中，并具备运行通信协议栈的智能化功能，便可用 NAdr 对该对象进行标记。

标记后，各对象分别拥有一个唯一元组（OID，NAdr），尽管元组再次输入时，可能会随时间、位置及或情况的变化而改变。在静止、恒定或几乎静态环境中，且对象联网的情况下，可选择将 OID 的赋值设置为与 NAdr 相同，也就是说，对象继

㊀ 根据内容识别论坛的定义，内容识别是附加于基于内容的对象的识别符。它可确定和区分数字内容，是作为元数据存储的内容对象的完整属性信息，包括内容性质、相关权限信息以及分发信息等。

承了该元组（NAdr，NAdr）。在对象发生移动这类极少数出现的情况下，OID 可能重新刷新到新位置地址，即对象继承了元组（NAdr'，NAdr'）。然而，目前对象移动性正在成为一种趋势，动态环境也应运而生。因此，为保持最大灵活性，原则上最好将 OID 和 NAdr 分离，并且在 OID 保持不变的情况下，设置一个通用元组（OID，NAdr），但 OID 仍可从 NAdr 空间获取，即 IPv6 地址空间。

确保全球唯一性是对象识别的基本要求，但还应采用层次化分组机制来解决对象数量庞大的问题。IPv6 地址的聚合功能提供了解决这一问题的层次化分组机制。对于许多应用来说，都需要将 IP 地址（通信 ID）映射/绑定到相应的 OID。而且，现代分层通信体系结构也对数据链路层、网络层、传输层（协议 ID）以及会话/应用层等多个层次上的寻址和处理能力有一定要求。这也相应产生了简化要求。有些人则认为，不同的应用应采取不同的识别方案。例如，书籍、药物以及服装等事物的相关信息无须全球识别，而只需进行注销记录（某些对象最终会被消耗或损坏）。

前文所述 RFID/传感器中使用的 EPC 是对象 ID 的一个实例。EPC 是指分配给 RFID 标签的代码，该代码就是实际 EPC 的表示形式。其意义在于，EPC 经精心编排和分类后，可将特定含义嵌入其结构中。每个代码包括报头、管理员码、类别码以及序列号四部分。报头用于识别特定的 EPC 版本以便进行下一步 EPC 代码的解码；EPC 管理员代码专门用于识别各个公司或组织；类别码主要用于识别某一机构内使用的对象，如产品类型等；序列号则用于对该组织标记的每个对象进行唯一识别[4]。EPC 作为一种唯一识别代码，已被广泛看作是传统条形码的下一代。与条形码一样，EPC 也采用了用于产品识别的代码系统，但其功能更强大。EPC 包括了与产品相关联的大量信息，如生产日期、运货来源和目的地等，这为商业和消费者带来了巨大的便利。EPC 储存在 RFID 标签上，经特定读取器发出信号进行提示后可传输数据。需特别注意的是，EPC 和 RFID 不可互换——因为许多 RFID 应用与 EPC 并无关联，如过路收费站 E-Z 通道的使用[5]。

除上文所述 OID 外，物联网对象识别还需进行对象命名。域名系统（Domain Name System，DNS）是基于互联网命名机制的实例；但该系统目前只能识别存储有具体内容的特定服务器，而且数据本身并未命名。一些支持者也认为，在物联网环境下，应通过命名而不是节点地址来实现信息识别。DNS 用于将计算机“人性化友好”的主机名映射到相应的“机器友好”IP 地址。因此，可以实现对 CNN、谷歌等服务器（或大型服务器）的访问，简单来说就是域名为 www.cnn.com 等服务器。从更大范围来看，在物联网中对象名解析服务（Object Name Service，ONS）对于在物联网中将不同网络上（如 TCP/IP 网络）的对象“物友好”名称映射到其相应的“机器友好”地址或另一个 TCP/IP 网络的相关信息同样重要，而对象名称可能属于异种命名空间（如 EPC、uCode 及其他自定义代码）[1]。然而，物联网世界里的“事物”或对象可能更加细微，而且范围/功能更为狭小（如与 CNN、花旗银行、联合航空公司、福特公司相比），并不会引起大范围关注，因此无须对此类对象进行命名。例如，出于安全考虑，一个大别墅可能配备12个安全传感器。尽管它们可以命名为“史密斯别墅前门传感器”、“史密斯别墅前大门传感器”、“史密斯别墅后门传感器”、“史密斯别墅车库门传感器”，但除了史密斯夫妇的安全公司外，几乎没人会专门通过名称识别这些传感器。但尽管如此，物联网应用（至少是部分应用）的对象命名服务还有待进一步发展。

在某些应用中，特别是小型对象需要简单的终端用户可视化的情况下（如，对象数量较少并可分散识别的情况——住宅内的恒温器、电冰箱、照明系统、宠物），对象可通过网络服务（Web Service，WS）识别。网络服务可提供标准基础设施，使运行在不同机器上的两个不同应用进行数据交换。轻量级的WS协议具有明显优势，例如，具象状态传输（Representational State Transfer，REST）界面对于小型分散对象的识别十分实用。REST是一种软件体系结构，可使分布式系统实现网络服务，而且较经典协议更为简单，正逐渐普及开来，如简单对象访问协议（Simple Object Access Protocol，SOAP）和Web服务描述语言（Web Services Description Language，WSDL）。

鉴于物联网对象和应用可能得到广泛应用（如电网控制、家居控制、交通控制及医学监测），其通信和服务的安全性和隐私问题逐渐凸显。因此，应事先在协议制定过程中考虑安全因素，而不能等到事后进行弥补。目前链接到网络的异构设备逐渐增多，包括传统的个人计算机和笔记本式计算机，以及智能手机和蓝牙设备等，但这些设备也相应会带来一定风险。对于安全问题，强大的验证技术、传输中的加密技术以及静态数据加密技术都是理想方式，但关键因素是加密计算需求。此外，在中央/验证站点还需快速验证支持，否则在对象数量众多的情况下将无法实现逐一验证。

如第3章所述，在某些物联网应用中，需要对对象进行精确物理定位，但如果采用全球定位系统或蜂窝电话服务，成本太过昂贵，因此，解决该问题最大的挑战就在于如何以最低的成本有效获取位置信息。不同情况下，对象移动方式不同，它们或独立移动，或成组移动。这就需要采用不同的追踪方法来实现对追踪信息的高效处理。也就是说，如果一组对象已知为成组移动，那么就只需要确定其中一个对象的位置，其余对象必然相应位于同一位置。在追踪对象位置过程中，应保持全域的无缝通信。

为支持大批量高度分布的物联网环境，可扩展能力也十分重要。这需要分布式网络领域的解决方案。例如，IAB于2006年10月成立的路由和寻址工作组（RFC 4984）又重新开始关注互联网的可扩展路由和寻址结构。与此相关的许多问题的研究重点也是路由系统的可扩展性。目前，有些提案主要是基于“定位器/识别器分离”的思想而提出的，其基本观点是，互联网架构在IP地址这一个数字空间内，结合了两种功能——路由定位器（其中一个与网络相连）和识别器（其中一个已定位）。分离架构的倡导者认为，将功能分离可带来多方面好处，其中就包括路由体系可扩展性的提升。分离的主要目标是分离定位器和识别器，以实现路由定位器空间的有效聚合，并在识别器空间内提供固定识别器。定位器/识别器分离协议（Locator/ID Separation Protocol，LISP）IETF 工作组（Working Group，WG）已完成了首个描述 LISP 的实验性 RFC。LISP 无须对终端系统或不直接参与 LISP 部署的路由器进行调整，其定位就是成为以增量形式部署的协议。LISP 工作组正致力于 2012/2013 时间框架内可交付产品的开发，主要包括①架构描述；②部署模型；③LISP影响描述；④LISP 安全威胁和解决方案；⑤终端识别空间分配；⑥交替映射系统设计以及 LISP 管理数据模型。前三个术语（架构描述、部署模型、影响）必须在其他术语作为 RFC 提交前完成[2]。Shim6（RFC 5533 到 5535）是另一个具有一定优势的实例。该协议是第 3 层 shim，通过提供故障切换功能，可提升 IPv6 节点定位器的灵敏性。采用 Shim6 的主机设有多个 IPv6 地址前缀，可设定主机对等状态。一旦原始定位器停止工作，该状态下的主机会向另一组定位器进行故障转移。Shim6 方案具有一系列优势，例如，它无须独立的 IPv6 地址前缀便可使小型网站成为多宿。然而，针对该方案也有一些批评言论，例如，使用多前缀可能会对操作造成影响。目前，该方案尚未明确说明 Shim6 在实际中的工作情况，在确定其实际特性前还需对选择网络实施和部署[3]。

4.2　物联网结构特性

本节将着重论述与结构相关的关键特性需求，它们与物联网服务和技术的部署范围和推进速度息息相关。

4.2.1　环境特征

如本文所述，多数（但不是全部）物联网/M2M 节点都存在一些设计限制，主要包括以下几个方面[6]：

（1）低功耗（可依靠电池运行几年时间）；

（2）低成本（整个设备成本应控制在几美元以内）；

（3）设备应多于局域网环境中的设备；

（4）严格限制的代码和 RAM 空间（例如，应适应代码需要——MAC、IP 及其他执行嵌入式应用所需代码——如在采用 8 位微处理器的 32KB 闪存中）；

（5）独特的配置用户界面（例如，使用指令与外界进行交互）；

（6）应采用简单无线通信技术。尤其是对低层（物理层和链路层）而言，IEEE802. 15. 4 标准更有发展前景。

4.2.2　流量特性

IoT/M2M 通信的特性与其他类型的网络或应用不同。例如，蜂窝移动网是为实现人与人通信而设计的，其通信以连接为中心，包括人与人之间的交互通信（语音、视频）或数据通信（网页浏览、文件下载等）。它基于人与人通信和应用的流量特性进行优化。通信的发生伴随有一定长度（会话）和数据量，并有特定的频率和模式（通话—收听、阅读—下载等）[7]。另一方面，按照M2M预期规划，将配备大量设备，设置较长空闲时间间隔，可传输小消息，并有一定的延迟要求，但设备的能源效率最为重要。表4-1描述了M2M应用的关键性能及要求。

表4-1　M2M应用的关键性能及要求

	ITS	电子医疗	监　视	智能电表
机动性	车载	便携/车载	无	无
消息大小	中等	中等	大	小（几KB）
传输方式	规则/不规则	规则/不规则	规则	规则
设备密度	高	中等	低	很高（每单元10 000）
延迟要求	很高（几ms）	中等（几s）	中等（小于200ms）	低（几h）
功率要求	低	高（供电设备）	低	高（供电表）
可靠性	高	高	中等	高
安全要求	很高	很高	中等	高

致谢：NEC欧洲实验中心A. Meader

4.2.3　可扩展性

如上所述，某些应用（如，智能电网、家庭自动化等）开始逐步覆盖小范围区域或小型社区用户。然而，为使该服务的成本更为经济，并使研发人员积极投入资源提升服务能力，未来必将有扩大服务的需求。可扩展性是指，依据前期部署的技术（系统、协议）而不废弃旧系统，建立比前期小型系统效率更高的大型系统。其目标是，确保寻址、通信、服务发现等各种功能，在大小范围内进行有效传送。这也需要足够的命名空间来支持各种设备和新应用的增长。可以发现，无论是对特定应用的众多用户还是各领域的多种应用来说（如第3章所述），IPv6都是支持可扩展性的理想组件（但不是唯一组件）。

4.2.4　互操作性

由于物联网涉及众多应用程序、技术供应商和利益相关者，应制定或/并重新使用一组核心通用标准。现有标准对所适用范围内技术的快速有效部署可能具有一定优势，但产品和服务的互操作性至关重要。

4.2.5　安全和隐私

在协议的研发过程中，安全性往往属于事后考虑的因素，也习惯性地在事后予以补充。在协议细则中，由于数据格式和操作流程所占篇幅大，相关安全方面问题仅用简短的一两段文字予以说明。然而，如前文所述，一旦物联网涉及电力分配、货物分发、运输和交通管理、电子医疗等关键应用领域，则确保其全系统的保密性、完整性和可信性最为重要。

4.2.6 开放体系结构

开放体系结构的目标是，在开放服务平台上基于以服务为中心的体系架构（Service-Oriented Architecture，SOA），使用通用基础设施和覆盖网（物理基础设施最上层的逻辑网络）广泛支撑各类应用。在 SOA 环境中，各物体均采用诸如 SOAP 或 REST 协议应用程序接口（Application Programming Interface，API）表示功能，可为其他设备或业务应用提供所需的 WS 等功能。

4.3 物联网关键技术

物联网应用的广泛部署需要一系列关键技术作支撑，本书仅对其中部分关键技术予以介绍。

4.3.1 设备智能

一个关键的因素就是车载智能。为实现物联网，各物体应能进行智能传感并与环境进行交互，具备对所需数据或无源数据的存储能力，以及与周围环境进行通信的能力。此外，还应能进行物对网关设备的通信，或直接的物对物通信。智能化程度应达到支撑普遍联网的能力，从而提供人与物之间的无缝互连。有些研究人员将此通信模式称为“任何服务、任何时间、任何地点、任何设备、任何网络”（也称为“五个任何”）的通信[1]。普适计算可提供支持逻辑处理的嵌入式能力，以及连续变化过程中的无线网关的能力。

4.3.2 通信能力

如上所述，物联网的实现依赖于物体普遍的端到端通信能力，因此通信机制问题也是一项重要的技术因素。为实现普遍的人与物以及物与物通信，物体（“事物”）应具备联网能力，尤其是 IP 这一关键能力。一般情况下，TCP/IP 互联网协议组是最佳选择。自配置能力，特别是物联网设备在无人为干预的情况下自动建立其连接的方式，也是需求之一。在该环境下，IPv6 自动配置和多宿主的特点最为实用，尤其是基于作用域的 IPv6 寻址特点。

前文我们已经对具有多种复杂功能的物体（IP 支持、IPv6 支持、网络服务器功能等）进行了探讨，其中一些应用可能需要同时支持网络层（如路由器和/或拓扑管理）和传输层（如采用 UDP）的简洁协议，尤其是那些采用简单传感器和/或包含大量分散传感器的应用，以及具备有限远程供能能力等应用。这就需要对现有网络协议进行扩展，以实现一定程度上的简化和能耗降低。对于不具备高级供能、存储和/或计算能力的资源受限物体，可减少能量消耗的轻量级协议是其理想选择，但此类协议可能无法支持高级应用。然而，目前仍存在一些无法支持 IP 协议（甚至是 IPv4）和 IP 寻址方案的应用，因此短期内急需一种异构（IP 和非 IP）网络接口支持功能，以及支持异构网络多种接口的代理网关。如果实现各接口间的互操作，可进一步推动物联网的商业部署。

4.3.3 移动性支持

作为物联网关键技术之一，移动物体跟踪与移动性支持需要可支持移动性的体系结构和协议。在物体移动过程中，有些物体是独立运动，有些则作为群体一部分进行运动。因此，应根据物体运动的特点，采取不同的跟踪方法。在跟踪物体位置移动的过程中，实现物体间无处不在的无缝通信连接十分重要。移动 IPv6（MIPv6）可提供满足此通信需求的相关能力。

4.3.4 设备能量

物联网相关的另一项关键技术是对“物体”的供能，尤其是移动设备或本身不具备能量的设备。M2M/IoT 应用可能受到各种不同因素的制约，如设备供能能力极低、成本低、体积小、重量轻等，这就特别需要一套行之有效的通信机制。在物联网所使用的众多设备中，有些设备能耗较低，有些设备需要本身具有能量源，如小型太阳能电池组，还有些则采用无源方式（如 RFID），间接从环境中获取能量，如阻断电/磁场。能量需求主要以小型电池或能量消耗的持续工作时间为依据，但无线技术通常能耗较高，因此急需一种低能耗的无线技术（将在第 6 章予以论述）。目前，多种设备运行都依靠电池供电，如笔记本式计算机、平板电脑、智能手机以及物联网物体，“钱币型电池”或“纽扣电池”也在许多物联网应用中广泛使用。

近年来，电池技术在性能方面以每 10 年（有人说 15 年）翻一番的速度提升。但遗憾的是，电池技术并不遵循摩尔定律，即根据观察经验，每 18 ~ 24 个月计算机芯片的性能将增加一倍，而其价格则降低一半。

电池将特定的化学反应中释放的化学能转化为电能。它通常由电解质划分为一个正极和一个负极（阴极和阳极）。当电极连接到一个闭合电路后，就会发生一系列化学反应，从而使一端的带电粒子（离子）从电解液流向阳极，并通过反应释放自由电子；使另一端的阴极通过反应吸引自由电子。因此，阳极的电子向阴极移动时，在电路中流动的电子流就形成了电流——电解质会迫使电子在附加电路中流动，而不是直接通过最短路径流动。在可充电电池中，该反应是可逆的，离子和电子在充电过程中进行反向流动。电池可以分原电池和二次电池两种[8]。原电池是一次性电池，即不能充电的电池，原电池由化学能转化为电能的过程是不可逆的（在放电过程中，电池会不断消耗化学物质）。二次电池可以充电，并且其电极材料通过电荷方式可进行重组，因此，在二次电池的使用寿命内，放电过程可多次重复。

最常见的原电池有碱性、锂和金属/空气电池。在二次电池中，铅酸、镍/镉（NiCd）、镍/金属混合（NiMH）和锂离子（Lion）/锂聚合物（Li-polymer）电池占市场主导地位。然而，为跟上或赶超现有电池的性能，提升安全性、降低成本，新型电池仍在不断探索研发中。

可充电锂电池由含碳元素阳极（如石墨）、金属氧化物阴极以及含锂盐的电解液组成。离子从金属锂当中剥离相对容易。该电池技术广泛使用是由于，锂电池不仅重量轻，而且具有较高的能量密度，承载电力比其他电池多，并且还不受“充电记忆”的影响，不会产生未完全放电或完全充电情况下，电池承载电力越来越少的问题。该技术从 20 世纪 90 年代初开始流行，取代了上一代的镍镉电池。近年来，制造商采用多种强化手段，通过优化结构、在电池内添加新型材料提升效率等方式，逐步改善了电池性能。从电池技术发展进程来看，锂电池仍将在未来一定时期内发挥重要作用。

目前，制造商正在研究可能取代锂电池石墨正极的材料，如硅等。硅成为电池材料选择之一是由于其价格低廉、来源丰富，并且同等重量硅存储锂离子的能力是石墨的 10 倍，这就意味着它理论上可以提升 10 倍性能。然而，在硅实际成为电池材料前，研究人员必须攻克一个难题，那就是，石墨阳极吸收锂离子能够保持原形，但硅却会膨胀导致硅粒子分离，迅速降低电池的性能。要解决这一问题，还需要进行大量工作，如，开发阳极内附着于硅离子的橡胶导电黏合剂，在电池充放电过程中配合伸展和收缩。而另一些研究人员则致力于开发阳极含硅纳米线的锂电池。此外，我们也开始看到一个完全不同化学性质的研究。其中一个例子就是锂-空气电池，其阳极由轻型多孔碳构成。空气中的氧气进入多孔碳后，与电解液中的锂离子和电子在外部电路进行，从而形成固体氧化锂。充电会使锂化合物分解，释放出锂离子和氧气。通过对化学反应产生能量的计算可以判断，该电池产生的能量是现有锂电池的 3 ~5 倍。还有一些研究人员则在开发轻型锂-硫包，其使用寿命是目前锂电池的3 倍。总体来看，电池技术研究仍在持续进行[9]，但技术发展仅能带来电池性能的提升，还需在新型材料的研发上取得突破性进展。麻省理工学院的材料研究项目已经确定了四种可能用于电池的新型材料。例如，采用金属镁阳极材料所制造电池的能量密度可达目前锂电池的 3 倍，充放电周期可达 3000 多次，但该技术尚不能实现广泛商业化使用。

另一种新型电池是燃料电池，该技术已在双子星座和阿波罗太空任务中进行了验证。燃料电池通过与氧气的化学反应，将燃料（如酒精）的化学能转化为电能。氢燃料电池具有较高的能量密度，同等质量氢所含能量是锂的 150 倍。然而，要投入实际使用，还应缩小电池体积，并配备简单的充电箱。在研项目还包括微机电系统（Microelctromechanical System，MEMS）技术，该技术已在太阳电池和平板电视中得到了应用，可有效缩小设备体积，但由于该技术中使用了铂和钯等贵金属，因此造价十分昂贵。目前，NEC、东芝和苹果等公司正在继续推进该技术实质性的应用研究。

在研的电池技术中，有些采用嵌入小型太阳电池板的方式提供电力，有些则使用动力设备将物体的运动转化为电流。太阳电池是能量采集器的一种形式，但它将环境光转化成有用电能的效率较低。3cm^2 的太阳电池（尺寸相当于 CR2032 纽扣电池）只能产生 12μW 的功率。

在为特定应用选择最佳电池技术过程中，存在一系列应考虑的因素。关键因素包括[8]：

（1）工作电压

（2）负载电流和型线

（3）工作周期——持续或间断

（4）使用寿命

（5）物理需求

1）大小

2）形状

3）重量

（6）环境条件

1）温度

2）压力

3）湿度

4）振动

5）冲击

6）压力

（7）安全性和可靠性

（8）保存期限

（9）维护和更换

（10）环境影响和回收能力

（11）成本

4.3.5　传感器技术

传感器网络是由感应（监测）、计算和通信元素构成的一种基础设施，可为管理员提供特定环境中对事件和现象的感知、采集和反应能力。管理员通常是民间、政府、商业或工业实体。

网络（化）传感器系统可广泛应用，除国土安全外，典型应用包括数据收集、监测、监控、医学遥测等。在商业现货技术普及的情况下，传感器使工厂、办公室、家庭、车辆、城市和周围环境更为便利。通过传感器网络技术，特别是嵌入式网络化传感技术，船舶、飞机和建筑可以自动探测结构性缺陷（如劳损性裂缝）。如果公共场所配备了传感器，便可检测出空气中的有害物质，并跟踪微量污染物的来源（地面/地下都适用）。建筑物上装备的地震专用传感器，可对可能的幸存者进行定位，并协助评估结构性损坏；海啸警报传感器的实用价值也在具有较长海岸线的国家得到了验证。不仅如此，传感器还在战场侦察和监视等方面具有广泛的适用性，并可用于控制和激活[13]。

传感器网络包括四个基本组成部分：①分布式或局部安装的传感器；②一个互联网络（通常是无线网络，但也不全是）；③信息聚集的中心点；④中心点内（或超出中心点一定范围）的一组计算资源，用于处理数据相关性、事件走向、查询和数据挖掘。由于互联网络通常是无线网络，该网络也称为无线传感网（Wireless Sensor Network，WSN）。

依据这一观点，感应和计算节点也被认为是传感器网络的一部分；事实上，一些计算可能在网络本身就已经完成了。由于收集到的数据可能较为庞大，基于算法的数据管理方法在传感器网络中发挥着重要作用。与传感器网络相关的计算和通信基础设施往往是特定针对这一环境，并立足于该网络基于设备或基于应用的本质。例如，与大多数其他设置不同，网络内处理在传感器网络中是可取的；此外，节点能量（和/或电池寿命）也是一个应考虑的关键设计因素。

本书讨论的传感器、事物或物体，都是有源设备，能够测量出自然或人为环境（如，建筑物、装配线、工业组合）的变量。传感器网络中的传感器的使用目的、功能和能力都不尽相同。用于空中交通管制的雷达网络、国家电网以及全国范围内按照特定地形网络部署的气象站都是早期部署的传感器网络的实例。然而，所有这些系统都使用了专门的计算机和通信协议，并且非常昂贵。低成本的传感器网络正计划用于物理安全、医疗和商业领域的新兴应用。传感和控制技术包括电场和磁场传感器，无线电波频率传感器，光学、光电和红外传感器，雷达，激光器，定位/导航传感器，地震和压力波传感器，环境参数传感器（如风、湿度、高温等）以及生化国土安全专用传感器等。传感器被认为是“智能”、廉价的设备，并配备多个车载传感元素，具备低成本、低功耗、逻辑上位于中央汇聚节点的无线多功能节点的特点。网络传感器通常通过一系列多跳短距离低功率无线连接进行互连（尤其在一个“传感器领域”内）；它们通常采用互联网或其他网络进行远距离的信息传输，从而将信息发送至某一点（或多个点）进行最终的数据汇总和分析。一般来说，在“传感器领域”内，无线传感器网络采用基于线路争夺的随机接入信道共享/传输技术，该技术现已纳入IEEE 802标准系列；事实上，这些技术是在20世纪60年代末和70年代针对无线（非电缆）环境以及有线信道管理智能化的大量分散节点而设计的。除此之外，也还有一些其他的信道管理技术。传感器通常以高密度、大批量的方式部署，无线传感器网络由支持感应、信号处理、嵌入式计算和连通性的密集分布节点组成；传感器通过自组织的方式进行逻辑链接（传感器部署采取短跳点对点主从成对安排方式）。无线传感器通常将信息传输至收集（监控）站，用于汇集部分或全部信息。WSN有其独特的特点，例如，功率限制/无线传感器的电池寿命有限、冗余数据、低占空比和多对一数据流等。因此，新的设计方法涉及多个领域，包括信息传输、网络和运营管理、机密性、完整性、可用性和网络/本地处理等。在某些情况下，由于电池电量低或无线传感器故障等原因，无线节点（Wireless Node，WN）的连接是间歇性的，因而从无线节点收集（提取）数据就比较困难。除此之外，还需要一个轻量型的协议栈。通常情况下，许多客户单元（比如64KB或以上）还需要通过系统和寻址设备为其提供支撑。

传感器的体积跨越了好几个数量级；传感器（或至少其组件）大小覆盖了从纳米级到中型规模；从微观到宏观规模。纳米观（也称为纳米级）是指直径在1~100nm的物体或设备；中型规模是指直径在100~10 000nm的物体或设备；微观规模包括直径从10~1000μm的物体或设备；宏观规模包括直径从厘米到米的物体或设备。尺寸相对较小的传感器包括：生物传感器、小型无源微传感器（如“智能尘埃”）以及“芯片实验室”集合等。尺寸较大的传感器包括一些平台，如身份标签、收费设备、可控天气数据采集传感器、生物恐怖主义传感器、雷达以及基于声呐的海底潜艇交通传感器等[㊀]。有些人则将最新一代传感器，尤其是直接嵌入在基础设施中的小型传感器称为“微传感器”。“微传感器”带有车载处理和无线接口模块，可用于近距离研究和监测各种环境现象。

传感器包括无源传感器和自供电传感器。在能量消耗链中，有些传感器可能需要相对较低的电池或线路供电；而功率消耗较大的传感器则可能需要非常高的功率源（如雷达）。化学、物理、声学以及基于图像的传感器可用于研究生态系统（如支持温度、微生物种群等全球参数）。近期的商业应用包括，工业/建筑WSN、设备控制（照明、取暖、通风和空调）、汽车传感器和执行器、家庭自动化系统和网络、自动抄表/负荷管理（Load Management，LM）、消费电子/娱乐以及资产管理等。

商业市场部分应用主要包括以下几个方面：

（1）工业监测和控制。

（2）商业建筑和控制。

（3）过程控制。

㊀ 尽管感应可通过卫星实现，但本书并未对其进行技术论述。

（4）家庭自动化。

（5）无线自动读表系统（Automated Meter Reading，AMR）/负荷管理。

（6）大都市运行（交通、自动收费以及防火等）。

（7）国土安全应用：化学、生物、放射性和核无线传感器。

（8）军事传感器。

（9）环境（土地、空气、海洋）/农业无线传感器。

根据该分类方法，供应商及产品较为丰富多样。但 WSN 的实现必须解决一系列技术问题；在标准化过程中，曾经的问题将会在适当的时候得以解决，并生产出现成的芯片组和组件，从而能减少这些技术难题。WSN 的挑战之一就是在有限能量供应的条件下，长时间运行传感节点。尤其是要使用正确的无线电体系结构，包括低功率电路的使用。实际上，这意味着要通过低带宽信道和低功耗逻辑进行低功耗传输，实现数据的预处理和/或压缩。节能无线通信系统就是其中之一，也是典型的无限传感器网络。低功耗是确保无供能系统（有些系统确实可以供以能量和/或依靠其他电源）长时间保持运行状态的关键因素。WSN 的功率效率通常通过以下三个方面实现：

（1）低占空比操作。

（2）本地网络/网络内处理，以减小数据量（从而减少传输时间）。

（3）多跳联网（能降低远距离传输的需求，因为信号路径损耗是一个范围/距离的逆功率——传感器网络的各节点可作为中继器，从而减少链接所需覆盖的范围，并且反过来减少传输功率）。

传统无线网络通常被设计成能够连接数十、数百乃至数千公里的范围。通过减少网络连接范围和压缩 WSN 负载数据，可比传统系统明显降低链路预算。

4.3.6 RFID 技术

RFID 是指物体（“实物”）相关的电子设备，它能通过无线电链路传输识别信息（通常为一个序列号）。RFID 的地址空间广阔，并具有良好的文档记录。我们这里仅挑选了有限的一部分予以讨论，读者若想深入了解，可根据需要搜索相关文献资料。RFID 标签设备通常包含一个只读芯片，能存储一个唯一编号，但不具备处理能力。RFID 标签应用广泛，包括在商业环境中的快速数据收集。例如，RFID 和条形码在库存过程中几乎无处不在，能提供数据采集的高精度和高速度。这些技术促进了全球供应链并影响了整个过程中的所有子系统，包括物料需求计划（Material Requirement Planning，MRP）、及时性（Just In Time，JIT）、电子数据交换（Electronic Data Intercharge，EDI）以及电子商务（Electronic Commerce，EC）。RFID 也用于工业环境，例如，肮脏、潮湿或恶劣的环境等。这项技术还可用于人员或资产识别。图 4-1 和图 4-2 分被描述了 RFID 的两个说明性示例和系统的基本操作。

图4-1 RFID示例

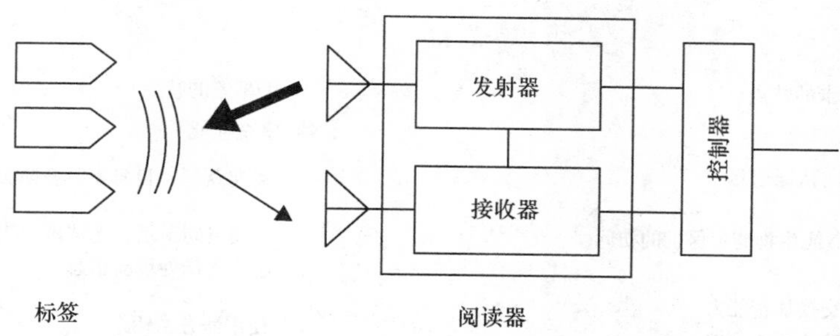

图4-2 RFID读取器的操作

非接触式智能卡（SC）比RFID标签更复杂，它包含一个微处理器，能实现①车载计算；②双向沟通（包括加密）；③存储预定义和新获信息。但由于非接触式智能卡存在诸多限制功能，其成本通常比RFID标签高。当RFID标签或非接触式智能卡位于定义范围内，读取器就会发出电磁波；标签的集成天线通过接收信号，激活标签中的芯片/SC，与读取器建立无线通信信道，传输相关数据。图4-3对非接触式智能卡和射频识别标签进行了比较。

RFID应用于物联网的实例包括：

（1）仓库零售商汽车。

（2）货物连锁运输。

（3）配送中心资产管理。

（4）制造业。

（5）库存管理。

概述：在射频通信中会发生什么?

1. 非接触式智能卡或RFID标签进入工作范围内，读取器发出射频电磁波
2. 智能卡或标签内的天线将被激活，用于接收电波
3. 在读取器和智能卡或标签间建立无线通信信道

非接触式智能卡包含一个微处理器，即小型计算机，用于进行计算、双向通信、存储信息，并综合运用这些功能实现安全性和多种其他应用功能

RFID标签是指配有只读芯片的设备，可存储一个唯一编号，但没有处理能力。它更像一个用于识别的无线模式条形码，因此，被称为“无线射频识别”

非接触式智能卡的特点：

- 安全性高
  - 可提供双向认证信息
  - 可进行PIN或生物测定保护的访问
  - 具备数据交换加密能力
  - 软硬件可防攻击或伪造
- 多重安全特性，可确保在安全环境下存储、管理和交换个人身份信息、财务细节付款交易、运费，以及物理访问权限
- 读写内存容量大，超过512B
- 5cm范围内的短距离数据交换

RFID标签的特点：

- 安全性低
  - 单向认证，自身不具备防护能力
  - 存储空间不足，无法进行生物识别
  - 芯片无法处理新信息
  - 使用静态密钥
- 功能单一，仅用于提升机器识别对象的效率。例如，库存控制
- 内存小(92B)，通常为只读
- 远距离数据交换，一般为几码远

由于其功能的限制，RFID标签通常比较便宜

图4-3　非接触式智能卡与RFID标签的比较［来源：金雅拓公司（经许可使用）］

（6）仓储和配送。

（7）车间（生产）。

（8）文档跟踪和资产管理。

（9）工业应用（如，时间和考勤、船务文件跟踪、接收固定资产）。

（10）零售应用。

RFID的相关标准较多，关键标准如下：

（1）ISO 14443标准描述了操作频率为13.56MHz的CPU嵌入式组件；其能耗约为10mW；数据吞吐量约为100kbit/s，最大工作距离（读取器）约为10cm。

（2）ISO 15693标准同样规定了操作频率为13.56MHz的组件，但其工作距离高达1m，数据吞吐量为几千比特每秒。

（3）ISO 18000标准定义了135kHz、13.56MHz、2.45GHz、5.8GHz、860～860MHz、433MHz等频率的空中交互通信参数。ISO 18000-6标准采用860～960MHz的范围，它是第二代第一类超高频RFID的基础，由EPC全球联盟提出。

值得一提的是，EPCglobal是GS1［前身为国际物品编码协会（EAN）］和GS1 US［前身为美国统一代码委员会（UCC）］的合资公司，也是授权进行条码应用的组织，致力于标准研发和全球"可视"供应链的创建。EPCglobal是一个中立、非营利性的标准组织，由制造商、技术解决方案提供商和零售商组成。许多行业都参与了EPCglobal标准开发过程，如航空航天、服装、化工、消费电子、消费品、医疗保健与生命科学、运输与物流等行业。

用于有源RFID或IP地址的EPC码通常以明文形式传输，但一些逐步兴起的新协议则可为物联网提供强大的隐私。主机标识协议（HIP）就是一个例子，使用该协议，有源RFID在明文中也不会暴露其身份，还可通过加密保护标识值（如EPC）[10]。

基于参考文献［11］，表4-2梳理了RFID的相关基本概念。RFID系统在逻辑上包括如下几层：标记层、空中接口（也称为媒体接口）层和读者层；此外还有网络、中间件和应用程序等。基本的层中组成因素如下：

（1）标记（设备）层：体系架构和EPCglobal Gen2标签有限状态机。

（2）媒体接口层：频带、天线、可读范围、调制、编码、数据率。

（3）读取器层：体系架构、天线配置、Gen2会话、Gen2。

下面列举了支持基本RFID操作的重要规范：

（1）EPCglobal™：EPC™标记数据标准。

（2）EPCglobal™（2004）：快速消费品RFID物理需求文档。

（3）EPCglobal™（2004）：第一类第二代超高频（UHF）RFID实施参考。

（4）EPCglobal™（2005）：无线射频身份协议，第一类第二代超高频RFID，860～960MHz频段的通信协议。

（5）欧洲电信标准协会（European Telecommunication Standards Institute，ETSI），EN 302 208：电磁兼容性与无线电频谱问题（Electromagnetic Compatibility and Radio Spectrum Matters，ERM）——无线射频识别设备在865～868MHz频带功率2W的操作，第1部分——技术特性和测试方法。

表 4-2 RFID 的基本概念

概　念	定　义
空中接口	询问器与标签间的完整通信链路包括物理层、碰撞仲裁算法、命令与响应结构、数据编码方法
连续波（Continuous Wave，CW）	通常指某一固定频率的正弦函数，但更常指询问器波形，用于对没有足够强度振幅或相位调制的无源标签进行供能，使之转换为标签可识别的传输数据
覆盖编码	询问器隐藏其传输至标签的信息的方法。为了对数据或密码进行覆盖编码，询问器首先向标签请求发送一个随机序列号。然后，询问器使用该随机序列号对数据或密码执行比特式 EXOR，并将覆盖编码字符串（也称密文）传输至标签。标签通过对接收到的覆盖编码字符串执行比特式 EXOR，解密数据或密码
EPC	物理对象、单位负荷、位置的识别符以及可在业务操作中发挥作用的可识别实体。尽管编码空间实行分散管理，但 EPC 的分配必须能确保唯一性，并能适应传统编码方案。EPC 表示形式多样，包括适用于 RFID 标签的二进制形式，以及适用于企业信息系统间数据交换的文本形式
EPCglobal 架构框架	相关标准集合体（“EPCglobal 标准”），由 EPCglobal 及其代表共同经营运作，目标为通过使用 EPC 码促进商业流和计算机应用的结合，达成有效供应链管理
查询器	用于调制/发送并接收/解调信号层中的电信号，与一致性标签进行通信的设备，并且在通信过程中必须遵守当地的无线电规定。查询器通常指工作在 860～960MHz 频段内的无源反向散射、查询器先言（ITF）、RFID 系统。查询器在 860～960MHz 频带内将信息调制为射频信号，然后传输至标签。标签从该射频信号中可接收到信息和操作能量。标签是无源的，也就是说，其全部操作能量都来自于接收到的射频能量波形。查询器通过向标签传输连续波（CW）射频信号来接收信息；标签则通过调制天线的反射系统进行响应，从而向查询器反向散射信息信号。该系统为查询器先验（ITF）系统，即标签只能在得到查询器的指引后，才能通过信息信号对天线的反射系数进行调制。查询器与标签不需要同时会话，采取半双工通信，即查询器发话、标签收话，或标签发话、查询器收话
操作环境	查询器射频传输衰减小于 90dB 的区域。在自由空间内，操作环境是一个以查询器为球心，半径约为 1000m 的球体。在建筑物或四周有墙体的空间内，操作环境的大小和形状取决于材料性质和形状等因素，其范围在某些方向可能小于 1000m，在某些方向也可能大于 1000m
操作程序	查询器识别与修改标签的函数和命令（也称为标签识别层）
无源标签（无源标识）	收发信机由射频场供电的标签（或标识）
物理层	查询器-标签以及标签-查询器间信令的数据编码和调制波形
分离	在多标签环境中识别单个标签

（续）

概　　念	定　　义
随机分槽防碰撞	一种防碰撞算法，即标签将随机序列号加载到槽位计数器，并依据查询器命令进行递减操作，当槽位计数器为零时，向查询器进行回复
标签空中接口	根据 ISO 19762-3，标签空中接口指应答器与读取器/查询器间的无导体媒介（通常为空气），通过该媒介可实现调制感应或传播电磁场中的数据通信
标签识别层	查询器识别与修改标签的函数和命令（也称为操作程序）

（6）欧洲电信标准协会（ETSI），EN 302 208：电磁兼容性与无线电频谱问题（ERM）——无线射频识别设备在 865～865MHz 频带功率 2W 的操作，第 2 部分——R&TTE 指令第 3.2 条规定的欧洲标准。

（7）ISO/IEC 指令第 2 部分：国际标准制定和结构规则。

（8）ISO/IEC 3309：信息技术——系统间的电信与信息交换——高级数据链路控制（HDLC）程序——体系结构。

（9）ISO/IEC 15961：信息技术、自动识别和数据捕获——物品管理的射频识别（RFID）——数据协议：应用接口。

（10）ISO/IEC 15962：信息技术、自动识别和数据捕获——物品管理的射频识别（RFID）——数据协议：数据编码规则和逻辑记忆功能。

（11）ISO/IEC 15963：信息技术——物品管理的射频识别（RFID）——射频标签的唯一识别。

（12）ISO/IEC 18000-1：信息技术——物品管理的射频识别（RFID）——第 1 部分：标准化的参考体系架构和参数定义。

（13）ISO/IEC 18000-6：信息技术、自动识别和数据捕获技术——物品管理空中接口的射频识别——第 6 部分：860～960MHz 频段空中接口通信参数。

（14）ISO/IEC 19762：信息技术 AIDC 技术——协调用词规范——第 3 部分：射频识别。

（15）美国联邦法规（Code of Federal Regulations，CFR）第 47 篇第 1 章第 15 部分：射频设备——美国联邦通信委员会。

图 4-4 描述了 EPCglobal 环境中的相关标准。特别是 EPCglobal 组织在《2010 年 12 月 EPCglobal 体系结构框架最终版本 1.4》文件中，定义了 EPCglobal 的体系架构框架。EPCglobal 体系结构框架是相关标准的集合（“EPCglobal 标准”），由 EPCglobal 及其代表共同经营服务运作，目标为通过使用 EPC 码促进商业流和计算机应用的结合，达成有效供应链管理。

该架构描述了 EPCglobal 及其代表运作的各种软件、硬件、数据接口以及核心服务的相关标准，其目标就是通过使用 EPC，提升供应链的效率。该架构还定义了 EPCglobal 及其代表运作的核心服务，展示了不同组件协作形成统一整体的方式。

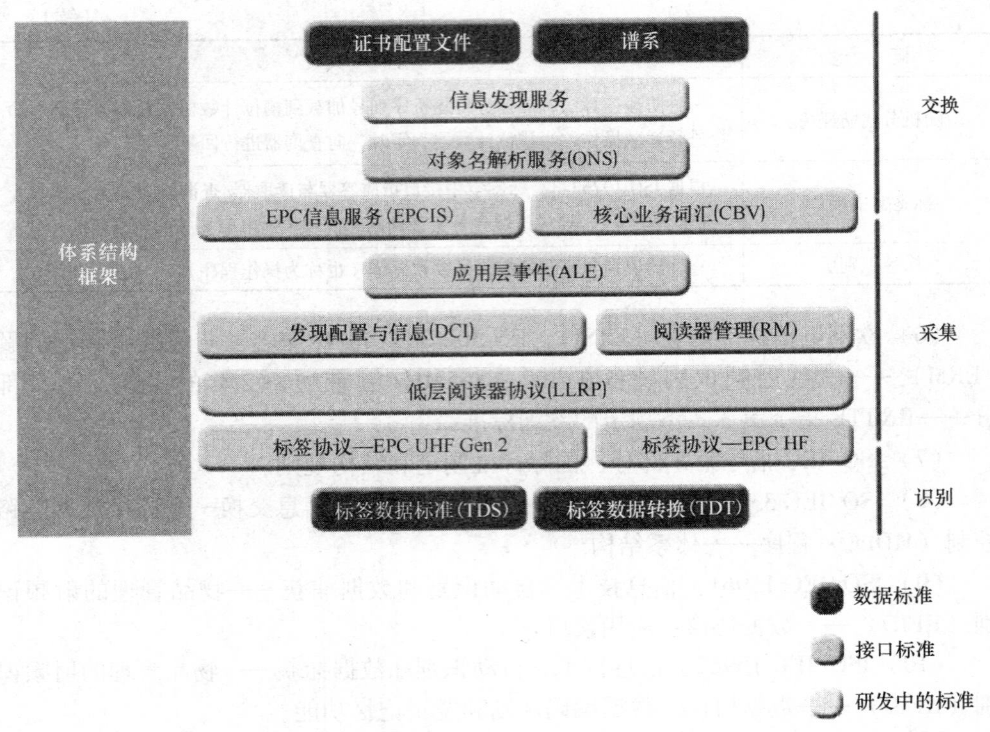

图4-4 包含EPCglobal环境的标准

主要内容如下[12]：

（1）EPCglobal标准以及其他标准组织制定的标准中，规范说明了单个硬件、软件和数据接口的定义。EPCglobal标准由EPCglobal组织通过EPCglobal标准开发过程（Standard Development Process，SDP）制定。EPCglobal标准是规范化的标准，其实现必须符合一致性和认证要求。例如，超高频Class-1 Gen-2标签空中接口，它明确规定了RFID标签和RFID读取器设备进行交互所依据的射频通信协议。超高频Class-1 Gen-2标签空中接口标准中规范定义了该接口。

（2）实现EPCglobal标准的硬软件组件设计专属于创建该组件的方案提供商和终端用户。尽管EPCglobal标准为组件间的接口行为提供了规范性指导，但其实施者只要能正确实现接口标准，就可以自由创新设计组件。例如，RFID标签就是某个标签制造商的产品，并且符合超高频Class-1 Gen-2标签空中接口标准。

（3）共享网络服务是实现EPCglobal标准的一个实例，它由EPCglobal（或EPCglobal授权的机构）或第三方来负责运作和部署。这些组件称为EPC网络服务可为所有终端用户提供服务。例如ONS，它提供了EPC可能与信息服务相关联的方式，即逻辑集中注册。ONS逻辑上由EPCglobal负责运作；而从部署情况来看，EPCglobal将该职责委托给了承包商，负责ONS的“根”服务，从而将查找操作转为其他机构服务。

4.3.7　卫星技术

由于卫星通信的全球覆盖能力与支撑所有地理环境（包括南极洲）中移动通信的能力，它可在广泛的分布式 M2M 应用中发挥关键作用。正因如此，它带来了巨大的商业潜力，应得到更为广泛的关注和深入发展。

参考文献

1. Lee GM, Park J, Kong N, Crespi N. The Internet of Things – Concept and Problem Statement. July 2011. Internet Research Task Force, July 11, 2011, draft-lee-iot-problem-statement-02.txt.
2. Manderson T, Halpern JM. Locator/ID Separation Protocol (lisp). IETF Working Group.
3. Huston G, Lindqvist K. Site Multihoming by IPv6 Intermediation (shim6). IETF Working Group, 2010.
4. Lee GM, Choi JK, et al. Naming Architecture for Object to Object Communications. HIP Working Group, Internet Draft, March 8, 2010, draft-lee-object-naming-02.txt.
5. EPCglobal® Organization Web Site, http://www.gs1.org/epcglobal.
6. Mulligan G. IPv6 Over Low power WPAN (6lowpan). Description of Working Group, IETF, 2012, http://datatracker.ietf.org/wg/6lowpan/charter/, http://www.ietf.org/mail-archive/web/6lowpan/.
7. Maeder A. How to Deal with a Thousand Nodes: M2M Communication Over Cellular Networks. IEEE WoWMoM 2012 Panel, San Francisco, California, USA June 25–28, 2012.
8. Tidblad AA. The Future of Battery Technologies – Part I, Intertek White Paper, November 2009, icenter@intertek.com.
9. Fleming N. Smartphone Batteries: When will They Last Longer?. bbc.com online article, February 27, 2012.
10. Urien P, Lee GM, Pujolle G. HIP Support for RFIDs. HIP Research Group, Internet Draft, draft-irtf-hiprg-rfid-03, July 2011.
11. EPCglobal®, EPC™ Radio-Frequency Identity Protocols, Class-1 Generation-2 UHF RFID, Protocol for Communications at 860 MHz–960 MHz, Version 1.0.9, January 2005.
12. EPCglobal®, *The EPCglobal Architecture Framework*, EPCglobal Final Version 1.4, December 2010, Ken Traub Editor.
13. Minoli D, Sohraby K, Zanti T. *Wireless Sensor Networks*, Wiley 2007, New York, NY.

第 5 章　物联网标准演化

多年以来，嵌入式系统以其独特的功能特性，在专业的垂直应用中备受青睐。随着广泛使用需求的增长，对嵌入式设备与相关控制系统及其用户间建立快速、便捷的连接提出了更高要求，相应的标准也更为重要。本章简要介绍了支撑物联网应用发展中的一些关键标准，主要包括逐步应用于物联网和 M2M［在第三代合作伙伴计划（3GPP）标准中，也称机器类型通信（machine-type communication，MTC）］等服务的多种支撑标准。主流层的 1/2 通信标准（即，ZigBee、Bluetooth、LTE）以及第 3 层通信标准（即，IPv6、移动 IPv6 和直接应用到物联网的 IPv6 技术等）将在第 6 ~9 章中予以论述。

5.1　概述

物联网概念在多种支撑技术发展的推动下不断演进，然而，互连互通的困难以及多供应商等问题仍阻碍了技术效能的实现和发挥。同时，在标准化相对不完善的前提下，还容易产生不同设备间功能不匹配的问题。如前文所述，物联网可使用现有的 Internet 协议，但在某些情况下，功率、处理和功能受限的物联网环境可采用其他协议，进行通信优化并降低对计算的需求。研发人员已明确表达了将现有 Internet 协议栈用于物联网的强烈愿望。然而，随着比 Internet 协议更为强大的协议的产生，以及多数应用程序（M2M）都不存在人在环的情况（也许 H2M 中存在人在环），这必将给物联网协议带来一定的挑战和变革。此外，正如第 4 章所述，出于功率的考虑，还需对协议栈进行精简。

由于专有解决方案对行业进行了划分，这些标准涵盖大量底层技术就显得尤为重要。在通过接口对实体进行物理或逻辑连接的情况下，标准尤为重要。需要标准化的领域主要包括[1-3]：

（1）可压缩至物联网设备中的 IP/路由/传输/Web 协议子集的研发，尤其是物联网轻型路由协议。

（2）采用网关和中间件的体系结构描述。

（3）移动管理研发。

（4）物联网中物的网际互连。

（5）轻型加密栈的实现，以及合适安全基础设施的构建，即物联网端到端的安全能力。

（6）应用程序标准开发，尤其是数据格式。

（7）减缓特定领域方案。

基于财政因素的考虑，存在建立可在特定设置下解决问题的优化解决方案的实际愿望，但这些方案不可能对所有情况都通用。这种“单点解决方案”必然会导致互操作性问题。一些观察家则认为，互联网协议早期的成功是因为它灵活、有效，并且可扩展，而不是它对所有硬件都是最优化的[3]。

值得庆幸的是，一些国际性组织目前正努力研发全球 M2M 标准，并致力于解决特定层协议、优化体系结构，政策的标准化工作也不断展开，主要包括：

（1）互联网工程任务组（Internet Engineering Task Force，IETF）IPv6 低功耗有损网络路由协议（Routing Protocol for Low Power and Lossy Network，RPL）/低功耗有损网络路由算法（Routing for Low Power and Lossy Network，ROLL）。

（2）IETF 的轻量级应用层协议（Constrained Application Protocol，CoAP）。

（3）IETF 的轻量级 REST 风格环境（Constrained RESTful Environment，CoRE）。

（4）3GPP MTC。

（5）ETSI M2M。前文曾提到，在人不是输入方但可能（往往不可能）为输出方的情况下，M2M 仅限无人干预的通信。例如，ETSI TS/TR 102 解释了 M2M 的体系架构和服务（如智能电表、电子医疗、汽车和城市）。

在设计智能设备与互联网的互连协议和体系结构的过程中，需考虑一系列的特定因素。关键因素有可扩展性、功率效率、不同技术和网络域间的互连、可用性和易管理性，以及安全性和隐私性[4]。物联网标准化主要解决物理接口、接入连接（低功耗基于 IEEE 802.15.4 的无线标准，如 IEC62591、6LoWPAN 和 ZigBee 智能能源（Smart Energy，SE）2.0、DASH7/ISO/IEC 18000-7）、网络化（IPv6）以及应用程序问题。IETF 的 6LoWPAN、ROLL 和 CoRE 标准的主要目标是使 IPv6 在受限设备上运行良好；3GPP 的 MTC 标准力求在 LTE 中实现可扩展性；ETSI M2M 则旨在实现设备与服务平台和应用程序间的互连互通[5]。其他标准包括：

（1）IEEE 802：描述 LAN、WLAN 和 PAN 的协议，尤其是 IEEE 802.15.4 无线标准。如，IEC62591、6LoWPAN、ZigBee、ZigBee IP（ZIP）、ZigBee SE 2.0，IEEE 802 现已包括了上百种不同种类的标准。其中，ZigBee 联盟的 ZIP 标准首次定义了基于开放标准的智能设备 IPv6 协议栈，其目标是实现基于 802.15.4 无线网状网络的 IPv6 网络协议。

（2）IEEE P2030/SCC21：描述智能电网（Smart Grid，SG）互操作性。

（3）新兴的 IEEE P1901.2 标准是基于正交频分复用（OFDM）的电力线通信标准，可提供可靠的互操作性。这一标准对于智慧电网开发至关重要。

（4）ETSI TS/TR 102：描述 M2M 体系架构、服务、智能电表，以及电子医疗、汽车和城市。

（5）3GPP SA1-SA3：描述服务、体系架构和安全性。

（6）JTC1 SC 6 和中国 NITSC：描述传感器网络。

（7）TIA：TR-50：描述智能设备的通信。

（8）CENELEC：描述设备寻址能力。

综上所述，截至发稿时标准化的三个主要分支主要包括：①ETSI：用于定义 M2M 的端到端架构；②3GPP：使运营商能够提供服务；③IEEE：优化无线接入/物理层。

5.2　适用于 RPL ROLL 的 IETF IPv6 路由协议

低功率有损网络[㊀]（Low Power and Lossy Networks，LLN）属于路由器及其连接受限的一类网络。LLN 路由器通常在处理能力、内存和能量（电力资源）受限制的情况下工作，其互连特点是高损耗率、低数据速率和不稳定。支持的业务流包括点对点（LLN 内部设备间）、点对多点（从中央控制点到 LLN 内部设备）、多点对点（从 LLN 内部设备到中央控制点）。LLN IPv6 路由协议是由 IETF 提出的，用以支撑 LLN 内部设备到中央控制点的多点对点业务，以及从中央控制点到 LLN 内部设备的点对多点业务。

LLN 由大量的受限节点（处理能力、内存和供电受限）组成。路由器间的互连通过有损、不稳定的连接实现，因此导致了较高的丢包率，通常只能支持低数据速率。该网络的另一个特点是，其业务模式并不是单一的点对点，许多情况下往往是点对多点或多点对点。此外，这类网络有可能包含多达数千个节点。这些特点都为路由方案的研发带来了独特的挑战。为解决这些问题，IETF 的 ROLL 工作组已为 LLN 路由协议定义了特定应用程序路由需求，并规定了 RPL。一组 IETF 关于基本规范的配套文档，以适用性声明的形式规范了一系列适用于楼宇自动化、家庭自动化、工业以及城市应用场景的操作点，为其提供了进一步指导。

现有的路由协议包括开放的最短路径优先/中间系统到中间系统（Open Shortest Path First/Intermediate System to Intermediate System，OSPF/IS-IS）、优化链路状态路由协议第 2 版（Optimized Link State Routing Protocol Version，OLSRv2）、基于拓扑的反向路径转发（Topology-Based Reverse Path Forwarding，TBRPF）、路由信息协议（Routing Information Protocol，RIP）、自组网按需距离矢量路由协议（Ad hoc On-demand Distance Vector，AODV）、动态移动自组网按需路由协议（Dynamic MANET On-demand，DYMO）和动态源路由协议（Dynamic Source Routing，DSR）。物联网应用应考虑的因素主要包括：

（1）路由状态内存空间——低功率节点的有限内存资源。

㊀ 该论述主要基于 IETF documentdraft-ietf-roll-rpl-19［6］；读者可参阅 IETF 相关完整文档。

（2）丢失响应——链路故障反应。

（3）控制成本——对业务控制的限制。

（4）链路与节点成本——选择路由时应考虑链路与节点属性。

现有协议都未能完全实现物联网协议的这些目标。例如，OSPF/IS-IS 在协议状态的内存大小、丢失响应、控制、节点成本等方面有所欠缺，在链路成本上较为合理。

为扩大在 LLN 应用领域的适用范围，RPL 将分组处理和转发与路由优化目标分离。这类目标包括能源最小化、等待时间最小化以及满足受限条件等。RPL 的实现可支持特定 LLN 应用，并包括应用所需的必要目标函数。

与 IP 的分层体系结构一致，RPL 并不依赖于特定链路层技术的任何特征。RPL 被设计为能工作在多种不同的链路层，包括受限、有损，以及常用于高约束主机或路由设备的链路层，如低功率无线或电力线通信（Power Line Communication，PLC）技术等。

然而，RPL 的执行需要双向链路。在某些 LLN 中，通信链路可能出现非对称属性。因此，在路由器作为上层路由器之前，就应对其可达性进行检验。在上层路由器选择阶段，RPL 需要触发一个外部机制，以验证链路属性和邻居的可达性。邻居不可达检测（Neighbor Unreachability Detection，NUD）就是这样一个机制，但也存在类似产品，包括 RFC 5881 中描述的双向转发检测以及通过第 2 层触发器触发的下层提示。总的来说，为让不使用的监测链路成本最小化，对业务进行反应的检测机制更为有效。此外，RPL 还需要一种外部机制，对数据分组中的控制信息，即“RPL 分组信息”，进行访问和传输。该 RPL 分组信息能建立数据分组与 RPL 实例的关联，并验证 RPL 路由状态。IPv6 逐跳 RPL 选项就是这种机制的一个实例。除使用严格源路由外，在防止死循环并减少需要的 RPL 分组信息时，所有数据分组都需要该机制。未来的相关标准将设计出多种携带 IPv6 数据分组中 RPL 分组信息的方案，并使 RPL 分组信息得到扩展以支持其他功能。

RPL 提供了一种通过动态形成的网络拓扑结构发布信息的机制。信息发布只需节点最小化的配置，这就使节点通常能自动操作。

在某些应用中，RPL 集合了拥有独立前缀的路由拓扑结构。这些前缀可能是也可能不是可聚合的，这取决于路由器的起始地址。路由器所拥有的前缀就被标记为“在线”。

RPL 还引入了将子网与通用前缀绑定以及在该子网中路由的能力。源可将子网信息注入，并由 RPL 发布，并且该源是该子网的权威源。由于许多 LLN 链路具有非传递性，RPL 通过子网发布的通用前缀就不可能被标记为“在线”。

RPL 尤其可以发布 IPv6 邻居发现（Neighbor Discovery，ND）信息的前缀信息选项（Prefix Information Option，PIO）和路由信息选项（Route Information Option，RIO）。由 RPL 发布的 ND 信息保留了路由器到主机的全部原始语义，以及路由器到路由器的有限扩展，但它不会被路由标记所迷惑，也不会被直接引入另一个路由协议。RPL 节点通常结合了主机和路由器的行为。

RPL 的基本定义如下所示（见图 5-1）：

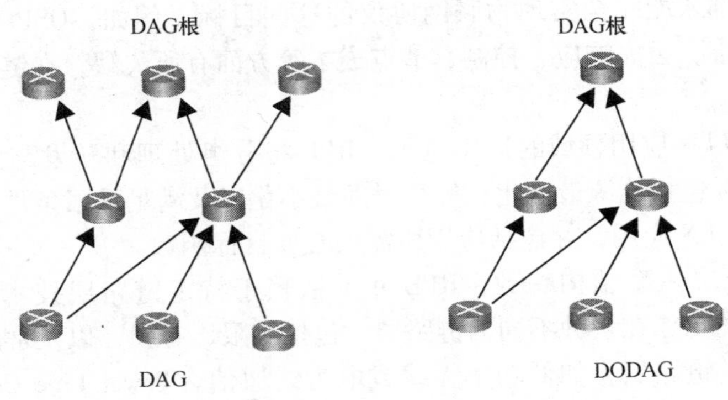

图 5-1　DAG 与 DODAG

（1）有向无环图（Directed Acyclic Graph，DAG）是一个无周期的有向图。

（2）面向目的节点的有向无环图（Destination-Oriented DAG，DODAG）是建立在单一目的节点基础上的有向无环图。

RPL 定义了基于一个或多个参数形成朝向根的路径时的优化目标。这些参数包括链路属性（可靠性、时延）和节点属性（例如，供电或不供电）。RPL 还定义了新的 ICMPv6 消息以及三种可能的类型。

（1）DAG 信息对象（DAG Information Object，DIO）——携带允许节点发现 RPL 实例、学习配置参数、选择 DODAG 父类的信息。

（2）DAG 信息申请（DAG Information Solicitation，DIS）——从 RPL 节点请求 DODAG 信息对象。

（3）目的节点标记对象（Destination Advertisement Object，DAO）——用于沿 DODAG 向上传播目的节点信息。

节点等级定义了节点相对于 DODAG 根节点在 DODAG 内的相对位置。

RPL 的方法是建立一种能使得到节点的路由得到优化的拓扑结构（即，根在节点的 DODAG）。DODAG 的构建过程如下[7]：

（1）节点周期性发送链路本地多播 DIO 消息。

（2）稳定性或路由不一致检测影响 DIO 消息速率。

（3）节点收听 DIO 消息并使用该信息加入新的 DODAG，或维持现有 DODAG。

（4）节点可以利用 DIS 消息请求 DIO。

（5）基于 DIO 内的信息，节点选择能够最小化到 DODAG 根路径成本的父类。

在多对一以及一对多业务模式方面，RPL 得到了优化。路由状态也进行了最小化：无状态节点只需存储实例配置参数和父节点列表。在选择路径时，协议同时考虑到了链路和节点属性。此外，链路故障也不会引发全球网络的再优化。读者可以阅读参考文献［6］，对该协议的功能、格式和程序进行广泛探讨。

5.3 轻量级应用层协议

5.3.1 背景

IETF的CoRE工作组最近正在着手进行的标准化工作是轻量级应用层协议（CoAP）的制定。CoAP是一种主要针对简单电子设备（物联网/M2M）的应用层协议，旨在使之通过互联网进行交互式通信。CoAP主要为低功率传感器（尤其是第3章和第4章中论述的无线传感器网络节点）和需要通过IP/互联网远程控制或监控的执行器而设计的。CoAP可以看作是一种嵌入在M2M应用（如智能能源和楼宇自动化）中，专用于功能受限的网络和节点的特殊网络传输协议。该协议使用超文本传输协议（Hypertext Transfer Protocol，HTTP），对外提供基本的Web功能。此外，CoAP允许构建代理，使其能够通过HTTP，以统一的方式向用户提供对CoAP资源的访问。与此同时，支持多播和具备低开销的CoAP还可在大多数设备上运行，可支持用户数据报协议（User Datagram Protocol，UDP）或类似协议。该协议的主要内容如下：①使用HTTP映射的最小复杂性；②低报头开销和低解析复杂性；③支持发现资源；④简单资源订阅流程；⑤基于最长时间的简单缓存。

CoAP采用两种消息类型，请求和响应，并使用简单二进制基本报头格式。跟在基本报头后的是与互联网控制消息协议（Internet Control Message Protocol，ICMP）风格类型长度值格式的选项。CoAP在默认情况下是使用UDP或传输控制协议（Transmission Control Protocol，TCP）。消息体长度隐含于数据分组长度内。如果使用UDP，整个消息必须与单一数据分组长度相一致。根据RFC 4944的定义，如果使用6LoWPAN，消息就必须符合单一的IEEE 802.15.4框架。

CoAP针对的约束节点通常有8位微控制器以及少量ROM和RAM，而诸如6LoWPAN之类的网络往往有较高的分组错误率和每10s数十kbit的典型数据吞吐量。CoAP提供了应用端点间的响应交互模型，支持内置资源发现，并涵盖了诸如统一资源标识符（Uniform Resource Identifier，URI）之类的关键网络概念和内容类型。CoAP可轻松转换为HTTP与网络进行整合，并能满足对约束环境的特殊需求，如多播、低开销、简单化等。

通过互联网使用网络服务（Web Service，WS）已逐渐在大多数应用程序中广泛普及，这都依赖于网络基本的表述性状态转移（REST）架构（参见第5.4节）。CoRE工作组旨在以一种合适的形式实现约束IoT/M2M节点（如带有限RAM和ROM的8位微处理器）和IoT/M2M网络（如6LoWPAN）的REST架构。约束网络，如6LoWPAN，可使IPv6分组昂贵的存储残片分成微小的链路层框架。CoAP

的设计目的就是保持较小的消息开销，但却因此限制了存储碎片的使用。

CoAP 的主要目标之一是设计一种通用的网络协议，以满足约束环境的特殊需求，尤其是能源、楼宇自动化以及其他 M2M 应用。CoAP 的目标应不是静态压缩 HTTP，而是为 M2M 应用实现能够与 HTTP 通用的最优化 REST 子集。虽然 CoAP 可用于压缩简单的 HTTP 接口，但它同时也为 M2M 提供了相应功能，如内置资源发现、组播、异步消息交换等。CoAP 主要具有以下功能：

（1）满足 M2M 需求的约束网络协议。

（2）具备可选可靠性的 UDP，支持单播和多播请求。

（3）异步消息交换。

（4）低报头开销和解析复杂性。

（5）URI 和内容类型支持。

（6）简单代理和缓存功能。

（7）无状态的 HTTP 映射，允许构建代理以统一的方式通过 HTTP 访问 CoAP 资源，或通过 CoAP 实现 HTTP 简单接口。

（8）绑定到数据报传输层安全（Datagram Transport Layer Security，DTLS）的安全性。

CoAP 的交互模型类似于 HTTP 的客户端/服务器模型。然而，M2M 交互通常需要客户端和服务器双方进行 CoAP 执行活动。CoAP 请求等同于 HTTP 请求，它由客户端在服务器上发出，以请求对于某一资源（由 URI 标识）的行动（使用方法代码）。然后，服务器发送一个响应码进行响应，响应可能还包括资源表示。与 HTTP 不同，CoAP 采取面向数据报传输（如 UDP）对交换进行异步处理。它采用能支持可选的可靠性消息层逻辑进行（采用指数倒退算法）。CoAP 定义了四种消息类型：可证实（Confirmable，CON）、非可证实（Non-Confirmable，NON）、确认、复位，消息内包含了的方法代码和响应代码，就能使消息携带请求或响应。这四种类型消息的基本交换对请求/响应交互是透明的。

从逻辑上看，CoAP 被认为是一种两层方法，一层消息层用于处理 UDP 和交互的异步，请求/响应交互则采用方法和响应代码（见图 5-2）。

然而，CoAP 只是一种采用报头消息和请求/响应特征的单一协议。图 5-3 描述了 CoAP 环境下的总体协议栈。读者可参阅参考文献［8］，对该协议的功能、格式和程序进行深入了解。以下是简要介绍。

5.3.2　消息传输模型

CoAP 的消息传输模型是基于 UDP 端点间消息交换的。它采用简短固定长度的二进制报头（4 位），后面可以跟压缩的二进制选项和有效载荷。该消息格式可与请求和响应共享。每个 CoAP 消息包含用于检测重复和可选可靠性的消息 ID。

可靠性通过对消息标记 CON 实现。CON 消息在重传间通过默认超时和指数倒

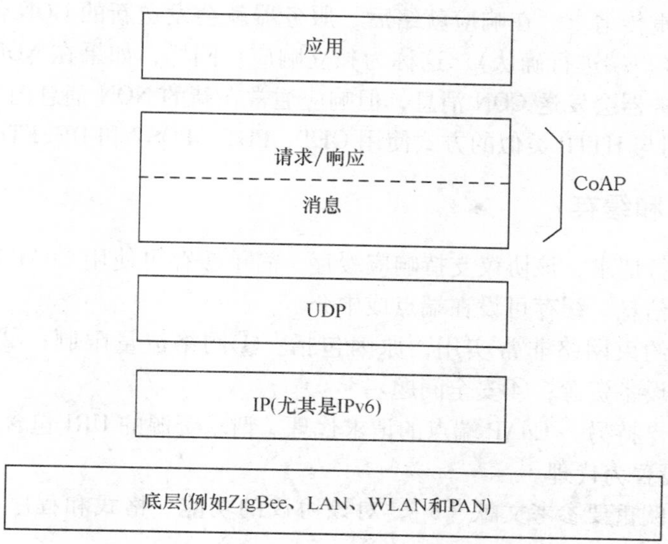

图5-2　CoAP的抽象分层

退进行重传，直至接收方以相同的消息ID从相应端点发送确认消息（Acknowledgement Message，ACK）。如果接收方无法处理CON消息，它就会回复一个复位消息（Rest Message，RST）而不是ACK。无须可靠传递的消息，如每次测量的传感器数据流，可作为NON消息发送。尽管它们不会得到确认，但仍会发送用于重复检测的消息ID。如果接收方无法发送NON消息，就会以RST作为回复。

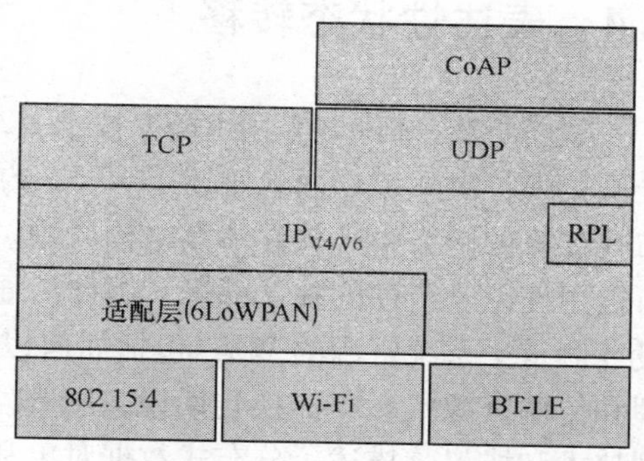

图5-3　CoAP环境下的总体协议栈

由于CoAP是基于UDP的，因此它也支持多播IP目的地址的使用，可以实现组播CoAP请求。

5.3.3　请求/响应模型

CoAP请求和响应语义携带在CoAP消息内，每个消息包含了方法代码或响应代码。可选（或默认）请求或响应信息，如URI和有效载荷内容类型，作为CoAP选项携带。令牌选项用于匹配独立于底层消息的请求与响应。

请求携带于CON消息或NON消息内，并且如果可以立即可用，对CON消息所携带请求的响应携带于其产生的ACK消息内。这称为捎带应答。如果服务器无法立即响应CON消息所携带请求，就会以空的ACK消息进行简单响应，这就使客户端可以停止重传请求。在响应就绪后，服务器就会发送新的 CON 消息作为响应（随后需要由客户端进行确认）。这称为独立响应。同样，如果在 NON 消息内发送请求，尽管服务器会发送 CON 消息，但响应通常在新的 NON 消息内发送。

CoAP 采用与 HTTP 类似的方式使用 GET、PUT、POST 和 DELETE 方法。

5.3.4 中介和缓存

为有效执行请求，该协议支持响应缓存。简单缓存可使用 CoAP 响应携带的新鲜度和有效性信息。缓存可设在端点或中介。

代理对于约束网络非常实用，原因包括：①网络流量限制；②可提升性能；③可访问休眠设备资源；④安全问题。

该协议也支持另一 CoAP 端点的请求代理。请求资源的 URI 包含在请求内，目的 IP 地址则设置为代理。

读者可参阅重要参考文献［8］，对该协议的功能、格式和程序进行广泛深入讨论。

5.4 表述性状态转移

如前所述，CoAP 采用 REST 技术。2000 年，RoyFielding 博士在其加州大学博士论文中首次系统全面地阐述了 REST 的架构风格和设计思想，论文分析了用于分布式计算的网络中心软件体系结构原则。REST 旨在支持组件交互的可扩展性、接口通用性以及组件的独立部署。因此，通过 REST 定义的一套体系架构原则，可以设计侧重于系统资源的 WS，包括如何以不同语言编写的多个客户端通过 HTTP 处理和传输资源状态[9]。换句话说，REST 是一种大型网络化软件架构，它采用万维网技术和协议，描述了分布式数据对象和资源的定义和寻址方式，重点强调了信息和可扩展性的简易交换[10]。基于 REST 的 WS 主要遵循以下四个基本设计原则：

（1）明确采用 HTTP 方法。

（2）无状态。

（3）公开目录结构式的 URI。

（4）传输 XML、JavaScript 对象表示法（JavaScript Object Notation，JSON）。

5.5 ETSI M2M

ETSI 最近建立了一个专门的技术委员会，其任务就是制定标准的 M2M 通信。该小组旨在提供 M2M 标准化的端到端视图，积极与 ETSI 的正在进行的下一代网络（NGN）、无线通信、光纤和电力线等活动密切合作，并在移动通信技术方面与 3GPP

标准小组协作。与各种发展中标准所定义的一样，本文中采用的参考模型就是该小组制定的 M2M 模型，包括 ETSI TS102 689（需求）、ETSI TS102 690（功能体系结构）、ETSI TS102 921（接口描述）中描述的 ETSI M2M 第 1 版标准。ETSI 还出版了一系列文件，对常见案例进行了定义。这些文件在其他章节有所引用，此处不再列出。

M2M 环境的关键要素包括[11]：

（1）M2M 设备：能够答复内部数据请求或能够自动发布内部数据的设备。

（2）M2M 局域网（设备域）：可提供 M2M 设备、M2M 网关（如 PAN）间连接的网络。

（3）M2M 网关：可使用 M2M 能力保证 M2M 设备与通信网络连通的网关。

（4）M2M 通信网络（通信域）：可支持 M2M 网关和 M2M 应用间通信的大型网络，如 xDSL、LTE、WiMAX、WLAN 等。

（5）M2M 应用：包含中间层的系统，可使数据在各应用服务间流动，并可供专业业务处理引擎使用。

读者可参考上文引用的体系架构规范，对 M2M 环境进行广泛深入研究。

5.6　机器型通信的第三代合作伙伴计划服务需求

5.6.1　方法

目前的移动网络对于人对人（Human-to-Human，H2H）业务来说是最优化的，但对 M2M/MTC 的交互来说却不是，因此对 MTC 进行优化十分必要。例如，需要低成本才能反应低 MTC ARPU（用户平均收入），但同样还需要支持触发。因此，3GPP 已经于 2010 年开始了 M2M 规范的制定工作，并已解决互操作性问题，尤其是 3G/4G/LTE 环境下的互操作性。表 5-1 提供了可应用于 MTC 服务的一系列规范。图 5-4 描述了服务模型，图 5-5 描述了体系架构。

表 5-1　MTC 相关的 3GPP 规范

3GPP 规范	MTC 相关规范
22. 011	服务可访问性
22. 368	MTC 服务要求，阶段 1
23. 008	用户数据组织
23. 012	位置管理程序
223. 060	通用分组无线业务（General Packet Radio Service，GPRS），服务描述，阶段 2
23. 122	空闲模式下与移动台（Mobile Station，MS）相关的非接入层（Non-Access-Stratum，NAS）功能

（续）

3GPP 规范	MTC 相关规范
23.203	策略和计费控制架构
23.401	改进型通用陆地无线接入网络（Evolved Universal Terrestrial Radio Access Network，E-UTRAN）接入的 GPRS 性能提升
23.402	非 3GPP 接入的体系架构改进
23.888	MTC 的系统完善
24.008	移动无线接口层 3 规范，核心网络协议，阶段 3
24.301	演进分组系统（Evolved Packet System，EPS）的 NAS 协议，阶段 3
24.368	NAS 配置管理对象（Management Object，MO）
25.331	无线资源控制（Radio Resource Control，RRC），协议规范
29.002	移动应用部分（Mobile Application Part，MAP）规范
29.018	GPRS，GPRS 服务支持节点（Serving GPRS Support Node，SGSN）——访问用户位置寄存器（Visitors Location Register，VLR），GS 接口层 3 规范
29.060	跨 Gn 和 Gp 接口的 GPRS 隧道协议（GPRS Tunneling Protocol，GTP）
29.118	移动性管理实体（Mobility Management Entity，MME）-VLR SG 接口规范
29.274	3GPP EPS，控制平面的改进型 GTP（Evolved GTP for Control Plane，GTPv2-C），阶段 3
29.275	基于代理移动 IPv6（Proxy Mobile IPv6，PMIPv6）的移动性和隧道协议，阶段 3
29.282	3GPP 特定移动 IPv6 供应商选项格式与用法
31.102	通用用户识别模块（Universal Subscriber Identity Module，USIM）应用特性
33.868	MTC 的安全方面
36.331	改进型通用陆地无线接入（Evolved Universal Terrestrial Radio Access，E-UTRA），RRC，协议规范
37.868	MTC 的 RAN 改进
43.868	MTC 的 GERAN 改进
44.018	移动无线接口层 3 规范，RRC 协议
44.060	GPRS；MS—基站系统（Base Station System，BSS）接口，无线链路控制/媒体访问控制（Radio Link Control/Medium Access Control，RLC/MAC）协议
45.002	无线电路径服用与多路访问

该架构中的接口如下：

（1）MTCu：提供 MTC 设备的 3GPP 网络接入，传输用户业务。

（2）MTCi：MTC 服务器通过 3GPP 承载业务连接 3GPP 网络的参考点。

（3）MTCsms：MTC 服务器通过 3GPP SMS 连接 3GPP 网络的参考点。

机器类型通信的第三代合作伙伴计划服务需求的重要文件——10 号文件，重点关注过载和拥塞控制、扩展访问限制（Extended Access Barring，EAB）、低优先

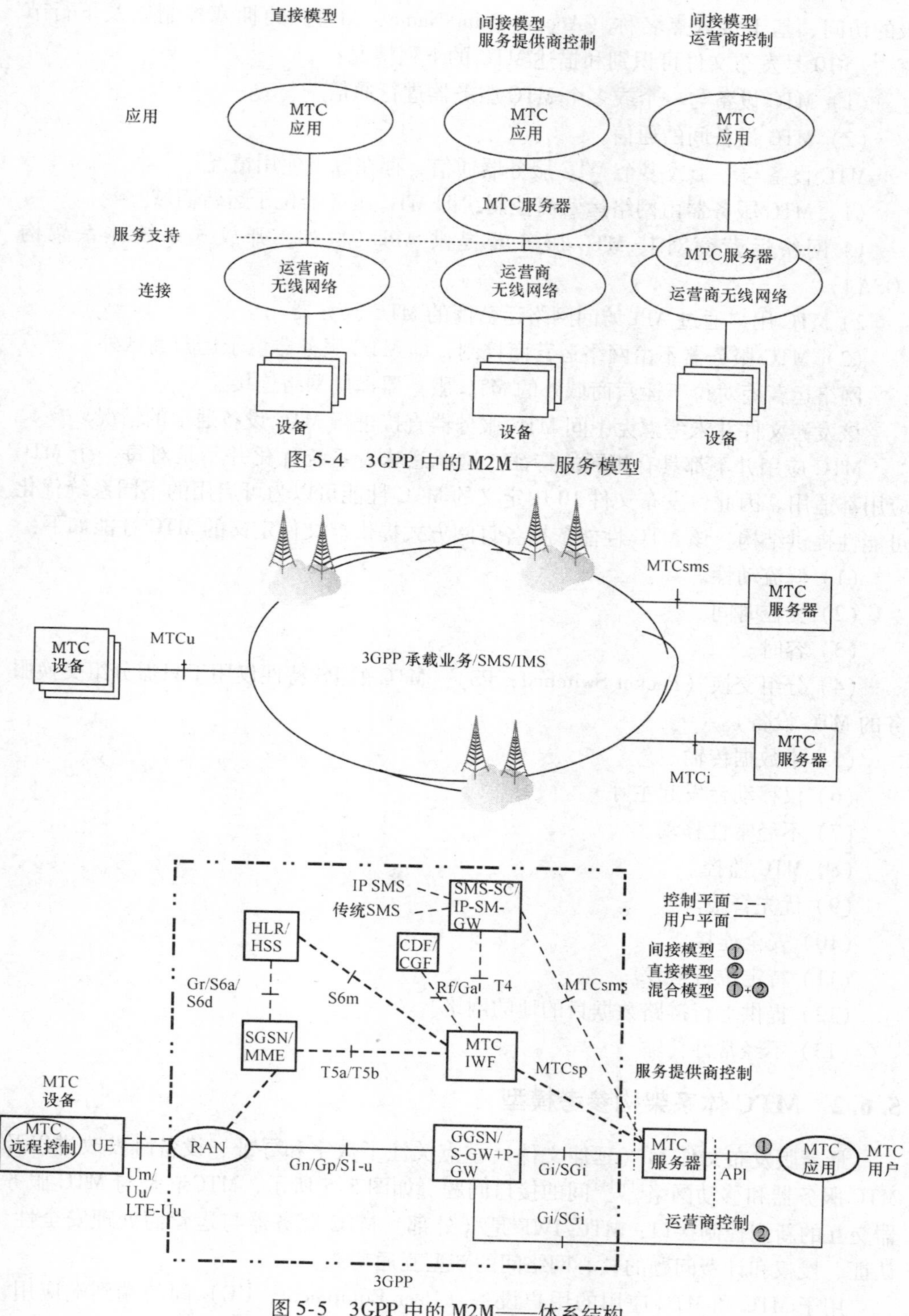

图 5-4　3GPP 中的 M2M——服务模型

图 5-5　3GPP 中的 M2M——体系结构

级的访问、基于接入点名称（Access Point Name，APN）的拥塞控制以及下行节流[12]。10 号发布文件可识别和描述 MTC 的下列情况：

（1）MTC 设备与一个或多个 MTC 服务器进行通信。

（2）MTC 设备间的通信。

MTC 设备与一个或多个 MTC 服务器通信，存在以下使用情况：

（1）MTC 服务器由网络运营商控制，即 MTC 服务器位于运营商域。

1）网络运营商对其 MTC 服务器提供 API（例如，开放式系统体系架构［OSA］）。

2）MTC 用户通过 API 访问网络运营商的 MTC 服务器。

（2）MTC 服务器不由网络运营商控制，即 MTC 服务器位于运营商域外。

网络运营商对位于运营商域外的 MTC 服务器提供网络连接。

该发布文件并未考虑无中间 MTC 服务器直接进行 MTC 设备通信的情况。

MTC 应用并不都具有相同的特征。这就意味着系统优化并不是对每一个 MTC 应用都适用。因此，发布文件 10 中定义的 MTC 性能可以为可启用的不同系统优化可能性提供结构。该 MTC 性能依据各订阅方式提供。文件定义的 MTC 性能如下：

（1）低流动性。

（2）受控时间。

（3）容时。

（4）分组交换（Packet Switched，PS）（MTC 的 PS 特性仅用于只需分组交换服务的 MTC 设备）。

（5）小数据传输。

（6）仅移动台发起主呼。

（7）不经常性移动。

（8）MTC 监控。

（9）优先警报。

（10）安全连接。

（11）特定位置触发。

（12）提供上行链路数据目的地的网络。

（13）不经常性传输。

5.6.2　MTC 体系架构参考模型

最新版发布文件 11（延伸文件）重点关注了数字和寻址、设备触发改进以及 MTC 服务器和移动网络[13,14]间的接口问题。如图 5-5 所示，MTCsp 是与 MTC 服务器交互的新型控制接口；MTC-IWF 是（外部）MTC 服务器与运营商处理安全性、认证、授权和计费问题的核心网络间的新型互通功能。

用于 MTC 和 MTC 应用的用户设备（User Equipment，UE）间的端到端应用，采用 3GPP 系统或 MTC 服务器提供的服务。3GPP 系统提供了传输和通信服务（包括 3GPP 承载业务、IMS 和 SMS），包括可便利 MTC 的各种优化。图 5-5 演示了用户设备通过 Um/Uu/LTE-Uu 连接 MTC 与 3GPP 网络（UTRAN、E-UTRAN、GERAN、I-WLAN 等）。该体系架构包括下列多个模型：

（1）直接式模型——由 3GPP 运营商提供直接通信：MTC 应用无须使用 MTC 服务器，直接连接至运营商网络。

（2）间接式模型——MTC 服务提供商控制的通信：MTC 服务器作为一个实体独立于运营商域外，MTCsp 和 MTCsms 是第三方 M2M 服务提供商的外部接口。

（3）间接式模型——3GPP 运营商控制的通信：MTC 服务器是运营商域内的实体，MTCsp 和 MTCsms 在公共陆地移动网（Public Land Mobile Network，PLMN）内。

（4）混合式模型：直接和间接式模型同时使用，例如，在使用直接式模型连接用户平面的同时，使用间接式模型发送控制平面信令。

有些人认为 M2M 涉及 E.164 电话号码问题：在一些国家，监管机构已表示没有足够的（移动设备）号码提供给 M2M 应用。3GPP 就假设该解决方案能支持超过 H2H 通信设备 100 倍以上数量的 M2M 设备。提出的方案包括：①中期方案：使用比电话号码长的 M2M 专用号码（如 14 位）；②长期方案：不再对 M2M 应用提供 E.164 电话号码。

发布文件 11 中定义的各种协议栈如图 5-6 所示。

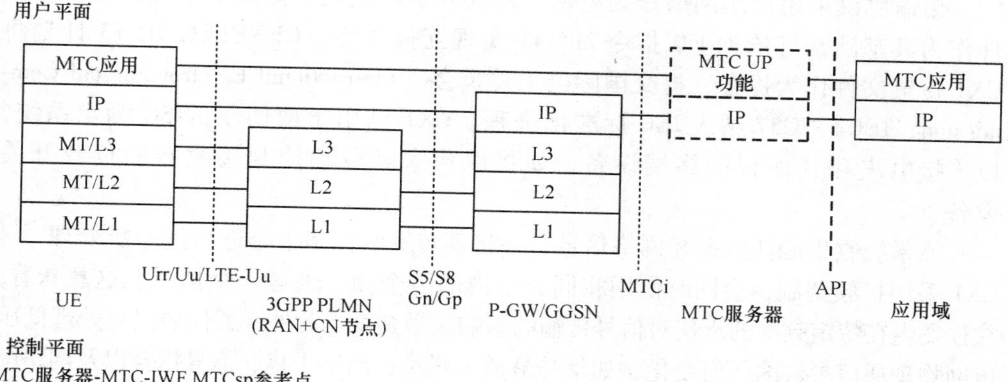

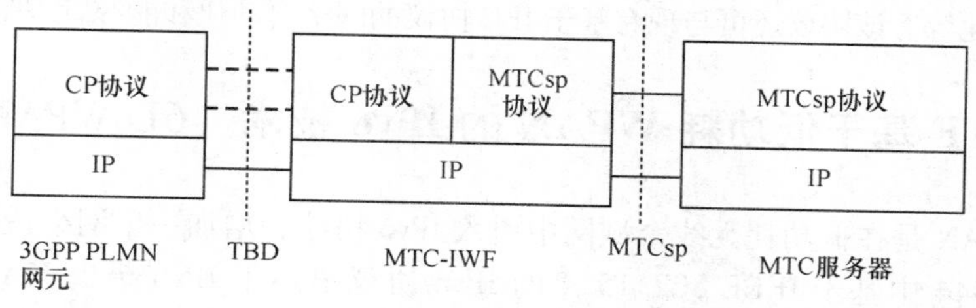

图 5-6　MTC 体系结构用户与控制平台

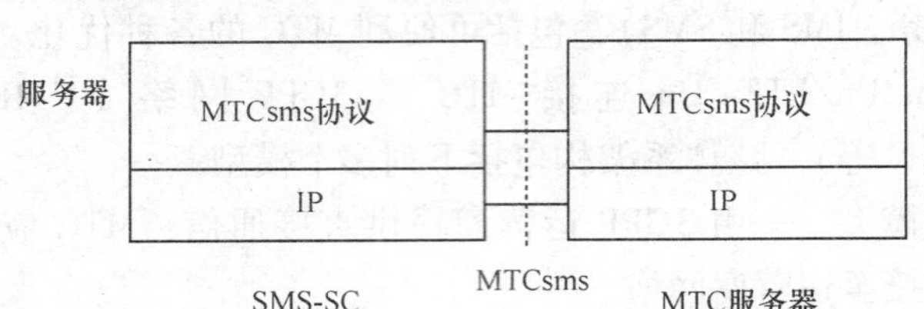

图 5-6　MTC 体系结构用户与控制平台（续）

注：详细介绍参见 R11 版本（Release 11）3GPP 标准，即 3GPP TR 23. 888 V1. 7. 0（2012 年 8 月）技术报告。

读者可参阅 3GPP 的技术报告[13]，对体系架构和 MTC/M2M 通信的系统需求进行深入探讨。

第 6. 2 节讨论了 MTC/M2M 环境中可能使用的 3GPP 网络。

5. 7　CENELEC

近来，欧洲电工标准化委员会（Committee for Electrotechnical Standardization，CENELEC）已经接受了西门子配电线载波通信协议 CX1 作为一项标准化建议。该标准旨在通过智能电网电力线支持开放和容错通信。

传输协议采用低压网络作为电网传感器和智能电表数据通信信道，该传输文件作为其基础，可依据 EU 指令 M/441 实现互操作性。CENELEC TC 13 计划将 CX1 传输文件作为提案，提交国际电工委员会（International Electrotechnical Commission，IEC）TC57 纳入 IEC 标准化进程。CX1 已用于西门子的 SG 测定系统，以连接电表和其他智能终端设备，如将取代家庭脉动控制接收器的负载开关设备。

该系统收集能耗数据和网络信息，并将其转发给控制中心进行进一步处理[15]。CX1 采用扩频调制，会同时使用相同频带内的多个频率发送一个信号。这意味着，往往发生在特定频率的干扰对信号传输的影响微乎其微。此外，通信协议可处理低压电网物理通信参数的任何变化，如信号衰减、噪声、网络干扰、信号耦合以及网络配置的运行变化等。该协议还可与现有基于 IEC 协议的网络自动化和能源管理基础设施。

5. 8　IETF 基于低功耗 WPAN 的 IPv6 技术（6LoWPAN）

6LoWPAN 是在低功耗无线个域网中引入 IPv6 协议，增加一个网络适配层。

RFC 4944 中基于 IEEE 802. 15. 4 的 IPv6 协议描述了 IPv6 借助 MAC 层和 IP 网络层间的适配层，基于 IEEE 802. 15. 4 网络的携带方式。很明显，LoWPAN 链路具有有损、低功耗、低比特率、短距离，并带有大量长休眠期的节能节点等特点。

因此，RFC 4861 描述的 IPv6 ND 中使用的多播对于这类无线低功耗有损网络并不可取。此外，LoWPAN 链路在本质上是对称和非传递性的。LoWPAN 可能包含了大量重叠的无线电范围。尽管给定的无线电范围具备广播功能，但其聚合是一种复杂的非广播多路接入（Non-Broadcast Multi-Access，NBMA）结构，通常不具备全 LoWPAN 网络的多播功能。

链路本地范围实际上可以通过可达性和无线电强度进行定义。因此，可以考虑通过具有不确定连接属性的链路和相应地址模型假设实现 LoWPAN。因此，仍需制定专门针对低功率有损网络（如 LoWPAN）的 IPv6 ND（RFC 4861）优化方案[16]。

该问题在第 9 章有所论述，读者阅读后可对 IPv6 的相关背景知识有所了解。

5.9 ZigBee IP（ZIP）

ZigBee 是一种无线 PAN IEEE 802.15.4 标准，我们将在第 6 章予以介绍。这里我们对 ZigBee 联盟第一个基于开放标准的智能对象 IPv6 协议栈定义——ZIP 标准予以简单介绍。ZIP 标准的目标是通过大范围的低功耗连接技术，拓展 IP 在资源受限设备网络中的使用。ZIP 的相关研发工作已经取得了显著进展，使 802.15.4 无线网状网络的 IPv6 网络协议成为现实。ZIP 是基于 IETF 和 IEEE 定义标准的协议栈，如将用于 SE 2.0 配置文件的 6LoWPAN 和 IEEE 802.15.4。

ZIP 可使低功耗 802.15.4 节点在本地参与其他基于 IPv6 的 Wi - Fi、Homeplug 和以太网节点，并且不具有任何复杂性和应用层网关。为实现这一目标，ZIP 协议栈采用了一系列标准化的 IETF 协议，包括用于 IP 报头压缩的 6LoWPAN 和用于网状路由的 ND 和 RPL。ZIP 还将进一步采用其他 IETF 标准，以支持网络连接程序、服务发现和基于 TLS/SSL 的安全机制[17]。截至目前，ZIP 规范即将发布其 0.9 草案版本，并已通过多次认证取得了重大进展。特别是，对 ZIP 将基于 802.15.4 HAN 网有效支持 SEP2 单播和多播消息发送的验证引发了大家的兴趣。据预计，可发布的认证协议栈将在 2013 年年中面世。Cisco、Exegin 和 Grid2Home 等将首先使用。其支持者预计，基于 ZIP 的产品将很快提供 SG 内的互操作。

5.10 智能物体中的 IP 技术（IPSO）

IPSO（IP in Smart Objects，智能物体中的 IP 技术）联盟是在能源、消费、医疗和工业应用内使用 IP 网络设备的倡导者。该联盟的目标不是定义技术或标准，而是记录诸如 IETF 等标准化组织定义的基于 IP 技术的使用，并重点关注联盟各种使用案例的支持。IPSO 联盟作为非营利性组织拥有超过 60 个成员，分别来自全球范围内技术、通信和能源领先的公司。该联盟的任务是通过建立更紧密的企业关系、培养意识、普及教育、促进产业、发展研究和创建对 IP 及其在连接智能对象中作用的更好理解，为产业增长提供基础。其目标主要包括[18]：

（1）将 IP 作为智能对象接入与通信的首选方案进行完善。

（2）通过制定并发布白皮书和案例研究，提供 IETF 等组织的标准升级以及其他辅助营销活动，推动 IP 在智能对象中的使用。

（3）深入了解智能对象在使用互联网协议互联增长方面发挥作用的市场和产业。

（4）组织互操作性测试，使其成员和有关组织的产品和服务，在智能对象采用 IP 后可有效协作并符合通信产业标准。

（5）在制定智能对象 IP 标准过程中，辅助 IETF 及其他标准制定机构。

附录 5. A　传统的监控与数据采集（SCADA）系统

本附录简要介绍了广泛使用的传统的 SCADA（Supervisory Control And Data Acquisition，监控与数据收集）系统，该系统主要用于监测和控制能源、石油和天然气提炼，水源和垃圾管理，以及运输、电信等产业的工厂或设备。本部分内容总结归纳了国家安全系统（National Communications System，NCS）的参考文献［19］。M2M 致力于 SCADA（M2M 可在服务器/网关的支持下，而不直接与 SCADA 进行互操作）基本概念的提升、扩展和现代化。

SCADA 系统采集远程操作信息，并传输至中央站点，然后提示管理站有事件发生，并进行必要的分析和控制。这些系统或相对简单，如小型办公楼环境条件的监控系统；或非常复杂，如核电站活动或市政自来水系统活动的监控系统。一直以来，SCADA 系统采用公共交换网络（Public Switched Network，PSN）设施进行监控；而目前，无线技术正广泛用于监控目的。

SCADA 系统包含 SCADA 中央主机与多个远程终端单元（Remote Terminal Unit，RTU）和/或可编程序控制器（Programmable Logic Controller，PLC）之间数据的传输；中央主机通常支持操作员终端。具体地说，SCADA 系统包括：

（1）一个或多个字段数据接口设备，通常是 RTU 或 PLC，用于连接字段传感设备和本地控制转换器和执行器。

（2）用于传输字段数据接口设备与控制单元和 SCADA 中央主机内计算机间数据的通信系统；其通信可单独或混合使用电话、有线、无线电、蜂窝、卫星等多种方式。

（3）中央主机服务器［也称为 SCADA 中心、主站或主终端单元（Master Terminal Unit，MTU）］。

（4）标准和/或定制软件系统集合［也称为人机界面（Human Machine Interface/Man Machine Interface，HMI/MMI）软件]，用于提供 SCADA 中央主机和操作员终端应用，以支撑通信系统，以及远程监视和控制字段数据接口设备。

现有的三代 SCADA 系统为：

（1）第一代：单片集成式系统。

（2）第二代：分布式系统。

（3）第三代：网络化系统。

在 SCADA 系统中，RTU 接受命令来操作控制点，设置模拟输出水平，并对请求进行响应。RTU 为 SCADA 主站提供状态以及离散和累积的数据传输。发送的数据表示只可通过独特的寻址识别。寻址主要被设计用于同 SCADA 主站数据库进行关联。RTU 无须了解哪些特定参数正在真实世界进行监控；它只监控某些点并将信息存储在本地寻址方案。每个协议由两个消息集或消息对组成。其中一个是主协议，包含有效的主站发起或响应语句；另一个是 RTU 协议，包含 RTU 可以发起和响应的有效语句。在大多数情况下，这两个对可看作是信息或活动的轮询或请求，以及确认响应。

主站与 RTU 间的 SCADA 协议构成了 RTU 到智能电子设备（Intelligent Electronic Device，IED）通信的可行模式。目前，使用了几种不同的协议，最常见的有：

（1）IEC 60870-5 系列，主要是 IEC 60870-5-101（通常称为 101）。

（2）分布式网络协议版本 3（Distributed Network Protocol Version 3，DNP3）。

1. IEC 60870-5 系列

IEC 60870-5 详细说明了不同层可提供的一系列帧格式和服务。为实现 RTU、电表、继电器和其他 IED 的高效执行，IEC60870-5 以三层增强型性能体系架构（Enhanced Performance Architecture，EPA）参考模型（参见图 5A-1）为基础。此外，IEC60870-5 还为用户层定义了基本的应用功能；该用户层位于开放系统互连（Open System Interconnection，OSI）应用层和应用程序之间。用户层增强了时钟同步和文件传输等功能的互操作性。

下面将简要论述 IEC60870-5 遥控传输协议规范集中 5 个文件的基本范畴。标准配置对 IEC60870-5 标准的统一应用十分重要。配置是定义设备行为方式的一组参数，该配置已成功创建。

（1）IEC 60870-5-1（1990-02）详细描述了遥控应用由数据链和物理层提供服务的基本要求。特别是，它指定了编码、格式化与同步可变和固定长度数据帧的标准，可满足特定数据完整性的要求。在物理层，标准 101 配置还允许选择国际电信联盟-电信标准化组织（International Telecommunication Union-Telecommunication Standardization Sector，ITU-T）的标准，可与电子工业协会（Electronic Industries Association，EIA）标准 RS-232 和 RS-485 兼容，支持光纤接口。

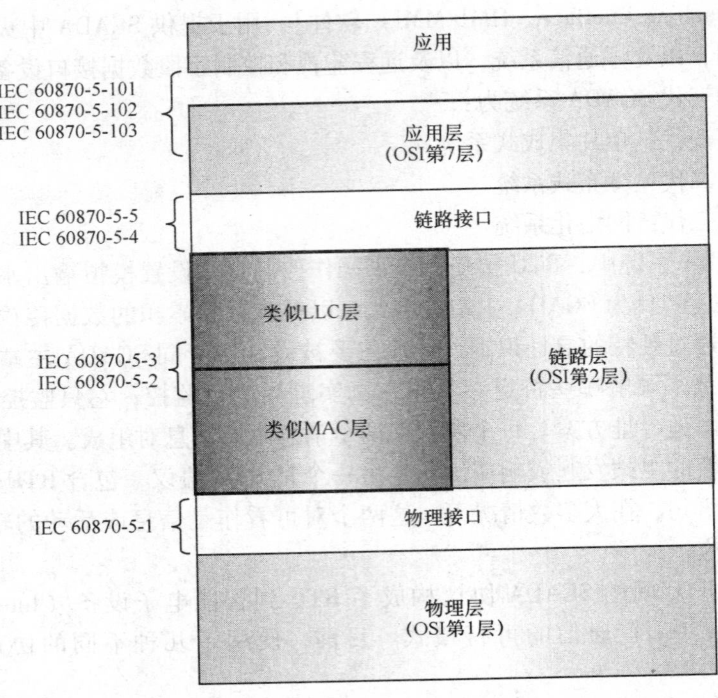

图 5A-1　SCADA 协议与 EPA

（2）IEC 60870-5-2（1992-04）采用控制字段和可选地址字段，提供了链路传输程序的选择；由于一些点对点拓扑不需要源地址或目的地址，因此地址字段是可选的。

（3）IEC 60870-5-3（1992-09）明确了构建遥控系统传输帧应用数据单元的规则。此规则可作为支撑当前和未来各种遥控应用的通用标准。本节 IEC 60870-5 中描述的应用程序数据和基本规则来指定应用程序的数据单元，而无须指定有关的信息字段和它们的内容细节的一般结构。IEC 60870-5 的该章节描述了应用数据的一般结构，以及在无须指定信息字段或其他内容情况下，指定应用数据单元的基本规则。

（4）IEC 60870-5-4（1993-8）提供了定义信息数据元素的规则，以及通用的信息元素，尤其是遥控应用中经常使用的数字和模拟过程变量。

（5）IEC 60870-5-5（1995-06）定义了遥控系统执行标准程序的基本应用功能，此程序位于 ISO 参考模型第 7 层（应用层）外。该标准采用应用层的标准应用服务。它是 IEC 60870-5-5（1995-06）中应用配置的基本标准，稍后针对特定遥控任务具体创建。

2. DNP3

DNP3 是采用串行通信的点对点数据传输协议，主要用于公用事业等领域。

DNP3 专门是针对 SCADA 远程终端相关的设备间通信而开发的，可供 RTU 到 IED 以及主机到 RTU/IED 的通信使用。它以 3 层 EPA 模型为基础，并为满足电力工业各种用户的需求稍作了修改，其包含在 IEC 60870-5 标准内。设计 DNP3 的主要目标如下：

（1）数据完整性强。DNP3 数据链路层采用变化的 IEC60870-5-1（1990-02）的帧格式 FT3。数据链路层帧和应用层消息都可通过确认服务传输。

（2）结构灵活。DNP3 应用层以对象为基础，其结构在保持互操作性的同时可广泛实施。

（3）应用多样。DNP3 可以在几种模式中使用，包括：①仅轮询；②异常轮询报告；③异常自动报告（静止模式）；④综合模式。它也可在多个物理层中使用，作为分层协议它还适合于在本地和一些广域网运行。

（4）开销最低。DNP3 专为现有工作比特率低至 1200bit/s 的对线数据链设计，并力求在使用最小开销的同时保持灵活性。通过选择数据报告方法，如异常报告，进一步降低系统开销。

（5）开放标准。DNP3 是不断发展的非私有标准，它由包括 RTU、IED、主站厂商以及电力工业和系统咨询界代表在内的用户组所控制。

参考文献

1. Gluhak A, Krco S, et al. A survey on facilities for experimental internet of things research. Communications Magazine, IEEE, November 2011;49(11):58–67.
2. Ladid L. Keynote Speech, International Workshop on Extending Seamlessly to the Internet of Things (ESLOT 2012), in conjunction with IMIS-2012 International Conference, July 4–6, 2012, Palermo, Italy.
3. Arkko J. Interoperability Challenges in the Internet of Things. Interconnecting Smart Objects with the Internet Workshop 2011, 25th March 2011, Prague.
4. Internet Architecture Board, Interconnecting Smart Objects with the Internet Workshop 2011, 25th March 2011, Prague.
5. Kutscher D, Farrell S. Towards an Information-Centric Internet with more Things. Interconnecting Smart Objects with the Internet Workshop 2011, 25th March 2011, Prague.
6. Winter T, editor. ROLL/RPL: IPv6 Routing Protocol for Low Power and Lossy Networks, March 2011, draft-ietf-roll-rpl-19.
7. Kuryla S. RPL: IPv6 Routing Protocol for Low Power and Lossy Networks, Networks and Distributed Systems Seminar, March 1, 2010.
8. Shelby Z, Hartke K, Bormann C, Frank B. Constrained Application Protocol (CoAP). CoRE Working Group, March 12, 2012, Internet-Draft, draft-ietf-core-coap-09.
9. Richardson L, Ruby S. RESTful Web Service, O'Reilly Media, 2007, Sebastopol, CA.
10. Kay R. QuickStudy: Representational State Transfer (REST). ComputerWorld, August 6, 2007.

11. Lin T-M. M2M: Machine to Machine Communication (From ETSI/3GPP Aspect). White Paper, Industrial Technology Research Institute of Taiwan, R.O.C, 2010.
12. 3rd Generation Partnership Project, Technical Specification Group Services and System Aspects; Service Requirements for Machine Type Communications (MTC); Stage 1 (Release 10); Technical Specification 3GPP TS 22.368 V10.1.0 (2010–06).
13. 3rd Generation Partnership Project, Technical Specification Group Services and System Aspects; System Improvements for Machine-Type Communications; Stage 1 (Release 11); Technical Report 3GPP TR 23.888 V1.7.0 (2012–08).
14. Norp T. Mobile Network Improvements for M2M, a 3GPP Perspective. ETSI M2M Workshop, October 2011. TNO, P.O. Box 342, NL-7300 AH Apeldoorn.
15. Mrosik J. International PLC data communication standard for grid automation and smart metering proposed by Siemens. On line Magazine, Nov 15, 2012, http://www. metering .com.
16. Shelby Z, editor. Neighbor Discovery Optimization for Low Power and Lossy Networks (6LoWPAN), Updates: 4944 (if approved), August 24, 2012, IETF draft-ietf-6lowpan-nd-21.
17. Duffy P. Zigbee IP: Extending the Smart Grid to Consumers., Cisco Blog – The Platform, June 4, 2012, Cisco Systems, Inc., 170 West Tasman Dr., San Jose, CA 95134 USA.
18. IPSO Alliance, http://www.ipso-alliance.org/.
19. National Communications System, Supervisory Control and Data Acquisition (SCADA) Systems, Technical Information Bulletin 04-1, NCS TIB 04-1, October 2004, P.O. Box 4052, Arlington, VA 22204-4052. http://www.ncs.gov.

第 6 章　第 1/2 层连接：物联网的无线技术

很多物联网/M2M 的应用需要在物理层/MAC 层使用到无线连接，因此本章主要研究这些能够支撑物联网/M2M 应用的基本底层无线技术。物联网/M2M 应用可以利用的无线网络㊀包括：

（1）个人局域网（PAN）：ZigBee®、蓝牙® 等，尤其是蓝牙低功耗技术（BLE）、近场通信（NFC）和专有系统（如 ANT +㊁，NIKE +㊂），具体而言，人们对低功耗的无线个人局域网感兴趣，而且其中一些 PAN 也被归类为低速率无线个域网（Low-Rate Wireless Personal Area Network，LR-WPAN）。

（2）无线局域网（WLAN）：Wi-Fi，IEEE 标准 802.11（包括供应商定制的低功耗设备㊃）。

（3）城域网（Metropolitan Area Network，MAN）：WiMax。

（4）无线传感网（WSN）：一般用于特定应用。

（5）第三代蜂窝通信技术（3G）/第四代蜂窝通信技术（4G）：通用移动通信系统（Universal Mobile Telecommunications System，UMTS）、通用分组无线业务（General Packet Radio Service，GPRS）、增强型数据速率（Enhanced Data Rates，EDR）。

（6）全球：卫星网络。

物联网/M2M 的连接性可以通过有线方式来实现，例如以电力线通信（PLC）为基础的网格化管理，一些运营商已经使用无线技术来抄表。此外，虽然能源供应商会定期使用基于监控和数据收集（SCADA）系统来实现电网上的远程遥测。而

㊀ 也有人将这里所说“无线网络”称作“无线信息与通信技术（Wireless Information and Communication Technology，WICT）”。

㊁ ANT/ANT + 是一种专用性较强的无线传感器网络技术，主要面向生产自行车电脑、速度/踏蹬频率传感器、计步器、功率计、心率监视器、热量计、体重指数测量装置、血压计、血糖仪等医疗保健产品的厂商，该技术由 ANT + 联盟负责开发和推广，并且主要用于兼容的 Garmin 设备。例如，一个 ANT + 心率监测带可以将心率数据发送到手表、手机、自行车电脑、平板电脑和/或其他能够读取 ANT + 心率数据的各种设备。

㊂ Nike +® 是一种专用的无线技术，由 Nike 和 Apple 公司开发。该技术可以使用户在运动时监视他们的活动水平。

㊃ 近年来，Wi－Fi LAN 标准已经在多个方面进行了改进，其中的一些改进（包括 IEEE 标准的 802.11v）旨在降低功耗。Wi－Fi 技术主要针对需要高数据吞吐量、大量数据传输的传统办公自动化（Office Automation，OA）需求进行了优化。因此，通常该技术不能使用纽扣电池。

且，SCADA 系统也已经使用有线网络来把远程电网单元和中央运营中心链接到一起，还是有越来越多的实用程序涌向公共蜂窝网络以支持这些功能。本章的附录对一些有线技术（包括 PLC）进行了简要讨论。

6.1 物联网/M2M 中的 WPAN 技术

个域网（也称为 WPAN）是一个用于随身智能设备通信的网络，这些设备包括智能手机、平板电脑、身体监控显示器等。PAN 可用于支持无线体域网（WBAN）［也称为无线医疗身体区域网络（Wireless Medical Body Area Network，WMBAN）或医疗体域网系统（MBANS）］，但它们也可以用于支持其他应用程序。如第 3 章所讨论的，医疗应用包括生命体征监测、呼吸监测、心电图（ECG）、PH 监测、血糖监测、残疾援助、肌张力监测和义肢监控等。WBAN 的非医疗应用包括视频流、数据传输以及娱乐和游戏等。一个 PAN 的范围通常是几米。有问题的设备有时也被称为短距设备（SRD）[1]。PAN 也可以用于随身设备之间的内部通信，也可以用于将设备连接到一个更高水平的网络（如互联网）。表 6-1（根据参考文献［2］的部分内容编写）对 3 种无线技术进行了简单比较，并对 BAN/WBAN 的特征进行了着重强调。WBAN 技术可不同程度满足医护行业认为重要的一些需求：①传感器消耗的功率非常低；②极低的发射功率；③高可靠性和高服务质量（QoS）。

表 6-1　技术比较

	WBAN	WSN	蜂窝无线网络
通信业务	通信应用专用的、偶发的/周期性的、适度的数据率		多媒体，高数据率
拓扑结构	动态的	随机的，动态的	网络设施结构基本没有变化
配置/维护	有时可能需要专业人员	自配置，无人操作	由大型组织/运营商负责管理
电池	几个月到几年的电池寿命		按需替换
网络大小	密集分布，受身体大小限制	数量不限（一般 10^2 ~ 10^6 个）	数以万计的节点数量
节点	低/适度的复杂度		高复杂度
整体设计目标	有限的电磁泄漏，电源效率	电源效率，自主运行，成本优化	带宽效率，QoS（吞吐量/延时）
标准化	多个（IEEE）标准，尤其是在底层	相对较少的标准化	多个国际标准，ITU-T、ETSI 等

接下来着重讨论 WBAN，它包括 ZigBee/IEEE 802.15.4，是个人家庭和医院监护（PHHC）协议的关键无线标准，主要有 ZigBee 医疗护理、IEEE 802.15.1（蓝牙）以及新的 IEEE 802.15.6 和 IEEE 802.15.4j，其他标准包括 ISO/IEEE 11073 和 ETSI TR 101 557 V1.1.1（2012 年 2 月）。需要注意的是，近年来 ZigBee 和蓝牙已经得到扩展和修改，以满足医疗/健康行业的特殊要求[3]。人们普遍认为，低功耗的 IEEE 802.11 Wi-Fi 技术在这个方面缺乏吸引力，虽然有些支持者对它比较钟爱㊀。

在本章中，我们主要专注于 PAN 和 3G/4G 技术，表 6-2 列出了一些相关的重要技术。本章的目的并不是对所有这些技术进行深入的探讨，因为每个技术都可以花费很多的篇幅来阐述，而是向读者提供一种不同的可选项，而且我们也不会尝试详尽地列出所有可能适用的无线或有线标准，而是会把重点放在少数几个关键的技术上。

表 6-2　支持物联网/M2M 应用的关键无线技术和概念

技术/概念	介　绍
3GPP	3GPP 包含了 6 个被称为“合作伙伴”的电信标准机构，并为其成员提供同一个发表公告和技术规格的稳定平台，用来定义 3GPP 技术，这些技术处在不断变化中，如我们所熟知的各代商用蜂窝/移动系统。3GPP 是 GSM（Global System for Mobile Communication，全球移动通信系统）演化为 3G 的最初标准化推动者。但是，随着第一代 LTE 和演进分组核心（Evolve Packet Core，EPC）规范的实现，3GPP 已成为非 3G 范围内的移动通信系统的焦点。从 3GPP R10 版本开始，3GPP 能满足高级国际移动通信（International Mobile Telecom Advanced，IMT-Advanced）技术“超 3G 系统”的最新 ITU-R 要求。基于这一标准，对于高移动性通信，速度可达 100Mbit/s，对于低移动性通信，速度可达 1Gbit/s。3GPP 原有业务范围是为 3G 移动通信系统发布技术规范和技术报告，这类系统是基于演进的 GSM CN 和他们自己发布的无线电接入技术构建的。例如，通用地面无线接入技术（Universal Terrestrial Radio Access，UTRA）中提出的频分双工（Frequency Division Duplex，FDD）和时分双工（Time Division Duplex，TDD）模式。后来，其范围修订为维护和发展 GSM 技术规范和技术报告，包括改进的无线电接入技术，如 GPRS 和 EDGE[6]。术语“3GPP 标准”涵盖了所有的 GSM（包括 GPRS 和 EDGE）、WCDMA 和 LTE（包括升级版 LTE）标准。下列术语也可用于描述使用 3G 标准的网络，包括 UTRAN、欧洲的 UMTS 和日本的 FOMA

㊀ 支持者称，没有任何一种其他的无线技术能够与 Wi-Fi 具有相同的 IP 友好性。例如，ZigBee IP 需要使用网桥。虽然 ZigBee 节点的成本较低，但是它需要建设新的基础网络设施。在所有的无线技术中，Wi-Fi 能够提供的带宽最高。一些低功耗的 Wi-Fi 技术也能够提供高达 11Mbit/s 的数据率，速率最低时也能达到 1Mbit/s。而 ZigBee 技术最高只能提供 250kbit/s 的速率，最低速率没有下限。Wi-Fi 还可以提供可靠的加密、认证和端到端的网络安全保护（WPA2、EAP、TLS/SSL）。而 ZigBee 仍然需要进行测试，因为已经确定了一些安全漏洞[4]。在另一方面，Wi-Fi 对电量要求较高，因此 Wi-Fi 团队正在研究降低 Wi-Fi 功耗。然而，目前还需要有专用的驱动程序，该技术只适用于个人计算机市场，此类市场产品的 Wi-Fi 接收器的功耗预算更高[5]。

（续）

技术/概念	介　绍
3GPP2（Third-Generation Partnership Project 2，第三代合作伙伴项目2）	3GPP2是一个关于3G电信规范制定的合作项目，包含北美和亚洲的相关组织，目的是促进ANSI/TIA/EIA-41蜂窝无线电国际运行网络的全球标准向3G的发展以及制定基于ANSI/TIA/EIA-41的无线电传输技术（Radio Transmission Technology，RTT）的全球标准。3GPP2诞生于国际电信联盟（International Telecommunication Union，ITU）的国际移动通信“IMT-2000”计划，涵盖了高速（High Speed，HS）传输技术、宽带和基于IP的移动通信系统，而这类通信系统具有网络互联互通、功能/服务透明度以及全球漫游等特点，并且提供不依赖于位置的无缝服务[7]
6LoWPAN：基于低功耗区域网络的IPv6技术（IEEE 802.15.4）	6LoWPAN是一个在基于RFC 4944（2007年9月）的802.15.4标准上使用IP的方法，目前得到了广泛的运用，如TinyOS、Contiki以及ISA100和ZigBee SE 2.0等标准也都支持该方法。RFC 4944使802.15.4看起来像IPv6，它提供了基本的封装以及对小于100B的数据分组的高效描述。它涉及的主题如下[8]： （1）分片（如何把1280B格式的MTU值映射到小于或等于128B的数据分组） （2）首个无状态首部压缩方法 （3）数据报标签/数据报偏移 （4）网状网转发 （5）初始识别/最终目的地 （6）尽可能少地使用复杂的MAC层概念
ANT/ANT+	ANT™是Dynastream传感器公司在2004年推出的一个低功率专有无线技术，它运行在2.4GHz频段，一个纽扣电池就可以使ANT设备运行多年。ANT的目标是把运动和健身相关的传感器与显示单元进行连接，ANT+™扩展了ANT协议，使设备可以在一个管理网络内实现互操作。最近，ANT+推出了新的认证过程，作为使用ANT+品牌的一个先决条件[5]
Bluetooth	蓝牙（Bluetooth）技术是一种基于IEEE 802.15.1的局域网技术，它最初是由爱立信公司为便携式个人设备开发的一个短距离无线连接标准。蓝牙技术联盟（SIG）在20世纪90年代末公开发布了这类标准规范，而此时的IEEE 802.15标准早已实现了蓝牙技术的真正运用，并制定了独立于供应商的技术标准。IEEE 802.15的子层包括：①射频层；②基带层；③链接管理层；④L2CAP。蓝牙技术已演变出了4个版本，所有版本的蓝牙标准都保持向下的兼容性。BLE是蓝牙4.0版的一个子集，拥有一个快速建立简单链接的全新协议集。BLE替代了蓝牙版本1.0~3.0中存在的“功率管理”功能，该功能是标准蓝牙协议的一部分（蓝牙是商业组织蓝牙联盟的商标，该联盟向按照不同IEEE标准设计的特定设备提供互操作性认证）
EDGE（Enhanced Data Rates for Global Evolution，增强型数据速率GSM演进技术）	一种GSM™无线接入技术的增强版，从线路和分组交换两个层面，为数据应用提供更快的比特流传输。作为一种对GSM PHY层的强化，EDGE是通过修改现有的第1层规范来实现的，而不是一种单独的、独立的标准。除了提供更好的数据传输速率，EDGE对于上层的服务产品也是透明的，还是对HS电路交换数据（HS Circuit Switched Data，HSCSD）和增强型GPRS（Enhanced GPRS，EGPRS）的一个推动。举例说明如下，GPRS可以提供115kbit/s的数据速率，而EDGE可以提高到384kbit/s。这与WCDMA（Wideband Code Division Multiple Access，宽带码分多址接入）早期实现的速率不相上下，直接使得一些合作者考虑把EDGE作为3G技术，而不是2G（384kbit/s的数据传输能力使EDGE系统甚至能满足ITU的IMT-2000标准要求）。通常，EDGE被看作是2G与3G的过渡，称为2.5G[9]

（续）

技术/概念	介　绍
DASH7	DASH7：一种长范围的低功耗无线网络技术，具有以下特点： （1）范围：10m ~ 10km 动态可调 （2）功率：<1mW 的消耗功率 （3）数据速率：从 28 ~ 200kbit/s 动态可调 （4）频率：433.92 MHz（全球可用） （5）信号传播：可穿透墙壁、混凝土、水等 （6）实时定位精度：4m 以内 （7）延迟：可配置的，但最坏的情况是不小于 2s （8）P2P 消息传递 （9）支持 IPv6 （10）安全：128 位 AES，公钥 （11）标准：ISO/IEC 18000-7；由 DASH7 联盟进行了升级
GPRS（General Packet Radio Service，通用分组无线业务）	GPRS：为 GSM 提供分组交换功能，是基本的电路交换技术。对于网页浏览和基于蜂窝移动通信等需要持续数据链接的应用，GPRS 技术是必不可少的。GPRS 在发布的 R97 版本（Release 97）中被引入到 GSM 技术规范中，在 Releases 98 和 99 中，又增加了可用性指标的描述。GPRS 将多个 GSM 时隙整合到一个单一的承载上，这类时隙最多可达 8 个，理论数据传输速率可达 171kbit/s，因此相比普通 GSM，它提供了更快的数据传输速率。大多数运营商不提供如此高的速率，因为很明显，如果一个时隙用于 GPRS 的承载，那么它不能再用于其他数据传输。此外，并非所有的手机都能够对所有的时隙进行整合。“GPRS 等级编号”申明了一个终端的最快传输速度，与现在通用的有线拨号上网的速率相比，一般是上行链路方向 14kbit/s 和下行链路方向 40kbit/s。移动端则根据它们是否能同时处理 GSM 和 GPRS 连接，而进一步分类为：A 级 = 两者可同时进行；B 级 = 当处于 GSM 通话过程时，GPRS 连接中断，当通话结束时自动恢复链接；C 类 = 手动进行 GSM/GPRS 模式切换。在 EDGE[9] 中，已经实现了数据传输速率的进一步增加
GSM EDGE 无线接入网（GSM EDGE Radio Access Network，GERAN）	GSM/EDGE 无线通信网络：GERAN 是一个基于 GSM/EDGE 无线电接入技术的无线接入网（Radio Access Network，RAN）架构。GERAN 是指代第 2 代数字蜂窝 GSM 无线接入技术的专用术语，包括它以 EDGE 和 GPRS 形式的演变。通过一个通用的连通性，GPRS 与 UTRAN 兼容到了 UMTS CN，这使得构建一个基于 GSM/GPRS 和 UMTS 的联合网络成为可能。GERAN 同时也是 3GPP™ 技术规范组的名称，负责该技术的整体发展，这类技术规范同时也构成了 3GPP 系统的一部分，在 3GPP TS 41.101 中列出
IEEE 802.15.4	IEEE 802.15.4：IEEE 中用于本地网和城域网的标准，位于第 15 章第 4 节，描述低速率无线个域网（LR-WPAN）。遵从 IEEE 802.15.4 标准的设备支持广泛的工业和商业应用。修订后的 MAC 子层更有利于工业应用，如过程控制和工厂自动化，但这对中国无线个人局域网（Chinese Wireless Personal Area Network，CWPAN）标准却不适用
IEEE 802.15.4j（TG4j）MBAN	TG4j（Task Group 4j，4j 任务组）的目的是对 802.15.4 标准进行修正，它在 2360 ~ 2400MHz 频段定义了物理层，这种改变基于 IEEE 802.15.4 标准，并符合 FCC MBAN 规则。如果 MAC 需要支持这种新的 PHY 层，该修正案还可以定义相应的修改。这一修订使 802.15.4 和 MAC 能在 MBAN 频带中使用[10]

（续）

技术/概念	介　绍
红外数据协会（Infrared Data Association，IrDA®）	到目前为止，IrDA是一个由约40名成员组成的SIG（Special Interest Group，特别兴趣小组）。该SIG的目的是实现1Gbit/s的传输速率的连接，但是这种连接仅能工作在小于10cm的距离上。使用红外线信号的一个挑战是它对视线（Line of Sight，LOS）条件的要求。此外，与无线技术相比，IrDA的功率效率也不高（每比特功率）
ISA 100.11a	ISA 100.11a是一种由国际自动化协会（International Society of Automation，ISA）开发的用于无线工业网络的ISA SP 100标准，它描述了一个工厂中能用到的无线技术的各个方面。ISA 100委员会从以下几个方面对无线制造和控制进行了定义：①无线技术被部署的环境；②无线设备和系统的技术及生命周期；③无线技术的应用。①中所述的无线环境包括对无线、频率（频率起点）、频率抖动、温度、湿度、电磁兼容性（Electromagnetic Compatibility，EMC）、互操作性、与现有系统的共存性以及物理设备的位置等因素的定义。ISA100.11a工作组章程申明[11]： （1）低能量消耗装置，具有扩展到处理大型设备的能力 （2）无线基础架构，以一种在功能上可拓展的方式，为传统基础设施和应用、安全性以及网络管理提供接口 （3）面对干扰的鲁棒性，这种干扰存在恶劣的工业环境中，也有可能由原有系统产生 （4）在工作环境中与原有其他无线设备的兼容性 （5）ISA100设备的互操作性
LTE（Long Term Evolution，长期演进）	LTE由3GPP启动，是从UMTS技术向4G的演进。LTE可以被看作是一种体系结构框架和一组辅助机制，其目的是为UE（用户设备）和分组数据网络（IPv4和IPv6）之间提供无缝的IP连接，而且移动中的用户端应用不会有任何中断。和上一代蜂窝通信系统使用的电路交换模型相比，LTE已经被设计为仅支持分组交换服务
NFC（Near Field Communication，近场通信）	NFC是一组标准协议，用于PDA、智能手机和平板电脑等设备，这些设备能够在接近到非常近的情况下快速建立无线连接。这些标准涵盖通信协议和数据交换格式，它们都是基于现有的RFID标准，包括ISO/IEC 14443和FeliCa（由索尼开发的非接触式RFID智能卡系统，在日本使用的电子货币卡中得到使用）。NFC标准包括ISO/IEC 18092，以及其他由NFC论坛定义的标准。NFC标准允许端点之间进行双向通信（早期系统仅支持单向通信方式）。基于NFC技术的无源标签可以由NFC设备读取。因此，该技术可以替代早期单向通信方式的系统。NFC的应用还包括非接触式交易
NiKe +	Nike +®是由Nike和Apple公司开发的一种专用性较强的无线技术，它可以使用户在锻炼时监视自己的活动量程度。该技术的功耗相对较高，一块纽扣电池的电量只能维持40天的使用。Nike +是一种专用的无线电技术，只能在Nike和Apple设备上工作。Nike +设备通常以单个元件的形式出货：处理器、无线模块以及传感器等[5]
RF4CE（Radio Frequency for Consumer Electronics，消费电子射频）	RF4CE基于ZigBee技术，在2009年由索尼、飞利浦、松下和三星这四个消费类电子产品公司进行了标准化。有两个芯片厂商支持RF4CE：德州仪器公司（Texas Instruments，TI）和飞思卡尔半导体公司。RF4CE的预期用途是用于设备遥控系统。例如，用于电视机的机顶盒，主要的想法是用来克服与红外线相关的常见问题：互操作性、视线以及功能增强受限[5]

（续）

技术/概念	介 绍
卫星系统	卫星通信在商业、电视/媒体、政府和军事通信中起着关键的作用，因为它先天地具有多播/广播能力、流动性强、全球覆盖、可靠性高，以及在开放空间或恶劣环境中迅速建立连接的能力。卫星通信是一种 LOS 单向或双向 RF 传输系统，它由一个发送站（上行链路）、作为信号再生节点的卫星系统以及一个或多个接收台（下行链路）组成 。卫星可以位于多个轨道。地球同步（Geosynchronous，GEO）卫星以和地球相同的旋转速度和周期绕地球转动。因此，在每天的特定时间出现在天空中的同一位置。当卫星位于赤道平面上时，在地球的表面上看，它好像是永久静止在那里一样。因此，一个天线指向它时，就不需要跟踪或者周期性地（大范围）进行位置修正了（这种卫星位置的调整也被称为“同步化”）。地球静止轨道处于海拔约 35 786km（22 236mile）的高度。其他轨道包括：近地轨道（Low Earth Orbit，LEO），中地球轨道［Medium Earth Orbit，MEO，又称“中间圆形轨道（Intermediate Circular Orbit，ICO）”］、极地轨道以及高椭圆轨道（Highly Elliptical Orbit，HEO）。LEO 要么是椭圆形轨道，要么就是常见的在 2000km 或更低海拔上的圆形轨道。LEO 卫星的优点是，它们显著降低了信号的传播延迟。在这一高度附近的卫星的轨道周期大概在 90min ~ 2h 之间，当观察者站在地球上观看时，卫星从地平线出现到最后消失最多可达到 20min。对于 LEO 卫星而言，有很长一段时间内，指定的卫星会超出特定地面站的观察范围，对于一些应用，如对地监测，也是可以接受的。通过在多个轨道平面上部署多个卫星，可以扩展卫星的覆盖范围，一个完整的使用 LEO 覆盖全球的卫星系统需要大量的卫星，至少是 12 个以上，且要在多个轨道平面和不同的轨道上。参阅参考文献［12］可以了解该主题更多的信息
UTRAN（UMTS Terrestrial Access Network，UMTS 地面接入网）	UTRAN 是指组成 UMTS RAN 的 NodeB（基站）和无线网络控制器（Radio Network Controller，RNC）的术语集。在 GSM 中，NodeB 等同于 BTS 的概念。UTRAN 支持 UE 标准与 CN 标准之间的互通
UMTS（Universal Mobile Telecommunications System，通用移动通信系统）	UMTS 是一种由 3GPP 开发的用于网络的 3G 移动蜂窝技术，能提供语音和 IP 数据的服务且支持 GSM 标准
VSAT（Very Small Aperture Terminal，甚小口径天线地球站）	一类完整的最终用户终端，常包含一个 4 ~ 5ft（1ft = 0.304 8m）的小天线，旨在与其他终端通过基于 IP 的卫星传送数据网进行交互，通常通过集线器以星形配置。竞争与/或流量工程是这类服务的典型通信特征。使用集线器或网络，是为了控制系统和提供基于数据吞吐量和其他使用形式的计费功能。VSAT 应用于各种远程应用，价格也相对低廉（根据应用和数据速率的不同，大概花费 1500 ~ 3000 美元之间）
Wi-Fi	基于 IEEE 802.11 标准族的无线局域网，包括 802.11a、802.11b、802.11g 和 802.11n[13]。Wi-Fi 是 Wi-Fi 联盟的商标，Wi-Fi 联盟是一个商业组织，规范了使用各自 IEEE 标准的特定设备的互操作性
WiMax	WiMax 由 WiMax 论坛定义为全球互通微波接入技术，形成于 2001 年 6 月，用以促进 IEEE 802.16 标准的一致性和互操作性。WiMax 论坛把 WiMax 描述为“一种替代电缆和 DSL 来实现最后一千米无线宽带接入的基于标准的技术”[53]

（续）

技术/概念	介　绍
M-Bus（Wireless Meter-Bus，无线仪表总线）	M-Bus 无线标准（EN13757-4:2005）规范了水表、燃气表、热力表和电表之间的通信，并在欧洲被广泛应用于智能电表或 AMI。无线 M-Bus 工作在 868MHz 频段（从 868～870MHz 的），兼顾了射频范围和天线尺寸的要求。通常情况下如德州仪器这样的芯片厂商，针对无线 M-Bus，都同时具有单芯片（SoC）和双芯片解决方案
WSN（Wireless Sensor Network，无线传感网络）	WSN 无线传感网络是由感知（测量）、计算和通信元素组成的基础传感网，它使得管理员能够对特定环境下的事件或现象进行量测、观察并做出反应。在该网络中，设备之间通过无线方式连接，因此称为无线传感器网络。参阅参考文献［14］可对这一主题获得更深入的了解
WirelessHART（也称 IEC 62591）	WirelessHART 是一个基于可寻址远程传感器高速通道的开放通信协议（Highway Addressable Remote Transducer Protocol，HART）的无线传感器网络技术。在 2010 年，WirelessHART 被国际电工委员会（International Electrotechnical Commission，IEC）批准为无线国际标准，标准号为 IEC 62591。IEC 62591 使用了时间同步、自组织以及自愈网状结构，对在 2.4GHz ISM 频段下使用满足 IEEE 802.15.4 标准的无线产品进行了规范。WirelessHART/IEC 62591 主要用于现场设备网络处理需求，是一个全球使用的 IEC 标准，对可互操作自组织网状技术进行了规范，该技术主要描述现场设备如何组成无线网络，并能够动态地减少处理环境中的障碍。该技术体系实现了成本效率自动选择，而不需要有线或者其他配套基础设施的支持[15]
ZigBee RF4CE 标准	用途驱动的 ZigBee RF4CE 标准用于简单、双向的设备到设备的控制应用，它不需要 ZigBee（2007）提供的全部网状网络能力。RF4CE 对内存大小的要求较低，从而实现的成本也更低。简单的设备到设备的拓扑结构使得开发和测试更方便，从而加快了产品投向市场的时间。ZigBee RF4CE 为消费类电子产品提供了多厂商兼容互通的解决方案，该方案对于双向无线连接的通信网络具有简单、可靠和低成本的特点。通过 ZigBee 认证项目，该联盟独立测试平台在遵循这些规范的基础上，形成了一个支持 ZigBee RF4CE 规范的 ZigBee 应用平台列表[16]
ZigBee 标准	核心的 ZigBee 标准基于 IEEE 802.15.4 标准定义了 ZigBee 构成的灵活、低成本、节能的网状网络，它是一个自配置、自修复的系统，具有冗余备份、低成本以及极低功耗的节点，从而使得 ZigBee 具有独特的灵活性、移动性和易用性。ZigBee 的可用性主要体现在两个功能集上，即 ZigBee PRO 和 ZigBee，这两种功能集都定义了 ZigBee 如何在网状网络上运行。ZigBee PRO 协议是使用最广泛的规范，它针对低功耗进行了优化，以支持具有成千上万装置的大型网络[16]（ZigBee 是 ZigBee 联盟这个商业组织的注册商标，它主要是对依据不同 IEEE 标准设计的特定设备进行互操作性认证）
Z-wave	Z-wave 是一种无线生态系统，旨在通过远程控制（Remote Control，RC）建立家用电子产品和用户之间的连接，它使用很容易穿透墙壁、地板和橱柜的低功率无线电波。Z-wave 控制可用于几乎任何家用电子设备，甚至是那些通常不会被认为是“智能型”的设备，如家具、窗帘、恒温器、烟雾报警器、安全传感器和家庭照明灯。Z-wave 的工作频段大概在 900MHz 左右（一些无绳电话常使用这个频段，但是要避免与 Wi-Fi 设备产生干扰）。Z-wave 是由一家丹麦的新型公司 Zen-Sys 于 2005 年左右开发的，该公司后来被 Sigma Designs 公司收购。Z-wave 联盟也成立于 2005 年，由约 200 名业内领导企业组成，致力于将 Z-wave 开发和扩展成能够实现“智能”家庭和企业应用的关键技术

下面描述的网络拓扑结构适用于个人低功率无线网络[5]（参见表 6-3）：

表 6-3　PAN 无线技术支持的拓扑结构

		ZigBee	RF4CE	BLE	Wi-Fi	NFC	ANT/ANT +	NIKE +	IrDA
拓扑结构	广播(Broadcast)	否	否	是	否	否	是	否	否
	网状(Mesh)	是	是	是	否	否	是	否	否
	点对点(P2P)	是	是	是	是	是	是	是	是
	扫描(Scanning)	是	是	是	否	否	是	是	否
	星形(Star)	是	是	是	是	否	是	否	否
技术方面	范围	100 m	100 m	280 m	150 m	5 cm	30 m	10 m	10 cm
	处理器模块成本	N/A	N/A	N/A	高成本	高成本	低成本	低成本	N/A
	无线模块成本	低成本	低成本	低成本	高成本（≈3 美元）	高成本（≈1 美元）	极低成本	极低成本	极低成本
	吞吐量	≈100kbit/s	同 ZigBee	≈305kbit/s	≈6Mbit/s（最低功耗 802.11b 模式）	≈424kbit/s	≈20kbit/s	≈272bit/s	≈1Gbit/s
	时延	≈20 ms	同 ZigBee	≈2.5 ms	≈1.5 ms	厂商规定（通常不足 1s）	≈0	≈1s	≈25ms
	电流消耗峰值	≈40 mA	同 ZigBee	≈12.5 mA	>100mA	≈50mA	≈17mA	≈12.3mA	≈10.2mA
	每比特功耗	≈185.9μW/bit	同 ZigBee	0.153μW/bit	高吞吐量时达到 0.00525μW/bit	NA	0.71μW/bit	2.48μW/bit	11.7μW/bit

注：1. 这里的 ANT/ANT +、NIKE + 和 IrDA 系统特性仅根据自本章介绍的内容得出。
2. 这里包含的一些参数主要基于参考文献［5］的数据内容。

（1）**广播**：从一个设备发送一个消息，希望在一定接收范围内的接收器能接收到的一种形式，广播器本身不能接收信号。

（2）**网状**：消息可以通过在多个节点间的迁移来实现从一个节点传递到任意其他节点。

（3）**星形**：一种中心设备与多个连接的设备进行通信的网络。

（4）**扫描**：环境中的扫描设备处在不断接收的模式下，以接收在接收范围内的可能信号。

（5）**点对点**：该模式中存在一对一的连接，而且在连接的通道上只有这两台设备。

6.1.1 ZigBee/IEEE 802.15.4

正如我们所看到的，以消费者为基础的物联网服务的商业化，需要在人们的住所引入无线的、低功耗的、电池供电的传感器和响应器。直到最近，这个领域已经由几个无法进行互操作的PHY/MAC特定非标准化协议栈组成。ZigBee的重点已经瞄准“小型装置”（事、物），在一个以IT为中心的世界里这些事物往往被忽视，如电灯开关、恒温器、电表、遥控器（Remote Control，RC），以及在医疗保健、商业建筑和工业自动化部门中出现的更复杂的传感器设备[17]。为了避免存在多种独立的消费者网络，当IP标准和其他已知的高层协议可以通过微小的改变来执行的时候[18]，就需要有一个PHY/MAC无关的解决方案。ZigBee就是一种下文将要讨论的开放标准，在第5章讨论的ZigBee IP（ZIP）便是ZigBee系统在IP环境下应用的例子。在这里，我们更注重ZigBee的无线底层特性，而不是IP部分本身。

ZigBee利用了由IEEE 802.15.4规定的物理无线电技术，它增加了逻辑网络功能，以及安全和应用软件。图6-1从总体上描述了ZigBee协议栈，图6-2在一个更具体的层面描述了ZigBee协议栈。ZigBee使用了全球流行的2.4 GHz免执照的工业、科学和医疗（Industrial，Scientific，and Medical，ISM）频段，提供低数据速率的无线应用（通常，在IEEE 802.15.4标准以下，无线链路可以在3个无须许可的频段运行，即858MHz频段、902～928MHz频段，以及2.4GHz频段㊀）。

IEEE 802.15.4定义了一个强大的无线电物理层和MAC（Medium Access Control，媒体访问控制）层，而ZigBee则为基于IEEE 802.15.4的系统定义了网络、安全和应用程序框架（表6-4简单介绍了PAN标准中的IEEE 802.15™协议族）。ZigBee网络支持星形、网状和簇形树状拓扑结构，这种结构使得单一无线网络上可拥有超过65 000台设备。ZigBee提供了设备之间较低等待时间的通信，而不需要

㊀ 欧洲使用858MHz，美国和澳大利亚使用902～928MHz，印度使用2.5GHz，而世界上大部分国家使用2.4GHz。

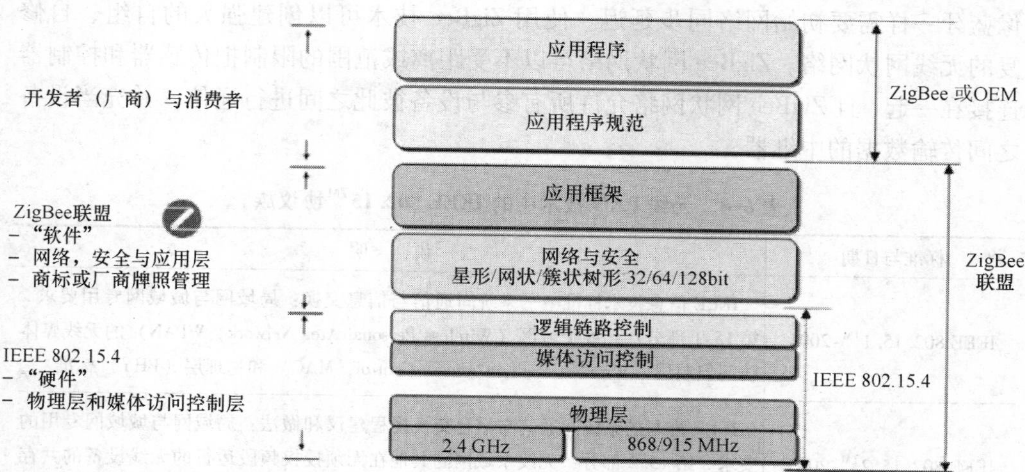

图6-1 ZigBee协议栈（简介）

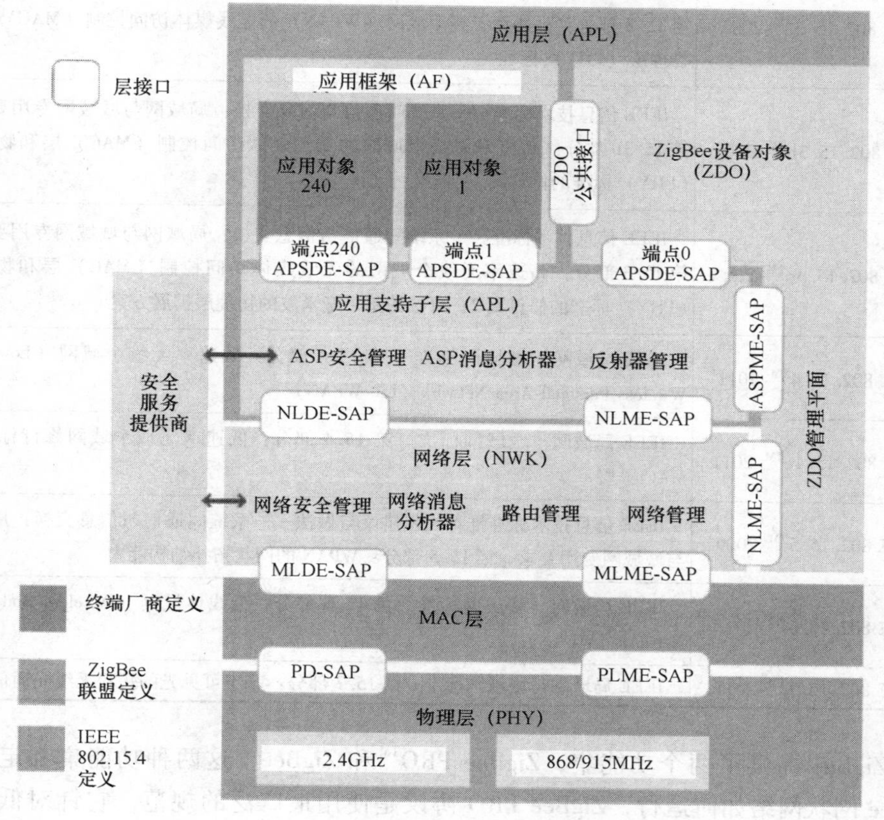

图6-2 ZigBee协议栈（细节）

像蓝牙一样需要初始网络同步延迟。使用 ZigBee 技术可以创建强大的自组、自修复的无线网状网络。ZigBee 网状网络可以不受距离或范围的限制把传感器和控制器连接在一起，且 ZigBee 网状网络允许所有参与设备彼此之间进行通信，并充当设备之间传输数据的中继器。

表 6-4　无线 PAN 技术中的 IEEE 802.15™协议族

标准与日期	说　明
IEEE 802.15.1™-2005	IEEE 信息技术标准——系统间通信与信息交换：局域网与城域网专用要求．第 15.1 部分：无线个域网（Wireless Personal Area Network，WPAN）的无线媒体访问控制层（Wireless Medium Access Control，MAC）和物理层（PHY）标准
IEEE 802.15.2™-2003	IEEE 推荐的系统间通信与信息交换规程建议和做法：局域网与城域网专用的要求．第 15.2 部分：无线个域网同其他在无须授权频段运行的无线设备的共存问题
IEEE 802.15.3™-2003	IEEE 信息技术标准——系统间通信与信息交换：局域网与城域网专用的要求．第 15.3 部分：高速率无线个域网（WPAN）的无线媒体访问控制（MAC）层和物理层（PHY）标准
IEEE 802.15.3b™-2005	IEEE 信息技术标准——系统间通信与信息交换：局域网与城域网专用要求．第 15.3b 部分：高速率无线个域网的无线媒体访问控制（MAC）层和物理层（PHY）标准的修订案 1：MAC 子层
IEEE 802.15.3c™-2009	IEEE 信息技术标准——系统间通信与信息交换：局域网与城域网专用要求．第 15.3 部分：高速率无线个域网的无线媒体访问控制（MAC）层和物理层（PHY）标准的修订案 2：可选的基于毫米波的物理层扩展方案
IEEE 802.15.4™-2011	IEEE 局域网与城域网标准．第 15.4 部分：低速率无线个域网（Low-Rate Wireless Personal Area Network，LR-WPAN）
IEEE 802.15.4e™-2011	IEEE 局域网与城域网标准．第 15.4 部分：低速率无线个域网修订标准 1：MAC 子层
IEEE 802.15.5™-2009	IEEE 信息技术标准推荐规程建议与做法——系统间通信与信息交换：局域网与城域网专用要求．第 15.5 部分：WPAN 的网状拓扑结构能力
IEEE 802.15.6™-2012	IEEE 局域网与城域网标准．第 15.6 部分：无线体域网（Wireless Body Area Network，WBAN）
IEEE 802.15.7™-2011	IEEE 局域网与城域网标准．第 15.7 部分：基于可见光的短程无线光通信技术

ZigBee 提供了两个功能集，ZigBee PRO™ 和 ZigBee，这两种功能集都定义了 ZigBee 网状网络如何运行，ZigBee PRO 协议是使用最广泛的规范，它针对低功耗进行了优化，以支持具有成千上万装置的大型网络[16]。2007 年 10 月，ZigBee 联盟宣布了一组 ZigBee 协议的扩展功能集，这个新的协议栈规范被普遍称为 ZigBee

PRO，大多数时候都用它来定义具体的目标设置，并将 2006 年批准的 ZigBee 协议栈定义的许多强制性功能变成可选功能。此外，ZigBee PRO 还增加了一些新的应用规范，如自动抄表、商业建筑自动化和家庭自动化。一般情况下，ZigBee PRO 的特性实现了对较大网络的支持，例如使用概率分析来进行随机寻址以获得地址，从而简化网络的结构。ZigBee 联盟主张将 ZigBee PRO 作为 2006 年 ZigBee 标准的无缝扩展（基于 ZigBee 2006 规范的节点可以加入到基于 2007 规范的网络中，反之亦然，但设计者不能将在 2006 规范中定义的路由器和在 2007 规范中定义的路由器混用）[19]。ZigBee PRO 协议实现了频率捷变技术（不是跳频）：网络节点能够扫描空闲的频谱（有 16 个频道可供选择），并将其扫描到的信息反馈给 ZigBee 协调器，从而使网络能够使用一个新的频谱通道[5]。ZigBee PRO 网络可以使用"多对一"路由表来聚合多个路由，从而允许每个设备共享相同的路由路径，减少广播和网络流量，极大地提高了网络路由表的效率和稳定性。ZigBee 的 IEEE 802.15.4 规范定义了最大 128B 的数据分组，这个数据分组大小对于短的控制消息是最适合的，但在网络需要发送较大消息时可能会存在隐患；因此，现在 ZigBee PRO 协议能够在接收节点对消息进行自动分片和重组，以减轻主机应用的开销。

目前，共有 400 多家公司提供了超过 600 个认证产品，ZigBee 联盟已经规范形成了一套完整的互用性过程。ZigBee 联盟是由 400 多家物联网/M2M 领域的公司组成的全球生态系统，主要是开发标准以及为商业楼宇自动化、消费电子、医疗保健和健身、家庭自动化、能源管理、零售管理、无线通信等应用提供产品。该联盟成立于 2002 年 10 月，目的是建立一个全球标准，来将大量的设备连接到一个安全、低成本、低功耗、易于使用的无线传感器和控制网络。该联盟公布了 9 个互操作标准，使制造商能够为市场带来各种能源管理、商业和消费应用产品。

LR-WPAN 的应用有赖于低成本、小尺寸、高可靠的技术，来提供具有超长的电池使用寿命（通常可以达到几个月、甚至几年）的自动或半自动装置。受益于低功耗和低成本特性，IEEE 802.15.4 标准能通过权衡网络结构的高速率和性能来满足这些要求。ZigBee 是一种低功耗的无线规范，它将网状网络引入了低功耗无线空间，主要面向如智能电表、家庭自动化和遥控元件等应用。ZigBee 技术提供了相当高效的低功率连通性和能力，以将大量的设备连接到一个网络中。有研究表明，对于家庭用户而言，最能满足整体性能和成本要求的两个无线物理层通信技术是 Wi-Fi（802.11/N）和 ZigBee（802.15.4）[20]。在第 9 章讨论的 6LoWPAN 技术也使用了 IEEE 802.15.4 PAN 结构。但是，也有其他研究认为，ZigBee 的协议栈结构相对复杂（如图 6-2 的协议栈），且相比其他一些替代方法（例如，BLE），ZigBee 设备明显呈现出功耗过高的缺点，这使得对于利用有限的电源来维持长时间运行的无人管理设备而言，ZigBee 并不总是最理想的解决方案。因此，尽管许多家庭应用完美地使用了 ZigBee 技术，其他物联网/M2M 应用程序也可以通过其他方法来实现。

参考模型的物理层规定了网络接口组件以及它们的参数和操作。为了支持 MAC 层的操作，PHY 层引入了多种功能，如接收器能量检测（Receiver Energy Detection，RED）、链路质量指示（Link Quality Indicator，LQI）和空闲信道评估（Clear Channel Assessment，CCA）。PHY 层还规范了一系列可用的低功耗特性，包括低占空比操作、严格的电源管理和低传输开销。IEEE 802.15.4 定义了几种不同的寻址模式，支持 IEEE 64 位扩展地址和 PAN 域内唯一的 16 位地址（节点联结之后）。

MAC 层处理网络连接和断开，它还管理对传输媒介的接入，采用信标和非信标两种操作模式来实现上述功能。信标模式指定用于一类特殊环境，该环境下控制和数据转发总是由一个有源器件实现，非信标模式指定用于基于 CSMA 的非时隙、非持久性 MAC 协议。网络层则对提供了网络路由性能、配置和设备发现、关联和解除关联、拓扑管理、MAC 层管理以及路由和安全管理所需的功能。三种网络拓扑结构，即星形、网状和树形结构，都具有上述功能。安全层利用 IEEE 802.15.4 安全模型规定了基本的安全服务，从而为基础设施的安全性和应用程序数据的安全性提供支持。应用层包括应用支持子层（Application Support Sublayer，ASS）、ZigBee 设备对象（ZigBee Device Object，ZDO）和制造商定义的应用对象。该 ASS 子层的职责包括根据设备的服务和需求来维护设备之间的连接表，以及在绑定设备之间的消息转发。参考表 6-3 可以了解该技术的一些技术参数。

ZigBee 的信道类似于 2MHz 带宽的 BLE 信道，然而它们却是以 5MHz 频段宽度作为区分，这在一定程度上浪费了频谱资源。ZigBee 采用的不是跳频技术，因此需要仔细地规划部署，以便确保在附近没有干扰信号[5]。PHY 层被设计为具有低成本、功率高效的特点，以满足成本敏感、低数据速率的监测和控制应用的需要。在 IEEE 802.15.4 规范下，无线链路可以在 3 个无须许可的频段进行通信，对于这 3 个频段上文已经提到，即 858MHz 频段、902 ~ 928MHz 频段以及 2.4GHz 频段。基于这些频段，IEEE 802.15.4 标准定义了 3 种物理媒体访问标准[14]：

（1）使用二进制相移键控（Binary Phase Shift Keying，BPSK）的直接序列扩频（Direct Sequence Spread Spectrum，DSSS），以 20kbit/s 的数据传输速率工作在 868MHz 频段。

（2）采用 BPSK 的 DSSS，以 40kbit/s 的数据传输速率工作在 915MHz 频段。

（3）使用偏移正交相移键控（Offset Quadrature Phase Shift Keying，O- QPSK）的 DSSS，以 140kbit/s 的数据速率工作在 2.4GHz 频段。

图 6-3 中描绘了这些工作频段，在 868MHz 和 915MHz 的物理层中，扩频码是一个 15 码片 m 序列（m- sequence），这两个频段的规范都使用 BPSK 差分编码数据的调制方案，868MHz 物理层的数据速率是 20kbit/s，而 915MHz 物理层的速率为 40kbit/s。因此，工作在 868MHz 的物理层的码片速率为 300kchip/s，915MHz 的物理层码片速率为 600kchip/s。在 2.4GHz 的 PHY 层中，数据调制采用的是一种 16 进制

正交调制，因此，一组16个符号是另一组32码片伪随机噪声（Pseudorandom Noise，PN）码的正交系，所得到的数据速率是250kbit/s（4bit/symbol，62.5ksymbol/s）。该规范基于半正弦波脉冲来使用O-QPSK，相当于最小频移键控，所得到的码片速率是2Mchip/s。

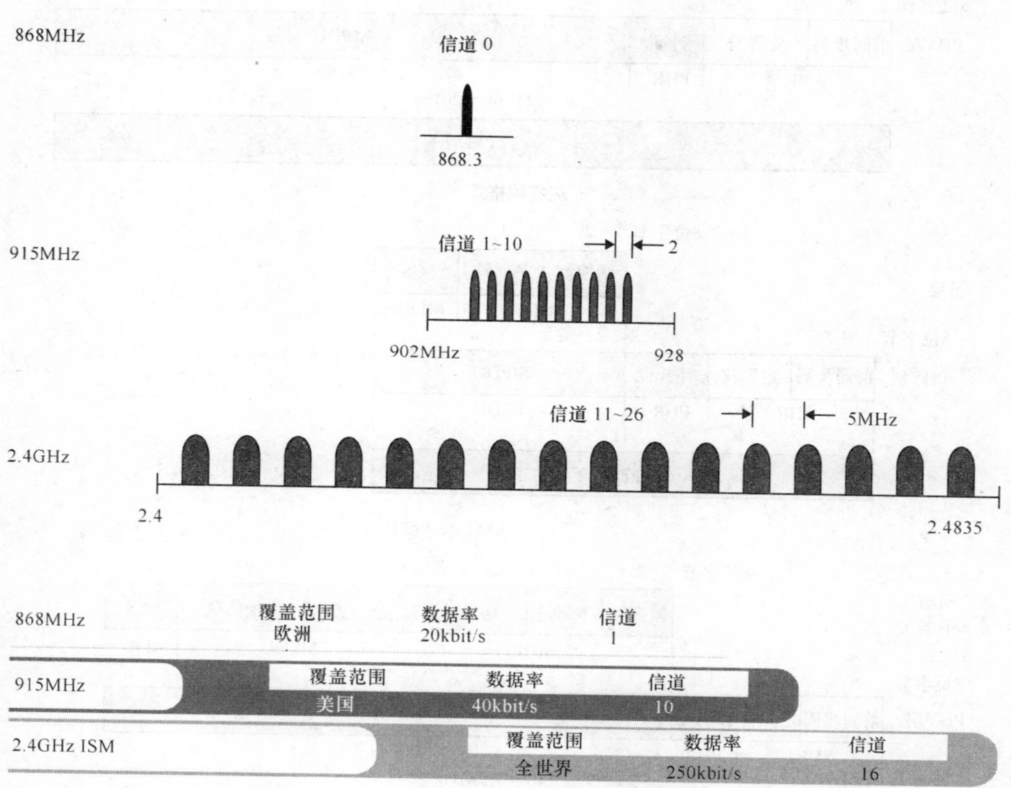

图6-3 IEEE 802.15.4物理层工作频段

IEEE 802.15.4标准定义了四种类型的帧：信标帧、MAC命令帧、应答帧和数据帧（见图6-4）。如前所述，IEEE 802.15.4的网络可以是无信标开启模式或有信标开启模式。当设备通过一个所谓的协调信标来实现同步时，后者是一种可选模式。这使得无争用下的时间保证服务（Guaranteed Time Service，GTS）成为可能时，超级帧的使用是被允许的。在非信标驱动的网络中，数据帧通过基于竞争的信道接入方式传输，该方式采用了带有非时隙载波监听多路访问/冲突检测（Carrier Sense Multiple Access/Collision Detect，CSMA/CD）技术。在非信标开启模式的网络，信标并不用于同步，然而，在节点联结和取消联结的过程汇中，这些信标仍能在链路层设备发现中发挥作用。

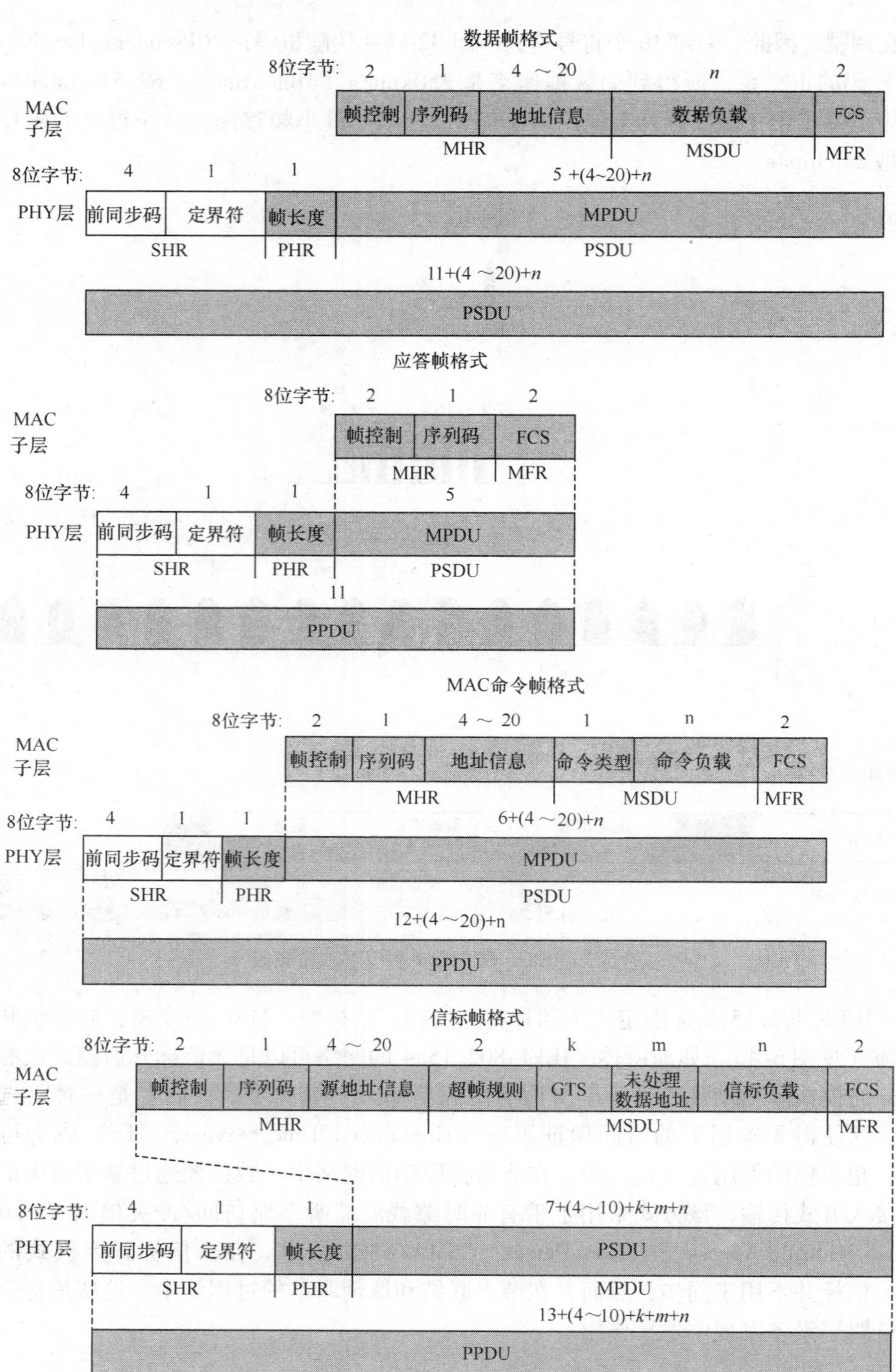

图 6-4　IEEE 802. 15. 4 帧格式

图 6-5 描述了 IEEE 802.15.4 物理层的分组结构，这个结构的第一字段包含一个 32bit 的前导码，用于符号同步。下一个字段描述了帧起始分隔符，包含用于帧同步的 8bit。8bit PHY 头字段描述了物理层服务数据单元（PHY Service Data Unit，PSDU）的长度，该 PSDU 字段可以携带最多 127B 的数据。

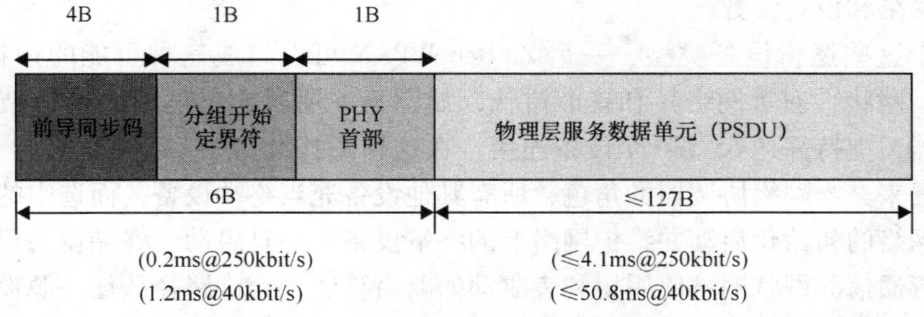

图 6-5　IEEE 802.15.4 物理层分组结构

为了满足 MAC 协议要求，IEEE 802.15.4 标准基于设备的硬件复杂性和能力来对设备分类。因此，该标准定义了两类物理设备，即全功能设备（Full Function Device，FFD）和精简功能设备（Reduced Function Device，RFD）。这些设备类型在用途和所采用标准的多少上都有所不同。一个 FFD 配备有足够的资源和存储器容量来处理由标准规定的所有功能和特征。因此，它可以应用于多个网络，也可以与任何其他网络设备进行通信。一个 RFD 是一个简单设备，为了降低成本和复杂性，它只具备部分功能，通常包含一个连接到无线调制解调器的物理接口，并执行规范的 IEEE 802.15.4 MAC 层协议。此外，它只能和一个 FFD 建立连接并通信。在这些物理设备类型的基础上，ZigBee 定义了多种不同的逻辑设备类型，并根据逻辑设备的自身功能和在已部署网络中扮演的角色，来区分这些设备[14]。

逻辑设备的类别主要分为三种：

（1）网络协调器：负责网络建立和控制的 FFD 设备。协调器负责选择网络配置的关键参数并启动网络。它还存储有关网络的信息并作为安全密钥的存储库。

（2）路由器：支持数据路由功能的 FFD 设备，主要是作为中间设备来连接网络中不同组成部分，通过多次跳转路径向远程设备转发消息。路由器可以与其他路由器和终端设备进行通信。

（3）终端设备：一类 RFD 设备，只包含足够与父节点进行通信所需的功能，其父节点主要是网络协调器或路由器。端设备不具有将数据消息传输到其他终端设备的能力。

PAN 协调器是 WPAN 指定的主控制器，每一个网络都只有一个 PAN 协调器，从网络中所有协调器内选择。协调器作为网络设备，不仅支持网络功能，而且承担额外任务，包括：

（1）管理包含所有相关网络设备的列表。

（2）与网络设备和其他协调器交换数据帧。

（3）分配 16 位短地址给网络设备。短地址一经分配，就被相关设备用来代替 64 位地址，用来处理与协调器的后续通信。

（4）周期性地产生信标帧。这些帧用于表示 PAN 的身份、未完成帧的列表以及其他网络和设备参数。

基于这些逻辑设备类型，一个 ZigBee WPAN 可以组成三种可能的拓扑结构，即星形、网状（对等网络）和簇形树状，如图 6-6 所示。星形网络拓扑结构支持单协调器，支持高达 65 536 个设备连接。在这种拓扑结构中，需要有一个 FFD 类型的装置来充当网络协调器的角色，所有其他设备充当终端设备，而选中的协调器要负责网络的初始化启动并维护网络上的终端设备。一旦启动，终端设备只能与协调器进行通信。网状网络使用树和表驱动的路由算法，允许路径从任一源设备到任一终端设备。簇形树形网络能够使用多跳路由技术，以最小的路由开销来形成一个对等网络，这类拓扑适用于延迟容错应用。树形网络具有自组织特性，支持网络冗余，使得网络能很大程度上抵抗故障并进行自我修复。网络中簇可以非常大，最多可包含多达 254 个节点，每个节点又可包含 255 簇，共计 64 770 个节点，所以可以横跨较大的物理区域。簇形树状网络中的任何 FFD 都可以作为协调器，但 PAN 中只有一个协调器。PAN 的协调器形成第一个簇，并分配给它一个簇标识（Cluster Identity，CID），初始值是 0。通过为后续的簇分配指定的簇头，后续簇群也就得以形成。

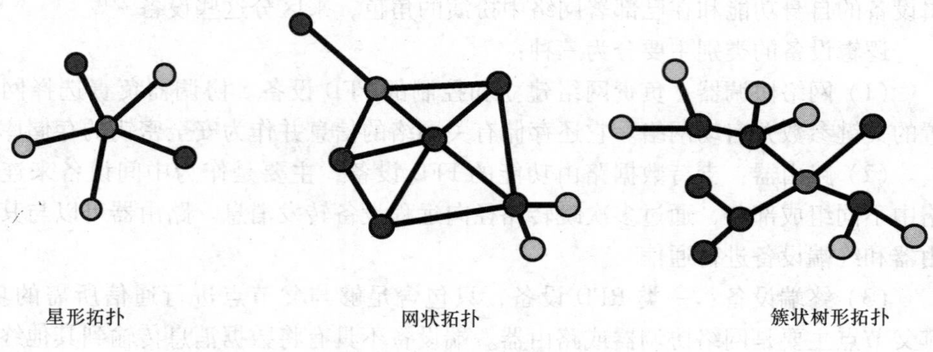

图 6-6　网络拓扑结构

公共应用协议对消息、消息格式和处理流程进行了规范，使得开发者可以创建位于不同设备上且具有互操作性的分布式应用实体。这些由设备制造商编写的应用能发送命令、请求数据，并通过 ZigBee 网络处理这些命令和请求。当所有的应用都已编写后，ZDO 描述了所有应用功能方面预先定义的基类。ZDO 创建一个抽象概念，使得开发人员可以集中精力编写应用程序特定的代码，而不是处理低级别的细节，并为应用程序对象、配置文件（如 ZigBee 医疗保健）以及应用支持子层之间的通信提供了接口。ZDO 满足了 ZigBee 协议栈运行的所有应用程序的共同要求，并负责初始化应用支持子层、网络层以及安全服务提供模块。表 6-5 列出了具体应用标准的定义，并得到了 ZigBee 和 ZigBee 联盟的支持。

表 6-5　ZigBee 与 ZigBee 联盟制定与支持的应用标准

标　准	应用介绍
ZigBee 楼宇自动化（ZigBee Building Automation，用于高效的商业空间）	ZigBee 楼宇自动化规范为兼容产品提供了一个全球性的标准，实现了对商业建筑系统安全性与可靠性的监控。该标准是 BACnet 唯一批准的商业建筑无线网状网络标准
ZigBee 医疗保健（ZigBee Health Care，用于健康与健身监控）	ZigBee 医疗保健规范为兼容产品提供了一个全球性的标准，实现了对慢性疾病的非关键、长期的保健服务、老年人的自主能力与一般的健康状况，以及健康与健身的安全、可靠的监控和管理。ZigBee 联盟已经与康体佳健康联盟（Continua Health Alliance，CHA，一个由众多最优秀的医疗保健和技术公司组成的非营利性的、开放的行业联盟）携手合作，共同改进个人医疗保健的质量水平。在《Continua 2010 设计指导》中，Continua（康体佳）已经批准将 ZigBee 医疗保健标准作为它的低功耗 LAN 标准
ZigBee 家庭自动化（ZigBee Home Automation，用于智能家居）	ZigBee 家庭自动化为兼容产品提供了一个全球性的标准，实现智能家居。智能家居能够实现对家电、照明、家居环境、能源管理和家居安全的控制。此外，智能家居还能控制与其他 ZigBee 网络连接的扩展能力
ZigBee 输入设备（ZigBee Input Device，易用的触摸板、鼠标、键盘、识别笔）	ZigBee 输入设备是一种全球性的标准，用来实现更加环保、更具创新性与更易使用的鼠标、键盘、触摸板、识别笔，以及计算机和消费电子设备使用的其他输入设备。该标准允许消费者在更远的距离外（甚至在其他的房间内）使用他们的设备，因为该操作不受 LOS（视线内）的限制。该标准可以同现有的配备 ZigBee 遥控器的 HDTV（高清电视）、机顶盒，以及其他设备和现有的计算机配合工作。ZigBee 输入设备是专门为 ZigBee RF4CE 规范设计的技术标准
ZigBee 光链路（ZigBee Light Link，LED 照明控制）	ZigBee 光链路为照明行业生产兼容的、非常易于使用的消费照明和控制产品提供了一种全球性的标准。它使消费者可以通过无线技术控制他们所有的 LED 灯具、灯泡、遥控器和开关。使用该标准的产品能够让消费者远程改变照明效果，以反映氛围、任务或季节，以及所有实现能源管理的用途，使其家更加环保。由于 ZigBee 光链路是一种 ZigBee 标准，因此照明产品可以毫不费力地与消费者家中使用其他 ZigBee 标准的产品兼容，包括 ZigBee 家庭自动化标准、ZigBee 输入设备标准、ZigBee 远程控制标准和 ZigBee 医疗保健标准

（续）

标　准	应用介绍
ZigBee 网络设备（ZigBee network devices，协助和扩展 ZigBee 网络）	ZigBee 网络设备是一类设备专用标准，设计用于协助和扩展基于 ZigBee PRO 标准的网络。这些通用设备可以只在 ZigBee PRO 网络上工作，也可以同大多数 ZigBee 标准配合工作。 ZigBee 网关是第一个加入此类标准集的标准，目前人们正在开发用于桥接和范围扩展器设备的标准。ZigBee 网关可以使用户在任何地方很容易地连接到基于互联网的服务提供商的系统，使这两者都可以利用成本和能源效率优势。该标准还补充了很多使用 ZigBee PRO 规范的标准：①ZigBee 楼宇自动化；②ZigBee 医疗保健；③ZigBee 家庭自动化；④ZigBee 零售服务；⑤ZigBee 智能能源；⑥ZigBee 电信服务
ZigBee 远程控制（ZigBee Remote Control，用于各种高级远程控制［RC］）	ZigBee 远程控制提供了一种先进的、更加环保的、易于使用的 RF 遥控全球标准，该标准去除了 LOS 限制，同时还提供了双向通信、更大的使用范围和更长的电池寿命等能力。该标准被设计用于各种消费电子设备，包括 HDTV、家庭影院设备、机顶盒以及其他音响设备
ZigBee 零售服务（ZigBee Retail Services，用于智能购物）	ZigBee 零售服务是一种用于商品监视、控制和自动购买与交付的兼容产品的全球标准。它还可以帮助零售商管理其供应链。ZigBee 零售服务支持完整的集成技术生态系统，该生态系统涵盖了供应商、贸易商、分销中心以及居民和商业消费者，为他们提供了一套标准的商品购买、实现、自动化，以及购买与交付过程监控的方式
ZigBee 智能能源（ZigBee Smart Energy［SE］，用于家庭节能）	ZigBee SE 是一种用于兼容产品的主流标准，实现了对水电的监视、控制、通知以及自动化的供应与使用。它通过向用户提供易于降低其能耗和省钱所需的信息和自动化的方式，打造一种更加环保的家居方式。ZigBee SE 1.1 版本是最新的产品开发版本，增加了多个重要的功能，包括动态电价改进、其他协议隧道、预付费功能、无线更新以及与 1.0 版本 ZigBee SE 认证的产品后向兼容的保证。所有的 ZigBee SE 产品通过 ZigBee 认证，从而不受不同生产厂商的影响，这就使电力公司与消费者在购买时不需要考虑产品是否兼容的问题，增加了其购买设备的信心。所有的产品需要拥有健壮的 ZigBee SE HAN 能力。这些产品使电力公司和政府可以很容易地部署安全的、易于安装的和消费者友好的智能电网解决方案 目前，2.0 版本的 SE 规范正在开发中，很多其他的标准开发团体参与合作一起进行该版本规范的开发。SE 2.0 版本能够提供基于 IP 的 AMI 和 HAN 控制功能。这些基于 IP 的协议用于对水电的监视、控制以及自动供应和使用。该版本标准没有取代 ZigBee 1.0 版本，而是为电力公司和能源服务提供商在创建他们自己的 AMI 和 HAN 时，提供了另一种选择方案。除了继承 ZigBee SE 1.0 版本的所有服务和设备外，2.0 版本的 ZigBee SE 功能还包括：插电式电动汽车（PEV）充电控制、HAN 设备的安装、配置与固件下载，预付费服务，用户

（续）

标 准	应用介绍
ZigBee智能能源（ZigBee Smart Energy［SE］，用于家庭节能）	信息与消息通知服务，负荷控制，需求响应与通用信息以及有线与无线HAN的应用程序接口规范。开发ZigBee SE 2.0版本的合作伙伴包括HomeGrid、家庭电力线网络联盟（HomePlug Powerline Alliance，HPA）、国际汽车工程师协会（International Society of Automative Engineer，SAE International）、IPSO联盟、SunSpec联盟以及Wi-Fi联盟 在2012年8月25日，该联盟以最新的0.9版本标准草案（公共应用规范）和相关支持文件的发布，结束了本次最终公众评议期。此次公众评议期是最终的评议期，因为SE规范2的开发基本完成。公众和成员的意见将被整合到该标准最终的1.0版本
ZigBee电信服务（ZigBee Telecom Services，用于增值服务）	ZigBee电信服务为兼容产品提供了一个全球标准，用于实现各种各样的增值服务，包括信息送达、手机游戏、基于位置的服务、手机安全支付、手机广告、区域计费、移动办公接入控制、支付以及端到端的数据共享服务等。该标准为客户提供一种经济实惠、简单便捷的创新服务引入方式，使其几乎能够触及任何一个人，只要他们使用手机或其他便携式电子产品。此外，该标准还可以为移动电话网络运营商、零售商、企业和政府机构提供各种增值服务

摘自：ZigBee联盟

需要注意的是，IEEE 802.15.4基于高级加密标准（Advanced Encryption Standard，AES）来执行链路层安全保护，但它没有规定用于启动引导、密钥管理和高层安全保护方面的功能。

当ZigBee联盟专注于医疗保健时，由此产生了ZigBee医疗保健公共应用规范，也被称为PHHC规范或者简单地称为医疗规范，并推进了它的发展。ZigBee医疗保健主要用于在非侵入性医疗保健中使用辅助设备，为各种医疗和非医疗设备之间交换数据提供行业标准。PHHC规范支持对非关键、非紧急性的保健服务提供安全监控和管理，以实现对慢性病的管控，同时，它还支持满足IEEE 11073标准的设备（如血糖仪、脉搏血氧仪、心电图、血压监护仪、呼吸计、体重计和温度计）。

ZigBee医疗保健规范由IEEE定义的设备约束组成，包括遵循医疗定点照护设备通信标准的IEEE 11073设备。11073-20601标准就是这一系列标准的一部分，是一个独立传输、最优交换协议，它是支持遵循PHHC协议的设备之间进行数据交换的基础。11073-20601标准提供了以下几类功能：①建立设备之间的逻辑连接；②描述设备的功能；③满足通信需求。总之，ZigBee医疗保健公共应用规范全面支持ISO/IEEE标准来满足11073定点照护医疗设备通信的需求，并对附加的设备提供支持。ZigBee医疗保健同时也支持所有设备约束，其中有不少医疗设备的约束已经存在，包括脉搏血氧仪、血压计、脉搏监视器、体重秤和血糖仪等[16,17]。

前文中，我们提到ZIP可以作为一个既支持ZigBee又是基于IP的协议栈（特别是 IPv6）的例子。典型的 ZIP 产品具有如下类似的参数：

（1）ZigBee：遵循 ZigBee Pro 标准，支持完整的 ZigBee 智能能源（SE）规范。

（2）无线电：符合 IEEE 802. 15. 4 标准的 ZigBee 无线电。

（3）工作频率：2405 ~ 2483. 5MHz，支持的 ZigBee 信道数为 11 ~ 26，信道间隔为 5MHz。

（4）接收灵敏度：−95dBm。

（5）发射功率：大于 18dBm 输出功率（小于 100mW）。

（6）遵循以太网和 TCP/IP 规范：

1）支持自协商模式的以太网 10/100base- TX 接口。

2）支持标准的基于 Socket 的通信。

3）支持的协议包括：IPv6、UDP、TCP、Telnet、ICMP、ARP、DHCP、BOOTP、自动获取 IP 地址、HTTP、SMTP、TFTP、HTTPS、SSH、SSL、FTP、PPP 和 SNMP 等。

4）加密：终端到终端的 AES 128 位加密，用于 SSH 和 SSL 的 3DES 和 RC4 加密。

5）验证：SHA-1 和 MD5 算法。

应当指出，ZigBee 和蓝牙协议本质上是不同的，其设计目的也不一样：ZigBee 主要用于具有许多活跃节点而占空比极低的静态和动态环境；而蓝牙主要用于高 QoS，占空比复杂多变以及适度数据传输速率的网络，其网络中存在的活跃节点数量有限。

6. 1. 2　消费电子射频协议（RF4CE）

面向特殊用途的 ZigBee RF4CE 协议已被设计用于简单的、双向的设备之间的控制应用，且只需要使用 ZigBee（2007 版本标准）提供的部分网状网络功能。ZigBee RF4CE 降低了对节点设备内存大小的要求，从而实现了更低的成本控制。

RF4CE 是由索尼、飞利浦、松下和三星等四家消费电子（Consumer Electronics，CE）公司在 2009 年标准化的，它是基于 ZigBee 开发的。

ZigBee RF4CE 规范定义了一个 RC 网络，它是一个简单、可靠、低成本的通信网络，允许消费电子设备在使用时连接无线网络。ZigBee RF4CE 规范拓展了 IEEE 802. 15. 4 标准，提供了一个简单的网络层和标准的应用层，这两层可为家庭内部使用创建一个多厂商互操作解决方案。ZigBee RF4CE 规范的主要特性如下[16]：

（1）根据 IEEE 802. 15 标准运行在 2. 4GHz 频段。

（2）能够在三个信道上运行频率捷变功能。

（3）集成了所有设备类型的省电机制。

（4）完整的应用确认发现机制。

（5）完整的应用确认配对机制。

（6）通过 inter- PAN 通信构建的多星形拓扑结构。

（7）包括广播在内的各种传输方案。

（8）安全密钥生成机制。

（9）采用业界标准的 AES-128 安全方案。

（10）为消费电子产品指定一个简单的 RC 控制协议。

（11）支持联盟制定的标准或制造商特定的规范。

RF4CE 的预期用途是作为设备的 RC 系统。例如，用于电视机机顶盒。RF4CE 的主要目的是克服红外（IR）技术存在的各种常见问题，即互操作性、视线阻挡，以及功能增强受限等问题[5]。目前，至少有德州仪器和飞思卡尔半导体公司等芯片厂商已经支持 RF4CE 规范。

6.1.3　蓝牙与蓝牙低功耗规范

6.1.3.1　规范概述

蓝牙（Bluetooth）技术是一类基于 IEEE 802.15.1 标准的 WPAN 技术，它规范了便携式个人设备的短距离无线连接方式，当然也包括计算机的外围设备，这是目前消费类电子产品中最流行的技术之一。蓝牙最初是由爱立信公司开发，在 20 世纪 90 年代末，蓝牙技术联盟（Bluetooth SIG）公布了他们制定的规范。此后不久，IEEE 802.15 小组吸纳了蓝牙相关的工作成果，并制定了独立于供应商的标准。从那以后，蓝牙 SIG 与 IEEE 就一起管理由基本标准改进的不同版本。目前，蓝牙标准已经经历了 4 个版本（见表 6-6），所有版本的蓝牙标准都具有向下兼容性。蓝牙 SIG 拥有约 17000 名公司会员，它们分布在电信、计算机和消费电子领域。

表 6-6　蓝牙标准的版本

版　本	说　明
蓝牙 v1.0 与 v1.0B	原始版本，有限的兼容性
蓝牙 v1.1	原始的 IEEE 802.15.1-2002 标准
蓝牙 v1.2	被批准作为 IEEE 802.15.1-2005 标准。同蓝牙 1.1 版本相比，蓝牙 1.2 版本融入了许多增强功能，包括：①能够更快地建立连接和发现其他设备；②使用自适应调频（Adaptive Frequency Hopping，AFH）扩频技术；③支持高达 721kbit/s 速率，数据传输速度更高；④增加流控制机制
蓝牙 v2.0 + EDR	该版本于 2004 年发布，相比于蓝牙 1.1 版本，该版本融入了许多增强功能，包括更快的数据传输速率（数据传输速率约 3Mbit/s）和更低的功耗（通过降低占空比实现）。注：准确来说，蓝牙 2.0 版本设备的功耗更高。不过，该版本设备实际的传输速率是传统蓝牙版本的 3 倍（从而降低了突发传输的持续时间），有效地将功耗降低到蓝牙 1.x 版本设备功耗的一半
蓝牙 v2.1 + EDR	2.1 版本的蓝牙标准在 2007 年 7 月发布，该版本增加了简单安全配对（Secure Simple Pairing，SSP）功能，该功能改进了蓝牙设备的配对过程，同时改善了安全性。此外，蓝牙 2.1 版本标准还引入了“Sniff Subrating”机制，能有效降低工作在低功耗模式下蓝牙设备的功耗

（续）

版　本	说　明
蓝牙 v3.0 + HS	蓝牙 3.0 版本发布于 2009 年 4 月，该版本能够在一种配置的 802.11 链路上使用一种蓝牙链路，这种链路能够协商和建立高数据率流量业务会话，通过这种方式能够提供的理论数据传输速率达到 24Mbit/s。该版本蓝牙标准为使用的 802.11 增加了一种可选的 MAC/PHY（AMP），用于高速（High Speed，HS）传输。注：蓝牙 3.0 版本标准的 HS 部分不作为强制使用的内容，实际上只有带“+HS”标签的蓝牙设备支持基于 802.11 HS 数据传输的蓝牙功能。增强的功率控制功能改善了传统的功率控制功能，去除了开环功率控制（Open Loop Power，OLP），同时，也明确了与 EDR 功能相关的功率控制方面的内容和定义
蓝牙 v4.0	蓝牙 4.0 版本标准发布于 2010 年 6 月，该版本内容融合了传统蓝牙（Classic Bluetooth）、高速蓝牙（Bluetooth High Speed），以及 BLE 协议。其中，高速蓝牙参考部分 Wi-Fi 特性和原理，而经典蓝牙则包含了传统蓝牙协议

蓝牙技术是一种短距离数据交换通信协议，广泛应用于移动电话、智能手机、平板电脑和掌上电脑（约 10m 范围，通过功率提升最大范围可为 100m）等。蓝牙可用于各种小型任务和设备，如同步、语音耳机、电池、调制解调器呼叫以及鼠标与键盘的输入。蓝牙规范定义了一个低功耗、低成本技术，它提供了一个标准化平台，可替代移动设备之间的有线传输，并为产品间的连接提供便利。

蓝牙工作在 2.4GHz 的 ISM 频段，具有约 1～3Mbit/s（新版本支持更高的速度）的带宽，采用的是跳频技术。虽然蓝牙设备的成本明显比 WLAN 低，但其传输范围只有不到 10m，数据传输速率也只有不到 12Mbit/s（根据蓝牙 2.0 版本内容），这通常被认为是一种劣势。相比之下，IEEE 802.11a/b/g/n 是一组相关技术的集合，它们工作在 2.4GHz 的 ISM 频段、5GHz ISM 频段和 5GHz U-NII 频段，在无须授权的通用无线技术中，它提供了最高功率和最大的覆盖范围，其传输数据速率最高可达 54Mbit/s。通常情况下，在大多数新的笔记本电脑中，都会在硬件上预装支持部分或全部 802.11 协议的模块，这种做法通常也用于 PDA 设备和蜂窝电话。此外，通过比较发现，IEEE 802.15.4（ZigBee）通信标准支持最大 250kbit/s 的数据传输速率，最低也可以支持 20kbit/s，但是它构成的网络对功率需求是最低的：ZigBee 设备在设计之初就考虑实现使用单组电池运行数年的技术目标，这使它们成为无人值守设备或适用于难以到达地点的设备的理想选择，详情见表 6-7。

IEEE 802.15 的子层有：①RF 层；②基带层；③链路管理层（MAC 层协议）；④逻辑链路控制和适配协议（Logical Link Control and Adaptation Protocol，L2CAP）层（也是一个 MAC 层协议）。蓝牙被设计用于高 QoS 应用，具有多种工作周期、适中的数据传输速率等特点，在蓝牙网络中仅存在有限个活跃节点。与无线局域网相比，蓝牙作为传输技术的局限在于其带宽和传输距离。IEEE 802.15 各层的功能如下所示：

表 6-7　无线协议比较

IEEE 标准属性	802.11 WLAN	802.15.1/蓝牙	802.15.4/ZigBee
电池寿命	几分钟到几小时	几分钟到几小时	几天到几年
数据吞吐量	-802.11a：达到 54Mbit/s -802.11b：达到 11Mbit/s -802.11g：达到 54Mbit/s -802.11n：达到 150Mbit/s（在 5GHz 频段以 40MHz 带宽运行） -802.11ac：达到 867Mbit/s（在 5GHz 频段以 160MHz 带宽运行）	约为 1Mbit/s（蓝牙 1.0 版本）到 3Mbit/s（蓝牙 2.0 版本）	约为 0.25Mbit/s
功耗	中等	低	非常低
范围	约为 250m（该指标适用于 802.11n，其他标准约为 100m） 注：IEEE 802.11y-2008 将 802.11a 的工作频段扩展到了 3.7 GHz 授权波段（在美国，该波段主要介于 3650～3700MHz 之间）；这增加了曾经受功率限制的信息覆盖范围，使其达到 5000m。这一带宽历来被用于卫星通信和 C 波段	约为 10～100m	约为 10m

（1）射频层：基于天线的功率范围（从 0dBm～20dBm）对外提供蓝牙空中接口功能，运行在 2.4GHz 频段，链路覆盖范围介于 10cm～10m 之间。

（2）基带层：用于建立蓝牙微微网（piconet），当两个蓝牙设备相互连接后，即形成一个蓝牙微微网。在一个微微网中，有一个设备作为主设备（master），所有其他的设备作为从设备（slave）。

（3）链路管理层：用于在蓝牙设备间建立链路。链路管理器的其他功能还包括：安全、基带数据分组大小协商、电源模式、蓝牙设备的周期性控制以及蓝牙设备在微微网中的连接状态。

（4）L2CAP：此子层提供了无连接和面向连接服务的上层协议，该层提供的服务包括多协议功能、数据分组的分片与重组和分组抽象。

BLE［最初被称为 WiBree 技术或蓝牙超低功耗（Ultra Low Power，ULP）[⊖]］，是蓝牙 4.0 版本标准的低功率子集，具有一个用于快速构建简单链路的全新协议栈。BLE 是蓝牙 1.0 版本～3.0 版本标准中“电源管理”功能的替代产物，是标准蓝牙协议的一部分。BLE 的目的是在纽扣电池的生命周期中始终运行非常低功耗

⊖ 诺基亚研究中心将启动的 BLE 项目命名为“WiBree”。2007 年，蓝牙 SIG 采用了 BLE 技术，并将其重新命名为“Bluetooth 超低功耗（Bluetooth Ultra Low Power）”技术。后来，该技术被再次命名为“Bluetooth 低功耗（Bluetooth Low Energy）”技术。

的应用，即能够依靠一个不充电的小纽扣电池从传感器回传数据长达一年之久。虽然 BLE 的数据速率和无线覆盖范围在同一度量下低于传统蓝牙技术，但是低功耗和电池寿命长的特性使其适合于医学上的小范围监控应用。BLE 传感器设备通常要求能够在不更换新电池的情况下运行很多年，它们通常使用纽扣电池，例如常见的 CR2032 电池[22]。BLE 技术的目的是使电源敏感的设备能够长久连接到互联网。BLE 本身主要针对移动电话，往往用来在电话和其他设备组成的生态系统之间建立一个类似于蓝牙技术的星形网络拓扑。

图 6-7 描述了 BLE 分组格式，图 6-8 显示了 BLE 的频率规划。当前的芯片设计允许两种类型的实现：双模和单模，在单模情况下仅仅实现 BLE 协议栈，在双模情况下 BLE 功能被集成到已有的传统蓝牙控制器。大多数领先的蓝牙芯片制造商制造的最新蓝牙芯片都能支持蓝牙和最新的 BLE 功能。目前，很多公司已经宣布支持 BLE，其中包括 Broadcom 和德州仪器公司。

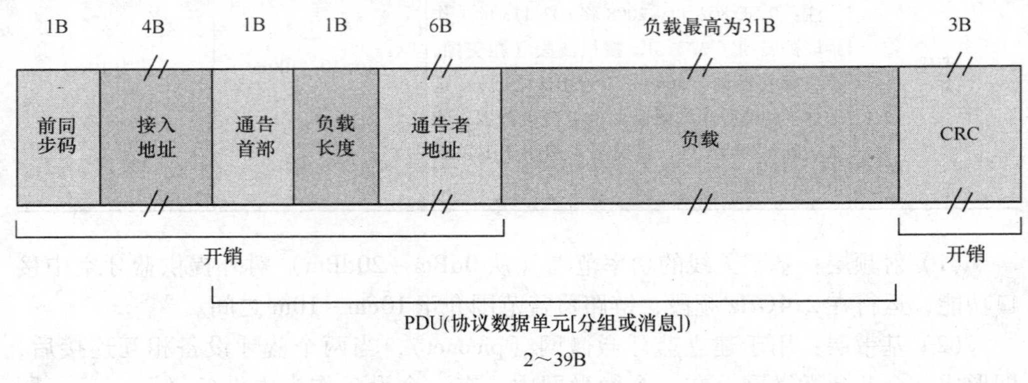

图 6-7　BLE 分组结构

如图 6-8 所示，对于企业环境、家里或家居办公室（Small Office Home Office，SOHO）等使用 Wi-Fi 的地方，它们都使用共同的无线解决方案。IEEE 802.11b 和 802.11g 标准将频谱假设划分成 14 个重叠、交错的信道，这些信道的中心频率都相差 5MHz。如果在 ISM 频段使用这种分区，信道 1、6 和 11（如果在调整的管理域可用，还包括信道 14）是不会出现重叠的，这些信道（或具有相似频段间隔缝隙的其他一组信道）使多个网络可以在位置临近的情况下，共同运行而不会相互干扰，如图 6-9 所示。802.11b 的频谱模板要求信号在距离中心频率 ±11MHz 的频点时与峰值能量相比至少有 30dB 的衰耗，在距离中心频率 ±22MHz 的频点时与峰值能量相比至少有 50dB 的衰耗。需要注意的是，如果发射器足够强大，信号可以是相当强的，甚至有可能超过了 ±22MHz 这一频点，这样也会出现重叠，如一个工作在信道 6 上的强大发射器可以轻松压倒较弱的信道 11 上的发射器。但在大多数情况下，一个指定信道上的信号都会被适当地进行衰减，以使得它与任何其他信道发射机的干扰降到最低。每个 BLE 信道都是 2MHz 带宽，但 ZigBee 信道的间距

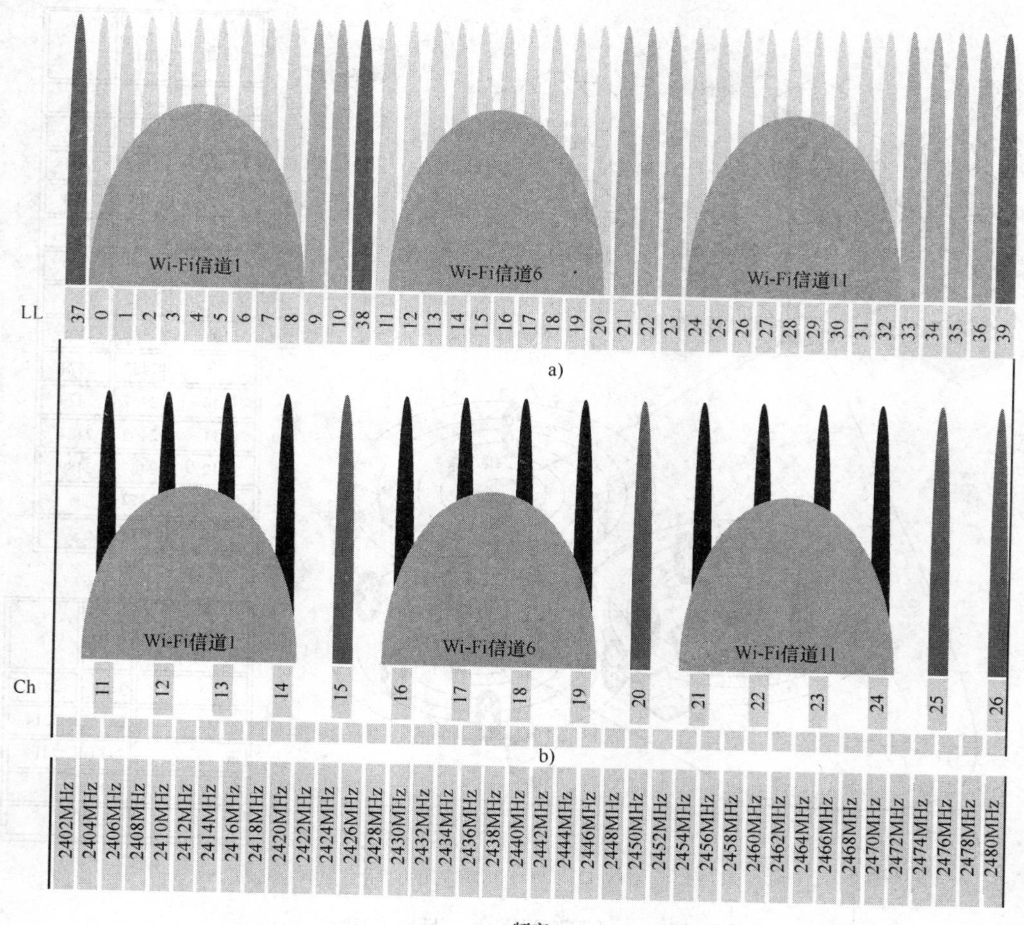

图6-8 BLE的频谱结构

a）BLE信道分配（每个信道2MHz带宽） b）ZigBee信道分配（每个信道2MHz带宽，信道间隔为5MHz，在多信道Wi-Fi中，实际上只有4个信道是可用的。）

和位置的设置，使得在正常的Wi-Fi网络设置（通常默认是信道1、6和11）中，只有4个通道可能是闲置的。由于ZigBee的空间信号数据传输速率只有250kbit/s，而且无法实现跳频，在传输中其存在着丢包的风险；而另一方面，BLE则更为有效地利用了频谱，并采用了已经被蓝牙证明过的自适应跳频（Adaptive Frequency Hopping，AFH）技术。如前面指出的，运行蓝牙4.0版本标准的设备不一定要能兼容其他版本的蓝牙技术。对于这种情况，将这类设备被称为单模设备[5]。

在过去一段时间，蓝牙技术被用于健康护理，但大多数情况下，该技术仅被用在各种医疗设备之间的互连。随着蓝牙医疗设备规范（Health Device Profile，HDP）的发展，这种情况正在发生改变。在蓝牙规范中，协议定义了特性和功能，

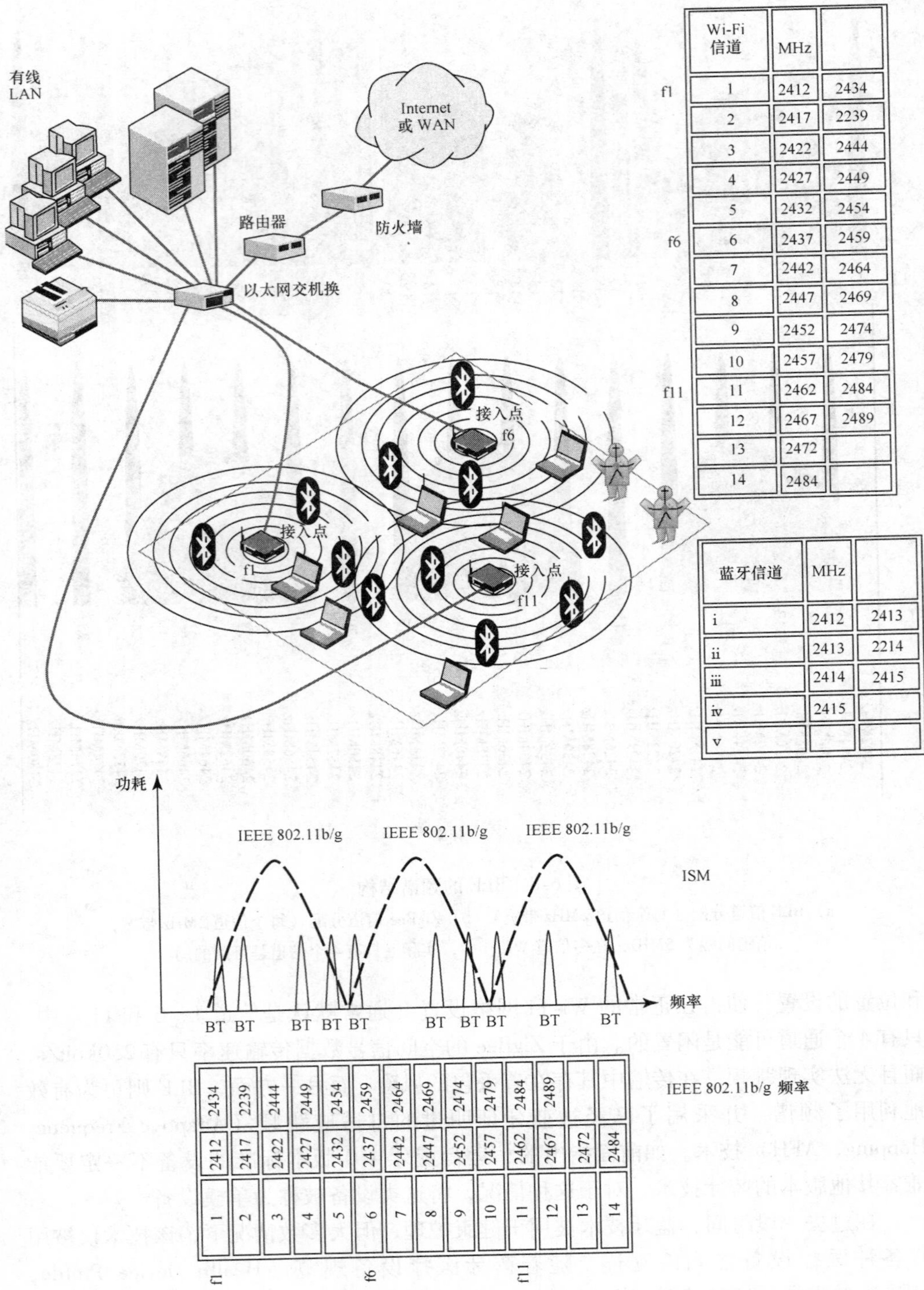

图6-9　IEEE 802.11b/g的频段、典型的拓扑结构以及与蓝牙之间的相互影响

也定义了蓝牙系统的功能。HDP 主要用于在不需要使用有线的情况下，将应用的数据源设备连接到应用的数据接收端设备，其中数据源设备有血压计、体重秤、血糖仪、体温计和脉搏血氧仪等，接收端设备有移动电话、笔记本计算机、台式计算机和医疗器具等。该协议可与 BLE 共同使用，以确保医疗设备可以在数月甚至数年中保持运行状态[3]，后面我们还将继续讨论这一话题。

6.1.3.2　规范细节

如上所述，蓝牙规范描述了基于射频技术的小范围连通，主要是针对便携式个人设备的，它刚一发布，就被作为一个事实上的行业标准。最近，IEEE 802.15.1 项目组开发了一个基于蓝牙 1.1 版本基础规范的无线 PAN 标准，并于 2002 年发布。蓝牙主要用来支持个人通信设备，如电话、打印机、耳机、个人电脑的键盘鼠标等，在设计之初，蓝牙技术就限制了自身的性能，因此，在大多数情况下其适用于无线传感器网络的特性也是受到限制的。

作为其成果的一部分，IEEE 已经审阅并提供了蓝牙规范 1.1 版中关于 MAC 层（L2CAP 层、LMP［链路管理层］和基带层）和物理层（无线电）的标准修订版。在该修订版中，还对业务接入点（Service Access Point，SAP）条款进行了详述，它包含一个用于 ISO/IEC 8802-2 的逻辑链路控制的 LLC/MAC 接口。该修订版还发布了协议实现一致性声明（Protocol Implementation Conformance Statement，PICS），指定了一个内容丰富且表现优异、遵从 ITU-T Z.100 标准的规范描述语言（Specification And Description Language，SDL）模型，用于实现蓝牙 MAC 子层的整合[23]。

该系统使用了能够穿透墙壁和其他非金属障碍的全向无线电波。有别于其他的无线标准，蓝牙无线规范为产品开发人员同时定义了链路层和应用层。符合蓝牙无线规范的无线电设备使用无须授权的 2.4GHz ISM 无线电频段，以确保通信适用于全球。

蓝牙无线电采用扩频、跳频以及全双工信号，它支持点至点连接，并允许单一无线电设备能建立和维护多达 7 个同步连接[24]。新版本使用的 AFH 技术，使其可以更好地与 IEEE 802.11 WLAN 系统和谐共存。信号能够以 1MHz 的频率间隔在 79 个不同频点之间跳跃，降低了多个蓝牙设备之间以及蓝牙设备和无线局域网设备之间的相互干扰，使其达到可以接受的程度。至少当并非所有的可用频率都被无线局域网所占用的情况下是可以接受的，而这种情况很可能出现在一个 SOHO 环境中，因为这种环境中一个位置只有一个或两个接入点在使用。再次参考图 6-9，为了尽量减少与使用同一频段的其他协议的干扰，蓝牙协议能够以高达 1600 次/s 的速度变换频率，如果有来自其他设备的干扰，传输不会停止，但它的速度会降下来。

蓝牙 1.2 版本的最大数据传输速率达到 1Mbit/s，折算成有效吞吐量约为 723kbit/s。2004 年底，蓝牙发布了一个新版本标准，称为蓝牙 2.0 版本，该版本蓝牙标准引入了 EDR 功能。使用 EDR 技术，最大数据传输速率能够达到 3Mbit/s，实际吞吐量为 2.1Mbit/s，传输范围也接近 10m，当增加功率后可达 100m。旧版和新版的蓝牙设备无须其他设置就可以兼容[25]。由于通信设备（例如，电话耳机）可以使用蓝牙 2.0 + EDR 更快地传输信息。因此，使用该技术可以降低能耗，因为信号传输的时间更短了。在大气中传输的数据可通过更有效的编码来提高其数据传输速率，这也意味着对于相同的数据量，无线电传输的时间更短，从而降低了功率消耗[24]。在非主动传输且使用小功率值的情况下，使用新版本蓝牙标准的设备的效率更高。例如，在一次传输中，蓝牙耳机能够突发两到三倍的数据，这也使得传输之间的间隙变得更长。蓝牙核心规范 2.0 版本 + EDR 有以下几个值得注意的特点：

（1）在传输速度上比之前版本蓝牙技术快 3 倍。

（2）通过降低占空比来降低功耗。

（3）由于增加可用带宽而带来的多链路应用的简化。

（4）可对早期版本向下兼容。

（5）改进的误码率性能（Bit Error Rate，BER），降低了误码率。

在过去的一段时间里，硬件开发人员经历了蓝牙 1.1、蓝牙 1.2 和蓝牙 2.0 三个版本。准确地说，使用 2.0 版本的蓝牙设备具有更高的功耗，但是实际上，其传输速率比早期版本快 3 倍（相应地降低了传送突发的次数），相比 1.x 设备，它的功耗有效地降低了一半。

设备之间能够建立可信关系。仅愿意与可信设备进行通信的设备，当需要与其他设备进行通信时，可以通过加密验证其他设备的身份来建立连接。互信的设备之间在传输信息时，也可以对数据进行加密。

充当“主设备”角色的蓝牙设备，可以与多达七个“从设备”进行通信，这样的多达八个设备构成的网络被称为微微网。在任何时刻，数据可以在主设备和一个从属设备之间进行传输，但主设备会以轮换的方式，快速地从与一个从设备通信切换到与另一个从设备进行通信（主设备同时向多个从设备传输数据的情况是可能的，但是在实际应用中并不多见）。蓝牙规范还允许两个或多个微微网连接在一起，形成一个分布式网络，其中一些设备充当信息传输的桥梁，它们在自己的微微网中扮演主设备的角色，而在分布式网络中扮演从设备的角色。

6.1.3.3　蓝牙 HDP

到目前为止，蓝牙系统在医疗中的应用主要是使用专门的产品和数据格式，典型的应用都基于串行端口配置文件（Serial Port Profile，SPP）。但是，不同厂商之间的产品应用难以相互兼容互通。为了解决兼容互通的问题，蓝牙 SIG 几年前启动了一项计划，定义了一种新的医疗应用模型，并于 2008 年发布了 HDP。

这项工作最终的结果是形成了 HDP 规范，它包括多通道适配协议（Multichannel Adaptation Protocol，MCAP），该 HDP 规范中引入了设备 ID（Device ID，DI）配置文件。图 6-10 描述了一个承载 HDP 和应用的蓝牙系统体系结构。其中，关键组件的说明见表 6-8 所示[26]。

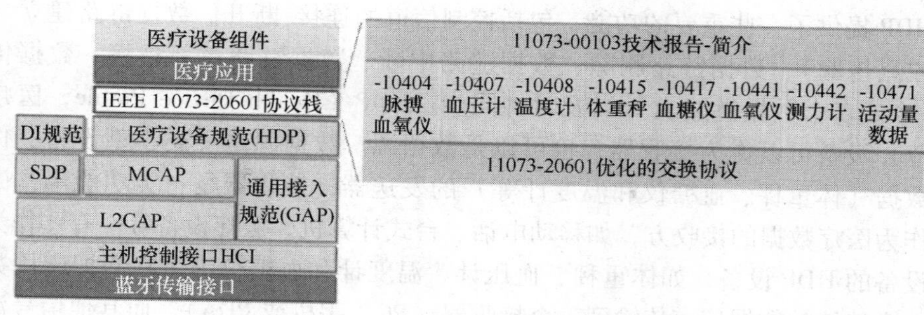

图 6-10 蓝牙协议与医疗设备应用中的 HDP

表 6-8 HDP 功能块介绍

功能模块	说明
医疗应用	描述实际设备的应用程序，包括它的用户界面、应用程序行为，以及对 IEEE 11073-20601 协议栈实现的整合层
IEEE 11073-20601	该协议栈用来执行与正在开发的代理/管理器相关联的 IEEE PDU 分组的创建、传输、接收和解析功能，该组件直接同 HDP 相连接
DI 配置文件	蓝牙配置文件被设计通过使用服务发现协议（Service Discovery Protocol，SDP）提供具体的设备专用信息。如果需要将厂商专用信息作为特定医疗设备的一部分，那么该配置文件会提供获取这些信息的具体方法和行为。比较好的 HDP 实现会将注册厂商专用信息与查询厂商专用信息的 API 提供给用户。用户随后可直接在自己开发的医疗应用程序中集成这些 API 方法
HDP	作为核心的蓝牙规范，被设计用来帮助发送和接收医疗设备数据。该层的 API 方法可以与下一级的 MCAP 层交互，而且还可以执行 SDP 行为同远程 HDP 设备连接
SDP	蓝牙规范使用该发现协议注册和/或发现其他远程设备上的可用服务，以便建立基于 L2CAP 层的连接
MCAP	由 HDP 使用，帮助建立交换通用指令的通信链路（Communication Link，MCL），以及一个或多个传输实际医疗设备数据的数据链路（Data Link，MDL）。MCAP 专用于 HDP，保证数据传输的可靠性
通用接入规范（Generic Access Profile，GAP）	描述所有核心蓝牙规范所需的特性，包括查询、连接和认证过程
L2CAP	支持协议复用、分组分片与重组、QoS 服务、分组重传，以及通过 MCAP 传输的蓝牙分组的流控制功能
主机控制接口（Host Controller Interface，HCI）	描述所用蓝牙硬件实现（即控制器）能够理解的指令与事件
蓝牙传输接口（Bluetooth Transport Interface，BTI）	用于描述 UART、USB、SDIO、三线（three-wire）、ABCSP 等实际的蓝牙硬件组件正在使用的传输接口。通常，UART 和 USB 是使用最广泛的接口

HDP提供了一些重要的功能，包括控制信道的连接/断开、数据链路建立（可靠的或流传输）、数据链路删除、数据链路中断、数据链路重新连接、数据传输（在一个或多个数据链路上）以及时钟同步。HDP（Health Device Profile，医疗设备规范）设备可以作为接收器，也可以是数据源。数据源是一类小型设备，作为医疗数据（体重秤、血糖仪和温度计等）的发送器；接收器是一类功能丰富的设备，作为医疗数据的接收方，如移动电话、台式计算机、医疗设备等。有些作为信号源设备的HDP设备，如体重秤、血压计、温度计和血糖仪等，它们把应用数据通过一个持续的数据信道传输到一个接收器（PC、手机或PDA）；而其他信号源设备，如脉搏血氧仪、脑电图和心电图等，则通过断续的数据信道将应用数据传输到接收器（PC、手机或PDA）；多源设备则通过持续的和断续的两种信道方式将应用数据传输至接收器。这些数据然后会以不同的路径和方式传送给医生，例如通过因特网或移动电话网络，以用于医院中的医疗服务。源设备可以是使用多个数据通道的组合设备，如带有温度计功能的脉搏血氧饱和度仪[26]。

HDP并没有定义数据格式和数据内容。蓝牙SIG要求HDP用IEEE 11073-20601个人健康设备通信应用规范作为HDP设备和IEEE 11073-104xx设备标准之间的数据交换的唯一协议。IEEE 11073-20601定义了数据交换协议，而IEEE 11073-104xx定义了数据格式，包括HDP设备间所有交换数据的大小和编码。数据交换协议包括一个用于可靠通信的服务、事件报告的机制，通过GET/SET的对象访问，以及域信息（关于设备配置属性的面向对象的描述）。设备描述和属性的定义使用ASN.1。图6-10，描述了遵循IEEE 11073-20601的蓝牙设备和遵循IEEE 11073（-104xx）的设备规范的体系结构。大多数情况下，传输数据的长度是使用896个字节用于发送和使用224个字节用于接收。唯一的例外是血氧饱和度（发送：9216字节；接收：256字节）。

6.1.4 IEEE 802.15.6 WBAN

截至本书出版时，IEEE 802.15任务组（Task Group，TG）6一直致力于开发一种最优的通信标准，能够为在人体（不仅限于人体）内部、人体上或人体周围的各种应用提供低功耗支持，这些应用包括医疗、消费电子/个人娱乐等。这项技术致力于支持人体表面或内部多种医疗或非医疗低电压节点设备的应用。该IEEE TG推断WBAN能够成功实施的前提条件是建立一个可以解决医疗和消费电子应用的标准模型。

IEEE 802.15 TG6成立于2007年11月，2008年1月正式运行。其总计收到34份草案，并最终融合为一个提案。至2009年3月，该工作组开发了一份标准草案。草案经过了大量的修改和编写，进行了5次信件投票。2011年7月22日，草案被批准开始进入赞助商投票环节，该标准定义了支持多种PHY层的MAC层。

PHY（频率带宽）的选择是一个重要问题[⊖]。通常，WBAN 可用的频带是由各个国家的通信监管部门管理的。医疗植入设备通信服务（Medical Implant Communication Service，MICS）带宽授权于植入设备之间通信，多数国家使用相同的频域（402～405MHz）。无线医疗遥感服务（Wireless Medical Telemetry Services，WMTS）是授权于医疗遥感探测系统的频带。MICS 和 WMTS 两者带宽都不支持高数据率应用。ISM 带宽支持高数据率应用，并在世界范围内可用。然而，由于众多无线设备，包括 IEEE 802.1 和 IEEE 802.15.4 都运行在 ISM 频带，相互之间干扰的可能性很高。目前 IEEE 802.15.6 标准定义了三种 PHY 层：窄带（Narrowband，NB）层、超宽带（Ultra Wide Band，UWB）层和人体通信（Human Body Communication，HBC）层。选择哪一种 PHY 依赖于应用需求。在 PHY 最高层，标准定义了复杂的 MAC 协议用来控制通道。对于时间资源分配，中心（Hub，或者协调器）将时间轴（或通道）分割为一系列超帧。超帧大小被相同长度的信标周期限定。为了保证高安全性，标准定义了三层：0 层——无安全防护通信；1 层——仅需认证；2 层——认证和加密。表 6-9（摘自参考文献［27］）描述了 PHY 层次结构。

表 6-9　IEEE 802.15.6 标准的物理层规范

PHY	说　明
NB PHY	NB PHY 负责进行无线收发器的激活/停用、当前信道的 CCA 以及数据的发送/接收。NB PHY 的物理层协议数据单元（Physical Protocol Data Unit，PPDU）帧包含物理层会聚过程（Physical Layer Convergence Procedure，PLCP）前导码、PLCP 首部和 PSDU。PLCP 前导码用来帮助接收器进行时钟同步和载波偏移修复，它是 PPDU 中最先被发送的部分。PLCP 首部传递了接收器成功解码分组所需的必要信息。该首部使用工作频段给定的首部数据率在 PLCP 前导码发送之后进行传输。PSDU 是 PPDU 帧中最后面的部分，包含 MAC 首部、MAC 帧主体以及帧校验序列（Frame Check Sequence，FCS）。PSDU 在 PLCP 首部发送之后传输，它可以使用工作频段提供的各种可用的数据速率进行传输。WBAN 设备应当能够支持下述各个频段中的数据发送和接收，这些频段包括：402～405 MHz、420～450 MHz、863～870 MHz、902～928 MHz、950～956 MHz、2360～2400 MHz 和 2400～2483.5 MHz。下一个表格显示了这里的数据速率会根据 PLCP 首部与 PSDU 的调制参数而不同。在 NB PHY 中，该标准在各频段（420～450 MHz 频段除外）中使用 DBPSK（Differential Binary Phase-Shift Keying，差分二元相移键控）、DQPSK（Differential Quadrature Phase-Shift Keying，差分四相相移键控），以及 D8PSK（Differential 8-Phase-Shift Keying，差分八相相移键控）调制技术。在 420～450 MHz 频段中，该标准使用 GMSK（Gaussian Minimum Shift Keying，高斯最小频移键控）调制技术

⊖ 该讨论内容主要基于参考文献［7］的内容，并且部分讨论源自对参考文献［7］内容的总结，读者可参阅该参考文献中，以获得更加详细的信息。

（续）

PHY	说　明
UWB PHY	UWB PHY 工作在两个频段上：低频段和高频段。每个频段被分出若干的信道，每个信道的带宽均为 499.2MHz。低频段仅包含 3 个信道（信道 1 ~ 信道 3）。信道 2 的中心频率为 3993.6MHz，并且作为强制信道（必须使用的信道）。高频段包含 8 个信道（信道 4 ~ 信道 11）。其中，信道 7 的中心频率为 7987.2MHz，并且也作为强制信道使用，而所有其他信道作为可选信道。典型的 UWB 设备至少应当支持一个强制信道。UWB PHY 收发器允许使用低复杂度实现，按照在 MICS 频段中的使用顺序产生信号功率等级。UWB 的 PPDU 包含一个同步首部（Synchronization Header，SHR）、一个 PHY 首部（PHY Header，PHR）和 PSDU。SHR 是由一个前导码和一个帧开始定界符（Start Frame Delimiter，SFD）组成的。PHR 包含与 PSDU 的数据速率、负载长度和扰码器种子相关的信息。PHR 中的这些信息由接收器使用，对 PSDU 进行解码。SHR 是由长度为 63 的 Kasami 序列重复组成的。典型的数据率范围介于 0.5 ~ 10Mbit/s 之间，而 0.4882Mbit/s 作为强制必须使用的数据率
HBC PHY	HBC PHY 工作在中心频率分别为 16MHz 和 27MHz 的两个频段上，带宽均为 4MHz。两个频段都可以使用的国家有美国、日本和韩国，而欧洲国家仅使用中心频率为 27MHz 的频段。HBC 是 PHY 的静电场通信（Electrostatic Field Communication，EFC）标准，它的内容包括 WBAN 的全部协议，例如分组结构、调制方式、前导码/SFD 等。EFC 的 PPDU 结构是由一个前导码、SFD、PHY 首部和 PSDU 组成的。其中，前导码和 SFD 是固定的数据模式，它们在分组首部和负载的前面产生和发送。前导码序列会被发送 4 次，以便确保数据分组同步，而 SFD 仅被发送 1 次。当接收器收到分组时，通过检测前导码序列找到分组的开始位置，然后再通过检测 SFD 找到帧的开始位置

关于 IEEE 802.15.6 中的 MAC 层，整个通道按照超帧结构划分。每一个超帧大小被相同长度的信标周期限定。中心（Hub）选择信标周期的边界，并据此选择槽的位置。中心也会将信标周期做部分偏移。一般而言，每个信标周期都会传递信标，只有当超帧没有被激活或者被抑制时，例如 MICS 带宽，才会出现例外。IEEE 802.15.6 网络工作在表 6-10 所列的三种模式中的一种，参见参考文献［27］。每一个超帧内的接入机理被划分为 3 种类别：①随机接入机制，使用 CSMA/CA 或者时隙 Aloha 过程进行资源分配；②改进和未排程接入机制（基于无连接的无竞争接入），使用未排程的 polling/posting 进行资源分配；③排程接入及其变体（基于面向连接的无竞争接入），事先为即将到来的一个或多个超帧内的时隙分配进行排程。该标准对上述这些接入机制进行了详细的介绍。

6.1.5　IEEE 802.15 WPAN TG4j MBAN

TG4j 的目的是对 802.15.4 标准进行修改，制定一份修订案，该工作组为 802.15.4 在 2360 ~ 2400MHz 频段定义了一个物理层，并且遵从联邦通信委员会（Federal Communications Commission，FCC）的 MBAN 规则。为了支持新的 PHY 层，修订案同样对 MAC 进行了一些修改。修订案对 802.15.4 和 MAC 进行了部分

表 6-10　IEEE 802.15.6 标准 MAC 层工作模式

信标（Beacon）模式	说　明
带有信标周期超帧边界的信标模式（Beacon Mode）	在这种模式下，信标由 hub 在每个 Beacon 周期（Period）中发送，不活跃超帧内和规则禁止时除外。IEEE 802.15.6 规定的超帧结构被分成独占接入阶段 1（Exclusive Access Phase 1，EAP1）、随机接入阶段 1（Random Access Phase 1，RAP1）、I 型/II 型阶段、EAP2、随机接入阶段 2（Random Access Phase 2，RAP2）、I 型/II 型阶段，以及争用接入阶段（Contention Access Phase，CAP）。在 EAP、RAP 和 CAP 周期（Period）内，节点可以使用 CSMA/CA，也可以使用时隙 AlOHA 接入过程，争用资源分配。EAP1 和 EAP2 被用在具有最高优先级的业务中，例如，报告紧急事件。RAP1、RAP2 和 CAP 用于一般业务。I 型/II 型阶段被用在上行链路分配的时间间隔、下行链路分配的时间间隔、双向链路分配的时间间隔以及延迟双向链路分配的时间间隔。在 I 型/II 型阶段中，使用轮询（Polling）的方式进行资源分配。根据应用的要求，协调器可通过将持续时间（Duration）长度设置为 0，禁止上面提到的所有周期（Period）
带有超帧边界的非信标模式（Nonbeacon Mode）	在这种模式下，整个超帧持续时间由一个 I 型或一个 Ⅱ 型接入阶段覆盖，但是不能同时由这两个阶段覆盖
不带超帧边界的非信标模式	在这种模式下，协调器只提供非排程 Ⅱ 型轮询分配方式

修改，使其能够适用于 MBAN 频段。TG4j 的工作开始于 2010 年，至 2013 年 9 月形成标准[㊀]。正在开发中的标准名称为《IEEE 信息技术标准——系统间电信与信息交换：局域网和城域网-具体需求 15.4 部分：低速率无线个域网（WPAN）的无线媒体访问控制（MAC）与物理层（PHY）标准修订案：可选的功能扩展，用于支持运行在 2360 ~ 2400MHz 频段上的医疗体域网（MBAN）业务》。

IEEE 802.15.4 一贯支持在合适频带上的操作，如今具有了将 15.4 操作扩展到 FCC 为 MBAN 预留的频带上的机会。在本文中其他地方还将提到，FCC 发布了法规制定提案通知（Notice of Proposed Rule Making，NPRM）（该提案通知编号为 FCC NPRM 09-57），以便为使用身体传感设备的 MBANS 分配 2360 ~ 2400MHz 之间的频带。在两种情况下，服务和技术准则允许设备在这个频段下工作：一是医疗设备无线通信服务（Medical Device Radio communication Service，MedRadio Service）规则允许，见该规则第 95 部分；二是基于授权和非排外频率协调模型的基础，最

㊀ 2012 年 3 月在 Waikoloa 召开的会议期间，人们对该标准修订案规定功能的意见最终达成了一致，工作组最终也批准了 81 号信件投票，此次会议于 2012 年 3 月 28 日开始召开，并于 2012 年 4 月 27 日结束。信件投票通过率达到了 90.83%，并产生了 575 条建议与注释。此次信件投票总共进行了两轮，在第二轮信件投票中，第 82 号和 84 号信件投票投了支持票。在最终的一轮信件投票中，没有产生新的建议和注释，而且也没有人投否定票。工作组要求执行委员会批准将此次投票通过的标准修订案安排在 2012 年 9 月于美国 Palm Springs 召开的会议上进行下一步的赞助者投票。

小化干扰，见第 90 部分。这项工程定义了一个 PHY 的替代方案以及对 MAC 必要的修改，使其在 MBAN 带宽下根据 FCC 规定能够支持 PHY 操作[10]。IEEE 802.15.4 的提议修订案提供了一种利用 MBAN 频谱的解决方案，能够同时在人体上或人体外应用。

通过比较的方式，如前面提过的，IEEE P802.15.6 工作组也在从事 BAN 上的医疗应用问题研究。两个项目用来解决共同的应用，分别提供不同的功能。IEEE 802.15.6 在解决人体表面或内部的通信问题。IEEE 802.15.4 的修订案试图解决低数据速率应用问题。IEEE P802.15.6 的目标是高数据率和低功耗方面的应用。

6.1.6　ETSI TR 101 557

2012 ETSI TR 101 557 技术报告（Technical Report，TR）由 ETSI 技术委员会、电磁兼容性和无线电频谱管理（Electromagnetic Compatibility and Radio spectrum Matters，ERM）机构联合推出，用来解决 WBAN/MBANS 的带宽分配问题。此前（2011 年），ERM 为用在无线工业应用的使用不同于 UWB 技术的 SRD 设备开发了专用的技术特性系统参考文档（System Reference Document，SRdoc）（即 TR 102 889-2）。ETSI 同样认可为 MBANS 而提出的两种频率带宽（2360～2400MHz 和 2483.5～2500MHz）作为无线电工业领域的备选带宽。两种应用都是免授权 SRD 应用，但在它们的环境里都被认为是关键的，因此解释了为什么传统 SRD 频带在这些系统里是不可用的。MBANS 用来给多种人体传感器和执行器提供无线网络，这些装置用来监测病人的生理指标、疾病诊断和治疗，主要在医疗部门和其他医疗检测地点，如救护车或者病人的家。MBANS 的使用通过减少目前病患检测常用的硬件和线缆数量，提高了医疗的质量和效率。MBANS 目前计划主要在医院中使用，下一阶段会在患者家中使用。但不论在哪种情况下，应用环境都远远不同于无线传感器在工厂自动化机器设备中的应用环境。这就是为什么这两种明确定义的应用不会对彼此产生干扰的原因，因为它们的使用环境完全不同[1]。

ISM 无线电频段是国际通用的，用于分配给上述应用的频段。ISM 频段由 ITU-R 在无线电规范 5.138、5.150 和 5.280 版本中定义。不幸的是，由于不同的国家内部使用的无线电规范不同，因此在这一频段内的频率分配上彼此之间存在一定的出入。在美国，ISM 频段的使用受 FCC 规则的第 15 和 18 部分内容管理。ISM 包含的频段很多，但其中最常用的是 2400～2500MHz 区域的频段（其他的频段包括 6.7MHz、13.5MHz、26.9MHz、40.6MHz、433 MHz、902MHz 和 5725 MHz）。

在欧洲，MBANS 的支持者（例如，飞利浦公司、卓联半导体公司、德州仪器公司和荷兰经济事务、农业与创新部）对工作在 1785～2500MHz 频率范围的 MBANS 业务日益增长的市场份额非常感兴趣，只是担心实现 MBANS 的现有机构缺乏来自 CEPT/ECC 专业规范的指导。MBANS 需要在介于 1785MHz 和 2500MHz 之间的 40MHz 频谱宽度上运行。MBANS 使用 40MHz 运行频谱宽度的设计对使

MBANS 能够同其他业务无干扰共存具有重要的作用。它保证了 MBANS 设备的低功耗和有限占空比的特性，同时为 MBANS 提供足够的频谱间隔，从而避免与其他业务相互干扰。同时，要想支持 MBANS 能够在高密度部署环境下正常运行，也离不开使用 40MHz 运行频谱宽度的设计。40MHz 运行频谱宽度的设计提供了频率多样性功能，使 MBANS 设备可以使用更低的传输功率，从而避免同其他业务发生潜在的干扰。起初，SRdoc 只为 MBANS 提供了 2360 ~ 2400MHz 的可用频段。然而，随着 SRdoc 的不断修订与完善，SRdoc 建议将 1785 ~ 1805MHz、2400 ~ 2483. 5MHz 和 2483. 5 ~ 2500MHz 频段作为候选频段提供给 MBANS 使用。图 6-11 是展示了 ITU-R 无线电规范目前分配给 MBANS 使用的候选频段（1710 ~ 2500MHz）。读者可参阅参考文献 [1]，以便了解关于 MBANS 可用频段和选项的详细讨论内容，尤其是对于欧洲来说。

分配给服务		
区域 1 欧洲，非洲 中东地区波斯湾以西苏联地区 蒙古	区域 2 美洲，格陵兰岛 部分东太平洋岛国	区域 3 亚洲及大部分大洋洲
1710 ~ 1930MHz　固定 移动		
2300 ~ 2450MHz 固定 移动 业余 无线电定位	2300 ~ 2450MHz 固定 移动 无线电定位 业余	
2450 ~ 2483. 5MHz 固定 移动 无线电定位	2450 ~ 2483. 5MHz 固定 移动 无线电定位	
2483. 5 ~ 2500MHz 固定 移动 移动-卫星（空-地） 无线电定位	2483. 5 ~ 2500MHz 固定 移动 移动-卫星（空-地） 无线电定位 卫星无线电测定（空-地）	2483. 5 ~ 2500MHz 固定 移动 移动-卫星（空-地） 无线电定位 卫星无线电测定（空-地）

图 6-11　目前 ITU-R 无线电规范规定的候选频段（1710 ~ 2500MHz）分配

注：ISM 无线电频段中 2. 5GHz 区域覆盖的频域范围介于 2400 ~ 2500MHz 之间。蓝牙、802. 11/Wi-Fi、IEEE 802. 15. 4 以及 ZigBee 会使用这一频段，不过它们也可以使用其他频段。

ETSI TR 101 557 文件建议应当将大部分（约占 75%）需要的运行频段仅用于医疗保健设施内部，例如医院、诊所、急诊室等（室内用途），少部分（25%）的运行频段既可以用于医疗设施之内，也可以用于医疗设施之外（室内和室外）。MBANS 正常工作所需的发射频宽上限为 5MHz。不同的 MBANS 应用需要的数据率不同，使用的发射频宽也不同。对于高数据率的应用（例如，250kbit/s 及以上），需要使用 3 ~ 5MHz 发射频宽。对于在医疗保健设施子波段（室内）内运行的 MBANS 发射器来说，基于该发射频宽的最大的发射功率为 1mW EIRP（Effective Isotropic Radiated Power，全向有效辐射功率）。对于使用位置无关子波段运行的 MBANS 发射器来说，基于该发射频宽的最大发射功率为 20mW EIRP。人们建议让 MBANS 使用有限的占空比运行，从而降低功耗，避免同其他业务相互干扰。据估计，医院内使用的 MBANS 的占空比将不会超过 25%。而位置无关的 MBANS 应用（例如，在病人家中使用的应用），其占空比据估计将比 2% 还要低[1]。

6.1.7　NFC

NFC 可以用于物联网/M2M 应用，提供无线连接，但它不是一种 WBAN 技术。NFC㊀是一种用在智能手机、平板和其他设备之间的非接触式通信技术。非接触通信允许用户通过一个 NFC 兼容的设备晃动手机来发送信息，而不需要将设备接触到一起或者通过多个步骤来建立连接。NFC 是无线电频率识别（RFID）的一个分支，不同的是，NFC 是为邻近的设备之间信息交换而设计的。NFC 使用电磁无线电场，而蓝牙和 Wi-Fi 等技术则依靠无线电传输。NFC 技术在欧洲和亚洲的部分地区得到普及，并已经开始传到美国。正如本文中提到的，谷歌启动了谷歌钱包项目支持 MasterCard PayPass，PayPal 提供智能手机之间转账的支持，而其他公司也会提供类似的服务。随着技术的进步，会有更多 NFC 兼容的智能手机出现，而且更多的商店将会提供 NFC 读卡器给顾客使用。

NFC 技术允许一个设备，可以是阅读器、询问器或者主动设备，创建一个电磁场同其他 NFC 兼容的设备或者一个持有阅读器所需信息的小型的 NFC 标签进行交互。被动设备，比如智能海报中的 NFC 标签，存储信息并同阅读器通信，但是这些设备不能主动从其他设备读取信息。NFC 还可以支持两个主动设备之间的端到端通信，允许两个设备互相发送和接收信息。目前，NFC 有三种工作模式：TypeA、TypeB 和 FeliCa（TypeF）。三者很类似，但是通信方式存在细微的区别。

兼容性是 NFC 发展为流行的支付和数据通信方式的关键。因此，基于 NFC 的设备必须能够同其他无线技术通信，并且能够同其他类型的 NFC 传输进行交互。

㊀ 本节讨论主要根据来自 http：//nearfieldcommunication. org/资料内容整理，该网站是一个宣传 NFC 应用的组织。该组织旨在向利益相关者提供各种有见解的信息，既包括这一不断发展的技术的优点，也包括它的缺点。

NFC通过NFC论坛维护同蓝牙等其他无线通信技术以及其他NFC标准（比如在日本很流行的FeliCa）之间的兼容与互通。该论坛在2004年由索尼、诺基亚和飞利浦公司创立，它制定了厂商在设计NFC兼容的设备时必须遵循的标准，这保证了NFC的安全性，也使其容易同该技术的其他版本一起使用。

标准的创立保证了所有形式的NFC技术能够同其他NFC兼容设备进行交互，且能够同以后出现的新设备相互兼容。目前有两个主要的NFC技术标准：ISO/IEC 14443和ISO/IEC 18000-3。前者定义了用于存储信息的ID卡，比如NFC标签；后者则规定了NFC设备使用的RFID通信机制。ISO/IEC 18000-3是一个国际通信标准，适用于所有使用TypeA和TypeB卡工作模式、运行在13.56MHz的通信设备，例如NFC设备。此类设备在传输信息之前必须互相靠近到4cm以内。该标准定义了一个设备与它正在读取的NFC标签彼此之间进行通信的方法。其中，正在读取NFC标签的设备被称为询问设备，而NFC标签则简称为标签（tag）。

操作中，询问器会将一个信号发送到标签。如果设备之间彼此足够接近，标签会使用询问器发出的信号作为电源为自己供电。由于标签使用询问器的信号作为电源，因此标签在尺寸上可以被做得足够小，并且在功能上无须携带电池或拥有自己的电源。双方设备会在询问设备和NFC标签中的松耦合线圈中建立高频磁场。一旦这种磁场建立成功，双方之间的通信连接就会形成，信息即可在询问器和NFC标签之间进行传递。询问器首先会发送一条消息到NFC标签，查看标签使用哪种类型的工作模式，是TypeA还是TypeB。当标签对这条消息给出响应时，询问器会根据恰当的标准内容，向NFC标签发送它的首条命令，标签接收到这条指令后，会对该指令的有效性进行验证。如果指令无效，标签不会进行任何操作。如果这条指令是一条有效的请求命令，标签随即会予以被请求的信息回应请求命令。如果通信内容涉及安全敏感的资金交易，例如信用卡支付等，NFC通信双方首先会建立一条安全的通信信道，并将所有发送的信息进行加密。

NFC标签以半双工的方式进行工作，读写器采用全双工的工作方式。半双工指的是设备在工作时，每次只能进行一种操作：要么发送，要么接收。不能同时进行发送和接收操作。而全双工指的是设备工作时可以同时进行发送和接收操作。NFC标签每次只能单一地接收或发送信号，而读写器可以在发送指令的同时接收信号。读写器使用相位抖动调制（Phase Jitter Modulation，PJM）修改周围磁场，并发出信号，传输指令。NFC标签使用电感耦合的方式，通过内置的线圈产生电流，对接收的指令进行应答。

支持NFC的设备可以工作在主动模式或被动模式下交换数据。使用被动模式工作的设备（例如，NFC标签），包含有可被其他设备读取的信息，但是它自己不能读取任何信息。这样的例子比如贴在墙上的海报或商业标记，其他设备可以从其中读取信息，但是标记本身只能将其存储的信息传输到认证设备。使用主动模式工作的设备，既可以读取信息，也可以发送信息。此类设备，比如智能手机，不仅可以从 NFC 标签收集信息，还可以与其他兼容的手机和设备交换信息，在授权的情况下，甚至还可以修改 NFC 标签上的信息。

为了确保安全，NFC 通常建立安全信道并使用加密技术发送敏感信息（例如，信用卡号码）。用户还可以在他们的智能手机上使用杀毒软件和设置手机密码，进一步保护他们的隐私数据。

如上所述，NFC 的传输范围被限制在 4cm 左右的距离，而蓝牙技术则使用更大的信号覆盖范围来传输数据。同标准蓝牙技术相比，NFC 技术的功耗更低（但是与 BLE 相比，NFC 技术的功耗会更高）。只有当 NFC 设备需要对一个被动的、无源设备（例如，NFC 标签）供电时，NFC 才会比传统蓝牙传输消耗更多的电量。NFC 技术的另一个优点是使用便捷。在智能手机之间进行蓝牙连接时，需要用户手动进行设置，而且还将需要数秒时间才能建立连接。而 NFC 能够自动地建立连接，所需时间不足 1s。虽然，使用 NFC 技术时，用户需要将两个设备靠得很近，但与蓝牙连接相比，NFC 建立连接的速度更快，也更加容易、便捷。表 6-3 介绍了 NFC 技术的相关技术参数。

6.1.8　专用短程通信技术及相关协议

专用短程通信（Dedicated Short-Range Communication，DSRC）是一个双向的、短到中程的无线通信能力，允许非常高的数据传输，这对于以通信为基础的主动安全应用至关重要。基于 DSRC 的通信是在美国交通运输部（U. S. Department of Transportation，U. S. DOT）研究与创新局（Research and Innovative Technology Administration，RITA）联合项目办公室（Joint Program Office，JPO）的主要研究重点。跨模式项目组正在进行一项研究，该研究使用 DSRC 和其他无线通信技术建立安全、互通的连接，帮助司机预防各类交通事故，提升各种交通系统模式的移动效率和环境效益。在《Report and Order FCC-03-324》中，FCC（Federal Communications Commission，联邦通信委员会）在 5.9GHz 频段上分配了 75MHz 频谱，用于智能交通系统（Intelligent Transportation System，ITS）的车辆安全与移动应用。V2V（Vehicle-to-Vehicle，车辆-车辆）和 V2I（Vehicle-to-Infrastructure，车辆-设施）应用程序使用 DSRC 技术，通过向驾驶员提供实时性的建议，提醒驾驶员即将发生的危险（例如，车辆转向撞到马路边缘、车辆突然停止前进、并道过程中发生碰撞、附近有通信设备和车辆存在；以及前方有急转弯或易打滑的路面），从而显著地减少很多致命性的交通事故。便捷的 V2I 服务，像电子停车场和道路通行费支付，也可以使用 DSRC 通信。车辆和设备上的电子传感器中的匿名信息也可以通过 DSRC 进行传输，为旅客和运输经营者提供更好的交通和行驶条件信息。开发 DSRC 的主要目标是提供支持安全的应用，以及实现车载设备和基础设施之间通信，以减少车辆碰撞。DSRC 是目前唯一能够提供以下特性的短距离无线通信技术[28]：

（1）指定授权带宽：用于安全、可靠的通信。它是由联邦通信委员会在《Report and Order FCC 03-324》中规定的，主要分配给车辆安全应用。

（2）快速网络采集：主动式的安全应用需要通信能够立即建立，并能够频繁地更新。

（3）低延迟：主动式的安全应用程序建立连接和彼此发送消息所需时间必须达到毫秒级，几乎不存在延时。

（4）必要时的高可靠性：主动式的安全应用要求链路具有高度的可靠性。DSRC 技术工作在车辆高速移动的条件下，并且 DSRC 通信性能不能受到极端气候条件（例如，雨、雾、雪等）的影响。

（5）优先用于安全应用：使用 DSRC 技术的安全应用程序的优先级要高于使用 DSRC 技术的非安全应用程序。

（6）兼容性：DSRC 使用被人们广泛接受的标准确保兼容性，这是成功部署主动式安全应用的关键。它同时支持 V2V 和 V2I 通信。

（7）安全和隐私：DSRC 提供安全的信息认证和加密。

ASTM（American Society for Testing and Materials，美国材料试验协会）标准“E2213-03[㊀]”是在 IEEE 802.11a 的基础上开发的，计划用于智能交通环境下的物联网应用。它使用在智能交通环境下分配给 DSRC 应用的 5.9GHz 频段。具体来说，目前该应用频段范围介于 5.850～5.925GHz 之间[㊁]，被划分成 7 个信道，每个信道宽度为 10MHz，这些信道属于授权信道。传输范围介于 300～1000m 之间，传输速率为 6～27Mbit/s。使用半双工工作模式：每个站每次只能发送或接收，不能同时进行发送和接收操作。DSRC 设备是运行在 DSRC 频段中，使用 WAVE（Wireless Access in Vehicular Environment，无线接入车载环境）模式的 IEEE 802.11 系统。起初，使用 5.9GHz 频段的 DSRC 技术主要是针对美国市场开发的，如今该频段的 DSRC 技术已经开始面向全球进行商业化。图6-12 介绍了 WAVE、DSRC 和其他支持协议之间的关系。

IEEE 802.11p［用于信息技术的 IEEE“802.11p-2010”标准：局域网与城域网-具体要求中的第 11 部分内容（“Specific Requirements. Part 11”）：无线 LAN 媒体访问控制［MAC］与物理层［PHY］标准修订6：无线接入车载环境］是一个修订标准，它对 IEEE 标准的802.11 规范内容进行了扩展，规定了行车环境下有关 WLAN 提供可靠无线通信的内容。IEEE 802.11p 基于 ASTM 标准“E2213-03”规范，定义了行车环境下无线通信的 MAC 层标准。该标准能够支持两种不同的协议栈：

㊀ “E2213－03”的全称为：“ASTM 用于公路与车辆系统之间电信与信息交换的 E2213－03 标准规范，即工作在5GHz 频段的专用短程通信（DSRC）媒体访问控制（MAC）与物理层（PHY）标准。

㊁ 起初，该频段使用915MHz 频段区域，只带有一个无须授权的信道。

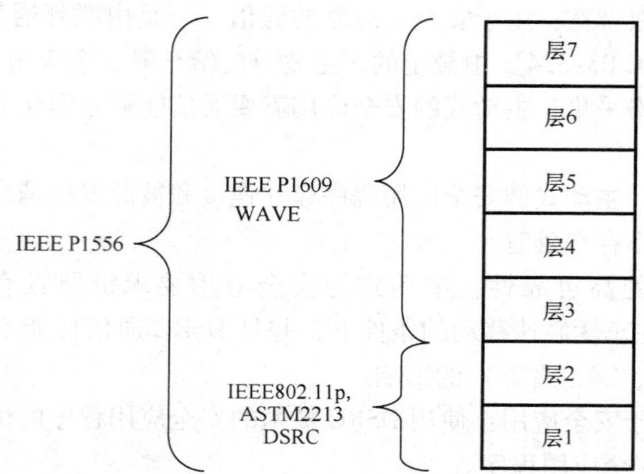

图6-12　WAVE、DSRC以及其他协议之间的关系

（1）IPv6，但只用在服务信道（没有在控制信道上使用）。

（2）WAVE短消息协议（WAVE Short Message Protocol，WSMP）：可以在任何信道上发送短消息，允许应用直接调用物理层功能（比如信道编号和发射机功率）。

IEEE 802.11p被定位为世界范围内使用的车-车（Car-to-Car，C2C）和车-基础设施（Car-to-Infrastructure，C2I）底层协议。在物理层，该协议同802.11a和802.11g定义的结构基本相同：调制格式、基于OFDM（Orthogonal Frequency-Division Multiplexing，正交频分复用）、FEC（Forward Error Correction，前向纠错）、前导序列的结构以及导频方案等，都是相同的。此外，802.11p与所有IEEE 802.11标准一样，使用相同的媒介接入方案，也就是CSMA/CA[29]。

WAVE是IEEE 802.11设备在DSRC频段上运行时使用的一种运行模式。WAVE是IEEE 1609规范内容的一部分，它定义了体系结构、通信模式、管理结构、安全性以及物理层接入方式。其中，重要的体系结构组件包括：①车载单元（On-Board Unit，OBU）；②路测单元（Road Side Unit，RSU）；③WAVE接口。图6-13介绍WAVE的协议栈（少量内容摘自参考文献［30］），该协议栈支持的标准如下[31]：

（1）P1609.1资源管理器，描述了WAVE系统架构的关键组件，定义了数据流和资源。同时，还定义了命令消息格式和数据存储格式。最后，它还规定了OBU能够支持的设备类型。

（2）P1609.2应用程序安全服务与管理消息，定义了安全消息的格式和处理方式，描述了进行安全的消息交换的情景。

（3）P1609.3网络服务，定义了网络层和传输层服务（包括寻址和路由方式），用以支持安全的WAVE数据交换。同时，它还定义了WAVE短消息（WAVE

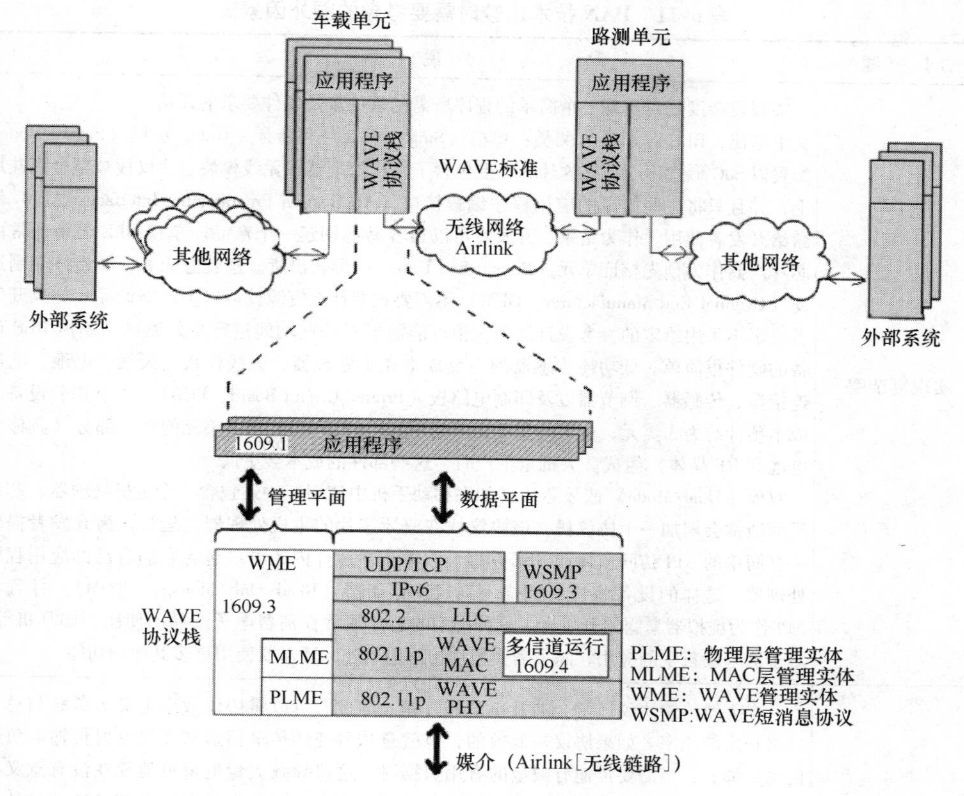

图 6-13　WAVE 元素与协议栈

Short Message，WSM），提供了一种高效的 WAVE 专用 IP 替代方案，该方案可以直接被应用程序支持。此外，它还定义了用于 WAVE 协议栈的 MIB（Management Information Base，管理信息库）。

（4）P1609. 4 多信道操作，增强了 802. 11 MAC 层功能，以支持 WAVE。

6.1.9　WPAN 技术对比

本节根据参考文献［5］的内容和结论，对本章讨论的几种主要的 PAN 技术进行一般性的比较。基本内容的比较见表 6-3，而表 6-11（也是由参考文献［5］的内容总结的）介绍了一些在比较 PAN 技术时需要考虑的额外因素。

ANT/ANT + 是一种用在“运动与健身”领域的大规模生产技术。这是一种专用性较强的技术，因此不可能广泛地应用在所有领域。到本书出版时为止，该技术仅被整合到三部手机中。ANT 技术致力于进行低功耗运行，适用于电源受限的应用领域，而且 ANT 技术已经形成了有利可图的商业生态系统。人们认为 ANT/ANT + 不是一种主要的物联网/M2M 技术，而仅仅作为物联网/M2M 整个生态系统中的一部分。同 ANT/ANT + 类似，NIKE + 技术也是如此。

表6-11 PAN技术比较时需要考虑的额外因素

问题	说明
实现复杂度	实现复杂度是对实现一个简单的程序所需的软件量及硬件要求的评估 文中指出，BLE芯片分为两类：单模（Single Mode）和蓝牙+BLE。单模（Single-Mode）配置以SoC形式出厂，在这片SoC上包含了主机处理器和无线模块。协议栈被整合到硅片上，并且只将一些简单的应用程序编程接口（Application Programming Interface，API）暴露给开发者使用。作为结果，开发者可以很容易地创建一个产品。单模BLE设备通常由芯片厂商作为预先核证单元（Precertified Unit）的形式出货。这就意味着，原始终端制造商（Original End Manufacturer，OEM）不需要花费什么资源就可以生产新产品。如果开发者决定不采用给定的参考设计，那么很可能需要对一些功能进行重新测试。单模BLE设备的硬件很简单。低功耗传感器的主要成本在于处理器、无线模块、天线、电池、电池连接器、传感器、调节器以及印制电路板（Printed Circuit Board，PCB）。一个BLE设备的成本预计约为3美元，由大约2美元的蓝牙IC与EEPROM和1美元的余下部分（具体为电池和RF晶体）组成。大批量生产时，这些部件的成本会更低 双模（Dual-Mode）蓝牙芯片（如在移动手机中使用）中还包含一个主机处理器。芯片厂商通常会增加一个协议栈，该协议栈在蓝牙芯片的主机处理器上运行，为开发者提供一套简单的API访问蓝牙和BLE功能。双模蓝牙芯片内还可以包含它们自己的应用程序处理器。这样的设备将协议栈烧入到只读存储器（Read-Only Memory，ROM），并且将API作为虚拟器暴露给开发者。这种类型的芯片通常在消费电子产品中使用，如耳机等。对于这些设备中的应用，除了需要使用传感应用外，还需要使用更多其他的功能
协议效率	一个无线传输协议通常会涉及负载和开销。因此，可以将协议效率定义为负载与总的分组长度的比率。如果协议是低效的，也就意味着使用传输信道和无线发射传输非负载信息。那么，当需要传输有限量的有用数据时，这将导致大量电量被消耗在没有意义的非负载数据上。相反，如果协议的效率非常高，那么电池单次充电则能够发送大量的有用数据。人们需要在协议的有效性和可靠性之间进行权衡。例如，一个超高效的协议不会引入校验和或纠错功能。考虑到2.4GHz频段可能存在的干扰，因此可能需要引入重传功能（假设有上层协议解决这个问题）。例如，BLE协议的效率大约是66%。
电源效率	电源效率是为给定的应用选择合适的PAN技术需要考虑的最关键的因素之一，该效率通常使用功率每比特来衡量 例如，ANT设备每秒发送32byte（速率为32byte/s），消耗61μA。那么，功率每比特就等于0.183 mW/256bit=0.71μW/bit 在BLE中，需要每隔500ms对外广播可连接通告分组（adverts）。每个分组包含20byte的有用负载，消耗49μA电量（使用3V电源时）。对于该设备来说，它的功率每比特为0.153μW/bit 对于IrDA设备，它的功率每比特一般为11.7μW/bit Nike+计步器持续工作1000h，并且每秒都传输负载数据。如此，它的功率每比特为2.48μW/bit。 Wi-Fi在使用1.8V电源时，以40Mbit/s数据速率发送用户数据报协议（UDP）负载时，大约消耗116 mA电量，功率每比特为0.00525 μW/bit。遗憾的是，在一个Wi-Fi芯片上，当数据吞吐量降低时，电流消耗反而没有随着降低。因此，同这里提到的其他数据相比，该测量值不太具有可比性。而且，Wi-Fi的峰值电流消耗超出了纽扣电池的供电能力 ZigBee设备在传输24byte数据时，消耗0.035706W电量。因此，它的功率每比特为0.035706/192=185.9μW/bit

（续）

问　　题	说　　明
峰值功耗	峰值功耗是设计长寿命设备时需要考虑的一个重要的参数。常见的 CR2032 纽扣电池正常无损工作下最高只能提供约 15mA 的峰值电流（峰值电流消耗 30mA 时，会使纽扣电池的实际能力比电池厂商标定的电池能力指标降低 10%）。这种纽扣电池要想实现其对外公布的能力指标，可接受的持续标准负载一般只为 2mA 或更少。本章讨论的 PAN 技术要求峰值电流一般在 10～50mA，Wi-Fi 除外，因为它对峰值电流的要求更高
鲁棒性与共存	分组传输的可靠性如何会直接影响电池寿命和用户体验：如果数据分组由于不理想的传输环境或附近无线电台的干扰而无法送达，发送器会一直重传分组，直到该分组被成功送达，这样会增加电池电量消耗。解决这些问题的一种方法是使用信道跳频（该方法也有助于解决干扰问题）。如果一个无线系统被限制只能使用一个信道，那么在拥塞的环境下它的可靠性会变差。蓝牙和 BLE 可以使用信道跳频：蓝牙设备使用 AFH 技术，该技术允许每个节点频繁地标出频谱上的拥堵区域，从而使设备在以后工作时能够避开这些拥堵频域 共存通常被认为是在同一房间或建筑内与其他无线电台同时运行的技术能力。ZigBee 会与 Wi-Fi 接入点相互影响；同样，BLE 也会与 Wi-Fi 接入点相互影响（对于这一问题，这里指的是早期的 BLE 技术指标）。对于无线局域网来说，PAN 技术共用场地（共存）方面必须要精心设计，尤其是随着技术的进步，Wi-Fi 的输出功率越来越大，共存问题也因此变得越来越突出 BLE 采用无源干扰避免方案。例如，当在信道内检测到干扰存在时，AFH 会被用来清空信道。BLE 会将 2.4GHz ISM 频段内最不拥堵的频域选作 BLE 通告（advertising）信道。当 Wi-Fi 技术被整合到具有蓝牙功能的设备上时，Wi-Fi 会实现一种主动共存技术，而且，如果 Wi-Fi 检测到来自临近的无线技术的干扰，它会采用一种降低其数据率的机制，缓解干扰。ZigBee 没有使用共存方案，但是它却可以持续地监听信道，等待信道空闲。如果信道被过度使用，会对 ZigBee 的数据吞吐量和延迟造成不利的影响，最终导致数据传输停止。ZigBee PRO 拥有一种被称为“频率捷变”的功能（不同于跳频），它可以用来搜寻空闲的信道（从定义的 16 个信道中），然后重新建立网络

注：表中内容整理自参考文献［5］，读者可参阅参考文献，以获取更详细的内容。

从最根本的性能角度来看，BLE 技术是 ANT/ANT + 技术最有力的竞争者。BLE 的目标市场与 ANT/ANT + 相同，作为一种可与 ANT/ANT + 技术竞争的选择。不过，BLE 技术可以让手机厂商获得更大的产品机会的环境。在所有的 PAN 技术中（Wi-Fi 技术除外），BLE 可以提供最佳的功率每比特效率。BLE 很可能成为医疗保健和/或家庭环境中重要的物联网/M2M 技术。例如，用于外围设备和/或智能手机连接。

Wi-Fi 通常用于高速的（High Speed，HS）、大量的数据流量传输。毫无疑问，Wi-Fi 是能够整合到系统中的最复杂的技术。Wi-Fi 需要各种驱动和完整的协议栈。而且，在通信链路的 PC 端，这样的系统一般会消耗大量的电量，从而将延时降到最小。

ZigBee 和 RF4CE 是几乎相同的技术。相比于其他 PAN 无线电技术，这两种技术的主要特点是需要消耗更多的电量。这些系统很可能成为医疗保健和/或家庭环境中重要的物联网/M2M 技术。

人们认为 NFC 技术并不是众多低功耗无线技术中的有力竞争者，人们对 NFC 技术的兴趣在于该技术可以为移动领域带来新的使用案例和使用体验。红外发送设备的价格更加低廉，而且在不久的将来，该技术仍然是低端电视领域中一种主要的技术选择。不过，红外技术也比较耗电。在很多领域，该技术正在被很多非 LOS 无线技术所取代。

6.2　物联网/M2M 中的蜂窝移动网络技术

6.2.1　概述与动机

物联网/M2M 应用在地理分布上一般遍及一个城市、地区或者一个国家，针对这一特点，研发人员认为蜂窝网络是适用于物联网/M2M 应用的首选的实用连接技术。本节将着眼于这些网络的一些关键技术。人们预计，在不久的将来，M2M 应用将会成为蜂窝数据网的重要数据流量来源（和营收）。例如，通常电力供应商采用基于 SCADA（Supervisory Control And Data Acquisition，监控和数据收集）的系统实现电网远程遥测功能。传统上，SCADA 系统使用有线网络连接远程电网单元和中央运营中心。然而，目前越来越多的应用解决方案转而采用公共蜂窝网络支持这些功能。当然，可靠性和安全性是人们需要考虑的关键因素。除了具有嵌入式防火墙功能外，网络终端一般还会支持基于 IPsec 机制构建的虚拟专用网（VPN）功能。

在开始讨论移动网络之前，人们应当记住物联网/M2M 业务所特有的一些特性，这些特性在之前的第 4 章已经进行了简要的讨论，它们包括：数据传输的优先级、数据的大小、频段一端的数据传输实时性到频段另一端的数据传输极高时延容忍度，以及不同程度的移动性要求。蜂窝/移动网络在不同的容量、带宽、链路状态、链路利用率和整体网络负载方面的特性，影响着 M2M 数据传输的可靠性[32]。人们不得不去考虑、平衡这些细节，这样才能更加经济高效地在广泛的一组应用中利用蜂窝技术（一些应用可能对成本考虑不是太敏感，不过更多的应用往往的确需要对连接成本进行优化）。3GPP 组织最初的工作重点是实现 MTC 类型设备的区分能力，允许运营商在网络拥塞/过载时选择性地对设备业务进行处理。具体来说，就是在相关的 UE（User Equipment，用户设备）到网络过程中增加低优先级指示器。从而，同时在核心网（Core Network，CN）和无线接入网（Radio Access Network，RAN）上实现基于该指示器的过载与拥塞控制[33]。

关于哪种蜂窝技术对 M2M 来说是可行的和/或理想的，人们有不同的观点。一些支持者声称，目前许多开发商都在集中研发 4G 产品。然而，4G 模块的成本是 3G 模块成本的 2 倍，是 2G 模块成本的 3 倍。因此，一些支持者只建议在城市部署且不考虑连接成本的 M2M 装置上使用 4G 设备。其他人则认为，如果服务提供商或组织想要部署寿命只有1或2年的廉价设备，那么可以使用2G技术。但是，如果服务提供商或组织想要部署具有10年左右寿命的设备，那么他们则应当考虑使用3G技术[34]。

6.2.2 通用移动通信系统

UMTS（Universal Mobile Telecommunications System，通用移动通信系统）是由3GPP㊀（Third-Generation Partnership Project，第三代合作伙伴项目）组织研发的、基于GSM（Global System for Mobile Communications，全球移动通信系统）标准的3G移动蜂窝技术，主要用于支持语音和数据（IP）网络。UMTS是ITU IMT-2000标准集的一个组成部分，并且能够在功能上与基于竞争的cdmaOne技术的CDMA2000网络标准集相媲美。UMTS可以携带从实时电路交换到IP分组交换的多种数据流量类型。

通用地面无线接入网（Universal Terrestrial Radio Access Network，UTRAN）是用来组成UMTS RAN的NodeB（基站）和无线网络控制器（Radio Network Controllers，RNC）的总称。NodeB的概念与在GSM中使用的基站收发信台（Base Transceiver Station，BTS）的概念等同。UTRAN可以实现UE和CN之间的连接。如图6-14所示，UTRAN主要由基站（被称为NodeB）和RNC构成。其中，RNC用于提供对一个或多个NodeB的控制功能。

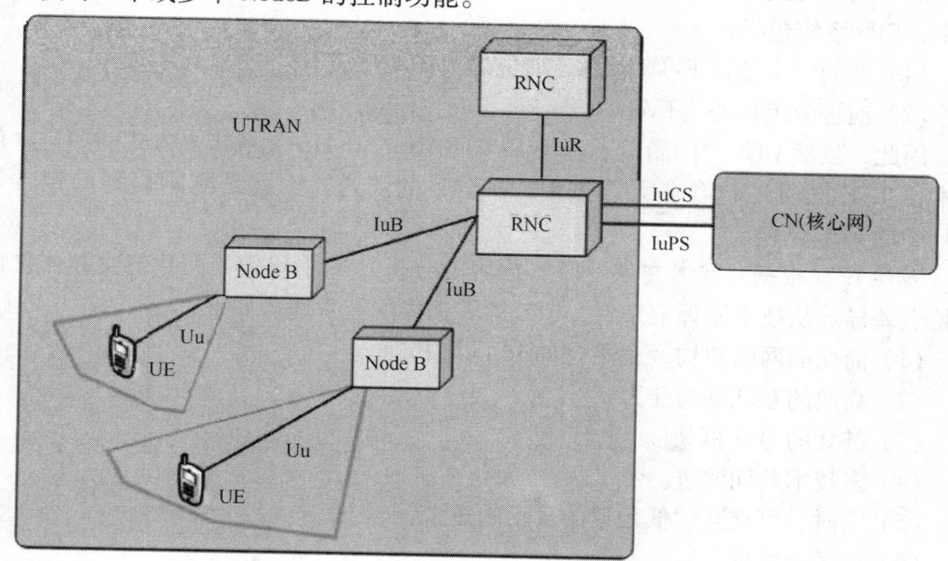

图6-14 UTRAN

㊀ 3GPP，是一个由多个电信标准组织共同组成的制定第三代移动通信标准的国际性组织，成立于1998年，目的是为全球3G通信建立技术规范。

如前所述，视频传输主要基于 3G 系统的数据（IP）能力支撑；移动性一般由物理层进行支撑，不过，也可以使用 MIPv6 机制对其进行支持。3G 系统所面临的挑战主要来自带宽利用率方面。

6.2.3 LTE

6.2.3.1 LTE 概述

LTE 是 3GPP 组织倡导的 UMTS 向 4G 演化的技术。LTE 可以被看作是一种体系结构框架，它是当用户终端移动时，在 UE 和分组（IPv4、IPv6）数据网之间提供无缝 IP 连接的一组辅助配套机制，可以实现终端用户的应用业务不会由于用户移动而发生中断。与上一代蜂窝系统的电路交换模型相比，LTE 被设计成仅能支持分组交换服务。

系统架构演进（System Architecture Evolution，SAE）是与 GPRS/3G 分组核心网演进相对应的演进过程。LTE/SAE 标准在 3GPP 版本 8 的规范中定义。通俗来讲，一般使用术语 LTE 统一表示 LTE 和 SAE。

EPS（Evolved Packet System，演进分组系统）是 LTE/SAE 提供的重要功能，换句话说也就是，LTE 和 SAE 结合在一起构成了 EPS。EPS 为用户提供通往分组数据网（Packet Data Network，PDN）的 IP 连接，从而实现互联网访问，以及对诸如视频流等服务的支持。图 6-15 展示了整体网络结构，包括网元和标准化的接口。其中，EPS 系统包括：

（1）新的空中接口 E-UTRAN（演进的 UTRAN）。

（2）演进分组核心（Evolved Packet Core，EPC）网。

因此，虽然 LTE 一词涵盖了基于 E-UTRAN 的 UMTS 无线接入方式的演进，但是术语 LTE 同时还包含非无线方面——SAE 的演进，也就是刚刚提到的包含于 SAE 中的 EPC 网络。

表 6-12（根据对参考文献［35］内容的分析）简单比较了两代蜂窝技术之间的特点差异。从技术原理上来看，LTE 能够提供的技术优势如下：

（1）简化的网络架构（扁平化的 IP 网络基础）。

（2）高效的互联互通能力。

（3）健壮的 QoS 框架。

（4）多技术共同演进。

（5）实时、可交互、低延迟的真正的宽带。

（6）多区段数据。

（7）终端到终端的增强型 QoS 管理（见下文）。

（8）策略控制与管理。

（9）高级别的安全性。

ESP 在分组数据网中使用“承载”的概念将 IP 数据流量从网关路由到 UE。承载指的是网关与 UE 之间具有定义的 QoS 功能的 IP 分组流。E-UTRAN 和 EPC 共同建立和释放应用程序所需的承载。EPS 承载通常会使用 QoS 服务。终端用户建立的多个承载业务能够为不同的分组数据网或基于该网的不同应用程序的可到达特性提供不同的 QoS 流或连接能力。例如，用户在浏览网页或进行 FTP 下载的同时，可能正在观看视频片段。对于这种情景，视频承载会为视频流提供必要的 QoS 服务，而将为网页浏览或文件传输会话提供适合其特性的尽力而为的承载服务（见图 6-16），这种差别化的 QoS 承载服务，是由具有不同角色的多个 EPS 网元实现的。

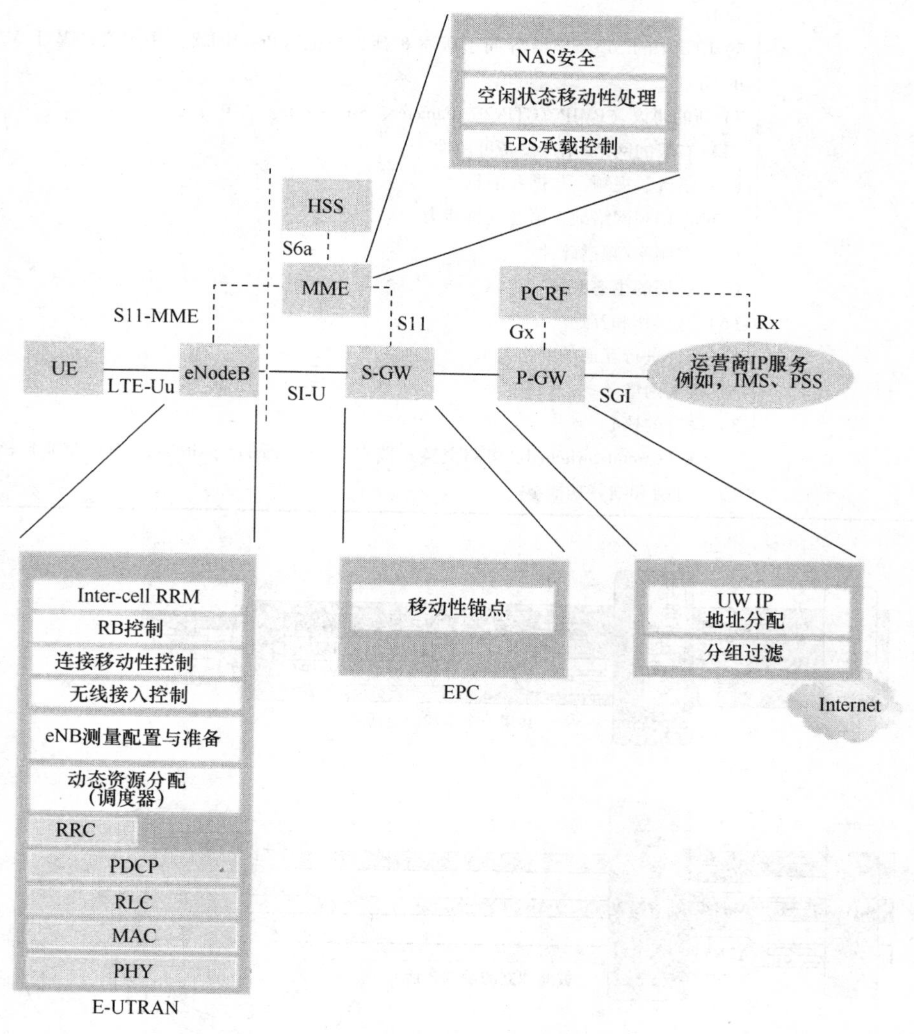

图 6-15　EPS 网元

表 6-12　两代蜂窝技术基本对比

3G 系统	4G/LTE/SAE 系统
竞争标准	（1）复杂的技术
有限的一组设备	1）130 多个 3GPP 标准
缺乏应用	2）35 个关于设备的标准，56 个关于 eNodeB（evolved NodeB，演进的 NodeB）的标准，41 个关于 EPC 的标准
多个频段和频率	
推广缓慢	3）新的网元和功能元类型（例如，MME、SGW、PGW、PCRF……）
互操作和互通	4）新的接口类型（S6a、S8、S9、S13、S13’……）
	5）LTE 中的 S6a/S6d 等同于版本 8 预先规范（Pre-Rel. 8）中定义的基于 MAP 的 Gr 和 D
	6）LTE 中的 S13/S13’等同于版本 8 预先规范（Pre-Rel. 8）中定义的基于 MAP 的 Gf
	7）新的协议（PMIP、GTPv2、diameter、SIP……）
	（2）有限的网络/用户设备可用性
	（3）语音、视频、数据和消息
	早起的 LTE 网络缺乏语音支持能力
	（4）多频率/频谱碎片
	（5）扩展的生态系统
	（6）互操作和互通
	1）15 种进行互通的网络类型
	2）接入网络
	3）融合的核心
	4）CS（Circuit Switched，电路交换）核心与 PS（Packet Switched，分组交换）核心
	（7）计费和结算功能

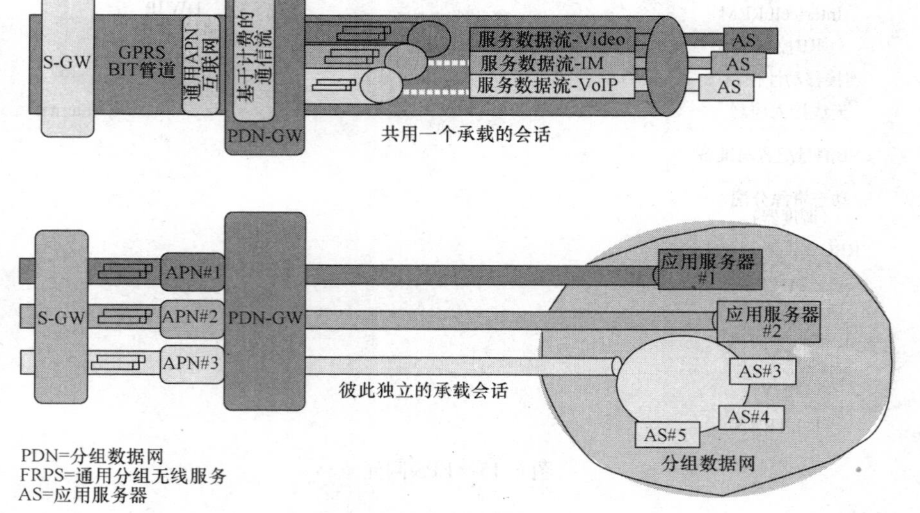

图 6-16　EPS 中的承载业务

6.2.3.2　核心网

在高层次结构中，网络由核心网（CN）（例如，EPC）和接入网 E-UTRAN 组成。其中，CN 由许多的逻辑节点构成，而接入网基本上只包含一个节点，即 eNodeB，该节点负责连接 UE。所有的网元都能够基于标准化的接口彼此互连，以实现多厂商设备之间的相互兼容与互通性。

逻辑 CN 节点如图 6-15 所示，表 6-13 对这些节点的功能进行了简要的讨论[36,37]。CN 主要负责对 UE 和承载建立的整体控制。主要的 CN 逻辑节点包括：

表 6-13　CN 节点

功　能	说　明
策略控制与计费规则功能（PCRF）	PCRF 负责策略控制决策，以及对 P-GW 上策略控制执行功能（Policy Control Enforcement Function，PCEF）中基于流的计费功能的控制。PCRF 提供 QoS 授权［QCI（Qos Class Identifier，等级标识）和比特率］功能，用于确定 PCEF 中特定数据流的处理方法，以及确保其业务与用户订阅的配置相一致
家乡用户服务器（HSS）	HSS 中包含用户的系统架构演进（Systems Architecture Evolution，SAE）订阅数据，例如，EPS 定制的 QoS 配置和其他所有的漫游接入限制，它还包含有关用户能够连接的分组数据网的信息。这些信息以接入点名称（Access Point Name，APN，它是根据 DNS 命名约定设置的一种名称标签，用来描述 PDN 的接入点）或 PDN 地址（表示订阅的 IP 地址）的形式进行组织和表示。此外，HSS 中还包含一些动态的信息，例如，用户当前连结或注册的 MME 的身份。HSS 中还集成了认证中心（Authentication Center，AUC），用以生成认证和安全密钥矢量
分组数据网关（P-GW）	P-GW 负责为 UE 分配 IP 地址，执行 QoS 功能，以及根据 PCRF 规则进行基于流的计费。它还负责对发往不同 QoS 业务承载的下行链路用户 IP 分组进行过滤。P-GW 基于业务流模版（Traffic Flow Template，TFT）运行，为 GBR 承载执行 QoS 保证。此外，它还作为与非 3GPP 技术的网络（例如，CDMA2000 和 WiMax 网络）互联的移动锚点（Mobility Anchor，MA）
服务网关（S-GW）	所有用户的 IP 分组通过 S-GW 进行传输，当 UE 在 eNodeB 之间移动时，S-GW作为数据承载的本地移动锚点。当 UE 处于空闲状态［该状态也被称作“EPS 连接管理——IDLE（EPS Connection Management—IDLE，ECM-IDLE）”］，且当 MME 发起 UE 寻呼，重新建立承载，需要 UE 暂时缓存下行链路数据时，也会使用 S-GW 保留相关的承载信息。此外，S-GW 也会在受访网络中执行一些管理功能，例如，收集计费信息（比如，收集用户发送或接收的数据量）和合法拦截分组等。S-GW 还会作为与其他 3GPP 技术（例如，GPRS 和 UMTS）互连互通的移动锚点
移动管理实体（MME）	MME 属于控制节点，用于处理 UE 与 CN 之间的信令。在 UE 和 CN 之间运行的协议被称作非接入层（Non-Access Stratum，NAS）协议。MME 支持的主要功能可以归为两类：①与承载管理有关的功能——包括：承载的建立、维护和释放，主要由 NAS 协议中的会话管理层负责处理执行；②与连接管理有关的功能——包括：网络与 UE 之间的连接和安全性防护的建立，主要由 NAS 协议中的连接和移动管理层负责处理执行

①PDN 网关（PDN Gateway，P-GW）；②服务网关（Serving Gateway，S-GW）；③移动管理实体（Mobility Management Entity，MME）。除了上述节点外，CN 还包括一些其他的逻辑节点和功能，例如家乡用户服务器（Home Subscriber Server，HSS）和策略控制与计费规则功能（Policy Control and Charging Rules Function，PCRF）。由于 EPS 只能提供具有特定 QoS 服务能力的承载路径，因此，对于像分组视频这类多媒体应用的控制，则是由 IP 多媒体子系统（IP Multimedia Subsystem，IMS）负责实现的，该系统被认为位于 ESP 的外部。

6.2.3.3　接入网

LTE 的接入网——E-UTRAN，由 eNodeB 节点网络构成，如图 6-17 所示。对于普通用户流量（相对于广播流量），在 E-UTRAN 中没有集中控制器。因此，E-UTRAN的体系结构被认为是扁平的。eNodeB 彼此之间一般通过一种称为“X2”的接口相互连接，并且使用“S1”接口的方式连接到 EPC。具体来讲，eNodeB 使用 S1-MME 接口的方式连接到 MME，使用 S1-U 接口的方式连接到 S-GW。运行在 eNodeB 和 UE 之间的协议被称作“AS 协议”。E-UTRAN 主要负责所有无线相关功能，详见表 6-14 的介绍[36,37]。在网络侧，所有的这些功能都集中在 eNodeB 节点上，每一个 eNodeB 节点负责管理多个蜂窝网络单元。与之前的第二代和 3G 移动通信技术不同，LTE 将无线控制器功能整合到了 eNodeB 节点中，从而使 RAN 中不

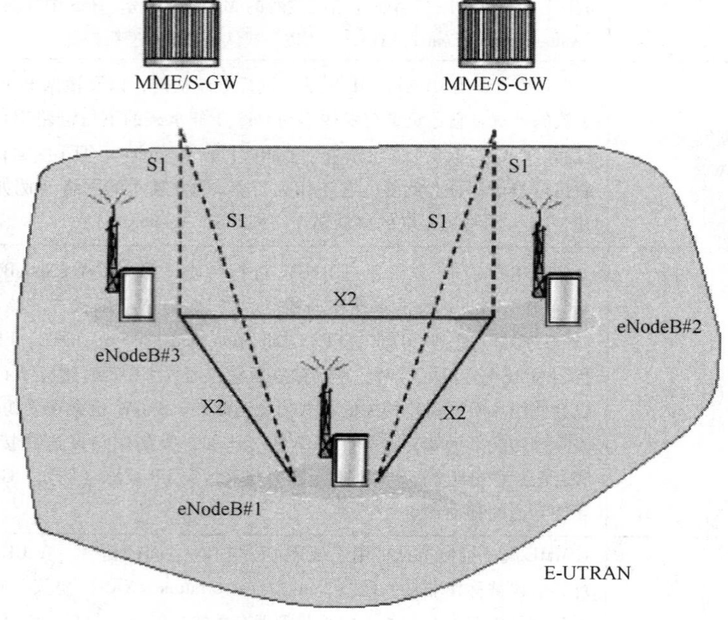

图 6-17　E-UTRAN

同的协议层之间能够实现紧密的交互，降低了延迟并提高了效率。这种分布式控制省去了对高可用性、处理密集型控制器的需求，反过来，还可以降低成本，避免潜在的“单点故障”问题的产生。此外，由于LTE不支持软切换，因此在网络中也就不需要具有集中的数据组合功能。不过，缺乏集中控制器的后果是，当UE移动时，网络必须传输所有与UE有关的信息，也就是需要传输UE上下文，结合从一个eNodeB到另一个eNodeB节点的所有缓冲的数据。因此，需要采用一种机制，避免在切换过程中出现的数据丢失问题。

表6-14　E-UTRAN功能

功　能	介　绍
无线资源管理（Radio resource management，RRM）	此功能涵盖了与无线承载相关的所有行为，例如，无线承载控制、无线接入控制、无线移动控制、调度，以及上行链路与下行链路中UE资源的动态分配等
首部压缩	此功能通过压缩IP分组首部，用于确保对无线接口的高效使用。如果没有对IP首部进行压缩处理，可能就会产生显著的分组开销，尤其对于诸如VoIP（Voice Over IP，网络电话）或视频等小分组数据业务，这种开销更为明显
安全性	对通过无线接口发送的所有数据进行加密
EPC连接	该功能包括向MME发送的信令和通往S-GW的承载路径

6.2.3.4　漫游

运营商在其辖区（或服务域）运行的网络被称为“公共陆地移动网络（Public Land Mobile Network，PLMN）”。漫游指的是用户被允许连接到其直接订阅的PLMN之外的其他PLMN的能力，如图6-18所示。漫游用户被连接到受访LTE网络的E-UTRAN、MME和S-GW上。不过，LTE/SAE允许用户可以使用受访网络的P-GW，也可以使用其家乡网络的P-GW[36,37]。如果使用家乡网络的P-GW，用户就可以访问其家乡运营商提供的服务，即便此时用户正处于外部受访网络中。

6.2.3.5　互连

同其他网络互连的能力也是非常重要的。EPS还支持与其他网络的互连和流动性（跨区切换），这些网络包括像GSM、UMTS、CDMA2000以及WiMAX（全球范围内的微波接入互通）等。图6-19描述了同2G和3G GPRS/UMTS网络互连的体系结构。S-GW作为与诸如GSM和UMTS等其他3GPP技术互连移动锚点，而P-GW作为另一种锚点，用来实现向诸如CDMA2000或WiMAX等非3GPP网络的无缝移动。此外，P-GW还可以支持基于代理移动网际协议（Proxy Mobile Internet Protocol，PMIPv6）的接口。

6.2.3.6　协议架构

协议架构涵盖了用户平面和控制平面。其中，用户平面协议操作如下：发送给

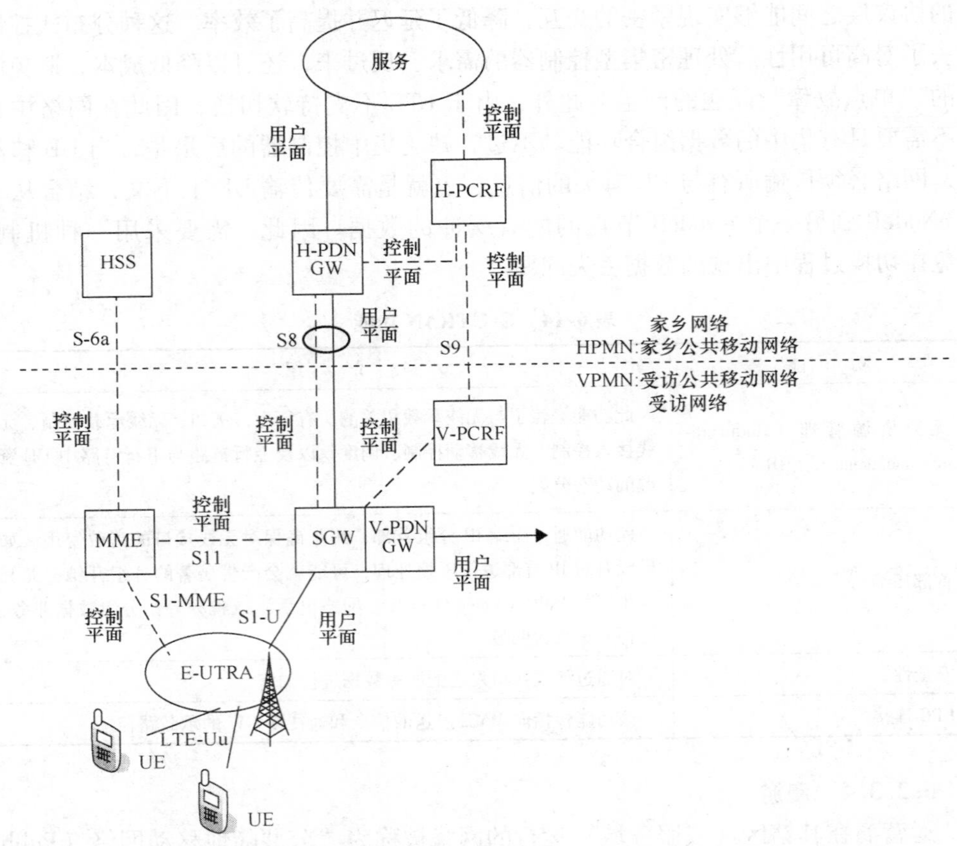

图 6-18　使用家乡网络 P-GW 接入的 3GPP 漫游架构

UE 的 IP 分组使用 EPC 专用的协议封装，并在 P-GW 和 eNodeB 节点之间使用隧道对其进行传输，然后再由 eNodeB 节点将分组传送给 UE。不同的接口使用不同的隧道协议，3GPP 专用的隧道协议被称作“GPRS 隧道协议（GPRS Tunneling Protocol，GTP）”，主要用在 CN 接口、S1 和 S5/S8 上。E-UTRAN 用户平面协议栈结构如图 6-20a 所示，它是由分组数据汇聚协议（Packet Data Convergence Protocol，PDCP）、无线链路控制（Radio Link Control，RLC）和 MAC 子层构成的（在网络侧 MAC 子层仅位于 eNodeB 节点中，同时也终止于 eNodeB 节点，其他节点不包含 MAC 子层）。UE 和 MME 之间的控制平面协议栈结构如图 6-20b 所示。对于用户平面，底部各层执行的功能相同。无线资源控制协议（Radio Resource Control，RRC）被称作 AS 协议栈中的“第三层（layer 3）”，它是 AS 中重要的控制功能，负责建立无线承载，并在 eNodeB 节点与 UE 之间使用 RRC 信令对底部各层进行配置[36,37]。

6.2.3.7　多 QoS 管理

为了支持多 QoS 需求，创建在 EPS 中不同的承载，每个都与一个 QoS 服务相关联，从而构成了一种具有代表性的应用环境。在任何时候，UE 上运行的应用程

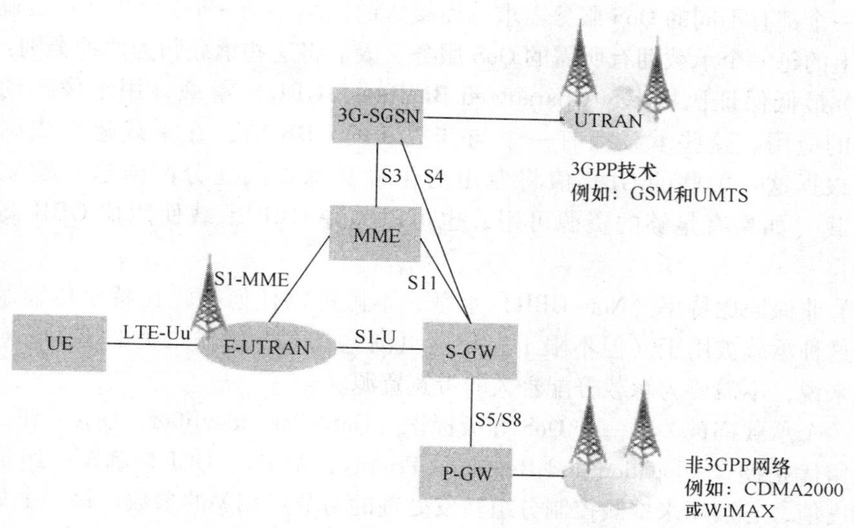

图 6-19　LTE 与 LTE 前的移动通信技术的互连机制

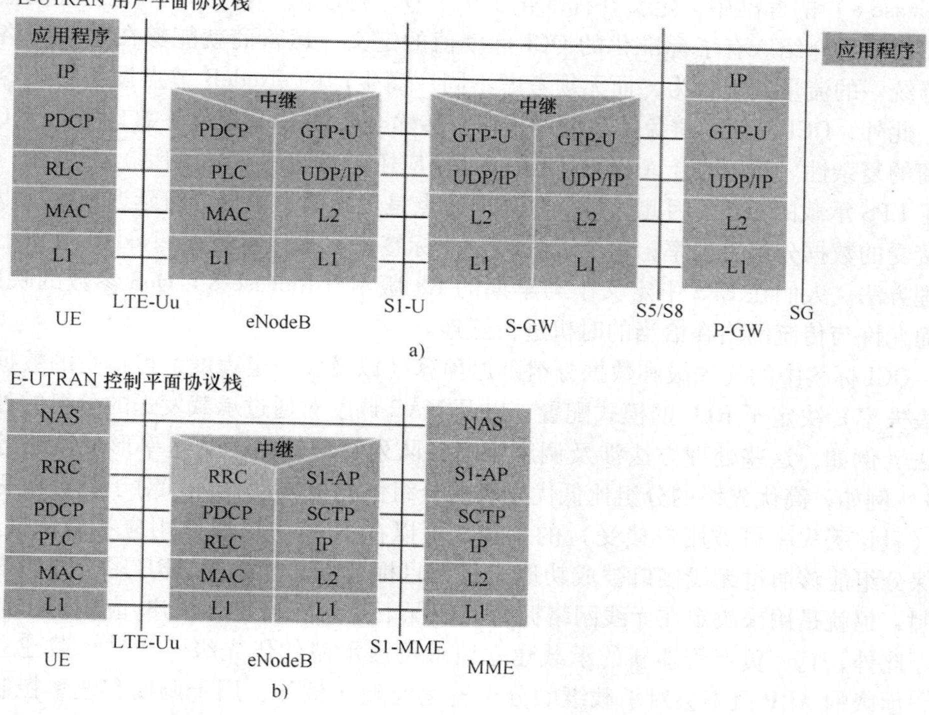

图 6-20　E-UTRAN 的 LTE 协议栈结构

序，每一个都有不同的 QoS 服务需求。而接入的网络中的 eNodeB 节点负责确保无线接口上的每一个承载拥有所需的 QoS 服务。人们将这些承载归为两种类别：

（1）最低保证比特率（Guaranteed Bit Rate，GBR）承载，用于像移动视频等业务的应用。这些承载拥有一个与其关联的 GBR 值，在承载建立或调整修改时，根据这一关联的 GBR 值将专用的传输资源永久地分配给这些建立或调整的承载（如果有足够的资源可用，也可以允许 GBR 承载使用比 GBR 高的比特率）。

（2）非保证比特率（Non-GBR）承载，不做提供任何特定比特率传输服务的保证。这种承载被用于（但不限于）像网页浏览或 FTP 传输之类的应用。对于这些承载来说，不需要为承载分配永久的带宽资源。

每一个承载都被关联一个 QoS 等级标识（QoS Class Identifier，QCI）和一个分配与保留优先级（Allocation and Retention Priority，ARP）。QCI 是确定一组传输特性的标度值，它被用来推测控制分组转发处理的与节点相关的参数。每一个分组流基于应用程序所需的服务等级，映射成一个 QCI 标度值。传输特性包括：GBR 承载/Non-GBR 承载、优先级、数据分组丢失率、数据分组延迟预算等。分组转发处理包括：调度权重、接纳门限、队列管理门限、链路层协议配置等。在 R8 版本（Release 8）的标准中，定义并标准化了 9 个 QCI 标度值，表 6-15 对这些标度值进行了简要的介绍。有了标准化的 QCI 标度值的定义，运营商就能够在整个网络上实施统一的流量处理行为，而无须考虑不同厂商生产的 eNodeB 节点设备的兼容问题。此外，QCI 的使用避免了在网络接口上传输全套的 QoS 相关参数，降低了 QoS 协商的复杂性。QCI 结合 ARP 和 GBR（如果应用需要使用 GBR 的话）的使用，决定了 EPS 承载的 QoS。因此，每个 QCI 的特点是优先级、数据分组延迟预算，以及可接受的数据分组丢失率；每个承载的 QCI 标签决定了该承载在 eNodeB 节点上的处理方法。人们在 EPS 中定义了与早期的 R8 版本（Release 8）QoS 参数的映射，从而允许与传统网络在恰当的时机进行互连。

QCI 标签中的优先级和数据分组延迟预算（以及在一定程度上可接受的数据分组丢失率）决定了 RLC 的模式配置，以及 MAC 调度对通过承载发送的分组的处理方法（例如，这些处理方法涉及调度策略、队列管理策略，及速率形成策略等方面）。例如，高优先级的分组比低优先级的分组优先被调度处理。对于低分组丢失率（且该丢失率可被用户接受）的承载，可以在 RLC 协议层使用应答确认模式，确保分组能够通过无线接口被成功地交付到目标节点。承载的 ARP 用于呼叫准入控制，也就是用来决定在无线网络拥塞的情况下是否应当建立用户/应用请求的承载。此外，它还负责管理新的承载建立请求抢占承载的优先级。一旦承载建立成功，承载的 ARP 就不会对承载级的分组转发处理（例如，用于调度和速率控制的处理）产生任何影响。此类分组转发处理应当只由其他的承载级 QoS 参数（例如，QCI、GBR 和 MBR 等）决定[36,37]。

表 6-15 LTE 中的标准化的 QCI 标度值（当前列表）

资源类型	QCI	APP	数据分组延迟预算/ms	分组丢失率	应用举例
GBR	1	2	100	10^{-2}	语音应用
GBR	2	4	150	10^{-3}	（直播的）视频流媒体应用
GBR	3	5	300	10^{-6}	（缓冲的）视频流媒体应用
GBR	4	3	50	10^{-3}	交互式游戏应用
Non-GBR	5	1	100	10^{-6}	IMS 信令
Non-GBR	6	7	100	10^{-3}	语音流、视频流（直播），交互式游戏应用
Non-GBR	7	6	300	10^{-6}	（缓冲的）视频流媒体应用
Non-GBR	8	8	300	10^{-6}	万维网、电子邮件、FTP、逐行图像、P2P 文件共享、基于 TCP 的应用等
Non-GBR	9	9	300	10^{-6}	

6.2.3.8 信令

2G/3G 网络使用 SS7-MAP 协议完成下述功能：

（1）定位。

（2）用户接入。

（3）切换。

（4）认证。

（5）安全/身份管理。

（6）切换服务。

在 3GPP R8 版本标准定义的 LTE/SAE 中，3GPP 选择在 RFC 3588 文档中定义的 Diameter 基础协议处理部分上述过程。如今，该协议正在被越来越多地用于交互操作信令网和漫游基础设施。例如，基于 Diameter（而不是 SS7-MAP）协议接收注册消息。基于 Diameter 协议的 LTE 接口包括[35]：

（1）连接 HSS 和 EIR 的分组核心相关接口。

1）S6a（连接到 HSS 的 MME 使用的接口）和 S6d（连接到 HSS 的 SGSN 使用的接口）。

2）S6d、S6c［非 3GPP（Non-3GPP）接入方式的外部 AAA 功能］。

3）S13（连接到 EIR 的 MME 使用的接口）和 S13'（连接到 EIR 的 SGSN 使用的接口）。

（2）用于策略控制与计费功能的网络信令。

1）S9（H-PCRF 到 V-PCRF）。

2）S7（PCRF 到 P-GW）。

3）Gx（PCRF 到 PCEF）。

4）Gxc（PCRF 到 S-GW）。

5）Rx（AF 到 PCRF）。

6）Gy（PCEF 到 OCS）。

6.2.3.9　向 4G/LTE 的演进路线

移动运营商正在采用不同的演进路线朝着 LTE/SAE 方向演进，涉及的演进路线如下（见图 6-21）：

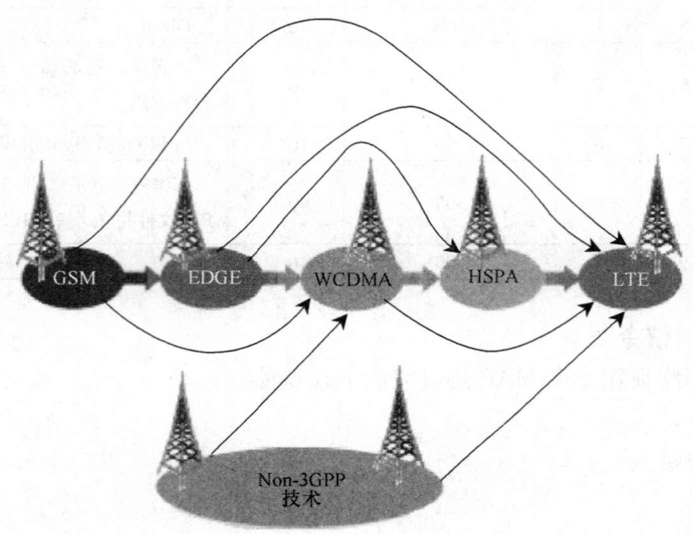

图 6-21　向 LTE 演进

（1）3GPP 环境：GSM、GPRS、EDGE、WCDMA、HSPA。

（2）非 3GPP 环境：1xRTT，EV-DO，3xRTT，WLAN，WiMAX。

表 6-12 暗示了 LTE 部署需要面对的一些其他的挑战，而这些挑战的关键因素在于这种技术的复杂度和拥有大量需要支持的接口。从 2G/3G 向 LTE 演进的过程也必将是不一样的。在运营商的网络中，在 2G/3G 向 LTE 演进中涉及的网元演进包括下述几种网元升级：

（1）GERAN 与 UTRAN-> E-UTRAN。

（2）SGSN/PDSN-FA-> S-GW。

（3）GGSN/PDSN-HA-> PDN-GW。

（4）HLR/AAA-> HSS。

（5）VLR-> MME。

此外，从 2G/3G 到 LTE 的演进还需要下述信令演进路线：

（1）SS7-MAP/ANSI-41/RADIUS -> Diameter。

（2）GTPc-v0 与 v1 -> GTPc-v2。

（3）MIP -> PMIP。

正如图 6-22 描述的那样，当 LTE 环境建立之后，将作为提供商网络环境的一部分，因此，提供商网络中的传统组建也能被 LTE 基础设施所支持[35]。

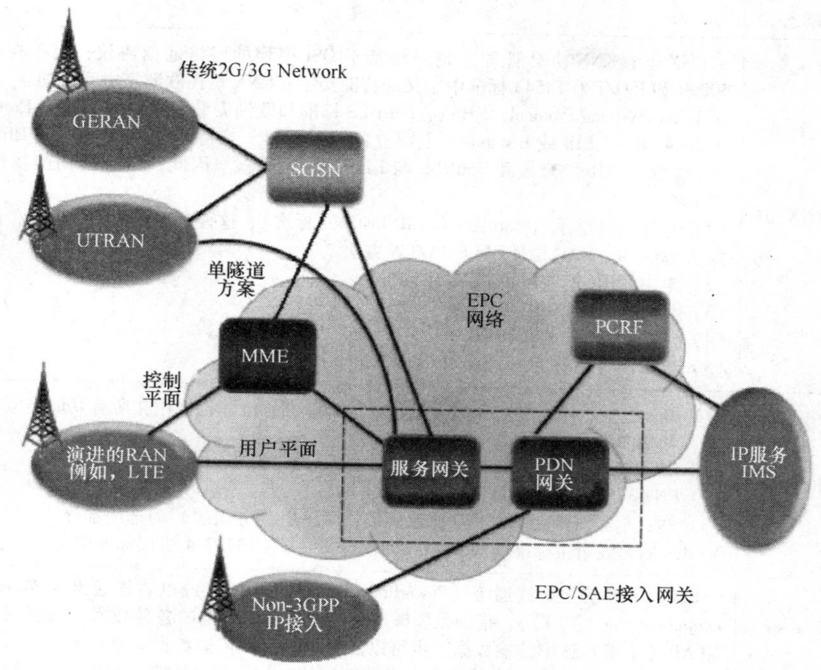

图 6-22 EPS 与对传统环境的支持

附录 6. A 物联网中的非无线技术：电力线通信

本附录将简要介绍一些非无线联网技术，人们已经考虑将这些技术用于物联网。表 6A-1 列出了一些与非无线网络有关的关键技术。在第 5 章的附录中，本书已经讨论了 SCADA 涉及的标准，这里我们主要关注的是 PLC（Powerline Communication，电力线通信）技术。

PLC 指的是采用先进的调制技术实现通过电力线传输数据的各种技术。数据能够以窄带（NB）速率或宽带速率通信。这种技术早在 20 世纪 50 年代就已经出现了，起初仅支持用于继电器管理的窄带应用，例如，公共照明。基于电力线通信的宽带应用直到 20 世纪 90 年代末才出现。因此，PLC 是一个用于识别技术、设备、应用以及服务的术语，旨在为用户提供基于现有“电力线”（传输电力的电缆）的一种通信方式。而电力线宽带（Broadband over Powerline，BPL）一词则强调的是解决宽带服务的技术能力。至于术语“接入 PLC”，则被用来识别特定的 PLC 方案，这些方案旨在通过外部电网为消费者提供宽带服务，而“家庭 PLC”则被用来识别特定的 PLC 方案，这些方案专用于解决家庭内部应用[38]。PLC 的发展简史如下[40]：

表 6A-1　多年来用于物联网类服务的部分关键的非无线技术

技术/概念	说　明
KNX 与 KNX-RF	KNX（由 KNX 协会管理）是一种基于 OSI 模型的网络通信协议，用于在 CEN EN 50090 和 ISO/IEC 14543 标准中定义的智能楼宇。KNX 是在欧洲家电系统协议（European Home Systems Protocol，EHS）、BatiBUS 标准和欧洲安装总线技术标准（European Installation Bus，EIB 或 Instabus）上建立的后续标准。实际上，KNX 使用了 EIB 的通信栈、增强的 EIB 物理层和 BatiBUS 与 EHS 的配置模式。因此，KNX 可用的物理层类别如下： (1) 双绞线（继承自 BatiBUS 和 EIB Instabus 标准），这种方法使用差分信号，信号速率为 9.6kbit/s。MAC 层使用 CSMA/CA 方法 (2) 电力线网络（继承自 EIB 和 EHS） (3) 无线电（KNX-RF） (4) 红外（Infrared Radiation，IR） (5) 以太网（也称为 EIBnet/IP 或 KNXnet/IP）
M-Bus	M-Bus 是一个用于燃气和电表远程抄表的欧洲标准，也被用在所有其他类型的耗量表上。对 M-Bus 的规定如下： (1) EN 13757-2（物理层和链路层） (2) EN 13757-3（应用层） (3) 注：框架层使用 IEC 870 协议标准，网络层（分组层）为选用部分 M-Bus 的无线衍生标准（无线 M-Bus）定义在 EN 13757-4 协议标准中
PLC	PLC［也称为电力线通信（Powerline Communication），或电力线通讯（Powerline Telecommunication，PLT）］，指的是能够通过电力线传输数据的各种技术。数据通信可以使用 NB（窄带）速率传输数据，也可以使用宽带速率传输数据。该技术在 20 世纪 50 年代就已经出现，起初仅支持用于继电器管理的 NB 应用，例如，公用照明。基于 PLC 技术的宽带通信在 20 世纪 90 年代末才出现。因此，PLC 是一个用于识别技术、设备、应用，以及服务的术语，旨在为用户提供基于现有“电力线”（传输电力的电缆）的一种通信方式。而电力线宽带（Broadband over Powerline，BPL）一词则强调的是解决宽带服务的技术能力。至于术语“接入 PLC”，则被用来识别特定的 PLC 方案，这些方案旨在通过外部电网为消费者提供宽带服务，而“家庭 PLC”则被用来识别特定的 PLC 方案，这些方案专用于解决家庭内部应用[38]
SCADA	长期存在的工业控制系统（ICS），是一个部署在广阔的地理区域（例如，电网）上，用于监视与控制的集中式系统。SCADA 系统主要包含三种类型的元素：多个 RTU（Remote Telemetry Unit，远程遥测单元）、一个通信设备和一个 HMI（Human Machine Interface，人机接口）机制
xDSL	20 世纪 90 年代的技术，使用铜质电话线上的未使用频率通常以兆比特速率传输数据流量。DSL 技术可以在同一线路上同时传输语音和高速数据。由于基于 DSL 技术的数据服务是“始终可用的”，因此终端用户每次使用数据服务时不需要拨号或等待呼叫建立。DSL 技术的变体包括 ADSL、G. lite ADSL（或简称 G. lite）、VDSL（ITU-T G. 993. 1 标准）和 VDSL2（ITU-T G. 993. 2 标准）。所有标准的 ADSL 格式都是建立在同一个技术基础上，即离散多音频（Discrete Multitone，DMT）调制技术。ADSL 标准集有助于实现所有标准的 ADSL 格式彼此兼容互通[39]

(1) 1950 年：以 10Hz 频率，10kW 的功率，单向传递方式：城镇照明，继电器遥控。

(2) 20 世纪 80 年代中期：有关利用电网支持数据传输的研究刚刚开始，可用带宽介于 5 ~ 500kHz 之间，只能单向传输。

(3) 1997 年：首次测试通过供电网络双向传输数据信号，该研究起初由瑞士的 Ascom 公司和英国的 Norweb 公司进行研究。

（4）2000 年：由 EDF R&D 公司和 Ascom 公司首次在法国实施这项通信测试。

（5）2011 年 12 月：IEEE 1901 标准发布。

PLC 传输的工作原理是将高频信号以低能量级别叠加在 50Hz 的电力信号上。通过将低能量的信息信号叠加到电力波上的方式，将电力线改造成通信网络。为了确保两个系统能够良好地共存和分离，通信使用的频率范围要远离用于电力波的频率范围（欧洲为 50Hz）：PLC 窄带通信应用采用 3 ~ 148.5kHz 频率范围，PLC 宽带通信应用采用 1 ~ 30MHz 频率范围。调制信号通过电力设施传输，并且可以被远程接收和解码。因此，位于同一电网上的所有 PLC 接收器都能接收到 PLC 信号。位于 PLC 接收器入口点的集成耦合器用于在信号处理之前，消除信号中的低频分量。

目前，PLC 论坛和 ETSI 正在进行 PLC 相关的标准化工作，CENELEC（European Electro technical Standardization Committee，欧洲电工标准化委员会）已经发布了在定义的波段内的传输规则。在 CENELEC 辖区内的国家，法律规定保留 CENELEC A 波段，将其专用于电力事业公司使用和其他 CENELEC 授权许可的用途。相反，CENELEC C 波段可以不受限制用于客户和商业用途，但是用户必须遵守共同接入协议和共存协议[41]。

接入和家庭 PLC 方案可以为人们提供种类繁多的窄带应用（数据率为 kbit/s 量级）和宽带应用（数据率达到几十、甚至数百 Mbit/s 量级），从而使终端消费者和电力公司受益（提升它们的性能并改善它们的服务质量）。窄带应用包括：家庭控制、家庭自动化、自动抄表、远程监控以及家电控制。宽带应用包括：（针对接入 PLC）互联网接入、电话、电视，（针对家庭 PLC）上网共享、计算机资源共享以及 AV 功放全屋分布（家庭影院）。PLC 还可以用在射频（Radio Frequency，RF）无法使用或不可靠的地方。例如，建筑物地下室的智能电表不太可能使用射频同邻里的数据集中器通信，而 PLC 通信能够利用电线将数据送达数据集中器。据估计，目前，已经有 80 多个 PLC 计划由全球范围内 40 多个国家的电力公司启动。PLC 的应用试点、技术或商业试验以及部署，很多都是在欧洲国家展开的。在这些计划中，最重要那些 PLC 计划则是由 EDF（法国）、EDP（葡萄牙）、EEF（瑞士）、ENDESA 与 IBERDROLA（西班牙）、PPC（德国）以及 SSE（苏格兰）等国家的组织负责开展与研发的[38]。

IEEE 1901 是一组 PLC 标准，用于实现基于交流电力线传输数据。它的目标是取代现存不同的电力线规格，但保留一种与传统 PLC 兼容共存的强制性方法。目前，总共有两种基本标准：①BPL 标准；②低频窄带（Low-frequency Narrowband，LF NB）标准。

（1）IEEE 1901™ BPL 标准于 2010 年 12 月最终定稿并发布。该标准由 IEEE 通信学会（IEEE Communications Society，ICS）发起并资助。BPL 标准被设计用在广泛的应用领域，包括 SE（Smart Energy，智能能源）、交通运输以及家庭与企业局域网。

完全符合 IEEE 1901 标准的联网产品在局域网中传输数据的速率将超过 500Mbit/s。对于最初 1km/最后 1km 的应用来说，兼容 IEEE 1901 设备能够实现的接入覆盖范围将高达 1500m。IEEE 1901 规定的技术采用更加复杂的调制技术，能够实现基于使用任何电压的标准交流电力线，以低于 100MHz 的传输频率进行数据传输。在交通运输行业，例如，标准化的数据传输速率和覆盖范围，使提供影音娱乐到座位（包括飞机上的座位、火车上的座位，以及其他公共交通工具的座位）服务成为可能。电动汽车（Electric Vehicles，EV）在充电过夜的同时，可以自动将新的影音娱乐播放列表下载到车载音/视频系统（A/V System）中。在家里，PLC 可以通过墙壁提供通信链路，实现对无线局域网进行有效的补充，弥补并解决部分出于射频障碍阻挡，以及远距离超出正常的无线网络覆盖范围引发的无线信号不稳定与网络中断问题。它还可以通过在远距离通信时使用 PLC 传输多媒体数据，最后几 m 采用无线通信技术，共同配合完成整个通信链路的方式，对宾馆，以及其他多层建筑物内的无线网络进行有效的补充。电力公司、服务提供商、消费电子公司（投资智能电网技术的那些公司），以及智能电表供应商，甚至家电厂商都有可能从 IEEE 1901 标准中获益[42]。

（2）IEEE 一直致力于从事 IEEE P1901. 2™标准的制定工作，该标准适用于基于 LF NB（频率低于 500kHz）PLC 智能电网应用。在 2012 年初，该标准进入最后的审批阶段，并且预计不久以后将得到批准。据 IEEE P1901. 2™标准的支持者称，人们需要使用 LF NB PLC 技术加速推动智能电网的大规模部署。IEEE P1901. 2 设计用于支持智能电网应用，例如电网智能电表、电动汽车充电桩、家庭区域网以及太阳能电池板通信等。自从 2009 年秋 IEEE P1901. 2 标准制定工作开始至今，超过 30 多家半导体厂商、电表及系统制造商、软件开发商、服务提供商，以及电力公司协助并推动 IEEE 1901. 2 工作组的工作，为工作组的标准制定工作贡献力量。这项工作得到了 IEEE 通信学会下属的电力线通信标准委员会（Powerline Communications Standards Committee of the IEEE Communications Society，ComSoc）的资助。IEEE P1901. 2 标准为像电网智能电表、电动汽车充电桩、家庭区域网和太阳能电池板通信等这样的应用，设计了安全的 PLC 通信方式，它的数据速率高达 500kbit/s，传输频率低于 500kHz。该标准解决了在变压器与电表之间基于低于 1000V 的低压线路的 LF NB PLC 问题，可以实现在城市以及远距离（范围覆盖上千公里）的农村通过低压到中压（电压由 1000V 升到 72kV）变压器，以及通过中压到低压变压器的电力线进行通信。IEEE P1901. 2 标准为在同一地域部署、使用同一数据速率和频段运行的技术标准定义了详细的共存机制，从而支持各类 LF NB 设备均衡且高效地使用 PLC 信道。该标准在频率高于 500kHz 的环境下，通过将频段外辐射信号降到最少确保与宽带电力线（BPL）设备的共存。该标准还解决了用户的安全需求，确保通信隐私得到保护，使这一通信技术能够被用于安全敏感的服务。与国际标准化组织（International Organization for Standardization，ISO）定义的开放系统互联（Open Systems Interconnection，OSI）基本参考模型一样[43]，该标准也定义了物理层和数据链路层的MAC（Medium Access Control，媒体访问控制）子层。

电力线通信技术论坛（PLC Forum）是一个代表活跃在接入和家庭PLC技术领域的制造商、能源电力公司和其他组织（大学、其他PLC协会、咨询公司等）利益的国际领先协会。

除了电力线通信技术论坛，在世界各地许多的行业团体和电力公司也都支持PLC技术的发展。这些行业团体包括美国的UPLC和PLCA、日本的PLC-J、南美的APTEL、欧洲的PUA（PLC Utilities Alliance，PLC电力公司联盟）、澳大利亚的Utilitel、通用电力线联盟（Universal Powerline Alliance）和家庭电力线网络联盟（HomePlug® Powerline Alliance，HPA）等。

HomePlug联盟的使命㊀是启用并促进经济高效的、可互通的、基于标准的家庭电力线网络和产品的快速部署与实施。通过与电力公司、Wi-Fi联盟和ZigBee联盟合作，HomePlug联盟旨在帮助建立家庭局域网（Home Area Network，HAN）生态环境，从而在家庭及小型企业中实现智能化的能源管理与效率保障。在以提供免费的无线（ZigBee）及有线（HomePlug）网络设施的目标下，完全可以实现对大家庭，甚至多住户单元的大范围通信网络覆盖。

基本的应用包括使用电线分发信号，从而实现对智能电网与智能能源、高清电视（High-Definition TV，HDTV）网络、整体家具音响和游戏的支持。该联盟定义的技术标准包括以下内容：

（1）HomePlug Green PHY™（HomePlug绿色物理层，简称“GP”）。

（2）IEEE 1901电力线联网标准。

（3）HomePlug宽带高速技术（Broadband-Speed Technology）。

（4）SE规范2。

1. HomePlug Green PHY标准

这是一种针对智能电网/智能能源（SE）应用的新型电力线网络标准。HomePlug GP标准基于用户对成本、覆盖范围以及性能的需求，由电力公司、仪表制造公司、汽车制造公司以及家电制造公司提供数据与资料，推动这一标准的制定工作。除了实现低成本与低功耗的实用目标，安装的电力线产品能够与IPv6联网并具有同IPv6的互通能力，是这一技术产品成功的关键。因此，HomePlug GP将能够与前面刚刚提到的HomePlug AV和IEEE 1901完全互通。这也就意味着HomePlug GP是IEEE 1901的认证模式。HomePlug GP有足够的带宽可以用来支持像IP联网这样的重要功能，同HomePlug AV相比，对于相同的成本预期，HomePlug GP预计所需能耗要比HomePlug AV低75%。该标准针对特定的智能电网需求进行设计，同时具有与HomePlug AV与AV2产品，以及IEEE 1901标准的互通能力。目前，GP芯片已经上市，相关认证产品预计也将在2013年初上市。

㊀ 本节内容基于HomePlug®电力线网络联盟（HPA）提供的资料[44]。

（1）主要应用：基于低速率、低成本 PLC 的监视与控制设备，包括智能能源应用，例如，需求响应、符合控制和家庭/楼宇自动化节能等。它主要面向智能电网应用，像 HVAC/温控器、智能电表、家用电器以及插电式电动汽车（Plug-in Electric Vehicle，PEV）。

（2）特点：①能够与 HomePlug AV 互通；②HomePlug GP 是 IEEE 1901 标准的外部规格；③低功耗、低成本。

1）据估计，同 HomePlug AV 技术相比，HomePlug GP 的成本降低了 75%，能耗降低了 75%。

2）连接互联网（IP）：802.2，支持 IPv6。

3）最低 1Mbit/s 的有效数据速率（物理层数据速率峰值达到 3.8Mbit/s）。

4）支持固件更新

2. IEEE 1901 电力线网络标准

关于 IEEE 1901.2010 标准——用于 HS（High Speed，高速度）通信设备（HomePlug AV），HomePlug 联盟及其成员于 2005 年首次与 IEEE 合作，初创 P1901 工作组，负责制定用于 HS 通信设备的通信标准。2008 年 12 月，IEEE P1901 工作组提议将 HomePlug 技术引入 PLC 基础标准中。2010 年 9 月，IEEE 1901.2010 标准被批准通过，目前，多家半导体厂商正基于这一标准生产集成电路（Integrated Circuit，IC）。此外，数千万已安装的 HomePlug AV 产品能够与 1901 标准完全地兼容和互通，确保了对用户使用的现有 HomePlug 技术的平滑过渡，从而形成了 HomePlug 技术演化的无缝路线图。HomePlug 联盟基于 HomePlug AV IEEE 1901 标准对所有产品进行全面的合规性与兼容互通性（Compliance and Interoperability，C&I）审查计划，确保不同厂商生产的产品使用可靠，且彼此兼容互通。此外，HomePlug 联盟计划启动一种新的认证计划——Netricity PLC 标准认证，也就是基于 IEEE 1901.2 LF NB PLC 标准为所有的产品提供 C&I 测试认证服务。

3. 电力线宽带高速技术

2011 年 6 月，在 IEEE 1905 工作组的努力支撑下，HomePlug 联盟制定了第一个混合家庭网络标准。P1905 网络包括固定家庭网络设备（例如，机顶盒、家庭网关、蓝光播放器和电视等）和移动设备（例如，笔记本电脑、平板电脑和智能手机等）。IEEE 1905 标准为已经建立的电力线、无线、同轴电缆和以太网等家庭网络技术，提供了一个抽象层。该标准能够使客户和服务提供商将各种完全不相干的网络能力组合起来，从而最大化家庭网络的整体性能和可靠性。IEEE 1905 标准定义的抽象层通用接口能够使应用程序和上层协议无须知道底层具体使用的家庭网络技术。分组将基于所有的这些技术，根据 QoS 的优先级，进行传输并到达目的地。此外，IEEE 1905 标准还为添加设备、建立安全链路、实现 QoS 和管理网络提供了通用的配置过程，从而简化了网络配置工作。

4. 智能能源计划

2008 年，一些电力公司［美国电力公司、消费者能源公司、太平洋燃气电力公司、可靠能源公司、桑普拉公司（Sempra）和南加州爱迪生电力公司］宣布，他们正在与 ZigBee 和 HomePlug 联盟合作开发一种集成了高级量测体系（Advanced Metering Infrastructure，AMI）和家庭区域网（HAN）方案的通用应用层。这三个团队正在对应用层进行扩展，使它能够在 HomePlug 技术上运行，并在新的 AMI 项目实施时，能够为电力公司提供一种可同时用于无线和有线 HAN 的行业标准。该团队成立不久后，美国电力研究协会（Electric Power Research Institute，EPRI）开始与之合作开发一种使 HAN 设备能够利用 AMI 的通用语言。这种项目布局安排后来通过在 AMI 系统和 HAN 之间创建一种标准通信方法，以及一套通用的认证程序的方法，扩宽了智能电网的应用。正如在其他地方指出的，“智能能源”一词通常指的是用于改进能耗效率的操作和技术。当前，能源需求和成本正在迅速地增加，因此，电力公司正在致力于采用通信与网络技术，帮助消费者监控并降低他们的能源消耗。

参考文献

1. ETSI TR 101 557 V1.1.1 (2012-02), Electromagnetic Compatibility and Radio spectrum Matters (ERM); System Reference document (SRdoc); Medical Body Area Network Systems (MBANSs) in the 1785 MHz to 2500 MHz range.
2. Coronel P, Schott W, Schwieger K, Zimmermann E, Zasowski T, Chevillat P, editors. Briefing on Wireless Body Area and Sensor Networks, 8th Wireless World Research Forum (WWRF8bis) Meeting, Beijing, China, February 2004; (ii) 11th Wireless World Research Forum Meeting, Oslo, Norway, June 2004.
3. Practel, Inc., Role of Wireless ICT in Health Care and Wellness—Standards, Technologies and Markets, May 2012, Published by Global Information, Inc. (GII), 195 Farmington Avenue, Suite 208 Farmington, CT 06032 USA.
4. Gainspan, Gainspan Low-Power Embedded WI-FI VS ZigBee. GainSpan Corporation, 3590 N. First Street, Suite 300, San Jose, CA 95134, Available at http://www.gainspan.com.
5. Smith P. Comparing Low-Power Wireless Technologies. Tech Zone, Digikey Online Magazine, Digi-Key Corporation, 701 Brooks Avenue, South Thief River Falls, MN 56701 USA.
6. 3rd Generation Partnership Project (3GPP) Organization, Available at www.3gpp.org.
7. Third Generation Partnership Project 2 Organization, Available at http://www.3gpp2.org.
8. Bormann C. Getting Started with IPv6 in Low-Power Wireless. “Personal Area” Networks (6LoWPAN), Universität Bremen TZI, IETF 6lowpan WG and CoRE WG Co-Chair, IAB Tutorial on Interconnecting Smart Objects with the Internet, Prague, Saturday, 2011-03-26, Available at http://www.iab.org/about/workshops/smartobjects/tutorial.html.
9. ETSI Documentation, ETSI, 650 Route des Lucioles F-06921 Sophia Antipolis Cedex—FRANCE.
10. Krasinski R, Nikolich P, Heile RF. IEEE 802.15.4j Medical Body Area Networks Task Group PAR, IEEE P802.15 Working Group for Wireless Personal Area Networks (WPANs), January18, 2011.
11. ISA, 67 Alexander Drive, P.O. Box 12277, Research Triangle Park, NC 27709, info@isa.org.

12. Minoli D. Satellite Systems Engineering in an IPv6 Environment. Boca Raton, FL: Francis and Taylor; 2009.
13. Minoli D. Hotspot Networks: Wi-Fi for Public Access Locations. New York, NY: McGraw-Hill; 2002.
14. Minoli D, *Wireless Sensor Networks* (co-authored with K. Sohraby and T. Znati). Hoboken, NJ: Wiley; 2007.
15. Emerson Process Management, IEC 62591 WirelessHART, System Engineering Guide, Revision 2.3, Emerson Process Management, 2011.
16. ZigBee Alliance, Available at http://www.zigbee.org/.
17. ZigBee Wireless Sensor Applications for Health, Wellness and Fitness, March 2009, ZigBee Alliance, Available at www.zigbee.org.
18. Duffy P. Zigbee IP: Extending the Smart Grid to Consumers. Cisco Blog – The Platform, June 4, 2012, Cisco Systems, Inc., 170 West Tasman Dr., San Jose, CA 95134 USA.
19. Shandle J. What does ZigBee Pro mean for your application?. EETimes Online Magazine, 11/27/2007, Available at http://www.eetimes.com.
20. Drake J, Najewicz D, Watts W. Energy efficiency comparisons of wireless communication technology options for smart grid enabled devices. White Paper, General Electric Company, GE Appliances & Lighting, December 9, 2010.
21. Montenegro G, Kushalnagar N, Hui J, Culler D. Transmission of IPv6 Packets over IEEE 802.15.4 Networks, RFC 4944, Updated by RFC 6282, RFC 6775 (was draft-ietf-6lowpan-format), September 2007.
22. Kingsley S. Personal Body Networks go Wireless at 2.4GHz. ElectronicsWeekly Online Magazine, 16 May 2012, Available at http://www.electronicsweekly.com.
23. IEEE 802.15 WPAN Task Group 1 (TG1), WPAN Home Page, Monday, June 20, 2005.
24. Bluetooth SIG Home page, Available at www.bluetooth.com (more info at www.bluetooth .org).
25. Fleishman G. Inside Bluetooth 2.0., Macworld, February 9, 2005.
26. Latuske R. Bluetooth Health Device Profile (HDP). White Paper, September 2009, ARS Software GmbH, Stanberger Strasse 22, D-82131, Gauting/Munchen, Germany, Available at http://www.ars2000.com/.
27. Kwak KS, Ullah S, Ullah N An Overview of IEEE 802.15.6 Standard (Invited Paper), ISABEL 2010 in Rome, Italy. UWB-ITRC Center, Inha University, 253 Yonghyun-dong, Nam-gu, Incheon (402–751), South Korea.
28. U.S. Department of Transportation, Research and Innovative Technology Administration. Intelligent Transportation Systems. December 2012, Available at http://www.its.dot.gov.
29. Fuxjäger P, Costantini A, et al. IEEE 802.11p Transmission Using GNURadio. Forschungszentrum Telekommunikation Wien, Donau-City-Strasse 1, A-1220 Vienna, Austria. And, University of Salento, 73100 Lecce, Italy. 2007.
30. TechnoCom. The WAVE Communications Stack: IEEE 802.11p, 1609.4 and, 1609.3. Presentation, September, 2007, TechnoCom, 2030 Corte del Nogal, Suite 200, Carlsbad, CA 92011 Available at http://www.ieeevtc.org/plenaries/vtc2007fall/34.pdf.
31. Weigle M. Standards: WAVE / DSRC /802.11p in Vehicular Networks, CS 795/895, Spring 2008, Old Dominion University.
32. IEEE WoWMoM 2012 Panel, San Francisco, California, USA June 25–28, 2012.
33. Rao YS, Pica F, Krishnaswamy D. 3GPP Enhancements for Machine Type Communications Overview. IEEE WoWMoM 2012 Panel, San Francisco, California, USA June 25–28, 2012.

34. Principi B. CTIA: Should M2M skip 3G and go right to 4G?. May 9, 2012, Online Article, Available at http://www.telecomengine.com.
35. Clark M, Neal BJ, Gullstrand C. Preparing for LTE Roaming. Syniverse Technologies, 120 Moorgate London, EC2M 6UR United Kingdom, March 2011, Available at www.syniverse.com.
36. Alcatel-Lucent. LTE—The UMTS Long Term Evolution: From Theory to Practice. Strategic Whitepaper, Available at www.alcatel-lucent.com, Wiley; 2009.
37. Sesia S, Toufik I, Baker M, editors, *LTE – The UMTS Long Term Evolution: From Theory to Practice*. Wiley; 2009.
38. PLCforum. Available at http://www.plcforum.org/frame_plc.html.
39. DSL Forum, DSL Forum, 48377 Fremont Blvd, Suite 117, Fremont, CA 94538, Available at http://www.dslforum.org.
40. Cacciaguerra F. Introduction to Power Line Communications (PLC). November 2003, Kioskea.net Online Magazine, Available at http://en.kioskea.net/contents/cpl/cpl-intro.php3.
41. Power Line Communications (PLC), Echelon Corporation, 550 Meridian Ave., San Jose, CA 95126 USA. Available at http://www.echelon.com.
42. Yu S. Final IEEE 1901 Broadband Over Power Line Standard Now Published. IEEE Press Release, February 1, 2011.
43. Yu S. IEEE P1901.2™ Standard FOR Low-Frequency, Narrowband Power Line Communications Enters Letter Balloting, IEEE Press Release, January 2012.
44. The HomePlug® Powerline Alliance, Available at http://www.homeplug.org.
45. 3GPP2 X.S0011-002-D. cdma2000 Wireless IP Network Standard: Simple IP and Mobile IP Access Services. Available at http://www.3gpp2.org/Public_html/specs/X.S0011-002-D_v1.0_060301.pdf, February 2006.
46. Alcatel-Lucent. Alcatel-Lucent Researches Opportunities for Delivering Enhanced Video Sharing Services with DOCOMO Euro-Labs. Press Release, Paris and Barcelona, February 15, 2011. Available at www.alcatel-lucent.com.
47. California Software Labs. Basic Streaming Technology and RTSP Protocol—A Technical Report, 2002. California Software Labs, 6800 Koll Center Parkway, Suite 100 Pleasanton CA 94566, USA.
48. Machine-to-Machine Communications (M2M); M2M Service Requirements. ETSI TS 102 689 V1.1.1 (2010-08). ETSI, 650 Route des Lucioles F-06921 Sophia Antipolis Cedex—FRANCE.
49. Machine-to-Machine Communications (M2M); Functional Architecture Technical Specification, ETSI TS 102 690 V1.1.1 (2011-10), ETSI, 650 Route des Lucioles F-06921 Sophia Antipolis Cedex—FRANCE.
50. H.720. Overview of IPTV Terminal Devices and End-Systems. (also known as ex H.IPTV-TDES.0), October 2008. ITU-T Study Group 16. International Telecommunication Union, Telecommunication Standardization Bureau, Place des Nations, CH-1211 Geneva 20.
51. Near Field Communication.org, Advocacy Group, Available at http://www.nearfield communication.or.
52. Patil B, Dommety G. Why the Authentication Data Suboption is Needed for Mobile IPv6 (MIPv6). RFC 5419, January 2009.
53. WiMAX Network Architecture—WiMAX End-to-End Network Systems Architecture. May 2008, Available at http://www.wimaxforum.org/documents/documents/WiMAX_Forum_Network_Architecture_Stage_23_Rel_1v1.2.zip.

第7章　第3层连接：物联网中的IPv6技术

7.1　概述与动机

网际协议版本6（Internet Protocol Version 6，IPv6）是一种新版本的网络层协议，被设计用于同现有的IPv4协议共存（但不直接互通）。从长远来看，IPv6协议有望取代IPv4，但这不会在一夜之间发生。同现有的IPv4协议提供的能力相比，IPv6协议改进了现有的网络互联能力。当前的IPv4协议已经使用了30多年，目前对于一些人们迫切想要使用的、新兴的需求功能方面（例如，地址空间基数、高密度移动性支持、多媒体以及高强度的安全性支持等新兴的需求），IPv4协议遇到了巨大的挑战。IPv6协议提供了潜在的可扩展性、可到达性、终端到终端的互联、服务质量（Quality of Service，QoS）以及商业级的鲁棒性，这些新的特性都是现代与新兴的网络服务、数据服务、移动视频以及物联网应用所必需的特性和功能。

这里，我们再次强调在第1章中所述的观点和立场，即物联网有望成为IPv6技术的“杀手级应用”。无须依靠额外的状态或地址处理（预处理）过程，可直接通过标准化的方式使用IPv6提供的丰富的地址空间、具有全球唯一性的对象（事物）识别和连接功能。与IPv4或其他的技术方案相比，IPv6技术对于物联网有着内在的优势。这里，本书并不是在暗示只能依赖IPv6技术支持物联网，本书想强调的是，对于这些新兴的服务，无论它们应用在陆地模式，还是基于卫星模式[1,2]，IPv6技术都可以为其提供一种理想的、面向未来的、可扩展的机制。

20世纪70年代末到80年代初设计的IP技术，是一种基于分组的技术（协议），用于连接地理位置上彼此分离的计算机。20世纪90年代初，开发人员就开始意识到21世纪的通信需求需要有一种具有新特性、新能力的协议，并且这种协议将保留现有协议中的有用特性。IPv6技术最初被开发在20世纪90年代初，出于对互联网发展的预期，围绕手机部署、智能家电以及发展中国家（例如，金砖四国：巴西、俄罗斯、印度和中国）几十亿的新用户的考虑，届时将需要更多的终端系统地址。一些技术和应用，像VoIP（Voice over IP，网络电话）、“永久在线访问”（例如，有线调制解调器）、宽带和/或以太网到户、网络融合、不断发展的普适计算应用以及物联网等，在接下来的几年中，就可能促使这种需求的出现[3]。

如今，IPv6正慢慢在全球部署：在欧洲和亚洲有一些政策引导下的学术机构和出于商业上的兴趣进行的部署，还有在美国日渐兴起的对IPv6研究的兴趣。可以预见，接下来的几年里，这种新的协议将在全球范围内广泛部署。例如，美国国防部（U. S. Department of Defense，DoD）宣布，从2003年10月1日起，所有开发和采购的系统或设备都需要支持 IPv6 标准。美国国防部的目标是到 2008 年为止，实现全部机构所有区域内部网络互联和外部网络互联向 IPv6 过渡，目前这一目标已经完成。美国政府问责办公室（Government Accountability Office，GAO）建议，所有机构部门应积极筹划向 IPv6 的连贯过渡。目前预计，在可预见的将来，IPv4 仍将继续存在，而 IPv6 将大规模地用于新兴的应用领域。两种协议之间不能直接进行互联，需要使用隧道技术和双栈技术，才能使两者共存并协同工作。

网络层网际互联协议的基本功能是实现跨网络的信息流转，在内置的基本功能方面，IPv6 比 IPv4 拥有更多的功能。链路层通信一般不需要节点标识符（地址），因为设备往往使用内在的链路层地址彼此识别。不过，在多个链路（网络）之间进行通信，则需要节点拥有唯一的标识符（地址）。对于每一个连接到 IP 网络的设备来说，IP 地址就是这样的一种标识符。在这种设置中，参与网络通信的不同实体（例如，服务器、路由器以及用户计算机等）使用各自的 IP 地址作为其自身的标识符。当前 IPv4 的命名方法诞生于 20 世纪 70 年代，拥有包含约 43 亿个地址的容量，这些地址以每 1600 万个地址为单位进行分组，划分出 255 个地址块。在 IPv4 协议中，地址由四个字节构成。使用 IPv4，可以将一个 32 位的地址表示为 AdrClass | netID | hostID（地址类别 | 网络 ID | 主机 ID）。其中，网络地址（netID）部分既可以包含一个网络 ID，也可以包含一个网络 ID 与一个子网。从这种定义上来看，显然每一个网络和每一个主机/设备都有一个唯一的地址。为了便于人们辨识，IP 地址表示为点分十进制的形式，例如：166. 74. 110. 83。其中每段使用的十进制数便于记忆，并且与其相应的字节表示的二进制码对应（一个 8 位的二进制码的十进制取值在 0 ~ 255 之间）。由于 IPv4 地址有 32B，名义上也就会有 2^{32} 个不同的地址（正如前面提到的，如果使用所有的地址组合，则可以用来表示约 43 亿个节点）。

IPv4 以其强大的生命力证明了该协议是一种灵活且强大的网络机制。然而，IPv4 开始逐渐表现出了越来越多的局限性，这不仅仅来自于人们对增加 IP 地址空间的需求，同时，也来自于许多其他方面的需求的驱动。例如，一些国家（例如，中国和印度）中新增加的用户数量、各种用于“永久在线连接”（例如，有线调制解调器、联网的 PDA、3G/4G 智能手机等）的新技术以及各种诸如 VoIP、IPTV 和社交网络等新型服务的全球普及和推广，这些应用和技术都会促使 IPv4 局限性的日益突出。毫无疑问物联网应用的全面部署，将会对现有的 IPv4 环境造成极大的压力。地区性互联网注册管理机构（RIR）负责管理世界上特定区域的 IPv4 地址、IPv6 地址以及自治系统（Autonomous System，AS）号码等互联网资源的分配和注册。截至 2011 年 2 月 1 日，所有可用的 IPv4 地址中仅剩下 1% 的地址尚且没有分配，这将导致被称为“IPv4 出局”的窘境出现。根据 IPv4 地址报告（见表 7-1）[4,5] 的内容，预计到 2011 年 9 月，全部的 IPv4 地址空间可能就会耗尽。通常，IPv4 地址的分配流程按照如下层级进行：

表 7-1　预计 RIR 未分配地址池将耗尽（截至 2011 年 4 月统计结果）

RIR	分配出的地址（/8s）	剩余的地址（/8s）
AFRINIC	8.3793	4.6168
APNIC	53.7907	1.2093
ARIN	77.9127	6.0130
LACNIC	15.6426	4.3574
RIPE NCC	45.0651	3.9349

注：RIR，地区性互联网注册管理机构（Regional Inernet Registry）；AFRINIC，亚洲网络信息中心（American Registry for Internet Numbers）；ARIN，美国网络地址注册管理组织（American Registry for Internet Numbers）；APNIC，亚太互联网络信息中心（Asia-Pacific Network Information Centre）；LACNIC，拉丁美洲及加勒比地区互联网地址注册管理机构（Latin America and Caribbean Network Information Centre）；RIPE NCC，欧洲网络协调中心（RIPE Network Coordination Centre），主要负责欧洲、中东和部分中亚地区的区域性互联网注册管理机构。

互联网数字分配机构（Internet Assigned Numbers Authority，IANA）→RIR→互联网服务提供商（Internet Service Providers，ISP）→公众（包括企业）。

因此，对于 IP 地址来说，人们所期盼的关键能力还是增加地址空间。这样才能覆盖人们能够想到的所有空间元素。例如，所有的计算设备都能够拥有公共的 IP 地址，实现被唯一追踪㊀。目前，人们无法单独使用 IP 机制对分散的 IT 资产/设备实现库存管理。但是，随着 IPv6 技术的应用，人们就可以借助网络查看分散部署在不同地方的各类设备及其当前状态，甚至非 IT 领域的设备都能够使用永久分配给它们的 IP 地址进行追踪。IPv6 创建了一种新类型的 IP 地址格式，确保了这类 IP 地址的数量在今后的数十年或者更长的时间，都不会被用尽。即便未来几年里，所有新型的设备都接入到互联网，这些地址也不会被用尽。

IPv6 在很多方面增加了改进，例如，路由和网络配置。IPv6 拥有丰富的自动配置（Autoconfiguration）机制，并且降低了 IT 负担，从内在上实现了即插即用式的配置。尤其对于那些连接内部网或互联网的新型设备，借助 IPv6 技术即可成为即插即用设备。使用 IPv6，人们无须配置动态非公共的本地 IP 地址、网关地址、子网掩码以及其他地址参数。设备连接到网络时，会自动获取所有所需的配置数据。自动配置意味着人们将不再需要动态主机配置协议（Dynamic Host Configuration Protocol，DHCP）服务器，并且/或无须使用 DHCP 服务器进行配置[2,6,7]。

IPv6 最初定义在 RFC 1883 文档中，后来该文档被弃用，由 RFC 2460 文档取代。1998 年 12 月，由 S. Deering 和 R. Hinden 编撰的 RFC 2460 文档即“网际协议版本 6（IPv6）标准”㊁。最近几年，又出现了很多 RFC 文档，对 IPv6 的功能进行

㊀ 需要注意的是，这可能带来一定的潜在安全问题，攻击者可以通过非法获取或接入目标机器，然后确切地知道如何恢复曾在该机器上存储的数据。因此，人们必须考虑设计一种可靠的安全机制，并将其应用到 IPv6 的环境中。

㊁ “版本 5”被用于其他协议（一种用于试验的实时流协议），为了避免混淆，因此没有使用术语“版本 5”。

了丰富和添加，并对部分原有的 IPv6 概念进行了改进。这里将第 1 章提到的部分 IPv6 的优点，归纳如下：

（1）可扩展性和扩展的寻址能力：相对于 IPv4 32 位的地址，IPv6 的地址字段为 128 位。在 IPv4 中，理论上可获得的 IP 地址数量为 $2^{32} \sim 10^{10}$，而 IPv6 提供的地址空间大小为 2^{128} 个。因此，在 IPv6 中，人们可获得的能够唯一标识节点的地址数量为 $2^{128} \sim 10^{39}$。IPv6 拥有超过 340×2^{128}（具体值为 340282366920938463463374607431768211456）个地址，这些地址被分组成 18 个地址块，每个地址块包含 18×10^{18} 个地址。

（2）即插即用：IPv6 引入了“即插即用”机制，使设备能够更容易地接入网络。设备接入网络时，所有需要的配置都是自动完成的。该机制是一种不依赖服务器的机制。

（3）IPv6 可以很容易地使节点在同一个网络接口上拥有多个 IPv6 地址。这可以使用户能够在多个不同的实际 IPv6 网络上创建一个虚拟层或社区（Communities Of Interest，COI）网络。不同的部门、群组，或其他的用户和资源可以同时归属于一个或多个社区网络，每个社区网络都有自己特定的安全策略[8]。

（4）安全性：IPv6 在其规范中引入了诸如负载加密、通信源端认证等安全策略。要求实现端到端的安全防护能力，内置了强大的 IP 层加密和认证机制（支持嵌入式的强制 IPsec 实现）。由此可见，IPv6 的网络体系结构能够很容易地适用于端到端的安全模型。在这种模型中，终端主机负责提供必要的安全服务，保护主机之间传输的各种数据流量。这就可以为基于策略的信任域（此类信任域基于多种不同的参数，包括节点地址与应用等）的创建提供了更大的弹性[9]。

（5）在 IPv6 中，创建虚拟专用网（Virtual Private Network，VPN）会比在 IPv4 中更加容易和更具标准化，因为协议设计人员在 IPv6 的格式中设计了很多的扩展首部［如认证首部（Authentication Header，AH）和封装安全协议（Encapsulating Security Protocol，ESP）扩展首部］。同时，相比于在 IPv4 中创建的 VPN，在 IPv6 中创建的 VPN 的性能损失会更低[10]。

（6）协议优化：IPv6 引入了 IPv4 的最佳特性，删除了无用或淘汰的 IPv4 特性，使 IP 技术得到了更好的优化。在 IPv4 中，合并两个带有重叠地址的 IPv4 网络（例如，需要将两个组织进行合并的情况）一般是比较复杂的。但在 IPv6 中，合并这类网络将变得更加容易。

（7）实时应用：为了更好地支持数据流量的实时性（例如，VoIP、IPTV），IPv6 在其标准中引入了“流标签（Labeled Flows）”。通过这种机制，路由器能够从传输给它的分组中识别出哪些属于端到端的数据流。这种机制类似于多协议标签交换（Multiprotocol Label Switching，MPLS）技术提供的服务，但不同的是，流标签机制在 IPv6 中是一种内在固有的机制，而不是通过其他协议附加的功能。而且，IPv6 比 MPLS 技术提供的这种功能特性领先了很多年。

（8）移动性：IPv6 引入了更高效和更健壮的移动性机制（增强了对移动 IP、

移动计算设备和移动视频的支持)。尤其是，在 RFC 3775 文档中定义的移动 IPv6 (MIPv6) 技术，如今正在部署使用[11]。

(9) 简化的首部格式和流识别特性。

(10) 可扩展性：IPv6 被设计具有很强的可扩展性，能够为以后可能出现的新的选项和扩展提供支持。

多年来，互联网服务提供商和运营商一直在为 IP 地址耗尽的问题做准备，设计并准备了很多过渡计划。人们期望，IPv6 标准可以使 IP 设备更便宜、功能更强大，并且更加节能。节能问题之所以重要，不仅仅是出于对环保因素的考虑，它还会提升设备的作业率和操作性能（例如，便携式设备拥有更长的电量供给时间，像移动电话）。

7.2 寻址能力

7.2.1 IPv4 寻址与问题

IPv4 地址可以从官方指定的公共地址范围内选址，也可以选用内部网络专用地址（这些地址不是全球唯一的)。前面提到，IPv4 地址基于 4 字节的地址空间，拥有多达 2^{32} 个地址。因此，共有 4 294 967 296 个地址值，这些地址被分组成 256 个"/8s"序列。其中，每一个序列对应于 16 777 216 个全球唯一的地址值。全球唯一的公共地址由 IANA 负责分配。IP 地址是位于网络模型中第三层的网络节点的地址。网络（无论是内部网络还是外部网络）上的每一个设备必须拥有一个唯一的地址。在 IPv4 中，使用 32bit (4B) 的二进制地址标识并区分每一个主机的网络 ID，采用 a、b、c、d 四类地址（a、b、c、d 中每一类都从 1 ~ 255 编址。其中，0 具有特殊的含义，不使用）命名的方法表示 IPv4 地址。例如，167. 168. 169. 170，232. 233. 229. 209 和 200. 100. 200. 100。

但问题是，在 20 世纪 80 年代，许多注册的公共地址没有经过任何全局协调性的控制就被配给了一些企业和组织。其结果是，一些组织拥有的地址数量超出了它们的实际需求，造成目前第 3 层（网络模型的网络层）可注册的公共地址（公网 IPv4 地址）紧缺的问题日益突出。此外，再加上前面已经介绍的地址碎片的问题，并不是所有的 IP 地址都能被使用，更加剧了地址紧缺的问题。

解决 IPv4 地址紧缺问题的一种方法是，对 IPv4 地址空间进行重新编号和分配。但是，这并不像它说起来那样简单，这需要基于全世界范围内的协调努力。而且，它仍将受限于未来人口的增长，以及接入互联网设备数量的暴涨这一根本问题制约。此时，一种临时的且更加务实的地址紧缺缓解方法是，采用网络地址转换（Network Address Translation，NAT）机制，该机制已经被很多组织使用，甚至家庭用户也在使用这种机制。这种机制只需要一小组公共的 IPv4 地址，即可将全部的网络接入互联网。各种内部设备分配的 IP 地址选自于 A 类或 C 类地址中一组特别指定的地址范围，这些地址在本地是唯一的，但在多个组织内部，有可能会被重复使用或同时使用。在某些情况［例如，小区用户通过数字用户专线（Digital Subscriber Line，DSL）或其他缆线方式接入互联网］下，合法的 IP 地址（可注册的公共 IP 地址）只能以时间租赁的方式租借给用户，而不能永久地提供给用户。

内部网络地址的选址范围可以是 10.0.0.0/8、172.16.0.0/12 和 192.168.0.0/16。在内部网络采用私有地址的情况下，当需要跨越私有网络与公共网络之间的网络界线进行通信时，则需要使用 NAT 功能将一个内部网络私有地址映射成一个外部网络的公共地址。然而，这种方法的使用限制特别多。尤其是，公司可以获得的可注册的公共地址的数量总是要比公司内部需要地址的设备数量少得多（公司能够获得的可注册的公共地址甚至有可能少到只有一个）。很多协议无法穿透 NAT 设备，也就无法被用户使用。因此，使用 NAT 技术也就意味着，很多应用（例如，VoIP）无法在所有的情况下都能够有效地运行和使用。其结果是，这些应用只能在内部网中使用。这样的例子有很多，如：

（1）多媒体应用。例如，视频会议、VoIP、视频点播/IPTV 等应用通过 NAT 设备无法顺畅地工作。多媒体应用需要使用实时传输协议（Real-Time Transport Protocol，RTP）和实时控制协议（Real-Time Control Protocol，RTCP）。反过来，这些协议需要使用用户数据报协议（User Datagram Protocol，UDP）动态分配端口，而 NAT 不能直接支持这种环境。

（2）IPsec 广泛用于数据验证、完整性和保密性。然而，当使用 NAT 时，需要修改 IP 首部中的地址信息，从而影响 IPsec 的运行。

（3）组播。尽管在理论上，在 NAT 环境下能够使用组播功能，但是需要进行非常复杂的配置。因此，在实际应用中，人们并不经常使用这一功能。但是，如果要在 IPv6 的环境下，就没有必要强制用户使用 NAT 技术了，因为 IPv6 可以很好地解决地址空间不足的问题。

7.2.2　IPv6 地址空间

2006 年 2 月编写的 RFC 4291 文档描述了 IPv6 地址的体系结构[12]。该文档对 IPv6 地址设计方案的主要修改之一，就是对基本类型地址的修改和规定了这些地址的使用方法。在 RFC 4291 文档中，大多数传统（企业）的通信仍然使用单播（Unicast）地址，这种寻址方式与 IPv4 相同。然而，该文档删除了作为特殊地址类型的广播（Broadcast）寻址方式。取而代之地扩大了多播（Multicast）地址的应用范围，并把这种地址类型作为协议中不可缺少的部分。同时，该文档实现了一种称为任播（Anycast）的新的地址类型。此外，还补充了很多特殊的 IPv6 地址。IPv4 与 IPv6 地址格式的比较如图 7-1 所示。图 7-2 以图形化的形式提供了 IPv6 中三种传输（与地址）模式的比较。从逻辑角度上看，人们可以按照下述方式理解这几种传输类型[㊀]。

- 单播传输：发送分组到指定的地址。
- 选播传输：发送分组到指定组内的所有成员。
- 任播传输：发送分组到指定组内的任一成员。通常情况下（出于对效率问题的考虑），分组会被传输到组内最近的成员（衡量远近的标准以路由计算）。一般可以将任播理解为“将分组发送到指定组内最近的成员”。

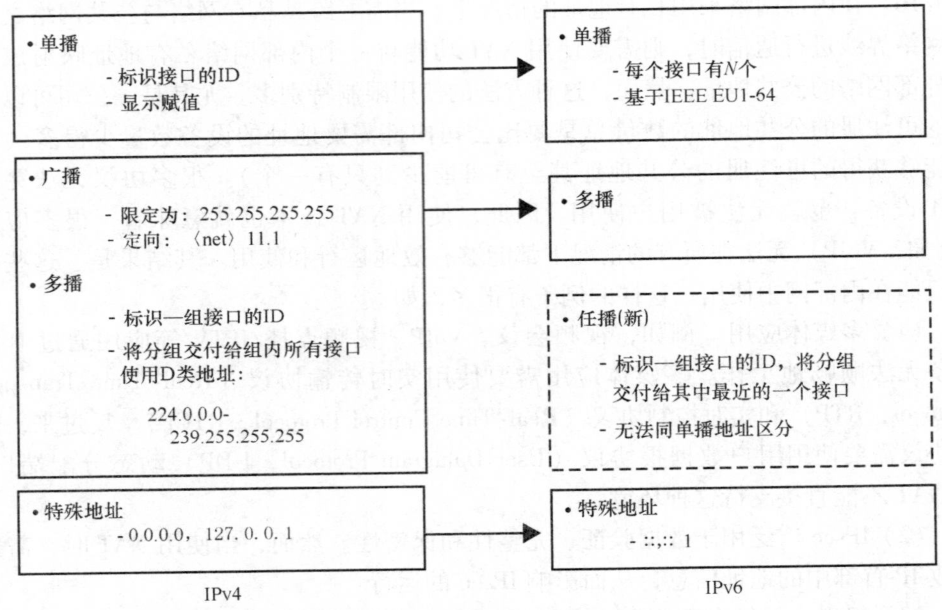

图 7-1　IPv4 与 IPv6 地址类型比较

ETSI 标准要求 M2M 系统需要支持任播、单播、多播和广播通信模式。只要有可能，就尽量使用多播或任播方式替代全局广播，以便降低通信网络承担的载荷[13]。

RFC 2373 文档描述了 IPv6 地址的格式。如前所述，一个 IPv6 地址包含 128bit，而不同于 IPv4 使用的 32bit 地址。地址包含比特位的数量与地址空间的对应关系如下表所示。

IP 协议版本	地址空间大小
IPv6	128bit 地址，拥有 2^{128} 或 340 282 366 920 938 463 463 374 607 431 768 211 456（也就是 3.4×10^{38}）个可能使用的地址
IPv4	32bit 地址，拥有 2^{32} 或 4 294 967 296 个可能使用的地址

㊀　顾名思义，“Broadcast” 的意思是，将信息/内容发送到地址空间中所有的用户。

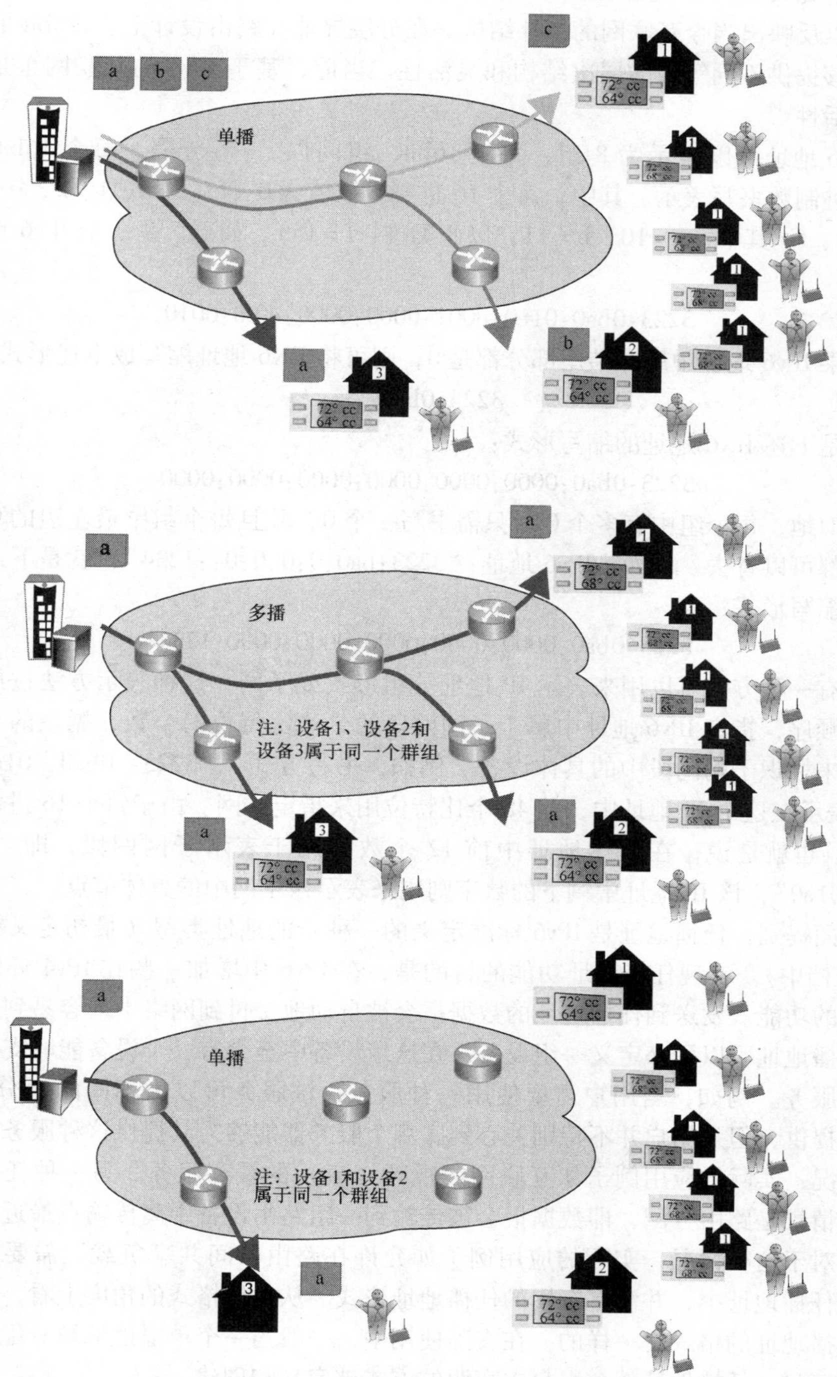

图 7-2　IPv6 节点传输模式比较

数量庞大的IPv6地址在设计上被细分为多个分层路由域，这些分层式路由域恰好可以反映出当今互联网的拓扑结构。在分层寻址和路由设计上，128bit的IPv6地址能够提供不同等级的层次结构和灵活性。当前，基于IPv4的互联网正是缺乏这种灵活性[14]。

IPv6地址可以表示为8组，每组16bit，组间以“:”分隔。每个16bit组以4个16进制数书写表示。其中，每个16进制数取值为0~f（即0、1、2、…a、b、c、d、e、f。其中，a=10，b=11，以此类推，f=15）。如下，是一个IPv6地址的例子：

3223:0ba0:01e0:d001:0000:0000:d0f0:0010

如果IPv6地址中所有结尾部分都是0，则可将IPv6地址缩写成下述形式：

3223:0ba0::

该地址是下述IPv6地址的缩写形式：

3223:0ba0:0000:0000:0000:0000:0000:0000

类似地，每个组中有多个0时只需书写一个0，并且每个组中最左边的0和中间的0都可以省去。例如，IPv6地址：“3223:ba0:0:0:0:0::1234”，就是下述IPv6地址的缩写形式：

3223:0ba0:0000:0000:0000:0000:0000:1234

还有一种方法可以用来表示IP地址分组形式或子网，这种表示方法按照从左到右的顺序，指定IPv6地址中属于子网网段的具体比特位的个数，剩余的其他比特位用来标识子网网段中的具体设备。例如，书写方式：“3223: 0ba0: 01a0::/48”，表示在这个IP地址中，前48个比特位用来指定子网。由于每个16进制数具有4bit。也就是说，在上述地址中前12个数字用于表示子网网段，即“3223: 0ba0: 01a0”，该IP地址中剩下的数字则用来表示该子网中的具体节点。

前面提到，任播地址是IPv6标准定义的一种新的地址类型（最初定义在RFC 1546文档中）。实现任播地址功能的目的是，在IPv6中增加一些在IPv4环境中难以实现的功能。发送到任播地址的数据报会被自动地交付到网络中最容易到达的设备。任播地址可以用来定义一组设备，在这组设备中至少有一个设备能够支持用户请求的服务。例如，当用户需要使用一种服务，该服务可以由不同的（分散的）服务器提供，但是用户并不特别关心到底哪个服务器能够为其提供这种服务。对于这种情况，实际的应用例子如互联网或视频（流）的缓存服务。另一种任播地址的应用情景是路由分配，即数据报会被传输到一组路由设备中离传输点最近的路由器上。对于这种情况，实际的应用例子如允许在路由器间共享负载。需要注意的是，在任播地址中，并没有专用的任播地址格式。从地址格式的角度上看，任播地址与单播地址的格式是一样的。在实际使用中，一般当一个单播地址被分配给多个设备接口时，任播地址就会以自主声明的方式被定义和创建。

在IPv6中定义的特殊IPv6地址的介绍如下（有关这些IPv6地址的详细信

息[15]请参阅表 7-2 的内容)：

(1) 自动返回或环回虚拟地址。这类地址在 IPv4 中指定为 127.0.0.1。在 IPv6 中，此类地址指定表示为：：1。

(2) 未指定地址 (：：)。由于此类地址用来表示不存在的地址，因此该类地址不能分配给任何节点。

(3) 基于 IPv4 动态/自动隧道的 IPv6 地址。这些地址被指定为与 IPv4 地址兼容的 IPv6 地址，并且可以实现在 IPv4 网络上，以对上层应用/协议透明的方式传送 IPv6 数据流量。例如，此类地址可以表示为“：：156.55.23.5”。

(4) 能够自动表示成 IPv6 地址的 IPv4 地址。这些地址可以使仅支持 IPv4 地址的节点在 IPv6 网络上正常运行。此类地址也被称为“由 IPv4 地址映射的 IPv6 地址”，并且被表示为“：：FFFF：”。例如，：：FFFF.156.55.43.3。

表 7-2　一组特殊的 IPv6 地址

站点本地地址 (Node-scoped Unicast)	：：1/128 是环回地址 (根据 RFC 4291 文档)，：：/128 是未指定地址 (根据 RFC4291 文档)。包含在站点本地地址块内的地址不应当出现在公共互联网上
IPv4 映射的 IPv6 地址 (IPv4-mapped Address)	：：FFFF：0：0/96 是由 IPv4 地址映射的 IPv6 地址 (根据 RFC 4291 文档)。包含在该地址块内的地址不应当出现在公共互联网上
兼容 IPv4 的 IPv6 地址 (IPv4-compatible Address)	：：ipv4-address/96 是能够兼容 IPv4 地址的 IPv6 地址 (根据 RFC 4291 文档)。这些地址已经废弃，并且不应当出现在公共互联网上
链路本地单播地址 (Link-scoped Unicast)	FE80：：/10 是链路本地单播地址 (根据 RFC 4291 文档)，包含于该地址块内的地址不应当出现在公共互联网上
唯一本地地址 (Unique local)	FC00：：/7 是唯一本地地址 (根据 RFC 4193 文档)。包含于该地址块内的地址默认情况下不应当出现在公共互联网上
文档前缀 (Documentation Prefix)	2001：db8：：/32 是文档地址 (根据 RFC 3849 文档)。这些地址用于对相关的文档进行编址。例如，用户手册、RFC 文档等。包含在该地址块内的地址不应当出现在公共互联网上
6to4	2002：：/16 是 6to4 地址 (根据 RFC 3056 文档)。当站点正在充当一个 6to4 中继器或正在提供 6to4 中转服务时，会对外通告 6to4 地址。但是，该服务的提供者应当知道运行此类服务所带来的影响 (根据 RFC 3964 文档)，并应当设置一些具体的针对 6to4 地址的过滤规则。不允许使用 6to4 前缀的 IPv4 地址被列出在 RFC 3964 文档内
Teredo (面向 IPv6 的 IPv4 NAT 网络地址转换穿越)	2001：：/32 属于 Teredo 地址 (根据 RFC 4380 文档)。当站点正在充当 Teredo 中继器或正在提供 Teredo 转发服务时，会对外通告 Teredo 地址

（续）

6bone（IPv6实验网络地址分配）	5F00::/8是6bone实验网络中的第一类实例地址（根据RFC 1897文档）。3FFE::/16是6bone实验网络中的第二类实例地址（根据RFC 2471文档）。5F00::/8和3FFE::/16这两类地址最终将归还给IANA（根据RFC 2471文档）。这些地址同目前尚未分配的地址空间类似，将来仍将用于分配。包含在该地址块内的地址在它们以后被分配出去之前，是不应当出现在公共互联网上的
ORCHID（Overlay Routable Cryptographic Hash Identifiers，重叠路由的加密散列标识符）	2001:10::/28属于ORCHID地址（根据RFC 4843文档）。这些地址被用作标识符，并且在IP层中不能够被路由。包含在该地址块内的地址不应当出现在公共互联网上
默认路由（Default route）	::/0是默认单播路由地址
IANA专用IPv6地址块（IANA special purpose IPv6 address block）	IANA注册表（即iana-ipv6-special-registry）被设置用来存储专用的IPv6地址块，这些地址块专门被用于实验或其他用途。应当对包含在该注册表内的地址进行有关互联网路由方面的审查
多播地址（Multicast）	FF00::/8属于多播地址（根据RFC 4291文档）。在该地址字段中有一个4bit的范围（Scope）字段作为多播范围值，用于指定多播组的范围。在这些多播范围值中，只有某些值才能用来表示全球范围（根据RFC 4291文档）。在该地址块中，只有多播范围值为全球范围的多播地址，才能出现在公共互联网上 多播路由禁止出现在单播路由表中

7.3　IPv6协议简介

表7-3总结了IPv6标准的核心协议。其中，IPv6标准包括的基本协议功能如下：

（1）寻址。

（2）任播。

（3）流标签。

（4）ICMPv6（Internet control message protocol for IPv6，互联网控制消息协议版本6）。

（5）邻居发现（Neighbor Discovery，ND）机制。

与IPv4一样，IPv6也是一种无连接数据报协议，主要用于主机之间寻址和进行分组路由。无连接是指在交换数据之前，通信双方不会建立连接。“不可靠”是指通信不保证分组能否成功交付到目标节点，IPv6总是尽力试图成功交付分组数据。在这种通信方式下，IPv6分组可能会丢失、无序交付、重复交付或交付延迟。IPv6协议本身不会去修复分组交付过程中出现的这些错误。对交付的分组进行的确认和对丢失分组的恢复是由上层协议负责完成的。例如，TCP 协议[14]。从分组转发的角度来看，IPv6 的运行方式与 IPv4 的运行方式几乎相同。

表 7-3　重要的 IPv6 协议

协议（当前版本）	介　绍
IPv6：RFC 2460 文档，其内容由后来的 RFC 5095、RFC 5722 和 RFC 5871 文档更新	IPv6 是一种无连接数据报协议，用于在主机之间对分组进行路由
互联网控制消息协议版本 6（ICMPv6）：RFC 4443 文档，其内容由后来的 RFC 4884 文档更新	定义了一种机制，可以使进行 IPv6 通信的主机和路由器报错，以及发送状态消息
IPv6 的多播监听发现（Multicast listener discovery，MLD）机制：RFC 2710 文档，其内容由后来的 RFC 3590 和 RFC 3810 文档更新	一种使节点能够管理 IPv6 子网多播成员关系的机制。MLD 使用一组（3 个）ICMPv6 消息，取代了 IPv4 使用的互联网组管理协议（Internet Group Management Protocol，IGMP）版本 3
ND（邻居发现机制）：RFC 4861 文档，其内容由后来的 RFC 5942 文档更新	这是一种用来管理一个链路上节点到节点通信的机制。邻居发现机制使用一组（5 个）ICMPv6 消息，取代了地址解析协议（Address Resolution Protocol，ARP）、ICMPv4 路由发现机制和 ICMPv4 重定向消息 邻居发现机制通过使用邻居发现协议（Neighbor Discovery Protocol，NDP）实现

IPv6 分组，也称为 IPv6 数据报，由 IPv6 首部和 IPv6 负载构成，如图 7-3 所示。IPv6 首部包含两个部分：基本 IPv6 首部和可选的扩展首部。从图 7-4 中可见，

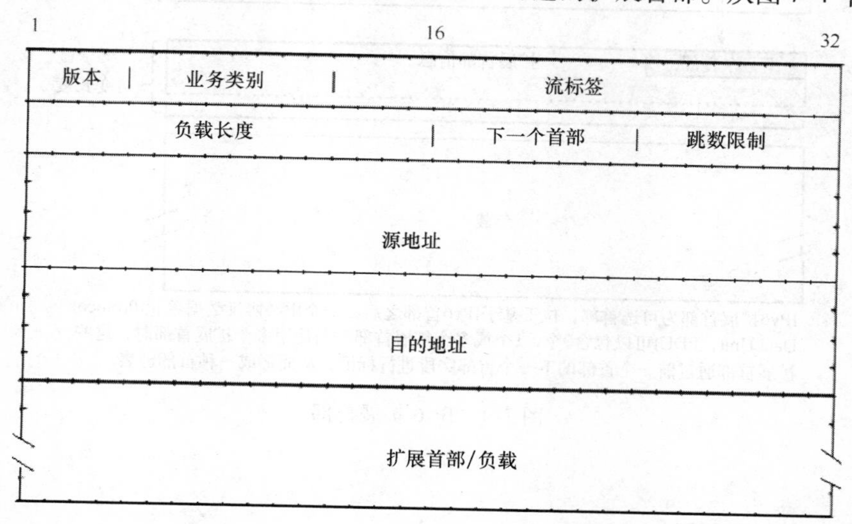

图 7-3　IPv6 分组格式

在功能上，可选的扩展首部和上层协议（例如，TCP协议）被看作是IPv6的负载部分。IPv6基本首部中，关于各字段的介绍见表7-4。IPv4首部和IPv6首部彼此不能直接进行互操作：主机和/或路由器必须同时实现IPv4协议和IPv6协议，才能处理两种标准的首部格式（见图7-5）。这也就提高了在IPv4和IPv6环境之间移植处理的复杂度。在IPv6协议中，IP首部已经被简化，并且被定义成固定的长度(40B)。在IPv6中，一些在IPv4首部中使用的字段已经被删除、重命名或移入到新的可选的IPv6扩展首部里。不再需要IPv4首部中的首部长度字段，因为IPv6首部是一个固定长度的实体。IPv4首部的“服务类型”字段等同于IPv6首部中的“业务类别”字段。“总长度”字段由“负载长度”字段取代。在IPv6中，由于分片操作只允许在源IPv6节点和目的IPv6节点上进行，之间的路由器不能执行此类操作，因此，IPv4首部的分片控制字段（分片标识、flag和分片偏移字段）已被移入到IPv6的分片扩展首部中的类似字段中。“生存时间（Time to Live，TTL㊀）”字段的功能已经由“跳数限制”字段取代。“协议”字段由“下一个首部类型”字段取代。删除了“首部校验和”字段，这样做的优点在于使每个中继节点无须花

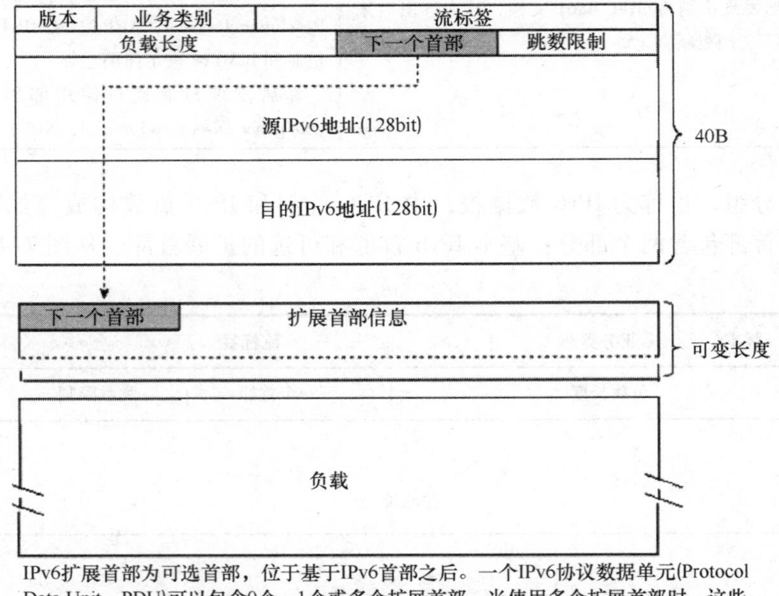

图7-4　IPv6扩展首部

㊀ 在IPv4中，TTL经常被利用进行攻击和被利用在入侵检测系统（Intrusion Detection System，IDS）欺骗行为中。

费时间进行校验和处理。“选项”字段不再像 IPv4 中那样作为首部的一部分，而是被指定在可选的 IPv6 扩展首部中。从首部中去除选项字段，能够提高路由效率。因为，路由器只需要处理它需要的信息[16]，路由器不需要的信息不出现在其需要处理的首部字段中。

表 7-4　IPv6 基本首部

IPv6 首部字段	长度/bit	功　能
版本（Version）	4	指定协议的版本。IPv6 协议的版本字段值为 6
业务类别（Traffic class）	8	用于源节点和转发路由器识别和区分不同类别或优先级的 IPv6 分组
流标签（Flow label）	20	有时，流标签也被称作流 ID（Flow ID），用于定义数据流量的处理方式和识别方式。IPv6 里的“流”指的是发送到单播地址或选播地址的分组序列。节点通过该字段决定是否应对分组进行特殊的处理。如果一个主机或路由器不支持流标签字段，那么它们会按照如下方式处理流标签字段： （1）如果分组正在被发送，则将该字段设置为 0 （2）如果分组正在被接收，则忽略该字段
负载长度（Payload length）	16	指定负载的长度（以字节为单位）。该字段是一个 16bit 的无符号整数。负载内容包括可选的扩展首部，以及上层协议。例如，TCP 协议
下一个首部（Next header）	8	指定紧跟着 IPv6 首部后面的可选扩展首部的类型。有关下一个首部字段取值的例子如下： （1）00 = 逐跳（Hop-by-hop）选项首部 （2）01 = ICMPv4 扩展首部 （3）04 = IP 地址嵌入（IP 封装）扩展首部 （4）06 = TCP 协议首部 （5）17 = UDP 协议首部 （6）43 = Routing（路由选择扩展首部） （7）44 = Fragment（分片扩展首部） （8）50 = 封装安全负载（Encapsulating Security Payload，ESP）扩展首部 （9）51 = 认证（Authentication）扩展首部 （10）58 = ICMPv6 扩展首部
跳数限制（Hop limit）	8	指定了数据报能够经过的最大跳数。路由器每一次转发数据报，该数值减 1。当跳数限制减少到 0 时，数据报会被路由器丢弃。跳数限制字段由发送分组（数据报）的主机设置初始值，用于防止分组在 IPv6 互联网络中无限循环传输 当 IPv6 路由器转发 IPv6 分组时，必须将分组内跳数字段值减一。并且，当跳数限制字段值为 0 时，IPv6 路由器必须丢弃这一分组

（续）

IPv6 首部字段	长度/bit	功　能
源地址 （Source address）	128	指定发送 IPv6 分组的最初的源节点的 IPv6 地址
目的地址 （Destination address）	128	指定 IPv6 分组的中转或最终的 IPv6 地址

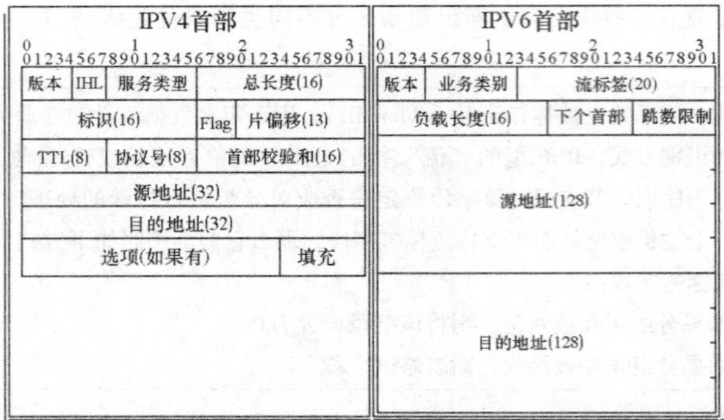

IPV4首部

版本	IHL	服务类型	总长度(16)	
标识(16)			Flag	片偏移(13)
TTL(8)	协议号(8)	首部校验和(16)		
源地址(32)				
目的地址(32)				
选项(如果有)				填充

IPV6首部

版本	业务类别	流标签(20)	
负载长度(16)		下个首部	跳数限制
源地址(128)			
目的地址(128)			

IPV4首部	IPV6首部	
版本(4-bit)	版本(4-bit)	在IPv6首部中，该字段被赋予了一个新的取值
首部长度(IHL，4-bit)	—	IPv6中，该字段被移除，基本的IPv6首部长度是固定的，为40字节
服务类型(8-bit)	业务类别(8-bit)	对于两种首部，该字段的功能相同
—	流标签(20-bit)	IPv6增加的一个新的字段，将IPv6分组标记为流的形式
总长度(16-bit)	负载长度(16-bit)	对于两种首部，该字段的功能相同
标识(16-bit)	—	IPv6中，该字段被移除，因为网络内的中间路由器不再进行分组分片操作，而是仅由发送分组的源节点执行该操作
Flag(3-bit)	—	IPv6中，该字段被移除，因为网络内的中间路由器不再进行分组分片操作，而是仅由发送分组的源节点执行该操作
片偏移(13-bit)	—	IPv6中，该字段被移除，因为网络内的中间路由器不再进行分组分片操作，而是仅由发送分组的源节点执行该操作
TTL(8-bit)	跳数限制(8-bit)	对于两种首部，该字段的功能相同
协议号(8-bit)	下一个首部(8-bit)	对于两种首部，该字段的功能相同
首部校验和(16-bit)	—	IPv6中，该字段被移除。分组校验和操作由上层协议负责处理
源地址(32-bit)	源地址(128-bit)	功能相同，但在IPv6中，源地址字段长度被扩展
目的地址(32-bit)	目的地址(128-bit)	功能相同，但在IPv6中，目的地址字段长度被扩展
选项字段(可变)	—	IPv6中，该字段被移除。由扩展字段内，根据不同扩展选项字段进行差别化处理
填充字段(可变)	—	IPv6中，该字段被移除。由扩展字段内，根据不同扩展选项字段进行差别化处理
—	扩展首部	IPv6中，处理选项字段、安全性的一种新的处理方式

图 7-5　IPv4 首部与 IPv6 首部对比

不过，有一个需要考虑的问题，就是 IPv6 协议数据单元（Protocol Data Unit，PDU）的长度问题：40 个字节的固定 IPv6 首部长度，对于一些实时 IP 应用（例如，VoIP、IPTV 等）来说，在效率上是一个很大的问题。因此，在一些 IPv6 的应用中，首部压缩（Header Compression，HC）功能是至关重要的，这一点在本章第 7.4 节中将会介绍。此外，还有带宽效率的问题，在带宽受限的环境或应用中（例如，无线网络、传感器网络和物联网络等），这也是一个需要解决的问题。

无状态地址自动配置（定义在 RFC 4862 文档中）规定了 IPv6 节点在不使用 IPv6 DHCP（DHCPv6）服务器的情况下，自动产生地址的机制[17]。“自动配置”是 IPv6 协议的新增特性，便于用户管理网络和完成系统设置任务。该特性常被称作“即插即用”或“连接即工作”功能。“自动配置”方便实现用户设备的初始化任务：当设备连接到 IPv6 网络后，一个或多个 IPv6 全球单播地址会被自动分配给接入的设备。不过，需要注意的是，必须将路由器的接口配置成 IPv6 地址，使用该接口转发 IPv6 业务流量。在路由器接口上配置站点本地 IPv6 地址或全球 IPv6 地址，能够自动地为主机配置链路本地地址并自动激活其接口的 IPv6 能力。

DHCP 可以使系统自动获取 IPv4 地址和其他需要的信息［例如，默认路由器或域名系统（Domain Name System，DNS）服务器］。在 IPv6 中，类似的协议已经发布，称作 DHCPv6（DHCP for IPv6）。DHCP 和 DHCPv6 被称为有状态的协议，因为它们在（专用的）服务器上维护着一张专用的数据表。然而，IPv6 还有一种新的无状态自动配置协议，这是 IPv4 协议所不具有的。无状态自动配置协议无须服务器组件（DHCP 服务器一般运行在路由器或防火墙中），因为没有需要维护的状态。每一个 IPv6 系统（除了路由器）能够创建它自己的全球单播地址[18]。“无状态”自动配置协议也可被描述成“无服务器”自动配置协议，即 SLAAC（Stateless Address Autoconfiguration，无状态地址自动配置）。SLAAC 协议最初定义在 RFC 2462 文档中，使用 SLAAC 协议，IPv6 节点将不再需要用来提供配置信息的服务器。

主机将它自己拥有的信息（存在于主机的接口或网卡中的信息）和路由器提供的信息组合起来，生成自身的地址。RFC 4941 文档提到，节点通过 IPv6 SLAAC 机制，组合使用本地节点获得的信息和路由器通告的信息，生成自身地址。主机通过将网络前缀和接口标识符组合产生这些地址。对使用嵌入式 IEEE 标识符的接口，接口标识符通常取自于该 IEEE 标识符。对于其他类型的接口，接口标识符则通过其他方式取得。例如，通过使用随机数产生[19]。某些类型的网络接口配备了内嵌的 IEEE 标识符［例如，链路层媒体访问控制（Media Access Control，MAC）地址］，对于这种情况，SLAAC 则使用该 IEEE 标识符生成一个 64 位的接口标识符[12]。根据设计，以这种方式产生的接口标识符，很可能是全球唯一的。然后，依次将接口标识符添加到一个地址前缀的后面，构成一个 128bit 的 IPv6 地址。但是，并不是所有的节点和接口都具有 IEEE 接口。对于这种情况，接口标识符则通过其他的方式（例如，以产生随机数的方式）产生，而且，所得到的接口标识符未必是全局唯一的，也有可能会随着时间而改变。路由器通过地址前缀识别并确定与目标链路相关联的网络。“接口标识符”用来确定存在于子网（即与目标链路相关联的网络）中的目标接口。而且在默认的情况下，“接口标识符”通常是由网卡的 MAC 地址生成的。IPv6 地址是由 64bit 的接口标识符和路由器通告的地址前缀组合构成的。其中，通告的地址前缀由路由器确定，为其所属子网的地址前缀。如果没有路由器，接口标识符仍然能够使PC产生一个“链路本地”地址。“链路本地”地址足以能够让连接到同一个链路（相同的本地网络）上的多个节点彼此之间进行通信。

总之，所有的节点将接口标识符（不论这些接口标识符是取自于IEEE标识符，还是通过一些其他的技术产生的）同保留的本地链路前缀组合在一起，为它们的接口生成链路本地地址。其他的地址随后通过将路由器通告的地址前缀和接口标识符组合在一起产生。其中，地址前缀由路由器通过邻居发现[20]（Neighbor Discovery，ND，定义在RFC 4861文档）机制使用路由通告消息对外告知。

需要注意的是，前面提到，使用SLAAC机制生成的地址中所含有的嵌入式接口标识符，不会随着时间而改变。不过，从理论上来看，只要同一个固定的地址在多个地方使用，就会暴露出安全问题。位于问题节点与通信对端节点之间路径上的攻击者，会针对这一漏洞进行相应的攻击操作，以实现窃取两者之间传输数据报内IPv6地址的目的。由于该标识符嵌入在IPv6地址的内部，属于通信维持的基本属性参数，因此，无法将这一标识符进行隐藏。好在，已经有人提出了这一问题的解决方法，即通过产生一个能够随着时间改变接口标识符[19]，来代替之前使用的始终不变的接口标识符。

IPv6地址可以被“租赁”给某个接口固定的一段时间（也可以是无限的时间）。当租赁时间到期，接口和其被租赁的地址之间的联系将不再有效，并且该地址会被重新分配给其他接口。从管理地址过期时间的角度上看，当地址被分配给一个接口期间，该地址会经历两个状态（阶段）[21]。

（1）首先，地址会处于“首选（preferred）”状态。此时，该地址在任何通信中的使用都不会遭到限制。

（2）在此之后，地址会进入“弃用（deprecated）”状态，表明该地址与当前接口之间的隶属关系将（不久将会）无效。

当地址进入“弃用”状态时，建议不要继续使用这一地址，尽管此时该地址还没有被彻底禁止使用。而且，可能的话，所有新建立的通信（例如，开启新的TCP连接）应当必须使用“首选”地址。通常“弃用”地址只能在特定情况继续被使用，即地址处于“首选”状态时被某些应用使用，当地址进入“弃用”状态后，这些应用难以在不中断当前服务的前提下，将此类地址更换为其他的地址。

为了确保分配的地址（无论是通过手动方式设置的地址，还是通过自动设置的方式分配的地址）在特定的链路上是唯一的，需要使用链路重复地址检测（Link Duplicated Address Detection Algorithm，LDADA）算法。使用重复地址检测算法处理的目标地址被称作（直到这一算法会话期结束）“尝试地址”。在这种检测过程中，如果这种地址确实已经分配给其他接口，从而造成接收分组被丢弃的问题，则并不重要。

接下来，将介绍IPv6地址的形成过程。在一个IPv6地址中，最低的64位用来标识一个具体的接口，并且将这些比特位称为“接口标识符”。最高的64位用来标识网络的地址“路径”或“前缀”，或节点接口连接的多个链路之一的链路上的路由器的地址“路径”或“前缀”。IPv6地址通过将地址前缀与接口标识符相连结而构成。

对于一个主机或设备来说，同时具有IPv6地址和IPv4地址是可能的。当前，大多数支持IPv6的系统允许同时使用这两种协议。对于一个系统来说，通过这种方式就可以既能够支持纯IPv4网络的通信，又能够支持纯IPv6网络的通信，从而使用并运行面向这两种协议开发的应用[21]。

借助隧道方法可以在IPv4网络上传输IPv6数据流量。这种方法是将IPv6数据流量“包装”作为IPv4的数据负载：将发送的IPv6数据流量“封装”到IPv4数据流量中，然后在流量接收端将其解析成IPv6数据流量。这种转换机制可以用作IPv4设备与网络和/或IPv6设备与网络共存运行的方法。例如，“IPv6-in-IPv4隧道”是一种转换机制，可以使IPv6设备通过IPv4网络进行通信。该机制由两个过程构成：先是以常规的方式创建IPv6分组。然后，将这些分组封装到一个IPv4分组中。相反的过程在目标机器上进行，解封装这些IPv6分组。

IPv4地址分配的过程与IPv6地址分配的过程存在很大的不同，IPv4地址分配的过程注重节约地使用地址（由于在IPv4中，地址属于稀缺资源，应谨慎地进行地址管理），而IPv6地址分配的过程则更加注重灵活性。互联网服务提供商遵循RIR有关如何在他们的用户之间分配地址空间的策略部署IPv6系统。RIR建议互联网服务提供商和运营商给每一个IPv6用户分配一个/48网段的子网。这可以使用户在管理他们自己的子网时不需要使用NAT设备（这也就意味着，在IPv6中强制性地要求基于内部网的设备使用NAT的规定将不复存在）。

为了具有最大限度的可扩展性，IPv6协议使用了一种基于基本首部的方法，即在基本首部中包含最小化的信息。这与IPv4的区别在于，不同的选项并不包含在基本首部中。IPv6使用一种称为首部“串联”的机制支持补充的功能。这种方法的优点如下：

（1）众所周知，基本首部的大小总是固定且相同的。相比于IPv4，IPv6对基本首部的格式进行了简化。在IPv6基本首部中，只使用8个字段，而在IPv4首部中，则使用了12个字段。基本IPv6首部有一个固定的长度，因此，节点和路由器处理IPv6基本首部的过程变得更加简单。此外，首部结构对齐到64位，以便迎合未来的处理器（最小64位的处理器），使它们能够以更加高效的方式处理首部。

（2）位于源节点和目的节点之间的路由器（即，在一个特定的分组必须通过的路径上的路由器）不需要处理或理解IPv6分组中基本首部之外的任何“后续首部”。换句话说，在一般情况下，网络（路由器）内部（核心）的节点只需处理IPv6分组的基本首部，而在IPv4中，分组中所有的首部都需要被处理。这种流程机制与MPLS的运作类似，但其在IPv6中的提出却比MPLS提前了很多年。

(3) IPv6没有限制首部能够支持的选项的数量（IPv6基本首部的长度为40字节，而IPv4首部的具体长度取决于使用的选项，一般长度介于20字节到60字节之间）。

在IPv6中，内部/核心路由器不需要处理分组分片，分片处理由端到端（通信双方端点）进行处理。也就是说，源节点和目的节点通过IPv6协议栈，分别处理分组分片和分片重新组装。分片处理主要是将原分组划分成更小的分组或分片[21]。

IPv6标准定义了一系列的扩展首部[16]，见表7-5[22]。

表7-5　IPv6扩展首部

首部（协议ID）	说　明
逐跳（Hop-by-hop Option）选项首部（协议ID=0）	逐跳选项首部主要用于超长报文的处理和路由器警报，资源预留协议（Resource Reservation Protocol，RSVP）是逐跳选项首部的一个应用实例。沿着分组报文传输路径的每一个节点和路由器负责读取和处理该首部字段
目的地选项（Destination Option）首部（协议ID=60）	该首部携带专用于分组目的地址节点需要处理的各种可选信息。MIPv6标准使用目的地选项首部在移动节点（Mobile Node，MN）和家乡代理（Home Agent，HA）之间交换注册消息。移动IPv6是一种可以使移动节点始终保持永久IP地址的协议，即使移动节点当前网络连接点已经发生改变
路由首部（协议ID=43）	IPv6源节点使用路由首部强制分组通过指定的路由路径到达分组的目的节点。当路由类型（Routing Type）字段设置为0时，路由首部中会指定一个分组传输需要通过的中间路由器列表
分片首部（协议ID=44）	IPv6标准建议所有节点使用路径MTU发现（Path MTU Discovery，PMTUD）机制。如果IPv6节点不支持PMTUD机制，而且还必须要沿着分组传输路径发送一个比MTU还要长的分组时，就需要使用分片首部。在这种情况下，节点需要对分组进行分片，并且使用分片首部将每一个分组分片发送出去。然后，目的节点将接收的所有分组分片连接起来，重新组装成原始分组
认证首部（Authentication Header，AH，协议ID=51）	该首部在IPsec中使用，提供认证、数据完整性验证和重放攻击防护。它还可以保护基本首部的部分字段，该首部在IPv4和IPv6中是相同的
封装安全负载（Encapsulating Security Payload，ESP）首部（协议ID=50）	该首部也用在IPsec中，提供认证、数据完整性验证、重放攻击防护和报文保密等功能。与认证首部类似，该首部在IPv4和IPv6中是相同的

(1) 路由首部：与IPv4的源路由选项（Source Routing Option）的功能类似，

该首部用于强制分组按照指定的路由路径传送。

（2）认证首部：用于确保安全性的首部，该首部能够提供认证和分组完整性验证等功能。

（3）封装安全负载（ESP）首部：用于确保安全性的首部，该首部能够提供认证和加密等功能。

（4）分片首部：分片首部的功能类似于 IPv4 标准中的分片选项（Fragmentation Option）提供的功能。

（5）目的地选项首部：该首部中包含了一系列只能由最终目的节点才能处理的选项。MIPv6（移动 IPv6）是该首部的一个应用实例。

（6）逐跳选项首部：该首部包含一组路由器处理某些管理或调试功能所需的选项。

7.4 IPv6 隧道

IPv6 隧道可以用在多种设置中，包括在 MIPv6 中。MIPv6 能够在移动节点和家乡代理之间，同时在两个方向以隧道的方式传送负载分组。IPv6 隧道需要使用 IPv6 封装功能，本节将在随后对这一功能进行讨论。

定义在 RFC 2473 文档[23]中的 IPv6 隧道是一种用在两个 IPv6 节点之间，建立“虚拟链路”的技术，双方节点通过这一链路传输作为 IPv6 分组负载的数据分组。从参与隧道传输的两个节点角度来看，这种被称为“IPv6 隧道”的“虚拟链路”看起来就像一种点对点链路，并且在这种链路上，IPv6 的行为类似于链路层协议的行为。参与 IPv6 隧道的两个节点需要支持特定的角色。其中，一个节点把它从其他节点收到的原始分组或其自身产生的原始分组封装起来，然后将封装产生的隧道分组通过隧道转发出去。另一个节点将其收到的隧道分组解封装，然后将解封装产生的原始分组转发给分组的目标节点，当然也可能转发给它自己。封装节点被称为隧道入口节点，它是隧道分组的源节点。解封装节点被称为隧道出口节点，它是隧道分组的目的节点。IPv6 隧道是一种单方向传输机制——隧道分组流只能按照从隧道入口节点到隧道出口节点单方向传输（如图 7-6a 所示）。双向隧道通过将两个单向隧道合并实现，也就是说，需要配置两个隧道，两个隧道分组传输方向彼此相反——其中一个隧道的入口节点是另一个隧道的出口节点（如图 7-6b 所示）。

需要注意的是，使用单播地址的两个节点之间建立的隧道称为“典型隧道”（此类隧道看起来就像一种“虚拟的点对点链路”）。当然，人们还可以定义另一种隧道，这种隧道的出口节点使用任播地址或多播地址。

1. IPv6 封装

IPv6 封装需要在原始的分组的前面附加一个 IPv6 首部，以及一组可选的 IPv6 扩展首部（见图 7-7），这些扩展首部统称为“隧道 IPv6 首部”。这种封装由 IPv6

隧道入口节点进行，原始分组封装之后被传送到该隧道所表示的虚拟链路中。在分组转发的过程中，将根据该分组协议的转发规则对原始分组进行处理。在封装过程中，隧道 IPv6 首部的源地址字段使用隧道入口节点的 IPv6 地址填充，目的地址字段使用隧道出口节点的 IPv6 地址填充。随后，封装好的隧道分组被发送到隧道出口节点。

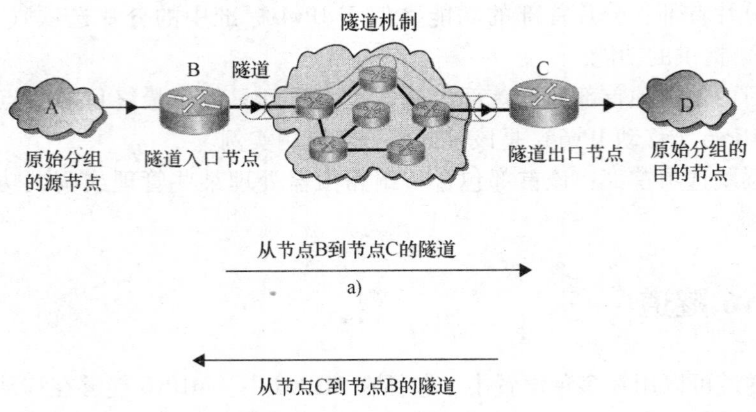

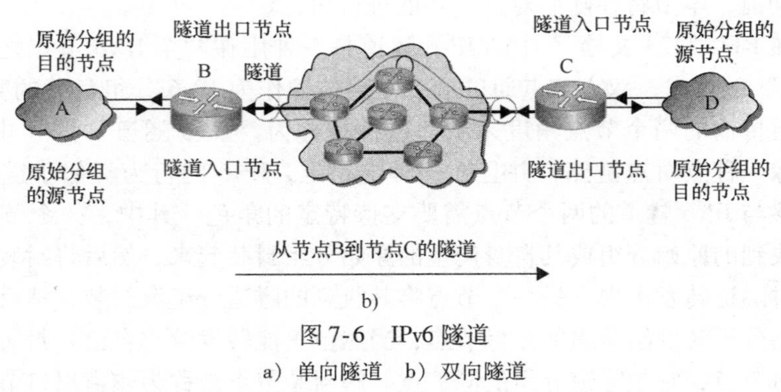

图 7-6　IPv6 隧道

a）单向隧道　b）双向隧道

2. IPv6 中间处理

隧道内的中间节点根据 IPv6 协议对 IPv6 隧道首部进行 IPv6 中间处理。例如，隧道内每一个接收到隧道分组的节点需要处理分组中的隧道逐跳（hop-by-hop）选项扩展首部。隧道路由扩展首部明确指定了分组传输过程中参与处理的中间处理节点，并且以一种更细的粒度控制隧道分组在隧道中的转发路径。隧道目的地选项扩展首部由隧道出口节点处理。

3. IPv6 解封装

IPv6 解封装是一种与 IPv6 封装过程相反的分组处理过程。当收到目的地址为隧道出口节点的 IPv6 地址的分组时，隧道出口节点的 IPv6 协议层将对这一隧道首部进行处理。在分组处理的过程中，严格遵循从左到右的扩展首部处理规则。处理

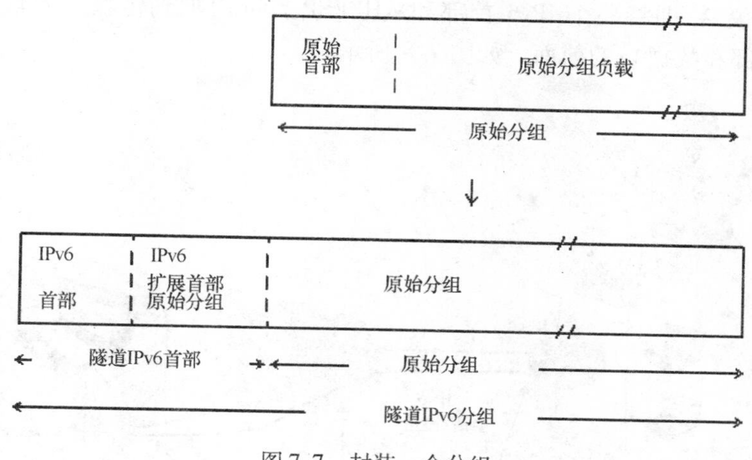

图 7-7　封装一个分组

完成后，控制权交给下一个协议引擎，该协议引擎由上一个处理的首部的“下一个首部（Next Header）”字段指定。如果“下一个首部”字段的值为“隧道协议”，则隧道协议引擎会丢弃该分组的隧道首部，并将隧道首部移除后产生的原始分组传递给“下一个首部”字段值指定的网际协议或其他更底层的协议引擎，做进一步的处理。例如，如果“下一个首部”字段的值为 IPv6 隧道协议，则产生的原始分组会被传递到 IPv6 协议层，进行处理（隧道出口节点负责将接收的隧道分组进行解封装处理，而目的节点负责接收隧道首部移除之后产生的原始分组，这两种节点可以是同一个节点）。

7.5　IPv6 的 IPsec

如前所述，IPsec 提供网络级的安全性保护，其中应用数据被封装在 IPv6 分组中。IPsec 本身是一组（2 个）协议：ESP，提供数据完整性验证和安全性保护；AH，提供数据完整性验证。IPsec 正是利用 AH 首部和/或 ESP 首部对外提供安全性保护（AH 首部和 ESP 首部可以分别使用，也可以组合使用）。使用 ESP 首部的 IPsec 能够提供数据完整性验证与数据源认证、数据保密以及可选的（由分组接收者决定）回放攻击防护功能（相关的 RFC 文档不鼓励仅使用数据加密功能，而不使用数据完整性验证功能）。此外，ESP 首部还可以提供有限的数据流加密功能。AH 首部和 ESP 首部的使用方法如下[16]：

（1）隧道模式（Tunnel Mode）：该协议适用于整个 IP 分组，用于确保整个分组的安全性。在这种方式中，原始 IP 分组被一种新的 IPv6 首部和一个 AH 首部或 ESP 首部包裹。

（2）传输模式（Transport Mode）：该协议只适用于传输层（例如，TCP、UDP

和 ICMP 协议)，即将一个 IPv6 首部和 AH/ESP 首部附加到传输层协议数据单元（传输层首部和数据）的前面，如图 7-8 所示。

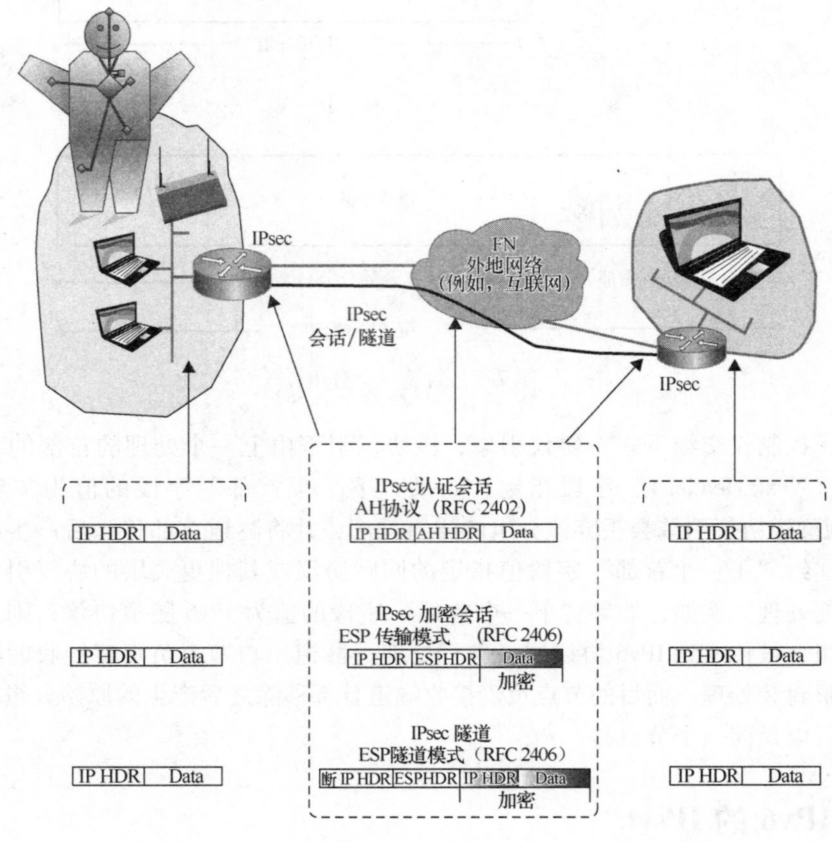

图 7-8　IPsec 网络环境

应当指出的是，虽然长期以来基本的 IPv6 标准一直没有什么大的变化，但是 IETF 仍然在针对 IPv6 标准进行了大量的工作，尤其是在解决具有高度可扩展性的 IPv6 站点多归属地（家乡网络）支持问题的方面，以及在解决仅支持 IPv6 的主机和仅支持 IPv4 的主机之间的 IP 层互联问题的方面。对于应用层上的 IPv6/IPv4 互联问题，采用部署原生的 IPv6 双栈模型（original dual-stack model）进行处理解决：参与应用程序会话的任意一端将采用双栈（dual-stack）连接或使用一个双栈中介，如超文本传输协议（Hypertext Transfer Protocol，HTTP）代理或简单邮件传输协议（Simple Mail Transfer Protocol，SMTP）服务器，它们将共同为仅支持 IPv4 的主机或应用程序和仅支持 IPv6 的主机或应用程序提供接口[24]。

7.6 首部压缩方案

IPv6 的实现与应用增加了人们对扩展分组首部的担忧，尤其是在视频和无线（低带宽信道）应用领域。正如前面章节指出的，IPv6 分组首部的长度相比于 IPv4 首部长度增长了一倍之多。IPv4 分组的首部长度为 20B，而 IPv6 分组的首部长度至少为 40B。这使得在 IPv6 中使用网络层加密机制将增加几乎一倍的运行开销。因此，首部压缩（Header Compression，HC）技术对于 IPv6 来说具有重要的使用意义和实用价值。目前，首部压缩在商用网络中的使用一般还比较少，但无线和视频应用（尤其是在 IPv6 环境）很可能成为未来推动该技术广泛使用和部署的重要驱动因素。

首部压缩算法能够降低扩展 IPv6 首部带来的对性能和吞吐量的影响，以及协议产生的性能开销。请读者考虑这样一种情况，传输携带恒定 20B 负载的分组，却使用了 40B 的 IPv6 首部。假设链路的数据传输率为 1Mbit/s，那么在 1s 的时间里，在此链路上传输的约 666KB 数据都属于 IPv6 首部开销，只有约 333KB 的数据属于实际的用户数据。这也就意味着，将近 66% 的传输数据属于 IPv6 首部开销。接下来，请再来考虑一种情况，同之前的情况使用相同大小的负载，但是分组的首部大小变成 2B 的压缩首部。现在同样还是在 1s 的时间内，约 90KB 的传输数据属于 IPv6 首部开销，而将近 910KB 的传输数据属于实际的用户数据。这就意味着，只有 9% 的传输数据属于首部开销。这个例子表明，在理论上首部压缩算法能够将首部开销降低 95%。这里将这种开销定义为“IP 首部字节数/传输的总字节数”。由此可见，分组的长度越大，开销就越小，因为作为分母的传输的总字节数大。研究表明，虽然互联网上传输分组的平均长度约为 350～400B，但是相当大的一部分互联网流量的长度其实是很短的（例如，40B 或更少）[25]，这取决于封装协议，视频分组的长度也可以是很小的，例如，根据数字视频广播（Digital Video Broadcasting，DVB）标准（例如，DVB-T、DVB-C、DVB-S 和 DVB-S2），基本的分组长度仅为 204B，这就意味着，不使用首部压缩的话将导致相当大的开销百分比（为了便于理解举例如下，在 DVB 分组上，40B 的 IPv6 首部将导致 40/244 = 16.39% 的开销，如果假设将每个分组的首部大小压缩到 2B，那么这一开销将仅为 2/206 = 0.97%。可见对于长度较小的分组来说，首部压缩的效果相当明显）。

此外，还有一些其他的协议开销。使用 RTP 协议携带数据的应用，除了链路层帧头部外，还有一个 IPv4 首部（20B）、一个 UDP 首部（8B）和一个 RTP 首部（12B），总共 40B。使用 IPv6 的话，IPv6 的首部长度为 40B，此时总的分组首部长度为 60B（将 20B 的 IPv4 首部替换为 40B 的 IPv6 首部）；使用 TCP 传输数据的应用，具有 20B 的传输首部。那么，对于 IPv4 来说，总的首部长度将为 40B；对于 IPv6 来说，总的首部长度则达到 60B[26]。

通常首部压缩技术应用在基于单跳的链路上，针对主干网的逐跳首部压缩技术的应用相对较少，因为要想在这样的网络上实现首部压缩，需要多次的压缩-解压缩循环过程。这会导致核心网络节点可扩展性和资源问题的出现。IETF经过过去几年的研发，提出了一种适用于多跳主干网的首部压缩应用框架。例如，适用于MPLS骨干网的首部压缩技术和适用于移动自组网（Mobile Ad-hoc Network，MANET）的首部压缩技术（在这类网络中使用首部压缩技术，需要在计算处理、电源要求和节省带宽之间进行利弊权衡）。

通常按照习惯，一般在第3层（IP）和第4层的几个协议的首部上使用压缩技术。例如，使用压缩技术可以将RTP/UDP/IPv6的首部长度从60B压缩到2~4B，如图7-9所示。首部压缩算法还可以减少网络层加密机制（例如，IPsec）引入的额外开销。处理加密/解密的压缩算法的功能有：①在加密之前压缩内部首部；②在加密之后压缩外部ESP/IP首部。

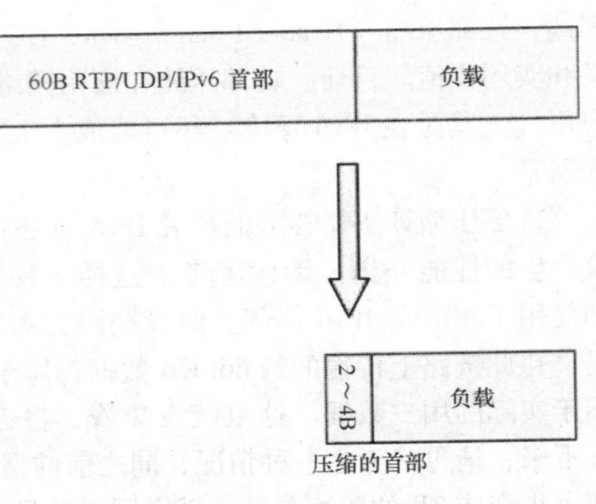

图7-9 IPv6首部压缩

近年来，IETF提出了两种压缩协议：

（1）IP首部压缩（Internet Protocol Header Compression，IPHC），是一种面向低误码率（Bit Error Rate，BER）链路（相关压缩过程的介绍最初定义在RFC 2507和RFC 2508文档中，之后在RFC 4995、RFC 4996和RFC 4497文档中，对其做出了进一步的讨论）设计的压缩方案。它提供了TCP/IP、UDP/IP、RTP/UDP/IP以及ESP/IP首部压缩功能。增强的RTP/UDP/IP首部压缩（Enhanced Compression of RTP/UDP/IP，ECRTP）功能定义在RFC 3545文档中。

（2）鲁棒首部压缩（Robust Header Compression，ROHC），是一种面向无线链路设计的首部压缩方案，相比于IPHC方案，该方案以更大的实现复杂度为代价，提供了更加强大的压缩能力（相关压缩过程的介绍最初定义在RFC 3095和RFC 3096文档中，之后在其他RFC文档中对其做出了进一步的开发）[26-28]。ROHC方案更加适合于高误码率、长往返时延（Round-Trip Time，RTT）的链路。而且，它还支持ESP/IP、UDP/IP和RTP/UDP/IP首部压缩功能。

在一个链路上，压缩过程体现在源节点（例如，压缩器）和目的节点（例如，解压器）上。首部压缩算法利用协议分组内部首部字段的冗余，提高整体效率。压缩器和解压器将每一个分组流的首部字段储存下来，并且为每一个分组流关联一个上下文标识符（Context Identifier，CID）。只要收到带有与其上下文相关联的分组，压缩器就会将 IPv6 首部字段从分组首部中移除，并且附上一个 CID。只要收到带有 CID 的分组，解压器就会将 IPv6 首部字段插回到分组首部中，然后将分组发送出去[25]。在第 4 版和第 5 版的第三代移动通信标准［由第三代合作伙伴项目（3GPP）组织负责制定］中，规定了对 IPHC 和 ROHC 方案的支持。此外，思科路由器使用的互联网络操作系统（Internetwork Operating System，IOS）也实现了 IPHC 方案的功能。

点对点协议（Point-to-Point Protocol，PPP，定义在 RFC 1661 文档中）主要提供了三种功能：①在串行链路上封装数据报的方法；②用于建立、配置和测试数据链路连接的链路控制协议（Link Control Protocol，LCP）；③一组用于建立和配置不同网络层协议的网络控制协议（Network Control Protocol，NCP）族。要想在一个点对点链路上建立通信连接，PPP 链路的每一端必须首先发送 LCP 分组来配置和测试数据链路。当链路建立并使用 LCP 按需协商完可选设备之后，PPP 必须发送 NCP 分组，选择一个或多个网络层协议，并对所选的协议进行配置。只有所有已选的网络层协议全部配置完毕，才能在这一链路上发送来自任何一个已选网络层协议的数据报。该链路将一直保持这种通信配置，直到有明确的 LCP 或 NCP 分组将这一链路关闭，或者一些外部事件（例如，另一端电源故障、载波跌落等）发生，导致这一链路中断[29]。

在 RFC 5072 文档的定义中，用在 PPP 上建立和配置 IPv6 的 NCP 被称作 IPv6CP。同时，RFC 5172 文档规定了需要在 IPv6 数据报压缩过程中使用的压缩参数。此外，RFC 5172 文档还描述了一些配置选项，这些选项提供了一种协商方式，用于协商具体应当使用何种 IPv6 压缩协议。IPv6 压缩协议配置选项（IPv6-Compression Protocol Configuration Option）用于指定接收压缩分组的能力。IPv6 压缩协议（IPv6-Compression Protocol）字段用于指定具体使用哪种压缩协议。该字段取值为 0061，表示使用 IPHC 方案；取值为 0003，表示使用 ROHC 方案。

7.7　IPv6 服务质量（QoS）

ETSI 标准要求 M2M 系统应当能够使用由底层网络支持的 QoS（Quality of Service，服务质量）功能。也就是说，当系统实现了 QoS 功能后，M2M 应用或服务就可以使用底层网络提供的 QoS 能力了[13]。IPv6 支持 QoS 功能，在 IPv6 首部中，有两个与 QoS 相关的字段：

（1）20bit 流标签（Flow Label），用于以集成服务（IntServ）为基础的环境。在集成服务的环境中，流量的性能保证和资源预留是基于每一个流［流（Flow）：由两端的 IP 地址、端口号、协议号确定］而提供的。集成服务环境可以支持两种服务能力：保证服务和负载控制服务。不过，集成服务方法存在可扩展性方面的问题。

（2）8bit 业务类别标识符（Traffic Class Indicator），用于以区分服务（DiffServ）

为基础的环境。区分服务环境是比较常见的。业务类别字段可以用来设置特定的优先级或差分服务代码点（Differentiated Services Code Point，DSCP）取值。这些值的使用方式与在 IPv4 中的使用方式完全相同。只为总的流量整体提供性能保证，而不是面向具体的流提供性能保证。区分服务将所有的网络流量进行分类，可以支持两种截然不同的类型（每一跳的转发行为）。

1）加速转发（Expedited Forwarding，EF）：旨在通过减少抖动，为不同的业务类别提供 QoS 保证，并且致力于提供更加严格的质量保证。

2）确保转发（Assured Forwarding，AF）：将转发行为最多分为 4 类，每类最多划分为 3 个不同的分组丢弃优先级。

没有专门用于资源分配（管理控制）的信令协议和 QoS 控制机制，下面列出了一些典型的优先级等级，不过可能同实际使用的优先级之间存在一定的差异：

1）Level 0—无指定优先级。

2）Level 1—背景流量（如新闻）。

3）Level 2—无人为参与的数据传输（如电子邮件）。

4）Level 3—保留。

5）Level 4—需要人为参与的批量数据传输（如 FTP）。

6）Level 5—保留。

7）Level 6—交互式流量（如 Telnet、远程登录窗口）。

8）Level 7—控制流量（如路由、网络管理）。

7.8　IPv6 的迁移策略

7.8.1　技术方法

如今用于 IPv4 系统和 IPv6 系统并行运行的基础设施已经到位，但 IPv6 广泛部署的进度仍然比较缓慢。其原因主要有两个方面：一个是这两个系统不能直接互通（IPv4 和 IPv6 协议能够共存，但是它们无法直接互通）；另一个是迄今为止促使供应商和终端用户企业引入 IPv6 技术的经济方面的诱因仍然相当的有限[4]。因此，可以预计，实现目前的 IPv4 网络全面向 IPv6 环境迁移，仍将相当的复杂。不过，随着用户数量的增长和 IPv4 地址的耗尽，在不久的将来，大规模地部署 IPv6 的情况必将出现。人们预计，物联网/M2M 应用将会推动 IPv6 的部署进程。在这种迁移进程的初期，实现 IPv4 和 IPv6 这两种环境之间的网络互联是非常重要的[6]。人们需要将现有的 IPv4 端点和/或节点改造成能够运行双栈（即双协议栈）的节点或转换成 IPv6 系统。不过好在新修订的 IPv6 协议可以支持兼容 IPv4 的 IPv6 地址，这类 IPv6 地址使用了嵌入的 IPv4 地址。而且，前面已经介绍过的隧道技术，在这种迁移进程初期，也将发挥着重要的作用。此外，对于希望引入 IPv6 服务的组织来说，还有很多其他的要求[30]：

（1）现有的 IPv4 服务不应当受到不利干扰或中断（例如，由于路由器需要将 IPv6 分组封装到 IPv4 分组内进行隧道化传输，在路由器完成这种处理的过程中，可能会对路由器提供现有 IPv4 的服务带来一定的影响）。

（2）IPv6 服务应当提供与 IPv4 服务类似的性能（例如，使用 IPv4 的线路速率和类似的网络特性）。

（3）提供的服务必须是可管理的，并且能够进行监控（因此，那些在 IPv4 环境中使用的管理和监控工具，在 IPv6 环境中也能够获得到并可以使用）。

（4）网络的安全性不应当由于使用的附加协议本身或任何过渡机制的弱点，而遭受攻击和威胁。

（5）必须制定 IPv6 地址分配计划。

如 RFC 2893 文档所述，一些著名的互联网络机制如下：

（1）双 IP 层（也称为双栈）：一种可以对两种 IP（IPv4 协议和 IPv6 协议）实现完全支持的技术，应用在主机和路由器中。

（2）基于 IPv4 网络配置 IPv6 隧道。使用将 IPv6 分组封装到 IPv4 首部的方法，在 IPv4 网络路由设施上构建 IPv6 点对点隧道，从而实现对 IPv6 分组的传输。

（3）基于 IPv4 网络的自动 IPv6 隧道：该机制使用兼容 IPv4 的 IPv6 地址，实现在 IPv4 网络上自动地通过隧道传输 IPv6 分组。

如 RFC 2893 文档所述，隧道技术包括以下方法：

（1）基于 IPv4 网络的 IPv6（IPv6-over-IPv4）隧道：这种技术是将 IPv6 分组封装到 IPv4 分组中，从而实现在 IPv4 路由设施上传输 IPv6 分组。

（2）配置隧道：IPv6-over-IPv4 隧道中的 IPv4 隧道端点地址由封装节点的配置信息确定。这种隧道既可以是单向的，也可以是双向的。其中，双向配置隧道的功能类似于虚拟的点对点链路。

（3）自动隧道：IPv6-over-IPv4 隧道中的 IPv4 隧道端点地址由正在使用隧道传输的 IPv6 分组的目的地址确定，该目的地址是一个 IPv4 地址，它嵌入在与 IPv4 地址兼容的 IPv6 地址中。

（4）IPv4 多播隧道：IPv6-over-IPv4 隧道中的 IPv4 隧道端点地址由使用邻居发现机制获得的结果确定。与配置隧道不同，此类隧道不需要任何的地址配置；同时，此类隧道也不同于自动隧道，因为它不需要使用兼容 IPv4 的地址。不过，该机制假设的前提是，IPv4 设施支持 IPv4 多播功能。

应用程序（以及底层的协议栈）需要被正确地配置。有关互操作性技术的一些例子包括：双栈技术和隧道技术。其中，隧道技术又分为 IPv6-in-IPv4（例如，6to4、6rd 和协议 41）、IPv4-in-IPv6 以及 IPv6-in-UDP（如 Teredo 和 TSP）。如 RFC 4038 文档所描述的，对于这些技术存在 4 种应用情景：

（1）情景 1：双栈节点上仅支持 IPv4 的应用程序。节点已经能够支持 IPv6 协议，但节点上的应用程序尚未移植成能够支持 IPv6 协议的程序。这种情景的协议栈示意图如下：

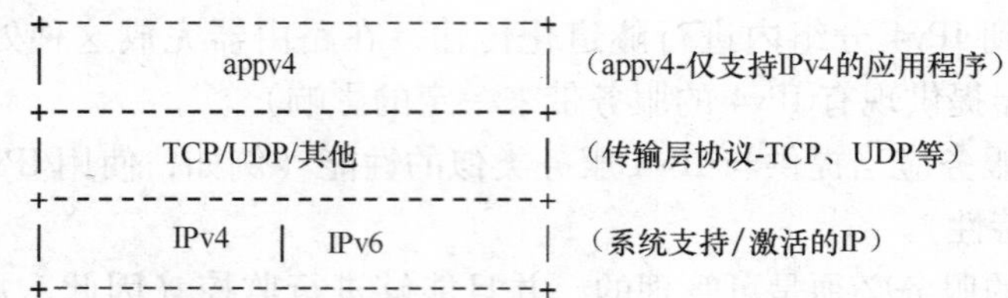

（2）情景 2：双栈节点上仅支持 IPv4 的应用程序和仅支持 IPv6 的应用程序。应用程序仅向支持 IPv6 协议的方向移植。因此，在这样的节点上存在两种功能类似的应用程序，同一个应用程序会面向不同版本的 IP，产生不同版本的应用程序变体（例如，面向 IPv4 的 ping 程序和面向 IPv6 协议的 ping6 程序）。这种情景的协议栈示意图如下：

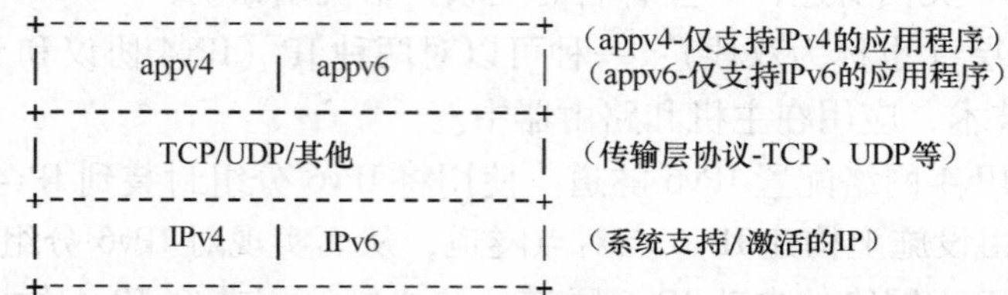

（3）情景 3：双栈节点上同时支持 IPv4 和 IPv6 协议的应用程序。应用程序向同时支持 IPv4 和 IPv6 协议的方向移植。因此，节点上现存的 IPv4 应用程序会被移除。这种情景的协议栈示意图如下：

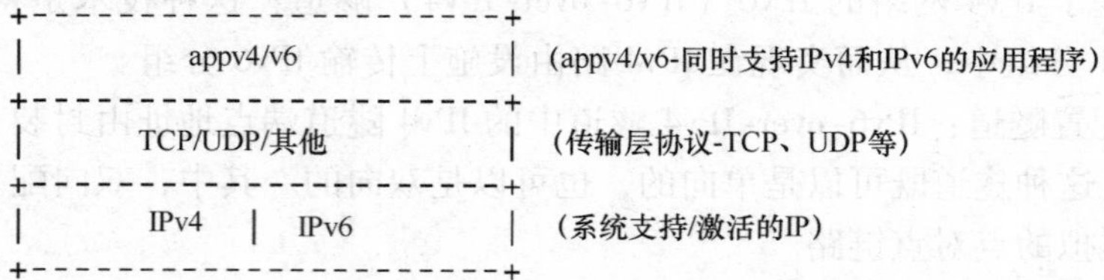

（4）情景 4：仅支持 IPv4 的节点上的同时支持 IPv4 和 IPv6 协议的应用程序。应用程序向同时支持 IPv4 协议和 IPv6 协议的方向移植。但是，在没有使用 IPv6 协议时（例如，操作系统还没有启用 IPv6），面向 IPv4 协议的应用程序版本仍将正常运行。这种情景的协议栈示意图如下：

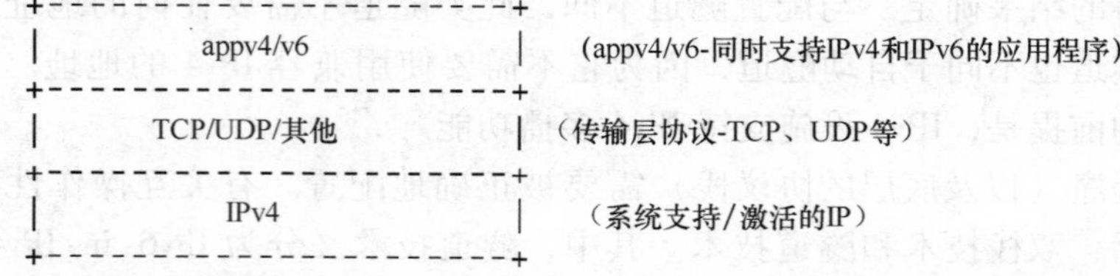

前面的两种应用情景仅面向近期或短期的 IPv6 迁移进程；只有少数的应用程序在本质上属于专门面向 IPv4 或专门面向 IPv6 的应用程序。因此，其他的应用程序应当在两种协议下正常工作，无须考虑正在使用的是哪一种协议。

但是，应当注意的是，这种从一个纯IPv4网络向一个IPv4与IPv6共存的网络的转换会带来很多额外的安全问题。因此，在部署IPv6，运行维护双协议网络和使用相关联的转换机制时[7,31]，应将这些在网络迁移过渡过程中产生的安全问题纳入到考虑的范围，制定具体的应对措施。

图7-10描述了一些基本的IPv6载波支持场景。情景a）和情景b）代表传统的环境，其中载波链路既可以支持一个用于连接的无干扰信道（例如，两个IPv4路由器），也可以支持一个具有IP感知能力的网络（无论哪一种情景，图中左边的“云”既可以是使用IPv4的互联网，也可以是使用IPv6的互联网）。

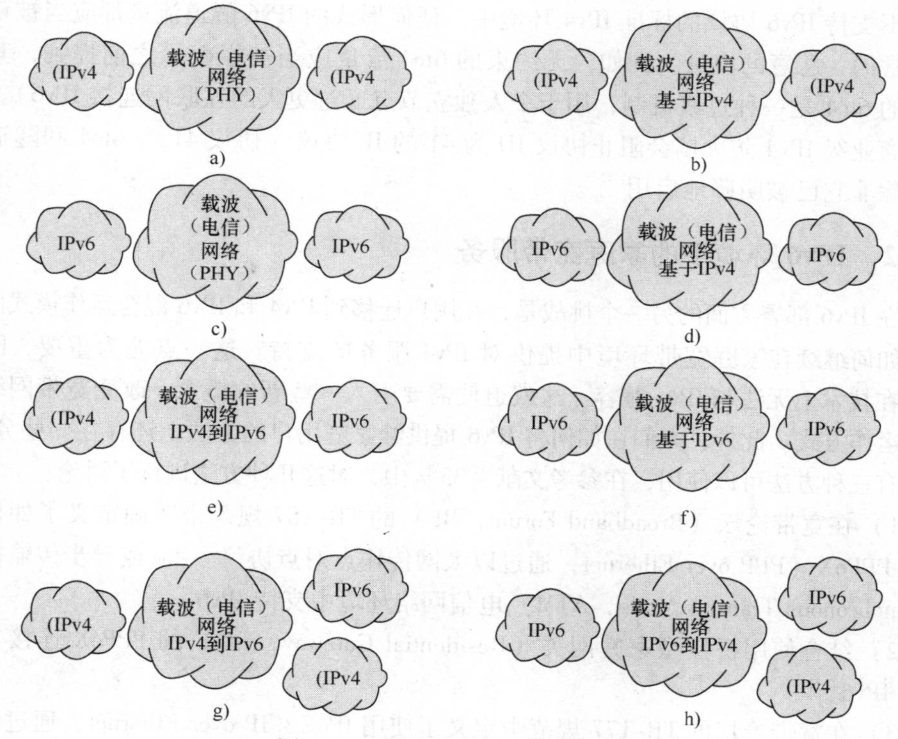

图7-10　载波网络中的IPv6支持

在情景c）中，载波链路作为一种对上层透明的链路存在，用于连接两个IPv6路由器。载波链路不知道（也不需要知道）自己正在传输IPv6协议数据单元。在情景d）中，载波系统是一个基于IPv4的网络，因此使用这种环境支持IPv6，需要IPv6在非IPv6的网络上使用隧道模式，这也是IPv6协议的功能之一。

在情景e）中，载波设施需要在IPv4世界和IPv6世界（这可能需要从IPv4格式向IPv6格式重新封装IP协议数据单元）之间提供一种网关功能。情景f）是理想的长期情景。在这种情景中，整个网络世界已经完成了向IPv6协议迁移的转换，包括载波网络也完成了向IPv6协议的转换。

在情景g）中，具有IP感知能力的载波网络提供了一种转换功能，它可以实现支持IPv4（作为基准）协议功能和支持IPv6（作为一种“新技术”）协议功能的切换，这种转换功能可能是通过利用一种双栈机制实现的。在情景h）中，具有IPv6感知能力的载波网络提供了对IPv6（作为基准）协议的支持功能，同时还提供了一种转换功能，用于支持传统的IPv4协议。

一些用户组织表达了对IPv6环境中存在的安全问题的担忧，这些担忧从根本上是源自于隧道和防火墙问题。感兴趣的读者可以参阅参考文献［7］，对这一专题进行广泛的讨论并寻求解决这一问题的工具和技术。即便是对于负责运维纯IPv4环境的网络/安全管理人员，也需要了解IPv6相关的安全问题。因为，在一个明确不支持IPv6协议的标准IPv4环境中，任何形式的IPv6隧道流量都应当被认为是异常的、恶意的流量。例如，无约束的6to4流量应当被拦截（之前提到，其他地方的6to4是一种过渡机制，用于个人独立节点通过更大的互联网连接IPv6）。大多数商业级IPv4防火墙会阻止协议ID为41的IP协议（协议41）、6to4和隧道协议，除非它已被明确地启用[32]。

7.8.2 IPv6环境下的家庭宽带服务

在IPv6部署方面的另一个挑战是，在用户迁移到IPv4和IPv6混合运作模式的同时，如何继续在家庭宽带环境中提供对IPv4服务的支持。这一点尤为重要，因为IPv6在技术上无法与IPv4兼容。这就迫使需要引入一些新的概念，改变宽带网络的现有运作方式。此外，人们在如何将IPv6提供给家庭用户的方法上还存在一些分歧。这里有三种方法可以使用，在参考文献［33］中，对这几种方法进行了讨论：

1）在宽带论坛（Broadband Forum，BF）的TR-187规范中明确定义了如何在使用PPPoX（PPP over Ethernet，通过以太网传输点对点协议）和/或异步传输模式（Asynchronous Transfer Mode，ATM）电信网络环境中支持IPv6。

2）结合使用桥接型家庭网关（Residential Gateway，RG）的PPPoX连接方式支持IPv6。

3）在宽带论坛的TR-177规范中定义了使用IPoE（IP over Ethernet，通过以太网传输IP协议）支持IPv6。

1. 方法1

使用PPPoX/L2TP（Layer 2 Tunneling Protocol，第2层隧道协议）引入IPv6不会对接入和汇聚网元产生任何影响。IPv6的PPP会话认证方式与IPv4一样，使用PAP（Password Authentication Protocol，密码认证协议）/CHAP（Challenge Handshake Authentication Protocol，挑战握手认证协议）或option 82㊀。并且，IPv4和

㊀ option 82是DHCP报文中的中继代理信息选项（Relay Agent Information Option），是为了增强DHCP服务器的安全性，改善IP地址配置策略而提出的一种DHCP选项。—译者注

IPv6会话认证可以在同一个认证阶段［使用RADIUS（Remote Authentication Dial-in User Service，远程认证拨号用户服务）进行认证］同时进行。由于PPPoX IPv6 CP（Control Protocol，控制协议）只定义了链路本地地址（Link-Local Address，LLA），而全球IPv6地址通常由DHCP或SLAAC分配。要想支持使用PPP终端与汇聚点（PPP Termination and Aggregation，PTA）/L2TP网络服务器（L2TP Network Server，LNS）模型的IPv6路由型家庭网关（RG），需要在家庭网关和BNG（Broadband Network Gateway，宽带网络业务网关）/BRAS（Broadband Remote Access Server，宽带远程接入服务器）之间使用下列机制确保IPv6连接：

（1）PPPoE IPv6 CP将用于链路本地地址（LLA）分配。

（2）DHCPv6的前缀委派［前缀委派的身份关联（Identity Association for Prefix Delegation，IA - PD）］机制用于获取局域网（LAN）地址前缀。

（3）无状态DHCPv6用于获取其他配置参数。

（4）当部署编号（numbered）的RG模型时，有状态的DHCPv6［非临时地址的身份关联（Identity Association for Non-temporary Addresse，IA-NA）］用于获取家庭网关的IPv6地址；而部署未编号（unnumbered）的RG模型时，则不需要上述地址获取过程。

（5）使用路由器通告消息分配默认网关。

2. 方法2

使用桥接型家庭网关需要执行下述机制：

（1）PPPoX IPv6 CP用于链路本地地址分配（LLA）。

（2）SLAAC用于使主机获得全球单播IPv6地址。

（3）无状态DHCP用于获取其他配置参数。

（4）使用路由器通告消息分配默认网关。

因此，要想在电信网络环境中支持IPv6，需要使用面向IPv6的PPPoX业务部署IPv6。在提供PPPoX业务时，使用N:1虚拟局域网（Virtual Local Area Network，VLAN）/1:1虚拟局域网的体系结构或桥接型家庭网关模型，对于部署IPv6还是IPv4没有区别。不过，在采用PPPoX的宽带网络中引入IPv6总是会对BNG/BRAS、CPE和使用路由网关模式的家庭网关产生影响。

3. 方法3

引入IPv6 IPoE对网络的影响主要取决于部署的VLAN模型是1:1模型还是N:1模型，以及家庭网关的运作模式是桥接型还是路由型部署模式。使用桥接型家庭网关模式，通过IPoE支持IPv6的影响取决于终端设备获取地址的方式是DHCP还是SLAAC。采用DHCP时，桥接型家庭网关IPoE模型与路由型家庭网关IPoE模型的主要区别是，只对主机分配一个IA地址而不需要DHCP PD（DHCP Prefix Delegation，地址前缀委派）地址。值得关注的是，必须要确保家庭网络中的IPv6设备之间的通信在本地完成，而不通过 BNG。

7.8.3　部署时机

到 2013 年早期，IPv6 还没有得到大面积的普及，部分原因是目前 IPv6 节点的数量还相当的少。不过，如今 IPv6 的部署已经开始获得了推动。日渐枯竭的 IPv4 地址空间已经使互联网服务提供商（ISP）不得不做出选择，可选的方案主要有以下三种，ISP 可以从中选出一种或多种应对方案[24]：

（1）更加努力地压缩 IPv4 地址空间的使用，节约 IPv4 地址。为企业用户分配越来越小的地址块，并且可能的话，允许在 ISP 之间买卖地址块。

（2）部署多层 NAT 设备或通过其他方法共享 IPv4 地址，例如使用地址加端口映射（Address-Plus-Port Mapping，APPM）的地址共享方法。

（3）部署 IPv6，运行 IPv4-IPv6 共存和互通机制。

RFC 5514（2009 年 4 月）文档提出通过将所有的社交网络平台转换成 IPv6 网络的方法，极大地增加 IPv6 主机的数量。这会立即增加数百万的 IPv6 主机到现有的 IPv6 互联网中。

现在这个时候，主机（个人计算机、服务器）和网络设施（路由器、交换机）一般都已经为 IPv6 的部署做好了准备，只是一些组织需要将它们的终端-终端的环境进行整体地升级。服务提供商（例如，Google）已经为它们的用户部署了 IPv6 站点，并且用户已经开始了使用这些站点。事实上，在 2011 年 6 月 8 日这天，即“世界 IPv6 日”，很多大公司（包括 Google、Facebook、Yahoo!、Akamai 和 Limelight Networks）计划了一次为期 1 天的 IPv6 地址运行测试，用以鼓励和促进向新的地址命名空间的过渡。在那天，这些组织计划通过 IPv6 提供其服务内容，进行 24h 的“试飞”，组织策划这次“试飞日”的目的是激励各个行业的组织（包括 ISP、硬件制造商、操作系统厂商和网络公司等）面向 IPv6 准备其服务，以确保随着 IPv4 地址的耗尽后顺利过渡到 IPv6 环境。不过，在世界 IPv6 日这天，互联网用户不会感到有什么不同，他们不需要做什么与往常不一样的事情。而 Web 服务商、ISP 和操作系统制造商正计划更新其系统，以确保互联网用户使用的服务不受到间断等影响。不过，在极少数的情况下，参与网站访问时，用户仍然可能会遇到连接问题。用户可以访问 IPv6 测试网站，检查其连通性是否受到影响。其他组织如果想要在世界 IPv6 日，使它们的公司网站能够通过 IPv6 被在线访问，需要使用双栈技术使它们的网站能够通过 IPv6 网络被访问，而且还要为它们的网站提供一个 AAAA 记录㊀。当然，在这次活动期间，IPv4 网站仍然可以通过 IPv4 网络被访问，不会受到影响。

㊀ AAAA 记录（AAAA Record）是用来将域名解析到 IPv6 地址的 DNS 记录。用户可以将一个域名解析到 IPv6 地址上，也可以将子域名解析到 IPv6 地址上。—译者注

根据互联网协会（Internet Society，ISOC）统计数据，世界IPv6日当天，有超过1000多个大型网站运营商将网站切换到兼容IPv6的网站主页，这是迄今为止，下一代地址协议最大规模的同时在线运行记录。这一天在技术上取得了相当大的成功。据报道将近三分之二的参与者对这一结果表示相当的满意，他们表示将继续在其设备上开启IPv6功能。尽管如此，只有0.16%的Facebook用户使用纯IPv6网络访问Facebook，0.04%的用户使用6to4隧道的方式访问Facebook。而在这一天的活动中，共有约100万的访问者。

在DNS中，主机名称与IPv6地址之间的映射关系通过AAAA（也称为4A）资源记录（Resource Record，RR）的方法实现。IETF规定在主机名与IPv6地址之间的正向映射使用AAAA RR实现，反向映射使用指针资源记录（Pointer RR，PTR）实现。RFC 3596文档介绍了IPv6 AAAA RR方法。一个IPv6条目的正向DNS条目使用AAAA登记，既可以使用完整的IPv6地址登记，也可以使用简写符号“::”登记。PTR与AAAA RR相反，用在反向映射区域文件中，将一个IPv6地址映射成一个主机名称。

在过去的几年里，1级（Tier-1）电信公司[㊀]一直在升级它们的网络基础设施，以应对最终的网络过渡，很多内容提供商也做了相同的事情。例如，从2011年初，Comcast[㊁]（美国康卡斯特公司）就已经开始以一种“纯粹双栈（Native Dual-Stack）”的配置方式向它的有线调制解调器用户分配IPv6地址。在这种配置方式下，Comcast公司的用户同时具有IPv4地址和IPv6地址，并且可以通过两个系统访问Comcast公司提供的内容和服务。Comcast公司首批启用IPv6的25个用户于2011年1月11号在科罗拉多州的利特尔顿镇首次通过IPv6上线，使用Comcast提供的内容和服务。时代华纳有线电视（TimeWarner Cable）公司已经签署了IPv6业务的商业用户合同，并计划在2011年初开始部署家庭IPv6网络试运营服务。人们预计，时代华纳有线电视也将采用类似Comcast公司使用的双栈技术部署IPv6网络服务。此外，在2011年域名基础设施公司VeriSign[㊂]，也将提供商业服务，帮助其

㊀ 一个国家的一级电信公司，即Tier-1 IBP（顶级骨干网运营商），它不需从国内其他IBP处购买转接服务，只需通过与其他IBP建立对等互联就能接入整个互联网。中国10家骨干网运营单位中只有中国电信与中国网通属于Tier-1 IBP（顶级骨干网运营商），其他8家运营单位则是Tier-2 IBP。中国电信、中国网通对等互联、互不结算；其余8家运营单位之间对等互联、互不结算；与中国电信或中国网通互联的企业，向中国电信或中国网通单向支付结算费用，非对称互联。—译者注

㊁ Comcast，康卡斯特公司（Comcast Corporation，CMCSA），是美国一家主要有线电视，宽带网络及IP电话服务供应商，总部位于宾夕法尼亚州的费城，拥有2460万有线电视用户，1440万宽带网络用户及560万IP电话用户，是美国最大的有线电视公司。康卡斯特亦是美国第二大互联网服务供应商，仅次于AT&T之后。2014年2月13日，Comcast宣布以452亿美元收购美国第二大有线电视运营商时代华纳有线（Time Warner Cable）。—译者注

㊂ 威瑞信（Verisign）是美国一家专注于多种网络基础服务的上市公司，位于加州山景城。该公司将他们的业务统称为“智能基础设施服务”（Intelligent Infrastructure Services）。—译者注

他公司完成向 IPv6 过渡[4]。

除了为了补充现有的 IPv4 网络和不需要额外支付费用外，让 ISP 快速部署 IPv6 用户站点是打破目前 IPv6 迟迟难以大规模部署使用僵局的一种方法：ISP 需要等待用户对 IPv6 需求的出现，才会部署 IPv6；只要应用供应商声称它们的产品能够在现有的网络设施上正常运行（这些应用可以使用基于 NAT 的 IPv4 网络），用户就不需要 IPv6；只要 ISP 不大规模地部署 IPv6，应用供应商就只会将投资集中在提升应用对 NAT 穿透技术的兼容性上。但是，大多数 ISP 不愿意不加价就提供 IPv6 服务，除非它们为此承担的投资和运营成本很小。出于最小化投资金额和运营成本方面的考虑，ISP 更愿意向用户提供路由器 CEP（Customer Premise Equipment 用户终端设备），这对 ISP 来说最为有利：ISP 只需升级路由器 CEP，并且在它们的 IPv4 网络设施和全球 IPv6 互联网之间部署并运行网关，实现在 IPv4 中封装 IPv6 即可。这样做，ISP 就不需要设计并制定额外的路由计划。IPv6 封装使用 6to4 方法实现（在 RFC 3056 文档对此方法有相关的说明），这基本足以满足在现有的网络上提供 IPv6 需求，原因如下：①这种方法实现简单；②很多平台（包括兼容 PC 的电气设备）都支持这种方法；③有很多的开源代码可以直接拿来使用，移植到自己的系统上；④该方法无状态的特性使其具有很好的可扩展性。不过 6to4 方法也有一定的使用限制，即 ISP 无法使用这种方法向其用户提供全部的 IPv6 单播连接能力。部署 6to4 IPv6 网络的 ISP 可以保证其用户站点发出的分组能够被送达到 IPv6 互联网，也能够保证来自其他 6to4 站点的分组能够到达其用户的站点，但是 ISP 无法保证来自纯 IPv6 站点的分组能够被送达到其用户。产生这种问题的原因是，来自纯 IPv6 地址的分组需要穿越 6to4 中继路由器（在分组传输路径的某些地方），完成所需的 IPv6/IPv4 封装。ISP 无法保证在分组路由线路上到处都存在这样的中继（即 6to4 中继路由器）；ISP 也无法保证，所有此类中继都能将分组转发到 IPv4 互联网上。同样，如果 ISP 运行一个或多个 6to4 中继路由器，并在 IPv6 互联网中以 6to4 地址前缀“2002::/16”开通指向它们（即这些 6to4 中继路由器）的 IPv6 路由路径。那么，ISP 可能会收到这样的分组——分组的目标地址指向数量未知的同样部署 6to4 网络的其他 ISP。如果 ISP 不转发这些分组，就会产生一个“黑洞”，所有发送至此的分组将会成系统地丢失，导致某些 IPv6 网络的连通性受到破坏。如果它转发这些分组，它就无法根据它自己用户的数据流量的占据比例为其分配 6to4 中继路由器。至少，对于其他部署 6to4 网络的 ISP 的用户来说，QoS 服务将无法得到保证[34]。为了解决这一问题，RFC 5569（《IPv6 快速部署》，也简称为“6rd”）文档对 6to4 进行了少量的修改，以便实现以下内容。

（1）来自全球互联网的分组中，只有目的地址为 ISP 用户网站的分组才能通过该 ISP 的 6rd 网关。

（2）所有目的地址为 ISP 6rd 用户网站的分组和所有来自 IPv6 互联网的分组，

能够穿透该 ISP 的 6rd 网关。

RFC 5569 文档提议的原理是基于现有的 6to4 网络，降低 6to4 功能上的局限性，具体做法如下，使用这些方法可以极大地降低 6to4 在功能上存在的问题，足以满足一般的 IPv6 过渡应用。

（1）修改 6to4 功能，使用 ISP 分配的地址空间内的地址前缀取代标准的 6to4 地址前缀“2002：：/16”，并且使用 ISP 选择的任播地址取代 6to4 的任播地址。

（2）ISP 在其 IPv4 网络设施和 IPv6 互联网之间的边界上，运行一个或多个 6rd 网关（此类网关由 6to4 路由器升级而来）。

（3）CPE 在其用户站点侧能够支持 IPv6，在其提供商一侧能够支持 6rd（升级的 6to4 功能）。

虽然，无法保证此方法会被广泛地接受，但是它却代表了一种比较省时的 IPv6 部署方法。

参考文献

1. Minoli D. *IP Multicast with Applications to IPTV and Mobile DVB-H*. New York: Wiley; 2008.
2. Minoli D. *Satellite Systems Engineering in an IPv6 Environment*. Francis and Taylor; 2009.
3. Minoli D. *Voice Over IPv6 – Architecting the Next-Generation VoIP*. New York: Elsevier; 2006.
4. Rashid FY. IPv4 Address Exhaustion Not Instant Cause for Concern with IPv6 in Wings, Eweek, 2011-02-01.
5. The IPv4 Address Report, Online resource, http://www.potaroo.net.
6. Minoli D, Amoss J. *Handbook of IPv4 to IPv6 Transition Methodologies For Institutional & Corporate Networks*. New York: Auerbach/CRC; 2008.
7. Minoli D, Kouns J. *Security in an IPv6 Environment*. Taylor and Francis; 2009.
8. An IPv6 Security Guide for U.S. Government Agencies—Executive Summary, The IPv6 World Report Series, Volume 4 February 2008, Juniper Networks, 1194 North Mathilda Avenue, Sunnyvale, CA 94089 USA.
9. Kaeo M, Green D, Bound J, Pouffary, Y. IPv6 Security Technology Paper. North American IPv6 Task Force (NAv6TF) Technology Report, July 22, 2006.
10. Lioy A. Security Features of IPv6Security Features of IPv6, Chapter 8 of *Internetworking IPv6 with Cisco Routers* by Silvano Gai McGraw-Hill, 1998; also available at www.ip6.com/us/book/Chap8.pdf.
11. Johnson D, Perkins C, Arkko J. Mobility Support in IPv6. RFC 3775, June 2004.
12. Hinden R, Deering S. IP Version 6 Addressing Architecture. RFC 4291, February 2006.
13. Machine-to-Machine Communications (M2M); M2M Service Requirements. ETSI TS 102 689 V1.1.1 (2010-08). 650 Route des Lucioles F-06921 Sophia Antipolis Cedex—FRANCE.

14. Microsoft Corporation, MSDN Library, Internet Protocol, 2004, http://msdn.microsoft.com.
15. Blanchet M. Special-Use IPv6 Addresses. draft-ietf-v6ops-rfc3330-for-ipv6-04.txt, January 15, 2008.
16. Hermann-Seton, P. Security Features in IPv6, SANS Institute 2002, As part of the Information Security Reading Room.
17. Thomson S, Narten T, Jinmei T. IPv6 Stateless Address Autoconfiguration. RFC 4862, September 2007.
18. Donzé F. IPv6 Autoconfiguration. The Internet Protocol Journal, June 2004;7 (2). Published Online, http://www.cisco.com.
19. Narten T, Draves R, Krishnan S. Privacy Extensions for Stateless Address Autoconfiguration in IPv6. RFC 4941, September 2007.
20. Narten T, Nordmark E, Simpson W, Soliman H. Neighbor Discovery for IP version 6 (IPv6). RFC 4861, September 2007.
21. IPv6 Portal, http://www.ipv6tf.org.
22. Desmeules R. *Cisco Self-Study: Implementing Cisco IPv6 Networks (IPv6)*. Cisco Press; June 6, 2003.
23. Conta A, Deering S. Generic Packet Tunneling in IPv6 Specification. RFC 2473, December 1998.
24. Carpenter B, Jiang S. Emerging Service Provider Scenarios for IPv6 Deployment. RFC 6036, October 2010.
25. Ertekin E, Christou C. IPv6 Header Compression. North American IPv6 Summit, June 2004.
26. Jonsson L-E, Pelletier G, Sandlund K. The RObust Header Compression (ROHC) Framework. RFC 4995, July 2007.
27. Pelletier G, Sandlund K, Jonsson L-E, West M. RObust Header Compression (ROHC): A Profile for TCP/IP (ROHC-TCP). RFC 4996, July 2007.
28. Finking R, Pelletier G. Formal Notation for RObust Header Compression (ROHC-FN). RFC 4997, July 2007.
29. Varada S, editor. IPv6 Datagram Compression. RFC 5172, March 2008.
30. 6NET. D2.2.4: Final IPv4 to IPv6 Transition Cookbook for Organizational/ISP (NREN) and Backbone Networks. Version: 1.0 (4th February 2005), Project Number: IST-2001-32603, CEC Deliverable Number: 32603/UOS/DS/2.2.4/A1.
31. Davies E, Krishnan S, Savola P. IPv6 Transition/Co-existence Security Considerations. RFC 4942, September 2007.
32. Warfield MH. Security Implications of IPv6", 16th Annual FIRST Conference on Computer Security Incident Handling, June 13–18, 2004—Budapest, Hungary.
33. Henderickx W. Making the Move to IPv6, alcatel-lucent White Paper, September 20, 2011.
34. Despres R. 6rd - IPv6 Rapid Deployment. RFC 5569, January 2010.

第8章 第3层连接：物联网中的移动IPv6技术

本章将对移动IPv6（Mobile IPv6，MIPv6）进行深入的分析。首先简单介绍一些关键的概念（见第8.1节），然后从协议的角度上进行详细介绍（见第8.2节）。RFC 3775文档是MIPv6技术的说明文档，该RFC文档被看作是“MIPv6技术的基本规范”文档。如果读者想要了解MIPv6技术的全部内容，以及MIPv6基本规范之外的扩展内容，请参阅参考文献［1］。MIPv6技术是物联网/机器到机器（M2M）环境中，管理物体移动性的方法之一。

8.1 概述

MIPv6规范定义了一整套协议，用于节点在基于IPv6的互联网内漫游时，仍可保持节点的可到达性。实现MIPv6协议的实体称为MIPv6实体。在MIPv6协议中，定义了3种类型的MIPv6实体。

（1）移动节点（Mobile Node，MN）：此类节点可以改变自己的位置，从一个链路移动到另一个链路上，但其他节点仍然可以通过此类节点的家乡地址访问该类节点。

（2）通信对端节点（Correspondent Node，CN）：同移动节点通信的通信对端节点，通信对端节点可以是移动的节点，也可以是固定的节点。通信对端节点不需要支持MIPv6协议，但必须支持IPv6协议。

（3）家乡代理（Home Agent，HA）：是移动节点在家乡链路上的路由器，移动节点将其当前的转交地址（Care-of Address，CoA，有关转交地址的内容下面会介绍到）在家乡代理上注册。当移动节点离开家乡链路，移动到其他地方，家乡代理将拦截家乡链路上发送给移动节点家乡地址的分组，然后重新封装拦截到的分组，并把它们路由到移动节点的当前转交地址处。

如果移动节点当前未连结在其家乡网络［Home Network，HN，也称为家乡链路⊖（Home Link，HL）］，可称移动节点此时处于“离开家乡”状态。每一个移动节点，无论身在何处连接到远程网络（例如，互联网），都会使用其家乡地址（也称为固定的家乡地址）作为自己的唯一标识。移动节点的家乡地址是一个明确的

⊖ 家乡链路指的是这样的一种链路，移动节点使用该链路的地址作为其家乡子网的地址前缀。

IPv6 地址，具有全局唯一性。当移动节点离开家乡网络，连接到外地链路［Foreign Link，FL，也称外地网络[⊖]（Foreign Network，FN）］，移动节点会对外使用其当前连接外地链路的地址作为其当前的转交地址（Care-of Address，CoA），接收分组。实际上，转交地址提供了移动节点的当前位置信息。显然，移动节点的转交地址会随着移动节点的当前位置发生改变。转交地址用于将发送给移动节点的 IPv6 分组路由到（例如，交付分组）移动节点的家乡地址。发送到移动设备家乡地址的分组会被家乡代理通过移动设备当前的转交地址路由到移动设备，该路由过程对外（例如，对发送节点）来说是透明的。转交地址必须是一个可以路由到的单播地址，通常在 IPv6 报文首部源地址字段指定，IPv6 的源地址必须是一个正确的拓扑地址。假设，移动节点正在同通信对端节点通信，并且该通信对端节点是一个使用 IPv6 地址的节点。那么，MIPv6 协议会要求该 IPv6 地址节点缓存与之通信的移动节点的家乡地址和转交地址的绑定关系（Binding）。当移动节点物理位置发生改变，移动并连接到外地网络时，这些底层的机制能够保证之前的通信（例如，之前进行的 TCP 会话）仍然被维持。MIPv6 协议在工作中涉及的功能包括：移动性检测、IP 地址配置和位置更新。表 8-1 介绍了本章要用到的一些基本的 MIPv6 术语[2]。基本的 MIPv6 环境描述如图 8-1 所示。

表 8-1　基本的 MIPv6 术语

术　语	说　明
绑定（Binding）	移动节点家乡地址和转交地址的关联关系，以及这种关联关系的维持存在的剩余“生存时间”时间
绑定授权（Binding Authorization，BA）	用于授权通信对端节点实施“注册”的机制，使接收端明确了解发送端有权指定一个新的绑定
绑定缓存（Binding Cache，BC）	用于其他节点缓存绑定信息，绑定缓存由家乡代理和通信对端节点维护。缓存中包含了“通信节点注册”绑定条目和“家乡代理注册”绑定条目
绑定管理密钥（Binding Management Key，BMK）	也称为 Kbm，用于授权绑定缓存管理消息［例如，绑定更新消息（Binding Update，BU）和绑定确认消息（Binding Acknowledgement，BA）］的密钥。迂回可路由性过程提供了创建绑定管理密钥的一种方法
绑定更新（Binding Update，BU）列表	每一个移动节点维护着一张绑定更新（BU）列表，列表中的每一项对应一个移动节点已经或正在同其他节点建立的绑定（Binding）信息。列表包含了通信节点注册和家乡代理注册信息。当绑定到期时，列表中对应的绑定项（条目）被删除

⊖ 外地网络可以是互联网，也可以是与互联网相连接的其他网络。

（续）

术 语	说 明
转交地址（Care- of address，CoA）	转交地址指的是在移动节点连接到外地链路时，与移动节点关联的可路由的单播IPv6地址。该地址的子网前缀为移动节点所在的外地子网的前缀。移动节点可以有多个转交地址（例如，这些转交地址具有不同的子网前缀），其中在移动节点家乡代理上注册的转交地址称为“主”转交地址
转交初始（Care-of init）Cookie	用在发送给通信对端节点转交测试初始化（Care- of Test init，CoTi）消息中的Cookie，在转交测试（Care- of Test，CoT）消息中被返回给发送端
转交密钥生成标记	包含在转交测试消息中，由通信对端节点发送的密钥生成标记
Cookie	Cookie是一个随机数，由移动节点在迂回可路由性过程中发送，用来防止来自虚假通信对端节点的欺骗
通信对端节点（Correspondent Node，CN）	同移动节点通信的对端节点。通信对端节点可以是移动节点，也可以是固定节点
通信节点注册（Correspondent Registration，CR）	迂回可路由性过程之后，移动节点会在自己和通信对端节点间进行通信节点注册过程
目的地选项（Destination option）	目的地选项是IPv6目的地选项扩展首部携带的各种选项。在目的地选项指定的可选信息，只能被给定的目标地址IPv6节点处理，中途的路由器不能处理。在MIPv6中，定义了一种新的目的地选项：家乡地址目的地选项（home address destination option）
外地链路（Foreign Link，FL）	移动节点家乡链路之外的链路统称为外地链路，也称为外地网络（Foreign Network，FN）
外地子网前缀	移动节点家乡子网前缀之外的IP子网前缀称为外地子网前缀
家乡地址（Home Address，HAd）	分配给移动节点的单播可路由地址，是一个使用在移动节点的家乡链路中的永久地址。发送给移动节点家乡地址的分组基于标准的IP路由机制，被传送到移动节点的家乡链路。原则上，移动节点可以有多个家乡地址，只需在家乡链路上使用多个家乡地址前缀即可
家乡代理（Home Agent，HA）	家乡代理是移动节点在家乡链路上的一个路由器，用于注册移动节点的当前转交地址。移动节点离开家乡网络时，家乡代理会拦截家乡链路上发送到移动节点家乡地址的分组，然后重新封装分组，并通过隧道传送到移动节点注册的当前转交地址处
家乡代理列表	家乡代理需要知道与其所在的同一个链路上还有哪些其他的家乡代理，这些信息存储在家乡代理列表上，用于在动态家乡代理地址发现（HA address discovery，HAAD）机制中，通告移动节点这些家乡代理的相关信息
家乡初始（Home init）Cookie	用在发送给通信对端节点的家乡测试初始化（Home Test init，HoTi）消息中的Cookie，在家乡测试（Home Test，HoT）消息中被返回给发送端

（续）

术　语	说　明
家乡密钥生成标记（Home keygen token）	包含在家乡测试消息中，由通信对端节点发送的密钥生成标记
家乡代理注册（Home Registration，HR）	用于移动节点和其家乡代理之间进行的注册，注册过程的安全性基于IPsec协议保护
家乡子网前缀	移动节点家乡地址的IP子网前缀
接口标识符	接口标识符是用于识别链路上节点接口的一个数字。接口标识符是节点IP地址中子网前缀之后剩余的低位比特组确定的地址
IPsec安全联盟	IPsec安全联盟是一个由共享加密密钥材料和关联内容构成的合作关系。安全联盟具有方向性，单一的安全联盟是单向使用的。也就是说，要想保护两个节点之间的双向流量，则需要两个安全联盟，每个方向各需要一个
密钥生成标记（Keygen Token）	密钥生成标记是在迂回可路由性过程中，由通信对端节点提供的一个数字，提供给移动节点，用于为一个绑定更新授权提供必要的绑定管理密钥
第2层交换（Layer 2 handover，L2交换）	第2层交换是一种处理过程。移动节点可以使用该处理过程，使自己从一个链路层连接变换到另一个链路层连接
第3层交换（Layer 3 handover，L3交换）	在L2交换之后，移动节点会检测到所在链路子网前缀发生改变。此时，则需要改变主转交地址。例如，无线接入点改变（属于L2交换）之后，接入的路由器会随之改变，随之节点的链路子网前缀也会随之改变（改变成新的路由器所在子网的前缀）。因此，这就形成了一种典型的L3交换
链路层地址	链路层地址是节点网络接口的链路层标识符，例如，IEEE 802规范定义的以太网地址
移动性消息	在移动性消息中，包含一个移动性首部（Mobility Header，MH）
Nonce（现时）	Nonce是与迂回可路由过程相关的密钥生成标记的创建过程中，在通信对端节点内部使用的一些随机数。这些Nonce并不是专为一个移动节点使用的，它被秘密地保存在通信对端节点内
注册（Registration）	注册是一种处理过程。在此处理过程中，移动节点向它的家乡代理或一个通信对端节点发送绑定更新消息，促使家乡代理或通信对端节点注册该移动节点的地址信息，创建或更新与要注册的移动节点对应的一条绑定信息
迂回可路由性过程（Return-routability Procedure）	迂回可路由性过程是一种用于交换加密标记，实现授权注册的过程
路由首部（Routing Header，RH）	一个路由首部可以是一个IPv6扩展首部，它指出了负载必须被交付到的目的IPv6地址，负载传递采用的方法不同于标准的互联网路由负载传递方法
单播可路由地址	单播可路由地址是一个唯一的接口标识符。例如，从其他IPv6子网发送到“单播可路由地址”的分组，会被传送到由“单播可路由地址”标识的节点接口

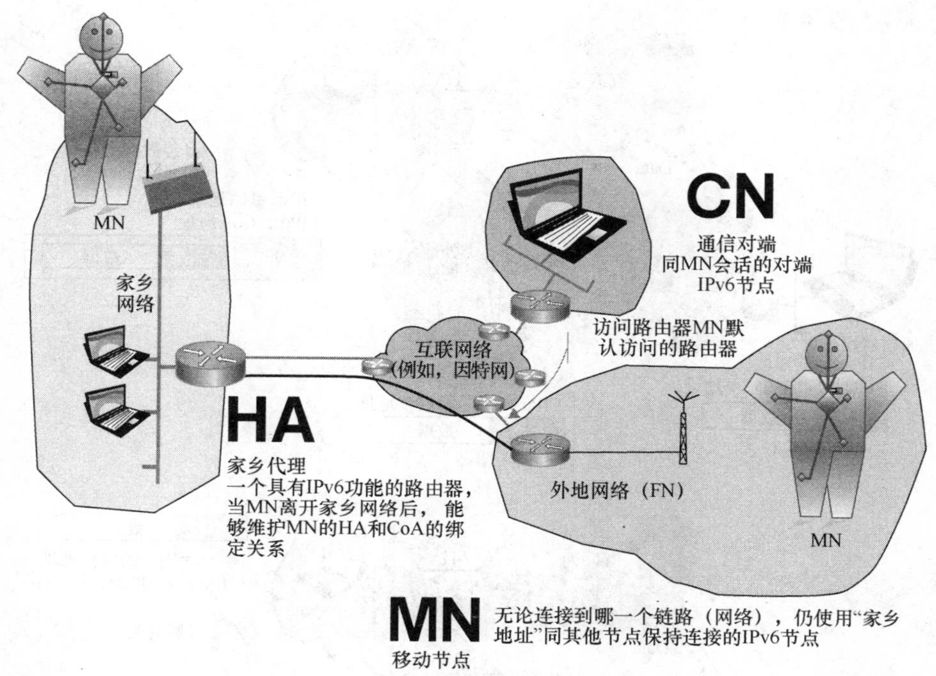

图 8-1　基本的 MIPv6 环境

在 MIPv6 中，这两种地址（家乡地址和转交地址）之间的绑定（关联）被保存在所有节点都知道的位置，即家乡代理，由其向所有节点提供对节点间互联的支持。家乡代理是位于移动节点家乡网络中的一个路由器。通信对端节点使用路由首部，将数据分组路由到移动节点。通信对端节点通过处理接收到的绑定更新消息，获知移动节点的当前位置。只要移动节点连接到外地网络，就会向家乡代理和其他的通信对端节点发送绑定更新消息。这些通信对端节点的信息以列表的形式保存在移动节点的内部。绑定更新消息的接收端，需要回应绑定确认消息。考虑到安全问题，需要对绑定更新消息内的信息进行保护和鉴定。一般来说，IP 安全体系结构（IP Security，IPsec）可以用来实现对绑定更新信息的安全保护⊖。图 8-2 描述了家乡代理的基本路由/转发操作（隧道模式）。

需要注意的是，移动节点可能有多个转交地址。通过绑定更新消息发送给家乡代理的转交地址称为主转交地址。例如，以无线网络为例。在同一时间段内，其他节点可以通过多个链路访问到指定的移动节点（例如，无线蜂窝网络覆盖发生重

⊖ 可以使用 IPsec 扩展首部（该首部在本书第 2 章内容中介绍过）保护绑定更新消息内的信息，也可以使用绑定授权数据选项保护绑定更新消息内部的信息。其中，绑定授权数据选项需要使用绑定管理密钥（又称 Kbm），该密钥是通过在迂回可路由性过程中生成的。

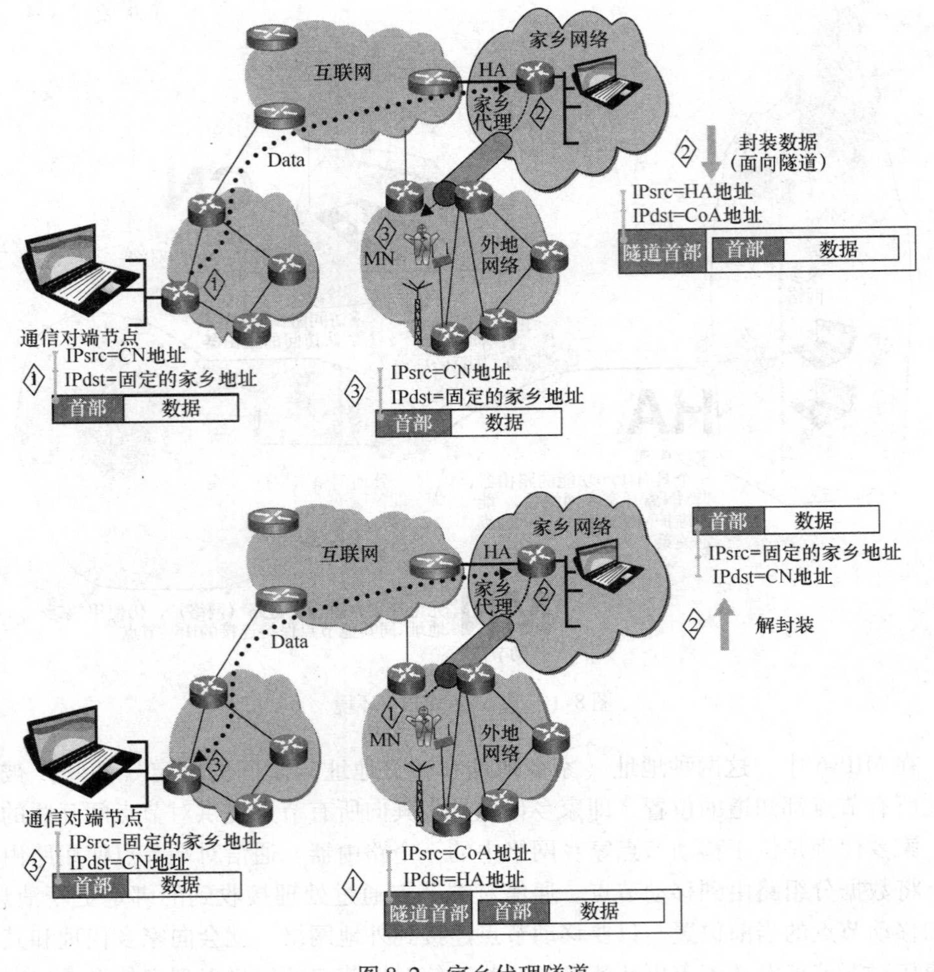

图 8-2　家乡代理隧道

叠的情况）。不过，移动节点必须确保其主转交地址始终具有当前默认路由器发布的地址前缀。

此外，还需要注意的是，移动节点可以使用多种不同类型的网络接口，进行持久和广泛的网络连接。例如，使用 IEEE 802.2、802.11、802.16 等规范定义的地址接口以及蜂窝无线网络等类型的接口，连接到相应的网络。不过，在这些网络接口中，只能有一个接口作为移动节点当前的主转交地址，供移动节点在其家乡代理和通信对端节点上进行注册。在一些情况下，移动节点需要同时使用多个网络接口访问互联网。这时，移动节点会被配置成带有多个活跃的 IPv6 转交地址。RFC 5648 文档定义了扩展的 MIPv6 功能和网络移动性（Network Mobility，NEMO）技术，这些扩展的功能和技术可以支持使用多个转交地址同家乡地址进行绑定。

在家乡网络中，至少需要有一个支持 IPv6 的路由器充当家乡代理，家乡代理需要支持下述功能：

（1）维护移动节点的绑定信息。

（2）拦截到达移动节点家乡网络且目的地址为移动节点的家乡代理的分组。

（3）使用隧道（例如，提供 IPv6 封装功能）将上述分组交付到移动节点。

（4）提供反向隧道（例如，提供 IPv6 解封装功能），实现从移动节点到通信对端节点的分组传输。

（5）MIPv6 使用 IPv6 的分组格式和过程，以及一些其他的特性。

1）设置新的扩展首部，特别是移动性首部（将在第 8.2 节中介绍）。

2）添加新的路由首部（类型 2 路由首部）。MIPv6 定义了一种路由首部，可以通过移动节点的转交地址，将分组直接从通信对端节点路由到移动节点。该功能通过将移动节点的转交地址插入到 IPv6 分组的目的地址字段实现。当分组到达转交地址时，移动节点从分组的路由首部中提取其家乡地址，作为该分组最终的目的地址。和常规的 IPv6 路由首部类型不同，新定义的路由首部使用了一种不同的路由首部类型。例如，该类型的路由首部可以使防火墙针对 MIPv6 分组使用不同的安全规则（见图 8-3）。

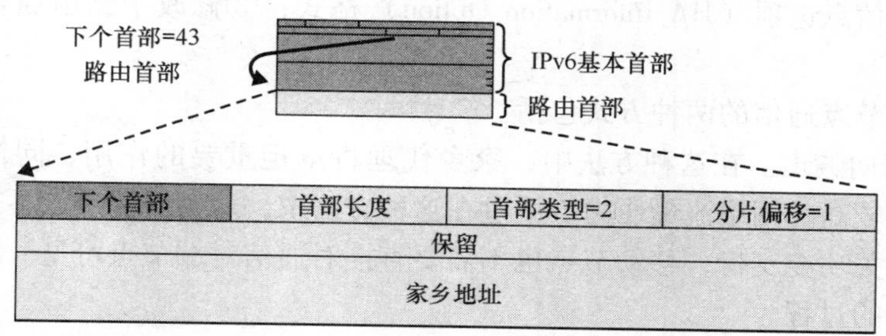

图 8-3　用于 MIPv6 的新路由首部类型

3）添加新的目的地选项。目的地选项扩展首部用于支持家乡地址选项。当移动节点处于外地网络时，通过发送包含目的地选项的分组，告知自身的家乡地址（见图 8-4）。

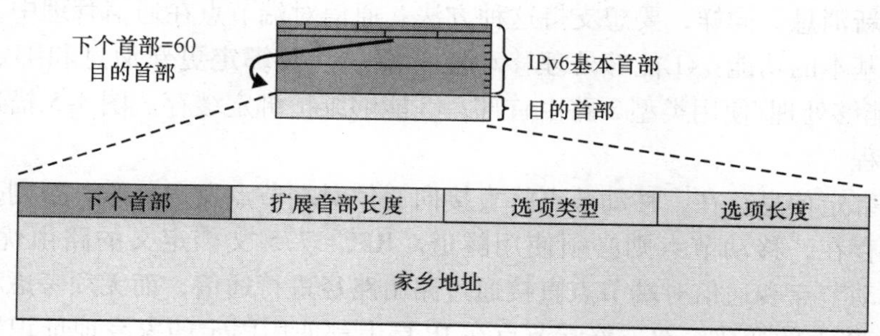

图 8-4　目的地选项扩展首部

家乡代理地址发现（HA Address Discovery，HAAD）是一个重要的机制，MIPv6引入了4个ICMPv6（互联网控制消息协议版本6）消息支持这一过程。其中两个新ICMPv6消息用在动态家乡代理地址发现（Dynamic Home Agent Address Discovery，DHAAD）过程中，提供的功能包括：家乡代理地址发现请求消息（使用带有移动节点家乡子网前缀的家乡网络中HA任播地址）和家乡代理地址发现响应消息。其他两个ICMPv6消息用于重新编号与移动性配置机制，提供的功能包括：移动前缀请求（Mobile Prefix Solicitation）消息与移动前缀通告（Mobile Prefix Advertisement）消息。使用这4个ICMPv6消息和邻居发现协议（Neighbor Discovery Protocol，NDP），使MIPv6可以脱离对底层网络（第2层网络）技术的依赖。

MIPv6对邻居发现协议做了一定的修改，用来支持一些MIPv6需要的移动性功能，包括修改后的路由通告（Router Advertisement）消息的格式中，有一个专门用来指定家乡代理服务的标识（flag）。修改后的前缀信息选项（Prefix Information Option）格式，允许路由器对外通告它的全球地址。此外，其他的修改部分还包括：①增加了新的通告间隔选项（Advertisement Interval Option）格式；②增加了新的家乡代理信息选项（HA Information Option）格式；③修改了路由通告消息的发送过程。

同移动节点通信的两种方式包括：

（1）双向隧道。在这种方法中，家乡代理将承担重要的作用，同样也给家乡代理带来了较高的网络流量压力。不过在这种方法中，通信对端节点不需要实现对移动性的相关功能支持，移动节点也不需要直接对通信对端节点可见。图8-2描述了这一方法的过程。

（2）直接路由［例如，路由优化（Route Optimization）］。在这种方法中，家乡代理的作用不大，但是这种方法使用的机制则更加复杂。要想支持这种方法，移动节点需要实现以下三种基本的功能，从而对通信进行管理（而且，移动节点还需要能够接入外地网络）：①实现对IPv6分组封装和解封装；②发送绑定更新消息并能够接收绑定确认消息（该过程中节点需要处理移动性首部）；③能够追踪发送的绑定更新消息。同样，要想支持这种方法，通信对端节点在通信管理中，也需要实现三种基本的功能：①能够处理移动性首部（涉及绑定更新消息和绑定确认消息）；②能够处理/使用类型2路由首部；③能够维护绑定缓存。图8-5描述了这一方法的过程。

如果绑定信息存在，移动节点将直接向通信对端节点发送分组。否则，如果绑定信息不存在，移动节点则必须使用隧道。RFC 3775文档定义的路由优化方法，可以使移动节点和通信对端节点直接通过路由路径进行通信，而无须考虑移动节点端在IP连接上的变化。双方终端节点在IP层上都使用固定的家乡地址识别移动节点。使用能够路由到移动节点当前网络的转交地址，发送或接收负载分组。当将负载分组交付到 IP 层时，MIPv6 将家乡地址和转交地址进行交换。移动节点家乡地址和其转交地址的关联关系称为移动节点的“绑定”信息。当移动节点的 IP 连接发生变化时，由移动节点负责通过“通信节点注册”更新通信对端节点上有关它的绑定信息条目。通信节点注册的过程还涉及了移动节点的家乡代理，它负责代理移动节点的家乡地址，并且主要用来应答回复不支持路由优化方法的通信对端节点交换的负载分组。移动节点需要使用“家乡代理注册”要求家乡代理定期更新自己当前的转交地址[3]，如图 8-6 所示。

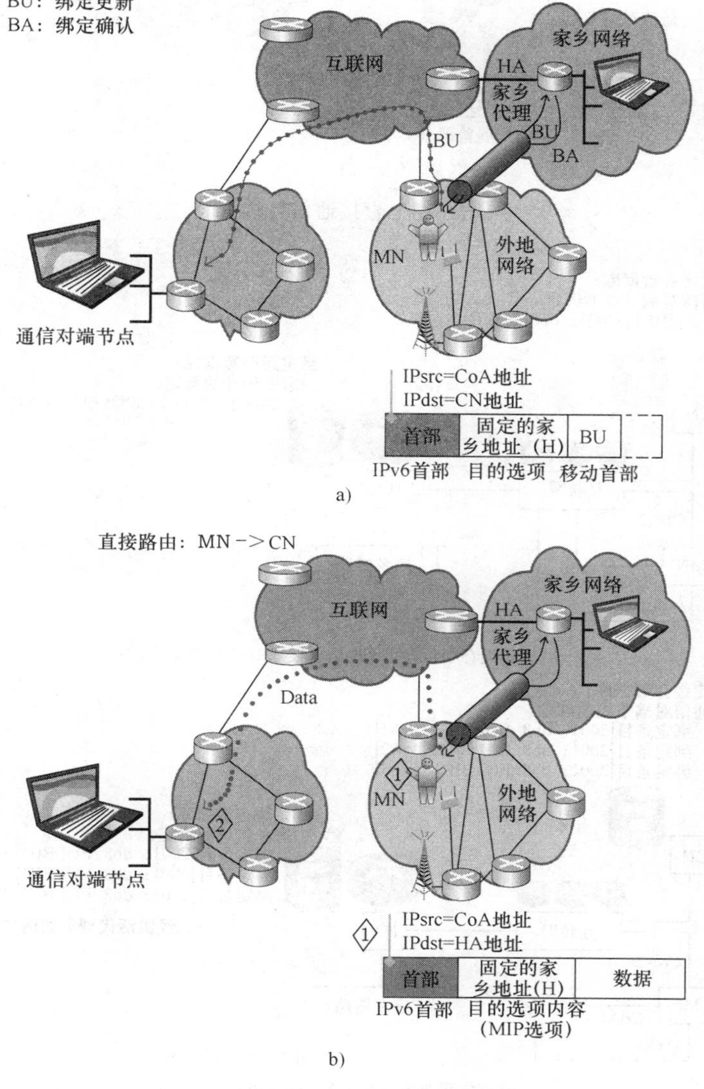

图 8-5　直接通信

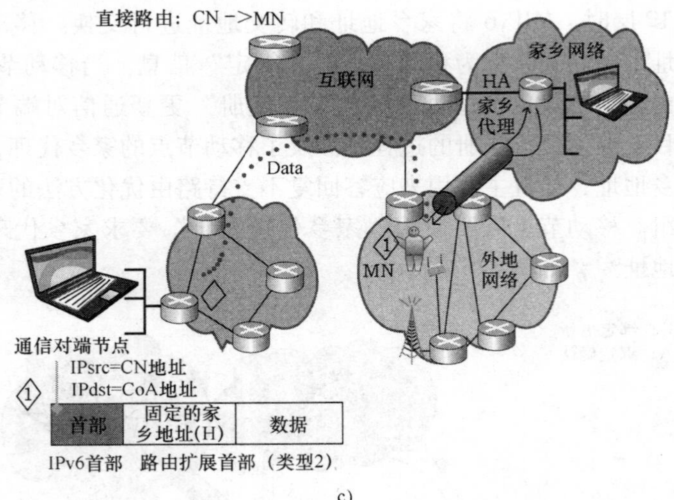

c)

图 8-5　直接通信（续）

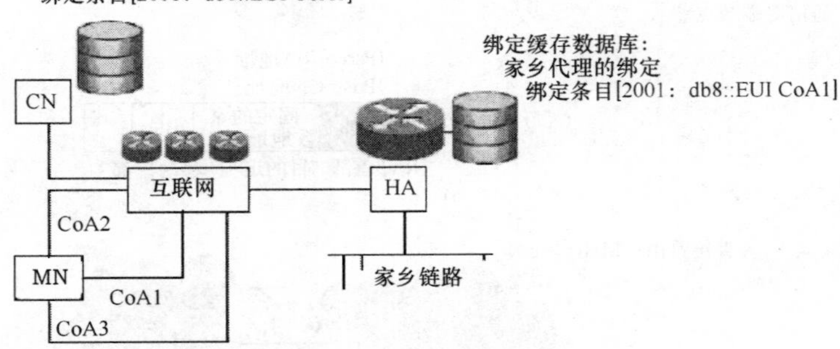

a) 绑定缓存中包含单个CoA（根据RFC 3775）

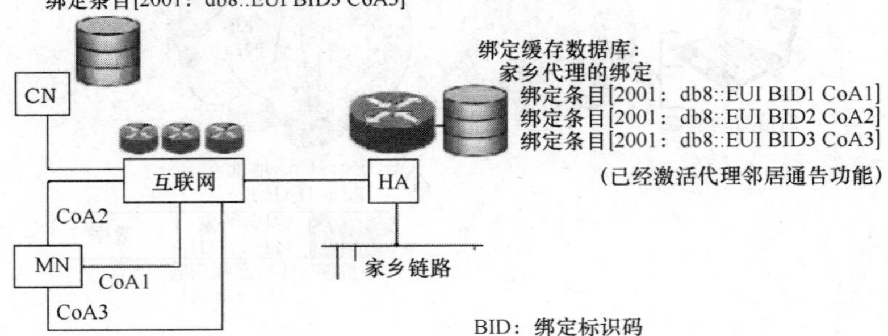

b) 绑定缓存中包含多个CoA（根据RFC 5648）

图 8-6　注册转交地址

对于大多数的 IP 分组来说，高层协议［例如，用户数据报协议（User Datagram Protocol，UDP）、传输层协议（Transmission Control Protocol，TCP）、实时流媒体协议（Real-Time Streaming Protocol，RTSP）、实时传输协议（Real-Time Transport Protocol，RTP）］一般会将移动节点的家乡地址看作它的 IP 地址。当移动节点处于家乡网络时，对于传输层连接建立时发送的这些分组，移动节点必须使用它的家乡地址；当移动节点移动到一个新的位置后，移动节点仍然需要保持传输层服务的连续性，对于在传输层连接中发送的那些分组，移动节点也需要使用其家乡地址。

总之，MIPv6 需要移动节点拥有一个家乡地址，并且需要为移动节点分配一个家乡代理。当移动节点离开它的家乡网络时，需要向家乡代理注册其当前地址信息，以便激活移动节点的可到达性和移动性。这种注册过程本身需要建立 IPsec 安全联盟（Security Association，SA）和用于移动节点与家乡代理的加密资料。不过，也可以使用移动性消息授权选项（Mobility Message Authentication Option）加密这种注册过程，该选项使移动节点的 IPv6 具有移动性功能，并且不需要移动节点同它的家乡代理建立 IPsec 安全同盟。根据最新的 RFC 文档内容，在移动节点和家乡 3A（Authentication，Authorization 和 Accounting，认证、授权、计费，AAA）服务器之间，只有预先设定的安全联盟是需要共享的密钥，这一点与早期版本的 MIPv6 模型不同。通常，将自动提供的家乡地址、家乡代理地址和密钥材料的集合称为 MIPv6 的引导问题[4]。

表 8-2 列出了部分最近的 MIPv6 技术规范的功能实现（摘自参考文献［5］）。

表 8-2　MIPv6 技术的最新实现（部分列表）

- 6 Wind
- 思科公司的 HA
- Treck 公司的 Elmic 系统
- Ericsson 公司
- 惠普公司的 HP-UX（HA、CN）与 Tru64（HA、CN）
- 庆应义塾（Keio）大学—HA、MN、CN 与 IPsec
- 微软的 Window XP、Vista
- NEC 公司的 MN、HA、CN 与 IPsec
- 诺基亚公司的 MN、HA、CN
- 三星公司的 MN、CN
- 西门子公司
- 赫尔辛基大学的 MN、CN
- 6NET MIPv6 实现调查

其他更多、更深入的有关 MIPv6 技术的处理和过程问题，将在随后的一节中介绍。

8.2 协议细节

本节内容总结自几个相关的 RFC 文档，其中包括 RFC 3775 文档。介绍的概念是这几个文档中包含概念的子集。感兴趣的读者可以查阅具体的 RFC 文档，了解完整、全面的概念信息。关键的概念已经在 8.1 节中介绍了，本节只是提供一些额外的关键概念的细节。

8.2.1 通用机制

8.2.1.1 MIPv6 基本操作

如前所述，移动节点总是以其家乡地址被寻址，无论移动节点当前是否处于家乡网络。"家乡地址"是一个分配给移动节点的 IP 地址，带有移动节点家乡链路的子网前缀。当移动节点位于家乡网络，寻址到移动节点家乡地址的分组，使用传统的路由机制被路由到移动节点的家乡网络。当移动节点离开家乡网络连接到其他外地网络时，则使用移动节点的一个或多个转交地址进行寻址。转交地址是移动节点的 IP 地址，带有移动节点所在外地网络的子网前缀。移动节点使用传统的 IPv6 机制（例如，无状态地址自动配置或有状态地址自动配置机制）获取它的转交地址。只要移动节点处于一个位置，寻址到移动节点在该位置的转交地址的分组就能够被路由到移动节点。而且，移动节点也能够接收来自其自身多个转交地址的分组。这种情况，例如当移动节点移动到新的位置，但是对于之前的链路，移动节点仍然具有可到达性。MIPv6 规范要求移动节点的家乡地址和转交地址必须是可路由的单播地址，并将移动节点的家乡地址和转交地址之间的关联关系称为对应移动节点的"绑定（Binding）"。离开家乡网络时，移动节点将其主转交地址注册到家乡网络上的某个路由器，请求该路由器充当其"家乡代理"，并执行家乡代理功能。移动节点通过向家乡代理发送绑定更新消息，实现注册绑定过程。收到绑定更新消息后，家乡代理会向移动节点回应绑定确认消息。这种绑定更新、绑定确认以及其他控制消息的交换过程，被称作"信令（signaling）"。

需要注意的是，除绑定缓存外，每一个家乡代理还维护着一张家乡代理表，该表记录着同一个链路上其他作为家乡代理的路由器的信息。家乡代理表主要用于家乡代理地址发现机制——如果路由器发送家乡代理（H）位置的路由通告（Router Advertisement）消息，则其他路由器知道该路由器正在作为家乡代理设备。家乡代理为其作为家乡代理的每一个链路维护着一张彼此无关的家乡代理列表。

正在同移动节点通信的节点称为移动节点的"通信对端"节点，它既可以是固定设备，也可以是移动设备。移动节点通过"通信节点注册"，将当前移动节点自身所处位置信息提供给通信对端节点。在这一过程中，双方节点会共同参与执行迂回可路由测试，对"绑定"的建立进行验证和授权。

如前所述，在移动节点和通信对端节点之间主要有两种通信模式，有关这两种通信模型的介绍如下：

（1）第一种模式："双向隧道（Bidirectional Tunneling，BT）"，通信对端节点不需要支持 MIPv6 标准，甚至移动节点没有在通信对端节点上注册当前移动节点自身的绑定信息，也能够使用这种模式。发往通信对端节点的分组通过隧道，由移动节点传输到家乡代理［这一过程通过反向隧道（Reverse Tunneled）进行］，然后通过传统的路由机制，由家乡网络将分组继续传输到通信对端节点。该模式中，家乡代理使用代理邻居发现（Proxy Neighbor Discovery，PND）机制，在家乡链路上拦截发往移动节点家乡地址的 IPv6 分组。然后，再将每一个被拦截的分组通过隧道传输到移动节点当前的主转交地址。

（2）第二种模式："路由优化（Route Optimization）㊀"［在前面也称作"直接路由（Direct Routing，DR）"］，需要移动节点将其当前地址信息在通信对端节点上注册，建立（更新）绑定条目。通信对端节点发送的分组被直接路由到移动节点的转交地址，通信对端节点在其缓存的众多绑定条目（见表 8-3）中查找与分组目标节点家乡地址对应的绑定条目，为待发送的 IPv6 分组指定目的地址。如果通信对端节点在绑定缓存中找到发往目标节点家乡地址的绑定信息，它会使用一种新类

表 8-3　绑定缓存的内容

内　容	说　明
家乡地址（Home address）	移动节点的家乡地址是绑定缓存的绑定条目内容，在正在被发送分组的目的地址中，使用该字段作为搜索绑定缓存的关键词
转交地址（CoA）	移动节点的转交地址由绑定缓存条目中的家乡地址对应指定
生存时间值（Lifetime value）	指定绑定缓存中绑定条目的剩余生存时间。当绑定更新消息创建或修改绑定条目时，生存时间值由绑定更新消息中的生存时间字段设置初始值
标识（Flag）	该标识用于指定绑定缓存条目是否是一个家乡代理注册条目（仅适用于支持家乡代理功能的节点）
最大值（Maximum value）	上一个绑定更新消息序列号字段的最大值。序列号字段是一个 16 位长整型数（取值为 2^{16}）
使用信息（Usage information）	绑定缓存中绑定条目的使用信息。该功能需要在绑定缓存中使用缓存替换策略。节点不断地将最近使用的绑定条目作为一个指示器，当发现该绑定条目的生存时间即将到期时，则发送绑定刷新请求（Binding Refresh Request，BRR）消息

㊀ 也有很多人会使用缩写 RO 来表示路由优化（Route Optimization）。

型的IPv6路由首部，即使用绑定条目与目标移动节点家乡地址绑定的转交地址，将分组路由到移动节点。分组被直接路由到移动节点的转交地址，可以实现通信路径的最短化，有效降低移动节点家乡代理与家乡链路的拥堵。此外，还可以减少分组传输路径中，家乡代理或家乡网络由于可能发生的故障，导致分组传输失败的问题。

当需要将分组直接路由到移动节点时，通信对端节点会将IPv6首部中目的地址设置成移动节点的转交地址，并在IPv6分组中添加一种新型的IPv6路由首部，用来携带所需的家乡地址。同样，移动节点会将分组IPv6首部的源地址设置为移动节点当前的转交地址。移动节点会在分组首部中使用一种新型的IPv6“家乡地址”目的地选项，携带它自己的家乡地址。在这些分组中包含并使用家乡地址，使得转交地址的使用对网络层之上的各层（例如，传输层）看起来具有透明性。

需要注意的是，MIPv6要求移动节点知道其家乡代理的地址、自己家乡网络的地址，以及拥有用于同家乡代理建立IPsec安全联盟的加密资料，移动节点和家乡代理使用建立的安全联盟保护MIPv6信令。MIPv6的基本协议没有定义任何自动获取这些信息的方法，这就意味着一般需要网络管理员手动地在移动节点和家乡代理上设置这些配置数据。然而，在实际的部署中，手动配置无法满足移动节点数量增长的规模[6]。这时，自动引导过程（bootstrapping）就可以用来很好地解决这一问题。同样，根据最新的RFC文档内容，在移动节点和3A服务器之间，只需要将预配置的安全联盟作为共享的密钥，这与早期版本的MIPv6模型有所不同。

8.2.1.2　IPv6扩展协议

MIPv6使用移动性首部，定义了一种新式的IPv6协议。该首部用于携带指定类型的消息，相关消息的总结见表8-4。

表8-4　移动性首部消息

消　息	说　明
家乡测试初始化消息和家乡测试消息（HoTi和HoT）	这两种消息用于在移动节点与其通信对端节点之间进行的迂回可路由性过程中
转交测试初始化消息和转交测试消息（Care-of test init与Care-of test）	
绑定更新消息（BU）	该消息用于移动节点通知通信对端节点或其家乡代理，更新移动节点当前的地址绑定信息。将绑定更新消息发送到家乡代理并注册移动节点当前的主转交地址的过程，称为“家乡代理注册”
绑定确认消息（BA）	该消息用于对接收的绑定更新消息进行确认。如果在绑定更新消息中设置了要求接收节点需要对收到的这一绑定更新消息进行确认，那么就可以知道该绑定更新消息必定是发送到家乡代理的，否则说明发生了一个错误

（续）

消　息	说　明
绑定刷新请求（Binding Refresh Request，BRR）消息	通信对端节点使用该消息，请求移动节点重新在该通信对端节点上建立它的地址绑定条目信息。该消息一般用在通信对端节点需要主动地使用缓存的绑定条目信息，但此时该绑定条目的生存时间即将到期。例如，通信对端节点可能需要使用近期通信传输中用过的绑定条目信息，重新开启传输层连接，但此时通信对端节点发现之前用到的绑定条目信息即将到期，这是，该节点就会使用绑定刷新请求消息
绑定报错（Binding Error，BE）消息	消息由通信对端节点使用，用于通告有关移动性的错误。例如，通信对端节点当前并没有缓存目标移动节点的绑定信息，就试图想在发送的分组中使用家乡地址目的地选项，此时，通信对端节点会将这一错误通过绑定报错消息通告出去

8.2.1.3　新 IPv6 目的地选项

MIPv6 定义了一种新型的 IPv6 目的地选项（IPv6 Destination Option）——家乡地址目的地选项（Home Address Destination Option）。有关该选项更多的细节，请参阅本书第 8.2.2 节。

8.2.1.4　新型 IPv6 ICMP 消息

前面已经提过，MIPv6 引入了四种新的类型的 ICMPv6 消息。其中，两种消息用于动态家乡代理地址发现（DHAAD）机制，另外两种消息用于重新编号和移动配置机制。

（1）HAAD 请求。移动节点使用 ICMP HAAD 请求消息初始化一次动态 HAAD 机制。移动节点向带有移动节点自己家乡链路子网前缀的任播地址发送 HAAD 请求消息，初始化一次动态 HAAD 过程。

（2）HAAD 响应。家乡代理使用 ICMP HAAD 响应消息回应使用动态 HAAD 机制的移动节点。

（3）移动前缀请求（Mobile Prefix Solicitation）。当移动节点离开家乡网络时，会向它的家乡代理发送 ICMP 移动前缀请求消息，用于请求家乡代理回应移动前缀通告消息，使移动节点能够收集其家乡网络的地址前缀信息。从而，根据家乡代理提供的前缀信息的变化来配置和更新其家乡地址。

（4）移动前缀通告。移动节点正在离开家乡网络时，家乡代理会向移动节点发送移动前缀通告消息，分发该移动节点的家乡链路的地址前缀信息。该消息是用来响应移动节点发送的移动前缀请求消息的。或者，该消息也可作为一个非请求通告消息，即无须移动节点发送移动前缀请求消息，由家乡代理根据情况主动发送。

8.2.1.5　移动 IPv6 安全

MIPv6 引入了很多安全特性，包括：对发送给家乡代理和通信对端节点的绑定更新消息的保护、对移动前缀发现过程的保护和对 MIPv6 数据分组传输机制的保护。

（1）使用 IPsec 扩展首部保护绑定更新消息，或者使用绑定授权数据选项（即 Binding Authorization Data Option，该选项使用了一个绑定管理密钥，即 Kbm，该密钥在迂回可路由性过程中创建）保护绑定更新消息。

（2）通过使用 IPsec 扩展首部，保护移动前缀发现过程的安全性。

（3）对于与传输负载分组相关的机制（例如，家乡地址目的地选项和类型 2 路由首部），规定了特定的使用方式，即当节点受到攻击时，限制对这些机制的使用。

虽然这些基本的安全机制能够适用于一些环境和应用，但是对于其他的环境来说，这些安全机制仍然存在一定的局限性。

8.2.2 新 IPv6 协议：消息类型和目的地选项

8.2.2.1 移动性首部

所有与绑定条目信息创建和管理相关的消息，都会用到移动性首部。该首部是一种扩展首部，用于移动节点、通信对端节点和家乡代理。本小节主要介绍可能会用到移动性首部的消息类型，移动性首部由前一个首部内的取值为 135 的“下一个首部”字段指定。图 8-7 描述了移动性首部的格式。

在上述消息类型中，BU 消息和 BA 消息是两个很重要的消息。

移动节点使用绑定更新消息通告其他节点其获得的最新的转交地址。绑定更新消息移动性首部的消息数据字段格式如图 8-8 所示。其中包含的字段/标识描述如下：

（1）确认（A）。确认（A）比特位由移动节点在发送消息时使用，用于请求接收方对接收到的绑定更新消息回应绑定确认消息。

（2）家乡代理注册（H）。家乡代理注册（H）比特位由移动节点在消息发送时使用，用于请求接收节点作为该移动节点的家乡代理。携带此消息分组的目的地必须是一个路由器地址，该路由器地址和在此绑定中的移动节点的家乡地址共享相同的子网前缀。

（3）链路本地地址兼容（L）。当移动节点报告的家乡地址同该移动节点的链路本地地址有相同的接口标识符时，链路本地地址兼容（L）比特位置位（设置为 1）。

（4）密钥管理移动性能力（K）。如果该比特位复位，用于在移动节点和家乡代理之间建立 IPsec SA 的协议将不能维持移动能力，接下来或许需要重新启动运行。

（5）保留（Reserved）。该字段不使用，发送方必须将保留字段的所有比特位初始为 0，并且接收端必须忽略这些比特位。

（6）序列号（Sequence Number）。一个 16bit 无符号整数，接收节点用其对绑定更新消息排序，发送节点用其将接收的绑定确认消息同该绑定更新消息进行匹配。

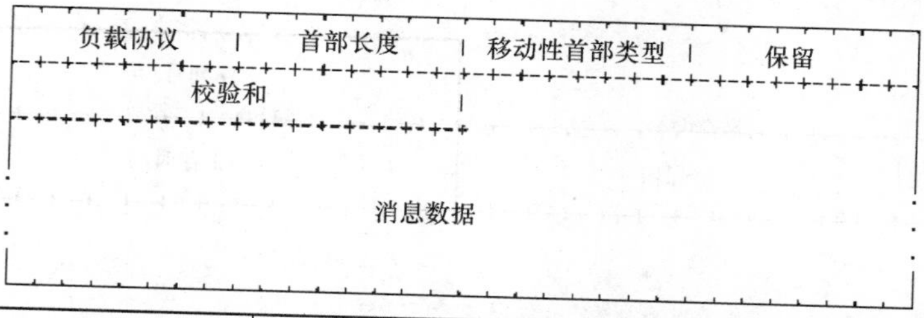

负载协议	首部长度	移动性首部类型	保留
校验和			
消息数据			

负载协议（Payload Proto）	8bit 的选择器，紧跟在移动性首部之后的首部类型字段，同 IPv6 下一个首部字段使用相同的备选值。此字段留待将来用作扩展之用
首部长度（Header Len）	8bit 无符号整数，以 8B 为单位表示移动性首部的长度，不包括前 8 个字节
移动性首部类型（MH Type）	8bit 选择器。标识具体的移动性消息
保留（Reserved）	留待将来使用的 8bit 字段。发送方需要将该字段初始设为 0，该字段被接收方忽略
校验和（Checksum）	16bit 无符号整数。此字段包含移动性首部的校验和
消息数据（Message Data）	可变长度字段，包含指定移动性首部类型的专用数据

各消息类型介绍如下：

绑定刷新请求（BRR）消息	绑定刷新请求消息用于请求移动节点更新其移动绑定。该消息由通信对端节点发送，该消息对应的移动性首部的类型值为 0
家乡测试初始化（HoTI）消息	移动节点使用家乡测试初始化消息初始一次迂回可路由性过程，并且从通信对端节点处请求一个密钥生成标记。家乡测试初始化消息对应的移动性首部类型值为 1。当移动节点离开家乡网络时，该消息通过移动代理，使用隧道进行传输。隧道模式中，在家乡代理和移动节点之间建立这样的隧道，应当使用 IPsec ESP 提供安全保护。提供的保护由 IPsec 安全策略数据库指定
转交测试初始化（Care-of test init，CoTI）消息	移动节点使用转交测试初始化消息初始一次迂回可路由性过程，并且从通信对端节点处请求一个密钥生成标记。转交测试初始化消息对应的移动性首部类型值为 2
家乡测试（HoT）消息	家乡测试消息用于对家乡测试初始化消息进行回应，由移动代理发送到移动节点。家乡测试消息对应的移动性首部类型值为 3
转交测试（CoT）消息	转交测试消息用来对转交测试初始化消息进行应答，由通信对端节点发送到移动节点。转交测试消息对应的移动性首部类型值为 4
绑定更新（BU）消息	绑定更新消息用于移动节点通知其他节点当前自己使用的新的转交地址。绑定更新消息对应的移动性首部类型值为 5
绑定确认（BA）消息	绑定确认消息用于对收到的绑定更新消息进行确认。绑定确认消息对应的移动性首部类型值为 6
绑定报错（BE）消息	绑定报错消息由通信对端节点使用，用于指出有关移动性的错误。例如，在所需地址绑定条目不存在（或过期）的情况下，试图使用家乡地址目的地选项，就会对外通告绑定报错消息。绑定报错消息对应的移动性首部类型值为 7

图 8-7　移动性首部（细节）

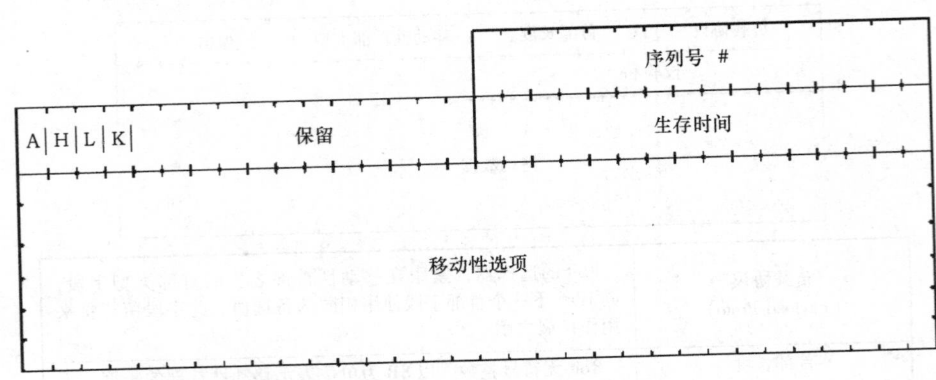

图 8-8　绑定更新（BU）消息的消息数据字段

（7）生存时间（Lifetime）。16 位无符号整数。必须考虑绑定到期之前剩余的时间单元数。其值为 0 表示此移动节点的绑定缓存条目必须被删除。

（8）移动性选项（Mobility Option）。完整的移动性首部是 8B 长度的整数倍，移动性选项是以完整的移动性首部长度为单位的可变长度字段。此字段包含零个或多个编码的 TLV（Type/Length/Value）㊀移动性选项。在绑定更新消息中，包含的有效的选项如下所列：

1）绑定授权数据选项（Binding Authorization Data Option）（此选项在发送到通信对端节点的绑定更新消息中强制使用）。

2）Nonce 索引选项（Nonce Indices Option）。

3）可选转交地址选项（Alternate CoA Option）。

转交地址可以在 IPv6 首部的源地址字段中指定，也可以在可选转交地址选项（如果使用这一选项的话）中指定。IPv6 分组的源地址必须是一个拓扑上正确的地址。包含有不是单播可路由地址的绑定更新消息会直接被丢弃。类似地，如果在一个现存的绑定缓存条目中的转交地址作为一个家乡地址出现，并同指定在绑定更新消息中的家乡地址组合在一起，构成了循环引用（可能通过绑定缓存中其他的条目），那么该绑定更新消息必须被抛弃。

绑定确认消息用于对收到的绑定更新消息进行确认。绑定确认消息的移动性首部消息数据字段的格式如图 8-9 所示，其中包含各字段/标志描述如下。

（1）密钥管理移动性能力（K）。如果该比特位复位（即赋值为 0），家乡代理在移动节点和家乡代理之间建立 IPsec 安全联盟使用的协议将不能使用（或许之后它需要被重新运行，前提是 IPsec 联盟自己希望继续生存）。

（2）保留（Reserved）。这些字段不使用。发送者必须将其初始化为 0，接收者需要忽略这些字段。

㊀ Type、Length、Value：类型、长度、值，三种变量构成的组合。

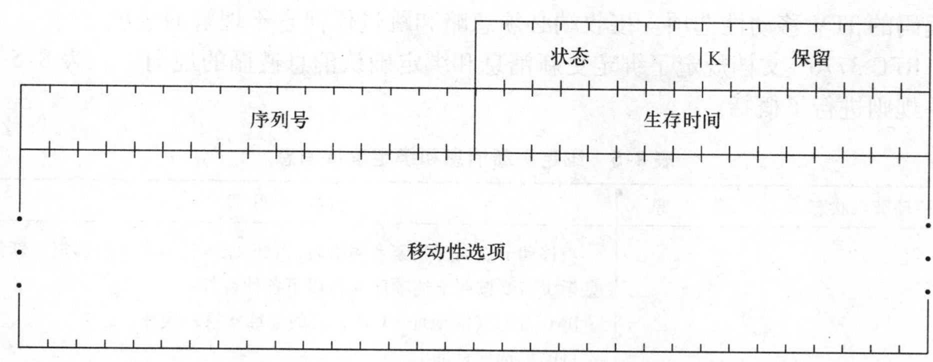

图 8-9　绑定确认消息的消息数据字段

（3）状态（Status）。8bit 无符号整数，指示绑定更新消息的处理结果。状态字段值小于 128，表示被绑定确认消息的绑定更新消息被接收节点接受了；状态字段等于或大于 128，表示该绑定更新消息被接收节点拒绝了。目前定义的状态字段状态值如下：

0	接受绑定更新消息
1	接受但需要前缀发现
128	未指定的原因
129	管理上禁止
130	资源不足
131	不支持家乡代理注册
132	非家乡子网
133	非移动节点的家乡代理
134	重复地址检测失败
135	序列号超出窗口
136	家乡 Nonce 索引到期
137	转交 Nonce 索引到期
138	Nonce 到期
139	注册类型变更不允许

（4）序列号（Sequence Number）。绑定确认消息的序列号是直接从绑定更新消息的序列号字段复制过来的。移动节点使用该序列号与发出的绑定更新消息进行匹配。

（5）生存时间（Life Time）。赋予的生存时间，以 4s 为单位，作为移动节点在其绑定缓存中保留该条目的留存时间。

（6）移动性选项（Mobility Options）。完整的移动性首部是 8B 长度的整数倍，移动性选项是以完整的移动首部长度为单位的可变长度字段。此字段包含零个或多个编码的 TLV 移动性选项。接收端必须忽略和跳过任何它不理解的选项。

RFC 3776[⊖]文档规定了绑定更新消息和绑定确认消息遵循的规则[7]，表 8-5 对这一规则进行了概括。

表 8-5　绑定更新消息和绑定确认消息

移动节点状态	消　息	说　明
移动节点离开家乡网络	绑定更新消息	当移动节点离开其家乡网络时，它向家乡代理发送的绑定更新消息至少需要按照下述顺序支持以下各种首部： IPv6 首部（源地址 = CoA，目的地址 = 家乡代理） 目的地选项首部 家乡地址选项（家乡地址） ESP 首部：传输模式 移动性首部 BU 可选 CoA 选项（CoA）
	绑定确认消息	移动节点离开家乡网络时，回应给移动节点的绑定确认消息应按照以下顺序至少支持下述首部： IPv6 首部（源地址 = 家乡代理，目的地址 = CoA） 路由首部（类型 2） 家乡地址 ESP 首部：传输模式 移动性首部 BA
移动节点处于家乡网络	绑定更新消息	当移动节点处于家乡网络中时，上述规则是不同的，因为移动节点可以使用其家乡地址作为源地址。这一般出现在移动节点重新返回家乡网络时，发出用于撤销注册的绑定更新消息，这种绑定更新消息应当按照以下顺序至少支持下述首部： IPv6 首部（源地址 = 家乡地址，目的地址 = 家乡代理） ESP 首部：传输模式 移动性首部 BU
	绑定确认消息	发送到家乡地址的绑定确认消息应当按照以下顺序，至少支持下述首部： IPv6 首部（源地址 = 家乡代理，目的地址 = 家乡地址） ESP 首部：传输模式 移动性首部 BA

⊖ RFC 2776 文档已由 RFC 4877 文档更新取代。

通信节点注册在移动节点处会涉及 6 个消息的传输，总共约 376B。如果移动节点移动得不是太频繁的话，这种信令开销还是可以接受的。例如，每 30min 移动节点移动一次，这将产生平均约 1. 7bit/s 的信令流量。不过，较高的移动频率则会导致更大幅的信令开销。移动节点以 120km/h 的速度移动，每移动 100m 的距离，则每隔 3s 就会导致 IP 连接的变更，从而造成 1000bit/s 的信令流量。相对于以一般 10000 ~ 30000bit/s 数据率传输的高压缩音频流相比，这种流量开销是相当显著的。此外，基本的 MIPv6 规范要求移动节点至少每 7min 就得重新进行一次通信节点注册。如果移动节点与固定节点通信的话，移动节点需要担负的信令开销将达到 7. 16bit/s。如果两端的通信节点都是移动节点的话，这种开销会加倍。当节点维持稳定的通信过程中，这种开销可以忽略不计。但是，如果移动节点处于不活跃状态并在一段时间内都处于同一个位置，这种开销就很成问题。因为，通常移动节点被设计为在这种情况下会自动进入待机模式，以节省电池电量。而且，定期地更新开销也会消耗一部分通信带宽，降低通信带宽利用效率[3]。

8. 2. 2. 2　移动性选项

移动性消息可以包含 0 个或多个移动性选项。这可以使在每次使用特定的移动性首部时，可根据具体需要选择是否使用移动性选项字段。同时，也提供了未来对移动性消息格式的可扩展能力。这些选项包含在移动性消息的消息数据字段，位于消息数据的固定部分之后。移动性首部的首部长度字段指示了消息中是否存在移动性选项，移动性选项字段格式如图 8-10 所示。

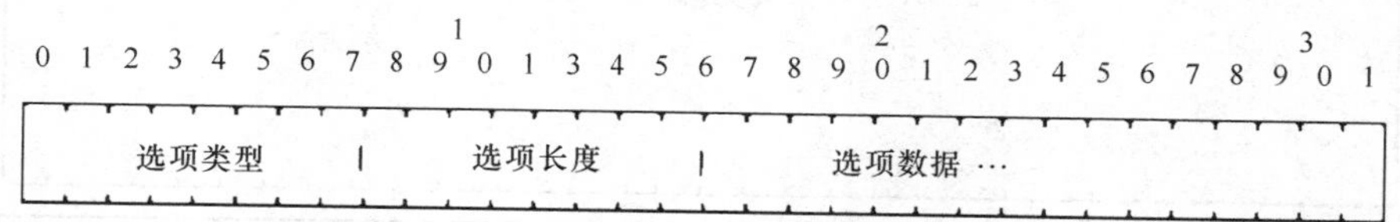

图 8-10　移动性选项字段格式

8. 2. 2. 3　家乡地址选项

家乡地址选项（Home Address Option）包含在目的地选项扩展首部（该首部对应的下一个首部字段值为 60）中。用在移动节点在离开家乡网络时发送的分组中，告知接收移动节点的家乡地址。该选项字段格式如图 8-11 所示。

8. 2. 2. 4　类型 2 路由首部

MIPv6 规范定义了一种新型的路由首部：类型 2 路由首部，用来允许分组直接从一个通信对端节点路由到移动节点的转交地址。移动节点的转交地址被插入到 IPv6 分组目的地址字段。一旦分组被传送到该转交地址时，移动节点从该路由首部中提取出它的家乡地址，并将该地址作为这一分组最终的目的地址。类型 2 路由首部格式如图 8-12 所示。

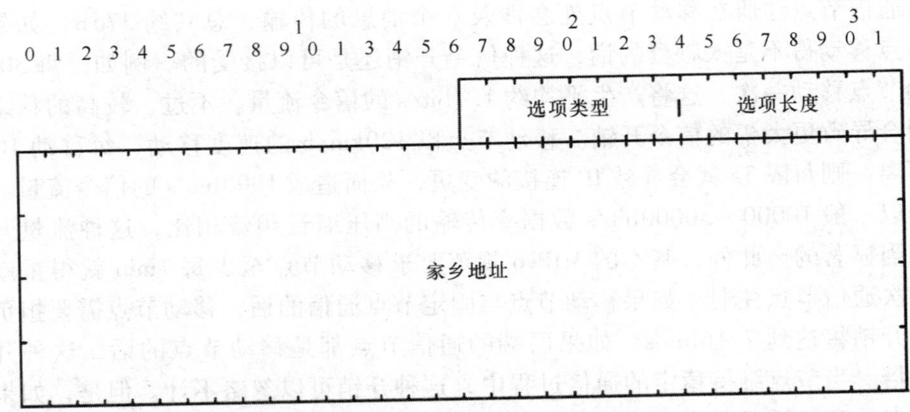

图8-11　家乡地址选项字段格式

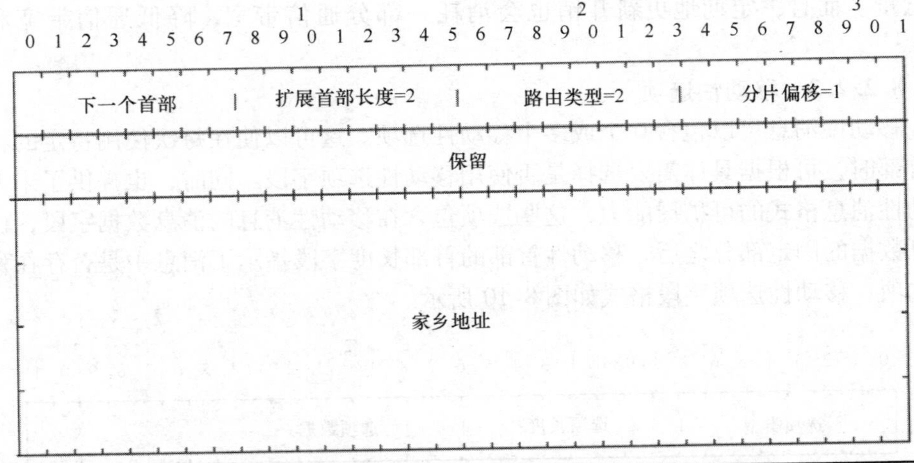

下一个首部（Next header）	8bit的选择器。指定紧跟着路由首部的下一个首部的类型，使用与IPv6下一个首部字段相同的备选值
扩展首部长度（Hdr ext Len）	2（8bit无符号整数）。指示以8B为单位的路由首部的长度，不包括前8个字节
路由类型（Routing type）	2（8bit无符号整数）
分片偏移（Segments Left）	1（8bit无符号整数）
保留（Reserved）	32bit保留字段。发送端需要将该字段值初始化为0，接收端则需要忽略这一字段
家乡地址（Home Address）	目的移动节点的家乡地址

图8-12　类型2路由首部

新路由首部使用了与为“常规”IPv6源路由定义的不同的类型，使得防火墙能够对源路由分组和 MIPv6 分组应用不同的规则。此路由首部（类型 2）被限制仅携带一个 IPv6 地址。所有处理此路由首部的 IPv6 节点必须查看包含在该路由首部的地址是否是节点自己的家乡地址，以便防止分组被转发到其他节点。包含在该路由首部的 IP 地址，因为是移动节点的家乡地址，因此必须是一个单播可路由地址。而且，如果家乡地址的范围小于转交地址的范围，那么移动节点必须抛弃该分组。

8.2.3　对 IPv6 邻居发现机制的修改

这里所讨论的对现有协议的修改内容，在 RFC 3775 文档中都有相应的介绍。

8.2.3.1　修改的路由通告消息

MIPv6 修改了路由通告消息（Router Advertisement Message）的格式，在其中增加了一个单独的标志（Flag）位，用来表示正在发送通告消息的路由器正在作为该链路的家乡代理。

8.2.3.2　修改的前缀信息选项

在动态家乡代理地址发现机制的工作过程中，MIPv6 需要获取路由器的全球地址用来构建家乡代理列表。MIPv6 扩展了定义在 RFC 2461 文档[8]中的邻居发现机制的内容，允许路由器可以通告它自己的全球地址。路由器通过在其使用的路由通告消息的前缀信息选项（Prefix Information Option）的格式中增加一个单独的标志位，实现上述地址通告过程。

8.2.3.3　新的通告间隔选项

MIPv6 定义了一种新的通告间隔选项（Advertisement Interval Option），使用在路由通告消息中，用于发布通告间隔。发送消息的路由器会在该通告间隔内，发送非请求多播路由通告（Unsolicited Multicast Router Advertisement）消息。

8.2.3.4　新的家乡代理信息选项

MIPv6 定义了一种新型的家乡代理信息选项（HA Information Option），使用在路由通告消息中，由作为家乡代理的路由器对外发布它自己能够提供的功能的信息。

8.2.3.5　对发送路由通告的改变

标准的邻居发现协议对路由器的功能进行了限制：即从任何给定网络接口，相继发送非请求多播路由通告消息的间隔时间最少为 3s（由 MinRtrAdvInterval 和 MaxRtrAdvInterval 字段限定）。然而，这一限制与为移动节点提供的即时移动检测功能无法兼容。当移动节点移动到其他路由器的无线传输覆盖范围（或在物理上连接到一个新的有线网络）时，会通过对这些新的路由器的发现，以及了解到之前的路由不再可到达，检测出自身产生移动的事实。当移动节点移动到由新的路由器提供服务的链路时，这种检测必须迅速完成，以便它们能够获得一个新的转交地址，并将其通过绑定更新消息发送给它们的家乡代理，向其注册该转交地址，同时，还要通知通信对端节点（如果有必要的话）。那么，能够有效地为快速移动提供检测的一种方法是，增加发送非请求路由通告消息的速率。MIPv6 放宽了标准的邻居发现协议对路由器做出的这种限制，以便使路由器可以更加频繁地发送非请求多播路由通告消息。此方法适用于希望路由器为访问（接入的）的移动节点提供服务的情况（例如，接入无线网络），也适用于路由器正在作为一个或多个移动节点的家乡代理的情况（例如，移动节点可能会重新返回家乡网络，并且需要接收家乡代理发布的路由通告消息）。

8.2.4 对各种 IPv6 节点的要求

MIPv6 对不同类型的 IPv6 节点（除了作为通信对端节点的常规 IPv6 节点）在功能上规定了一些具体的要求。表 8-6 对这些要求做出了概括。

表 8-6 对各种 IPv6 节点的要求

节　点	要　求
IPv6 节点	任何 IPv6 节点可在任何时刻成为一个移动节点的通信对端节点，或者发送分组给移动节点，或者从一个移动节点接收分组。这类节点不需要必须满足 MIPv6 的特性，只需满足基本的 IPv6 标准即可。如果移动节点想要与仅支持基本 IPv6 功能的节点使用路由优化的方式传送分组，将会收到 ICMP 报错消息，指示该节点不支持此类分组传送方式，并且指出该通信分组需通过家乡代理转交
支持路由优化的 IPv6 节点 实现路由优化功能的节点是互联网上所有 IPv6 节点的一个子集 通信对端节点参与路由优化的能力是 IPv6 环境高效运行的必备条件	节点必须能够依据现存绑定缓存条目使家乡地址选项生效 节点必须能够将类型 2 路由首部插入发送到移动节点的分组中 除非通信对端节点也是移动节点，否则它必须忽略类型 2 路由首部，并静默抛弃所有它收到的带有此类首部的分组 节点应当能够理解 ICMP 消息 节点必须能够发送绑定报错消息 节点必须能够处理移动性首部 节点必须能够参与迂回可路由性过程 节点必须能够处理绑定更新消息 节点必须能够返回一个绑定确认消息 节点必须能够维护一个在接受的绑定更新消息中收到的绑定信息的绑定缓存 节点应当允许通过管理手段开启或关闭路由优化功能，默认应为开启状态
IPv6 路由器。所有的 IPv6 路由器，甚至包括那些没有作为 MIPv6 家乡代理的路由器，都会影响到移动节点的通信效果	每个 IPv6 路由器应当能够在它的每个路由通告消息中发送通告间隔选项，以便协助移动节点进行移动检测。在路由通告消息中该选项的使用与否应当是可以进行配置的 每个 IPv6 路由器应当能够支持以较快速率（该速率应当是可以在随后进行配置的）发送非请求多播路由通告消息 每个路由器应当在它的路由通告消息中包括至少一个路由地址（Router Address，RA）（R）比特位置位的前缀，并使用其完整的 IP 地址 支持用路由首部过滤分组的路由器应当对于类型 0 和类型 2 的路由首部使用不同过滤规则，以便对源路由分组（类型 0 的路由首部）的过滤不会影响和限制使用类型 2 路由首部传送的 MIPv6 分组流量

（续）

节 点	要 求
IPv6 家乡代理（路由器） 为使移动节点在离开家乡网络时能够正常运行，在移动节点的家乡链路上至少要有一个 IPv6 路由器作为该移动节点的家乡代理，运行家乡代理功能	每个家乡代理必须能够在它的绑定缓存中，为每个它正为其充当家乡代理的移动节点维护一个绑定条目 当移动节点离开家乡网络时，移动节点家乡链路上的家乡代理必须能够捕获寻址到该移动节点的分组（使用代理邻居发现机制） 每个家乡代理必须能够重新封装这些捕获的分组，以便使用隧道将其传送到这些分组的目标移动节点的主转交地址，该主转交地址是在家乡代理的绑定缓存中由该移动节点的绑定条目信息指示的 每个家乡代理必须能够支持解封装处理，能够把来自移动节点的家乡地址通过反向隧道传送给它的分组进行解封装处理。每个家乡代理还需要对照该移动节点的当前注册位置，检验隧道化分组中的源地址是否正确 节点必须能够处理移动性首部 每个家乡代理必须能够对一个绑定更新消息回应一个绑定确认消息 每个家乡代理必须能够为其正在提供家乡代理服务的每组链路，维护一个独立的家乡代理列表 每个家乡代理必须能够接收寻址到其正在提供家乡代理服务的子网上的 MIPv6 家乡代理任播地址的分组，并且必须能够参与动态家乡代理地址发现机制过程 每个家乡代理应当支持某种配置机制，允许系统管理者人工设置这样的值，该值由此家乡代理在它发送的路由通告消息中的家乡代理信息选项字段的家乡代理首选项（HA Preference）字段内发送 每个家乡代理应当能够支持发送 ICMP 移动前缀通告消息，并能够对接收的移动前缀收集消息进行应答。如果支持该功能，则这该功能必须可以进行人为配置，从而使家乡代理能够按照家乡域网络管理的需要，配置为“避免发送这样的前缀通告消息”设置 每个家乡代理必须能够支持 IPsec 封装安全负载（ESP）功能，以保护迂回可路由性过程中传送的分组 每个家乡代理应当能够支持多播组成员控制协议。支持这一功能的家乡代理使用该功能决定哪些多播数据分组能够通过隧道转发给移动节点 家乡代理可以支持移动节点有状态地址自动配置功能
IPv6 移动节点	节点必须能够维护一个绑定更新列表 节点必须能够支持包含家乡地址选项的分组的发送，并能够满足 IPsec 交互的要求 节点必须能够进行 IPv6 封装和解封装处理 节点必须能够处理类型 2 路由首部 节点必须能够支持接收绑定报错消息 节点必须能够支持接收 ICMP 报错消息 节点必须能够支持移动检测、转交地址形成和返回归属地（家乡网络）功能

（续）

节　点	要　求
IPv6移动节点	节点必须能够处理移动性首部 节点必须能够支持迂回可路由性过程 节点必须能够发送绑定更新消息 节点必须能够接收和处理绑定确认消息 节点必须能够支持接收绑定刷新请求消息，并使用绑定更新消息对其进行响应 节点必须能够支持接收移动前缀通告消息，并能够根据包含在该消息内的前缀信息重新配置自己的家乡地址 节点应当能够支持动态家乡代理地址发现机制 节点必须能通过人工管理启动和关闭路由优化功能。默认设置成路由优化功能开启状态 节点可以支持多播组成员协议的多播地址监听部分协议内容。支持该协议内容的移动节点，能够接收通过隧道传输的来自家乡代理的多播分组 节点可以支持有状态地址自动配置机制，例如DHCPv6（Dynamic Host Configuration Protocol version 6，版本号为6的动态主机配置协议），基于通往家乡代理隧道的地址表示形式，通过DHCPv6功能自动获取的地址

8.2.5　通信对端节点运行

使用路由优化的IPv6节点必须能够维护一个存有其他节点绑定信息的绑定缓存（见表8-3）。每一个IPv6节点需要为其具有的每一个单播可路由地址分别维护一个唯一的绑定缓存。此外，对于通信对端节点来说，还需要支持以下各种功能：

（1）能够处理移动性首部。

（2）能够进行分组处理。

（3）能够参与迂回可路由性过程。

（4）能够处理绑定。

（5）能够使用缓存替换策略。

8.2.5.1　处理移动性首部

移动性首部的处理过程遵循下述处理过程，如图8-13所示。后续检验取决于具体移动性首部。

8.2.5.2　分组处理

分组处理包含下述几个子处理行为：

1）接收带有家乡地址选项的分组。

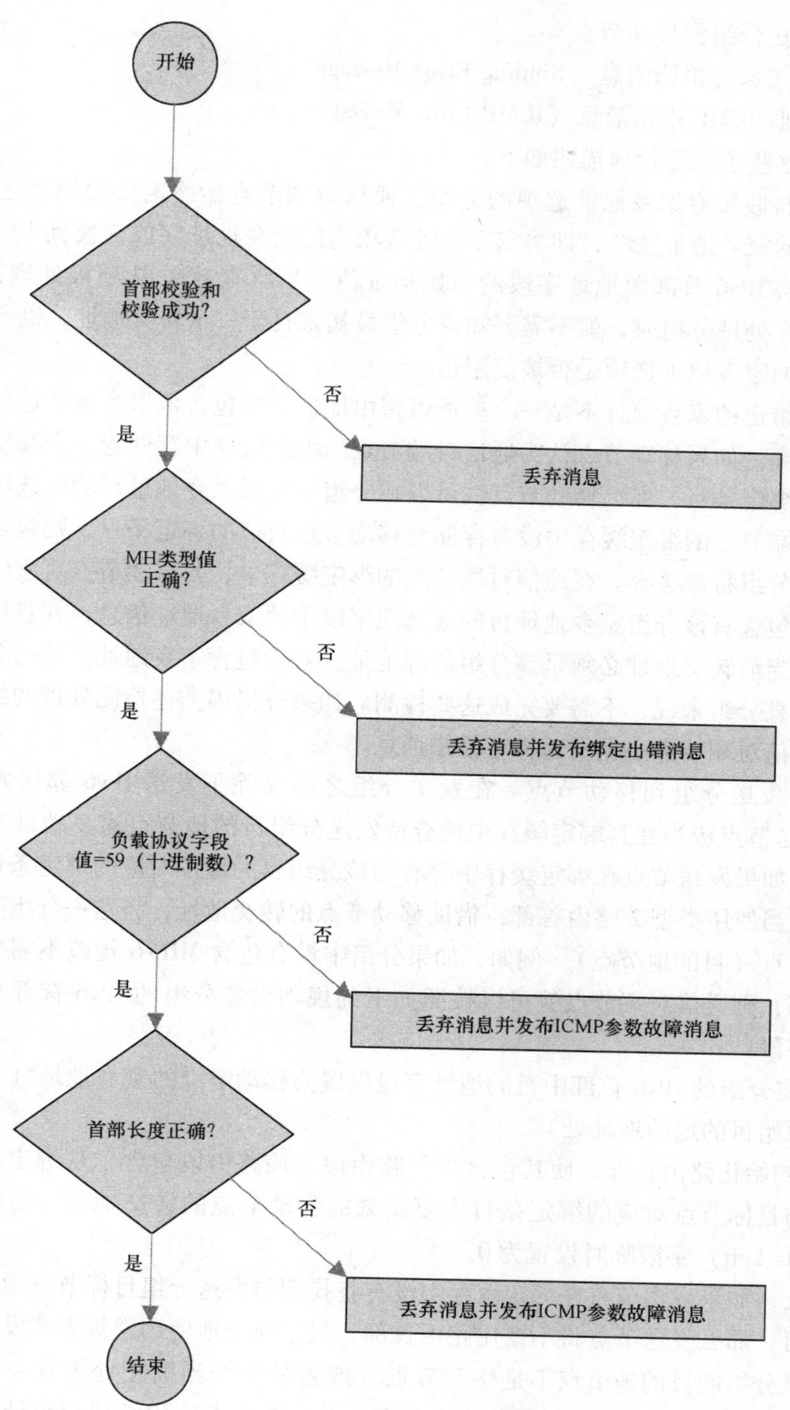

图 8-13　移动性首部处理

2）发送分组到移动节点。

3）发送绑定报错消息（Binding Error Message）。

4）接收ICMP报错消息（ICMP Error Message）。

关于这些子处理行为描述如下：

（1）接收带有家乡地址选项的分组。通信对端节点始终需要使用下述方法处理分组内的家乡地址选项，即将家乡地址选项内的家乡地址字段交换到IPv6首部，并用其替换IPv6首部源地址字段的原始地址值。当所有IPv6选项被处理完毕后，上层协议在处理分组时，就不需要知道分组最初来自于一个转交地址，也不需要知道分组内的家乡地址选项是否被使用过。

如果给定的家乡地址不是一个单播可路由地址，则包含该家乡地址选项的分组必须被丢弃。如果移动节点认为通信对端节点的绑定缓存中存储着一个移动节点的家乡地址绑定条目，那么移动节点就可以在分组中包括家乡地址目的地选项。如果在通信对端节点的绑定缓存中没有存储与移动节点对应的绑定条目，则包含家乡地址选项的分组将被丢弃。在通信对端节点的绑定缓存中，与移动节点对应的绑定条目中必须包含有该分组家乡地址目的地选项字段中的家乡地址信息，并且绑定条目中包含的当前转交地址必须是该分组的源地址。对于包含家乡地址选项的分组和绑定更新消息分组来说，不需要完成这些检测。如果分组因上述检测处理的结果被丢弃，则通信对端节点必须发送绑定报错消息。

（2）发送分组到移动节点。在发送分组之前（除了发送IPv6邻居发现分组时），发送节点应当在其绑定缓存中检查待发送分组目的地节点家乡地址对应的绑定条目。如果发送节点在绑定缓存中存有与该分组目的地址对应的绑定条目，则发送节点应当使用类型2路由首部，借助移动节点的转交地址，将这一分组路由到这个移动节点（目的地节点）。例如，如果分组中没有包含MIPv6规范不需要的额外路由首部，则通信对端节点就可以按照如下的规则设置分组的IPv6首部和路由首部中的字段：

1）将分组的IPv6首部中目的地址字段设置为移动节点的家乡地址（分组被发送到的原始目的地的地址处）。

2）初始化路由首部，使其包含单一路由段，该路由段包含了从绑定缓存中查找到的与目标节点对应的绑定条目中复制来的移动节点的转交地址，而将段偏移（Segments Left）字段临时设置为0。

相反，如果发送节点在绑定缓存中没有查找到与发送分组目标节点地址对应的绑定条目，那么发送节点将不使用路由首部，只是简单地使用常规方式发送这一分组。如果分组的目的地节点不是移动节点（或者是一个当前正处于家乡网络中的移动节点），分组将被直接交付给这个节点，并由该节点使用常规分组处理方式处理分组。然而，如果该分组目的地节点是一个移动节点，并且它目前已经离开了家乡网络，则这一分组将被该移动节点的家乡代理截获，并使用隧道传送到移动节点当前的主转交地址处。

（3）发送绑定报错消息。绑定报错消息被直接发送到违规分组的 IPv6 源地址字段中的地址处（如果此源地址字段包含的地址不是单播地址，则不能发送绑定报错消息）。绑定报错消息内的家乡地址字段值必须复制自违规分组的家乡地址目的地选项中的家乡地址字段；或者，如果在该违规分组中没有出现这样的选项，则也可设置为未指定地址。

（4）接收 ICMP 报错消息。当通信对端节点的绑定缓存中储存有一个与移动节点家乡地址对应的绑定条目时，所有发送到该移动节点的数据流量，将使用路由首部直接发送到该移动节点的当前转交地址。在去往这一转交地址的路径上，由这些分组引发的任何 ICMP 报错消息，将以常规方法被返回到通信对端节点。另一方面，如果通信对端节点的绑定缓存中没有与该移动节点家乡地址对应的绑定条目时，分组将经由该移动节点的家乡链路进行路由。在分组去往移动节点的路径上（尽管是在隧道中），任何由该分组引发的 ICMP 报错消息，将被发送到移动节点的家乡代理。家乡代理必须将这些 ICMP 报错消息转发到分组的原始发送者，在这种情况下，原始发送者也就是通信对端节点。总之，不论哪种情况，任何从通信对端节点发送到移动节点，且由分组引发的有意义的 ICMP 报错消息，将最终被返回到该通信对端节点。

8.2.5.3　迂回可路由性过程

表 8-7 列出了在迂回可路由性过程中，通信对端节点可能实施的各种行为。

表 8-7　通信对端节点在迂回可路由性过程期间的行为

行　为	说　明
接收家乡测试初始化消息	一旦收到一个家乡测试初始化消息，通信对端节点会检验该分组是否没有包括家乡地址目的地选项。任何携带家乡测试初始化消息的分组，如果不能满足上述检验（也就是在分组中包含有家乡地址目的地选项），必须被静默丢弃。否则，准备发送对应的家乡测试（HoT）消息，此时，通信对端节点会验证其自身是否有参与迂回可路由性过程必需的资料。通信对端节点必须有一个保密的 Kcn 和一个 nonce。如果它还没有这些资料，它必须在继续迂回可路由性过程前生成它
接收转交测试初始化消息	一旦收到一个转交测试初始化消息，通信对端节点会检验该分组是否没有包括家乡地址目的地选项。任何携带转交测试初始化消息的分组，如果不能满足上述检验（也就是在分组中包含有家乡地址目的地选项），必须被静默丢弃。否则，准备发送对应的转交测试（CoT）消息。此时，通信对端节点会验证它自身是否有参与迂回可路由性过程所必需的资料

（续）

行　为	说　明
发送家乡测试消息	通信对端节点将生成一个家乡密钥生成标记，并使用当前的 nonce 索引作为家乡 nonce 索引。随后，通信对端节点接着生成一个家乡测试消息，并使用移动节点的家乡地址发送该消息到移动节点
发送转交测试消息	通信对端节点会生成一个转交密钥生成标记，并使用当前的 nonce 索引作为转交 nonce 索引。随后，它接着生成一个转交测试消息，并使用移动节点的转交地址发送该消息到移动节点

8.2.5.4 处理绑定

对与绑定有关的消息的处理如下：

（1）接收绑定更新消息。在接收绑定更新消息之前，接收节点必须先验证该绑定更新消息。验证过程需要验证下述内容：分组必须在家乡地址选项中包含一个单播可路由家乡地址；或者如果家乡地址选项不存在时，必须在源地址字段中包含一个单播可路由家乡地址。而且，绑定更新消息中的序列号（Sequence Number）字段值要大于在之前接收的此家乡地址的合法绑定更新消息中序列号字段值（如果接收节点的绑定缓存中没有与该家乡地址对应的绑定条目信息，它必须接受来自这个移动节点的绑定更新消息中的任何序列号字段值）。此外，还有一些其他的测试也需要验证通过。

（2）请求缓存一条绑定。此处描述对一条合法绑定更新消息的处理，该合法绑定更新消息要求节点缓存一条绑定，因此不需要将绑定更新消息中家乡代理注册［Home Registration（H）］比特位置位。此时，接收节点应当在它的绑定缓存中生成一条新的与该家乡地址对应的绑定条目；或者，如果这样的绑定条目已经存在，则对这条已经存在的绑定条目信息进行更新。绑定缓存中的绑定条目信息的生存期使用绑定更新消息中规定的生存期（Lifetime）字段值进行初始化，不过，该生存期可以被缓存绑定条目的节点根据情况酌情缩短；绑定缓存中的绑定条目信息的生存期不能比绑定更新消息中规定的生存期字段值大。任何绑定缓存中的绑定条目信息，当其生存期到期时必须被节点删除。此外，如果通信对端节点没有充足的存储资源，可以拒绝接受建立一条新的绑定条目。

（3）请求删除一条绑定条目。此处描述对一个合法绑定更新消息的处理，当合法绑定更新消息的家乡代理注册［Home Registration（H）］比特位被设置为 0 时，该绑定更新消息请求接收节点删除一条绑定。在接收节点的绑定缓存中，所有与给定的家乡地址对应的当前绑定条目必须被删除。接收节点不能生成与该家乡地址有关的绑定缓存条目，以此来对接收的绑定更新消息进行响应。如果接收节点已经使用迂回可路由性 nonce 生成了绑定条目，通信对端节点必须确保之前使用的这些 nonce 不再被用于该特定的家乡地址和转交地址。如果用于家乡地址和转交地址的两个 nonce 仍然有效，通信对端节点必须记住这组之前使用的 nonce 索引、地址和序列号，直到至少一个 nonce 因生存期到期而不再合法。

（4）发送绑定确认消息。发送绑定确认消息告知已经成功收到绑定更新消息。如果节点接受这条绑定更新消息，并用其建立或更新指定的绑定条目，则用于对该条绑定更新消息进行回应确认的绑定确认消息中的状态（Status）字段必须被设置为一个小于 128 的值。否则，状态字段必须被设置为一个大于等于 128 的值，表示建立或更新绑定条目失败。

（5）发送绑定刷新请求。在发送分组到移动节点时，如果一条正在被删除的绑定条目仍然可以使用，那么下一个发送到该移动节点的分组仍将被正常地路由到该移动节点的家乡链路。此时，虽然与这一移动节点的通信仍可继续进行，但是代价为来自家乡网络的分组通过隧道传输将产生额外的开销，并且分组被交付到移动节点，在时间上也会出现延迟。不过，如果发送者知道这条因到期正被删除的绑定条目仍然可以使用，它就可以发送一条绑定刷新请求消息给移动节点，从而避免这种开销和由于删除或重新创立此绑定条目而产生的延迟。绑定刷新请求消息将一直被发送到移动节点的家乡地址。只要发送速率受到限制，通信对端节点就可以重复发送绑定刷新请求消息。当通信对端节点收到一条绑定更新消息时，它将停止重复发送绑定刷新请求消息。

8.2.5.5　缓存替换策略

节点为其绑定缓存中的每条绑定条目维护一个独立的计时器。当节点收到一条绑定更新消息时，它会使用该消息创立或更新一条绑定条目，此时，节点会将这条绑定条目的计时器设置为绑定更新消息中指定的生存期（Lifetime）。在绑定缓存中，根据绑定更新消息更新的绑定条目计时器生存期到期时，所在节点会将这条绑定条目进行删除。每个节点的绑定缓存必须有一个有限的容量。节点可以使用任何合理的本地策略管理它的绑定缓存空间。节点可以选择放弃其绑定缓存中已存的绑定条目，以便为新的绑定条目腾空空间。如果节点想要向指定的目的地址（也就是发送到目标移动节点处）发送分组，而在发送节点的绑定缓存中，与该目的地址对应的绑定条目已经被该节点丢弃，此时，分组将经由目标移动节点的家乡链路进行路由。移动节点能够检测到这种情况的存在，而且如果需要的话，移动节点会请求分组发送节点重新建立一条新的与其家乡地址对应的绑定条目。

8.2.6　家乡代理节点运行

家乡代理在运行中需要完成下述功能：

（1）维护绑定缓存和家乡代理列表

（2）处理移动性首部

（3）处理绑定

1）主转交地址注册

2）主转交地址注销

（4）分组处理

1）截获发送到移动节点的分组

2）处理截获的分组

3）多播成员控制

4）有状态地址自动配置

5）处理通过反向隧道传输的分组

6）保护迂回可路由性分组

（5）动态家乡代理地址发现机制

（6）向移动节点发送前缀信息

前面，本章已经介绍了上述（或类似的）功能。因此，这里不再对它们做进一步的讨论。

8.2.7 移动节点运行

MN 在运行中需要完成下述功能：

（1）维护绑定更新列表

（2）处理绑定

1）向移动代理发送绑定更新消息

2）通信节点注册

3）接收绑定确认消息

4）接收绑定刷新请求消息

（3）处理移动性首部

（4）分组处理

1）离开家乡网络时发送分组

2）与离境 IPsec 处理交互

3）离开家乡网络时接收分组

4）路由多播分组

5）接收 ICMP 报错消息

6）接收绑定报错消息

（5）家乡代理和前缀管理

1）动态家乡代理地址发现机制

2）发送移动前缀请求消息

3）接收移动前缀通告消息

（6）移动性支持

1）移动检测

2）形成新的转交地址

3）使用多个转交地址

4）返回家乡网络

（7）迂回可路由性过程

1）发送测试初始化消息

2）接收测试消息

3）保护迂回可路由性分组

（8）分组重传与速率限制

绑定更新列表（BU List）记录了移动节点发送的每一条有关绑定更新消息的信息，其中绑定的生存时间都是没有到期的。绑定更新列表包含了所有移动节点发送的绑定，其中既有移动节点发送给它的家乡代理的绑定，也有移动节点发送给远程通信对端节点的绑定。同时，该列表还包含了等待用于参与完成迂回可路由性过程的、尚没有发出的绑定更新消息。此外，对于多个发送到同一个地址的绑定更新消息，绑定更新列表中只会包含在时间上最近的绑定更新消息［例如，带有最大序列号（Sequence Number）值的 BU 消息］。

其他方面有关移动节点运行的内容，接下来将会介绍，这里仅介绍一些关键的要点。如果读者想了解更加详细的内容，请参考 RFC 3775 文档[2]。

8.2.7.1　分组处理

移动节点离开家乡网络时发送的分组，不需要专门进行 MIPv6 处理。

当移动节点离开家乡网络时，它可以继续使用它的家乡地址作为分组的源地址，也可以使用一个或多个转交地址作为分组的源地址［这样移动节点就不需要在分组内使用家乡地址选项（Home Address Option）了］。使用移动节点的转交地址作为分组的源地址，通常要比使用移动节点的家乡地址作为源地址的开销要低，因为这样在请求消息和响应消息中就不需要使用额外的选项。这种分组能够在它们的源节点和目标节点之间正常、直接地路由，而不需要使用 MIPv6 机制。总之，当移动节点离开家乡网络时，如果移动节点使用它的家乡地址之外的其他地址作为发送分组的源地址，就不需要特定的 MIPv6 处理：分组会同任何正常 IPv6 分组一样，以相同的常规方法被简单地寻址和发送。

如果离开家乡网络的移动节点，使用其家乡地址作为其发送分组的源地址，则需要使用特定的 MIPv6 机制处理这些分组。前面已经提到，网络节点可以使用以下任意一种方法来实现对此类分组的处理：

（1）路由优化：使用这种方法交付分组，需要通过移动节点的家乡网络，并且这种传输方式更快，也更可靠。移动节点需要确保在通信对端节点的绑定缓存中与其家乡地址的对应的绑定条目的存在，以便通信对端节点能够处理此类分组。移动节点应当在家乡地址选项字段中提供它的家乡地址，并将 IPv6 首部的源地址设置成它当前的转交地址。并且，该转交地址为移动节点已经在通信对端节点上注册过的转交地址。随后，通信对端节点将使用家乡地址选项字段中提供的地址参与完成由传统 IPv6 首部源 IP 地址参与的工作。之后，再将移动节点的家乡地址交给上层协议和应用程序。

（2）反向隧道：这是一种通过家乡代理，使用隧道传输分组的机制。当移动节点没有在通信对端节点上注册地址绑定时，使用这种机制。反向隧道机制不及路由优化机制的效率高。此机制适合于用移动节点的家乡地址作 IPv6 首部源地址的分组，或采用多播控制协议的分组。具体处理过程如下：①使用 IPv6 封装发送分组到家乡代理；②将隧道分组的源地址设置为在家乡代理上注册的主转交地址；③将隧道分组的目的地址设置成家乡代理的地址。之后，家乡代理将把按照上述方式封装的分组传送到通信对端节点。

当 MN 离开家乡网络发送分组时，在其分组处理过程中，存在离境 MIPv6 处理和离境 IPsec 处理间的交互，该交互过程如图 8-14 所示。

图 8-14 假定 IPsec 正被用于传输模式，并且正使用它的家乡地址作为分组的源地址。需要注意的是，需要对 RFC 2402 文档规定的目的地选项处理进行如下扩展：假如发生下述情况，必须计算认证首部（Authentication Header，AH），对数据进行验证，这些情况包括：①IPv6 首部的 IPv6 源地址字段包含移动节点的家乡地址；②家乡地址目的地选项的家乡地址字段包含新的转交地址。

当移动节点离开家乡网络时，移动节点将使用下述方法接收寻址到其家乡地址的分组：

（1）由通信对端节点（该通信对端节点的绑定缓存中没有与目标移动节点对应的绑定条目）发送给移动节点的分组，将被移动节点家乡网络的家乡代理截获，然后由家乡代理使用隧道将该分组传送到这一移动节点。移动节点必须验证通过该隧道传输的分组的 IPv6 源地址是否是它的家乡代理的 IP 地址。在这个方法中，移动节点也可以发送一条绑定更新消息到分组的原始发送者，并遵从速率限制处理。移动节点还需要用为 IPv6 封装定义的方法处理接收的分组，这可以使移动节点内的上层协议正常地处理封装的（内部的）分组，就像分组已经被（仅仅）寻址到移动节点的家乡地址。

（2）由通信对端节点（该通信对端节点的绑定缓存中保存了与目标移动节点对应的绑定条目，且绑定缓存条目中包含了该移动节点当前的转交地址）发送给移动节点的分组，将由通信对端节点使用类型 2 路由首部传送给目标移动节点。该分组将寻址到该移动节点的转交地址。同时，路由首部中的最后一跳，将引导该分组到移动节点的家乡地址；对于该路由首部最后一跳的处理，完全是在移动节点的内部完成的，因为移动节点的转交地址和家乡地址是移动节点本身使用的两个地址，这两个地址都位于移动节点之上。

8.2.7.2　家乡代理地址发现机制

有时，当移动节点需要向它的家乡代理发送绑定更新消息注册其最新的主转交地址时，可能不知道家乡链路上作为其家乡代理的路由器的地址。在这种情况下，

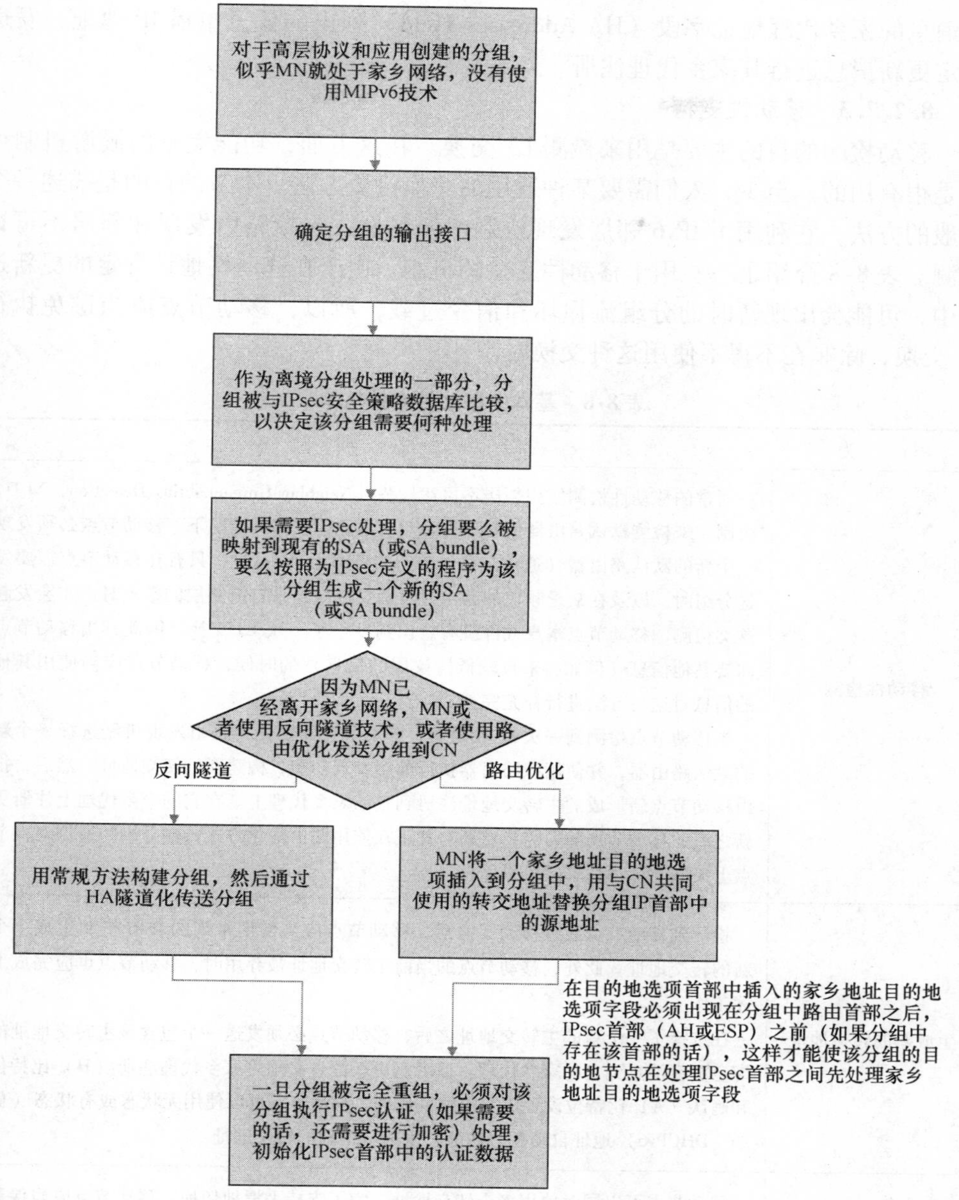

图 8-14　与离境 IPsec 处理间的交互

移动节点可能需要在其家乡链路上尝试去发现一个合适的家乡代理的路由器地址。因此，移动节点将向带有其家乡子网前缀的 MIPv6 家乡代理任播地址发送一个 ICMP家乡代理地址发现请求消息。移动节点家乡链路上的家乡代理收到该请求消息后，将回应一个 ICMP 家乡代理地址发现响应消息，该消息中包含了在家乡链路上运行的家乡代理的地址。一旦收到家乡代理地址发现响应消息，移动节点将会向该消息的家乡代理地址字段（HA Addresses Field）列出的任意单播IP地址，发送绑定更新消息进行其家乡代理注册。

8.2.7.3 移动性支持

移动检测的目的主要是用来检测L3交换。在这方面，功能完整的漫游机制可能是很有用的。至少，人们需要某种通用的交换检测方法。本节的目的是描述一个一般的方法，它利用了IPv6邻居发现机制的便利性，包括路由发现和邻居不可达检测。表8-8介绍了一些用于移动性支持的机制。由于在移动性地址绑定的更新过程中，可能会出现暂时的分组流损坏和信令过载，所以，移动节点应当避免执行L3交换，除非在不得不使用这种交换时。

表8-8 基本的移动性支持机制

行　　为	说　　明
移动性检测	通常的移动性检测使用邻居不可达检测（Neighbor Unreachability Detection，NUD）机制，来检测默认路由器何时不再是双向可达。在那种情况下，移动节点必须发现一个新的默认路由器（通常是在一个新的链路上）。不过，只有在移动节点需要发送分组时，以及在缺乏频繁的路由通告消息或缺乏来自链路层的指示时，才会发起这类检测，移动节点本身或许没有意识到发生了一次L3交换。因此，当移动节点需要其他信息（例如，来自较低协议层的信息）的时候，移动节点应当使用其他的信息对这一方法进行补充完善 当移动节点检测到一次L3交换时，移动节点需要使用路由发现机制选择一个新的默认路由器，并使用该路由器执行前缀发现功能，构建新的转交地址。然后，把由移动节点新形成的主转交地址注册到它的家乡代理上。在它的家乡代理上注册更新之后，移动节点随后需要更新与其正在使用路由优化方式传输分组的通信对端节点上关联的移动性绑定条目信息
生成新的转交地址	检测到移动节点已经移动了之后，移动节点应当使用常规的IPv6机制生成一个新的转交地址。此外，移动节点的当前主转交地址被弃用时，移动节点也应完成上述工作 在选择了一个新的主转交地址之后，移动节点必须发送一个包含该主转交地址的绑定更新消息到它的家乡代理。该绑定更新消息必须将家乡代理注册（H）比特位和确认（A）比特位设置成它的家乡代理。移动节点可以使用无状态或有状态（例如，DHCPv6）地址自动配置功能，生成一个新的转交地址
使用多个转交地址	移动节点可以同时使用多个转交地址。为了支持平滑地切换，移动节点应当保留它的上一个主转交地址作为一个（非主）转交地址，并仍然接收寻址到此转交地址的分组，即使当移动节点已经向其家乡代理注册了新的主转交地址之后 任何时候，只要移动节点认为其发送的消息通过一个给定的链路不再可达时，移动节点就应当让所有与下述地址前缀关联的转交地址失效，这种地址是：那些地址前缀是移动节点曾经通过不可达链路上的一些路由器发现的，且这些地址前缀不属于（可能是新的）移动节点当前默认路由器通告的地址前缀的集合

8.2.8　MIPv6 与 IPv4 和移动 IPv4（MIP）的关系

有人可能会问，MIPv6 与 IPv4、移动 IPv4（在 RFC 3344 文档[9]中定义）的关系是什么？RFC 3775 文档[2]中指出：MIPv6 的设计得益于从 MIP 技术发展中获得的经验和 IPv6 技术发展提供的机会。因此，MIPv6 引入了很多 MIP 的特点，同时又将这些特点整合进 IPv6 技术，并对其做出了一定的改进。MIP 与 MIPv6 两者之间的比较明显的区别如下：

（1）不需要像 MIP 技术那样，部署专门的路由器担当“外地代理”。MIPv6 在任何位置的运行都不需要任何来自本地路由器提供的专门支持。

（2）支持路由优化是 MIPv6 技术的基本功能部分，因此，MIPv6 并不是一组非标准化的功能扩展。

（3）即便在没有预先安排的 SA 的情况下，MIPv6 的路由优化机制也能够安全地运行。可以预计，MIPv6 的路由优化机制可以部署在全球范围内所有的移动节点和通信对端节点之间。

（4）MIPv6 还整合了对路由优化与执行“入口过滤”的路由器之间高效并存技术的支持。

（5）IPv6 邻居不可达检测，确保了移动节点和其当前位置的默认路由器间存在对称可达性。

（6）在 MIPv6 中，当移动节点离开家乡网络时，大多数发送的分组会使用 IPv6 路由首部而不是 IP 封装，发送到移动节点。这与移动 IPv4 相比，减少了最终开销总量。

（7）MIPv6 与任何具体的链路层脱钩，因为它使用 IPv6 邻居发现机制替代了地址解析协议（Address Resolution Protocol，ARP），从而改善了协议的鲁棒性。

（8）IPv6 封装（及路由首部）的使用省去了在 MIPv6 中管理“隧道软状态”的需要。

（9）在 MIPv6 中，动态家乡代理地址发现过程只会给移动节点返回唯一的一个响应，而在 IPv4 中，使用直接广播的方法则会分别从每个家乡代理处给移动节点返回一个响应，因此对于移动节点来说，它会收到多个响应。

相比于移动 IPv4，MIPv6 具有的改进很多，主要得益于对 IPv6 特性的继承。例如，路由优化和动态家乡代理发现机制只存在于 MIPv6 技术中。对于 MIPv6 来说，IPv6 广阔的地址空间带来的优势之一，就是使移动节点可以在任何地方都能获得全球唯一的转交地址。从而，无须依赖为移动 IPv4 技术设计的 NAT 穿透技术，这使得 MIPv6 技术成为一种更加简化且带宽利用率更加高效的移动性管理协议。不过，在向 IPv6 过渡的过程中，对于现存的私有 IPv4 网络，仍需要考虑使用 NAT 穿透技术[10]。

参考文献

1. Minoli D. *Mobile Video with Mobile IPv6*. New York: Wiley; 2012.
2. Johnson D, Perkins C, Arkko J. Mobility Support in IPv6. RFC 3775, June 2004.
3. Arkko J, Vogt C, Haddad W. Enhanced Route Optimization for Mobile IPv6. RFC 4866, May 2007.
4. Korhonen J, editor. Bournelle J, Giaretta G, NakhjiriM. Diameter Mobile IPv6: Support for Home Agent to Diameter Server Interaction. February 2010, RFC 5778.
5. 6deploy.org. IPv6 Workshop – IPv6 Mobility Module. October 2008.
6. Giaretta G, Devarapalli V. Mobile IPv6 Bootstrapping in Split Scenario, RFC 5026, October 2007.
7. Arkko J, Devarapalli V, Dupont F. Using IPsec to Protect Mobile IPv6 Signaling Between Mobile Nodes and Home Agents. RFC 3776, June 2004.
8. Narten T, Nordmark E, Simpson W. Neighbor Discovery for IP Version 6 (IPv6). RFC 2461, December 1998.
9. Perkins C. editor. IP Mobility Support for IPv4. RFC 3344, August 2002.
10. Soliman H, editor. Mobile IPv6 Support for Dual Stack Hosts and Routers. RFC 5555, June 2009.

第 9 章 基于低功耗无线个域网的 IPv6 技术（6LoWPAN）

从本书中很多地方可以看到，大多数的（但绝对不是全部的）物联网/M2M 节点在设计上存在着明显的约束条件。开发人员正将 IEEE 802.15.4（2003）标准打造成最适合底层（物理层和链路层）功能的协议标准。而上层功能的目标是利用 IP 技术，尤其是 IPv6 技术，正如第 7 章介绍的各种 IPv6 功能和优势。为此，2005 年 IETF 授权成立了相关工作组（Working Group，WG），致力于制定基于 IEEE 802.15.4 标准的 IPv6 技术，也就是基于低功耗无线个域网的 IPv6 技术，这次研究项目被称为 6LoWPAN。最初的两项成果产生在 2007 年：①问题陈述（目标与假设）；②格式规范（基于 IEEE 802.15.4 的 IPv6）。借助刚刚提到的这一格式规范，如今，6LoWPAN 已经成为一种被广泛接受的在 IEEE 802.15.4 上运行 IPv6 的方法。而且，这一方法已经得到了 Tiny OS 和 Contiki 两种操作系统的支持。此外，一些无线传感器标准，例如 ISA SP 100、ZigBee 智能电源（Smart Energy，SE）标准 2.0 版本和 IEEE 1451.5 标准也实现了对 6LoWPAN 方法的支持。根据相关基础的 RFC 文档的定义，IEEE 802.15.4 标准运行起来就像一种 IPv6 链路，能够提供基本的封装和有效的分组表示方式，而且这些分组的大小均小于 100B。本章将就这一项目的部分亮点内容进行介绍，相关参考资料出自于对一些基础 RFC 文档内容的摘取和整合。读者可以参考这些原始的 RFC 文档资料，以获取更加详细的 6LoWPAN 规范的内容。

9.1 背景/引言

LoWPAN 对 IPv6 连通性的要求如下[1]：

（1）LoWPAN 内的许多设备要求网络具有很强的自动配置能力和无状态特点。从前面章节的内容可以发现，IPv6 已经提供了对这一需求的解决方案。

（2）LoWPAN 内的设备数量巨大，需要拥有巨大的地址空间。这一需求在 IPv6 中得到了很好的解决。

（3）考虑到 LoWPAN 分组长度大小的限制，IPv6 地址格式需要能够在任何需要的时候，嵌入到 IEEE 802.15.4 的地址中。

（4）考虑到分组长度大小的限制，IPv6 与上层协议的首部需要能够在任何需要的时候被压缩。

（5）需要实现 LoWPAN 与 IP 网络（包括互联网）之间简单的互联互通能力。

该工作组已经完成了两部 RFC 文档：①用于记载和讨论上述问题的 RFC 4919

文档，即《基于低功耗无线个域网的IPv6技术（IPv6 over Low-Power Wireless Personal Area Networks，6LoWPAN）：概述、假设、问题陈述和目标》；②用于定义IPv6与IEEE 802.15.4之间适配层帧格式的RFC 4944文档，即《基于IEEE 802.15.4网络的IPv6分组传输》。同时，6LoWPAN工作组还与制定低功耗有损网络（Low-power and Lossy Network，LLN）路由方案的工作组（即RoLL工作组）密切合作，后者正在开发低功耗有损网络上的IPv6路由解决方案。表9-1详细列出了与6LoWPAN相关的文档和规范。

表9-1 6LoWPAN文档与规范集

标题		日期	现状
在编的互联网草案			
draft-ietf-6LoWPAN-btle-11	基于低功耗蓝牙技术的IPv6分组传输	2012-10-12	正处于IESG评估阶段：持续评估了106天 已提交给IESG发布
RFC文档			
RFC 4919（draft-ietf-6LoWPAN-problem）	基于低功耗无线个域网的IPv6（6LoWPAN）：概述、假设、问题陈述和目标	2007-08	RFC 4919（报告）勘误表
RFC 4944（draft-ietf-6LoWPAN-format）	基于IEEE 802.15.4的IPv6分组传输	2007-09	RFC 4944（建议标准）文档内容已由RFC 6282和RFC 6775文档更新
RFC 6282（draft-ietf-6LoWPAN-hc）	基于IEEE 802.15.4网络上的IPv6数据报压缩格式	2011-09	RFC 6282（建议标准）
RFC 6568（draft-ietf-6LoWPAN-usecases）	基于低功耗无线个域网（6LoWPAN）的IPv6的设计与应用范围	2012-04	RFC 6568（报告）
RFC 6606（draft-ietf-6LoWPAN-routing-requirements）	基于低功耗无线个域网（6LoWPAN）的IPv6路由的问题陈述和要求	2012-05	RFC 6606（报告）
RFC 6775（draft-ietf-6LoWPAN-nd）	基于低功耗无线个域网（6LoWPAN）的IPv6邻居发现功能优化	2012-11（新）	RFC 6775（建议标准）
相关的文件/在编的互联网草案			
draft-bormann-6LoWPAN-ghc-05	6LoWPAN中首部和首部类负载的通用压缩技术	2012-09-06	以互联网草案的形式存在
draft-bormann-6LoWPAN-roadmap-03	6LoWPAN技术路线与实施指南	2012-10-22	以互联网草案的形式存在
draft-schoenw-6LoWPAN-mib-01	基于低功耗无线个域网（6LoWPAN）的IPv6管理对象的定义		

工作组近期的其他工作项目内容[2]如下：

（1）制定《6LoWPAN 引导程序和 6LoWPAN IPv6 邻居发现功能优化》，有限地扩展了 IPv6 邻居发现机制（定义在 RFC 4861 文档）的功能，使其更加适用于低功耗网络环境。该文档定义了 6LoWPAN 网络的引导方法，并探索了邻居发现机制的优化方法。例如，通过使用协调器复用 IEEE 802.15.4 的网络结构，以及通过让设备同协调器通信的方法降低对多播的使用需求（不需要产生单点故障或改变 IPv6 邻居发现多播机制）。

（2）制定《6LoWPAN 改进的首部压缩方法》，描述了一种 6LoWPAN 首部压缩改进机制。具体来说，该文档描述了非本地链路地址的压缩方法。此外，该文档还介绍了一些其他的用于 6LoWPAN 首部压缩的、对 HC1 或 HC2 的改进或优化方法。

（3）制定《6LoWPAN 体系结构》，描述了如何设计和实现 6LoWPAN 网络。该文档介绍的内容包括：两种路由策略“Mesh Under”和“Route Over”的概念、IEEE 802.15.4 的设计问题（例如，休眠节点的操作）、网络组件（包括电池和供电线路）、寻址以及 IPv4/IPv6 网络连接等内容。

（4）《6LoWPAN 路由要求》是一个独立的互联网草案，用于描述专门针对 6LoWPAN 的具体要求，包括对 6LoWPAN 使用的路由协议的要求和对两种路由策略“Mesh Under”和“Route Over”寻址的要求。

（5）制定《6LoWPAN 使用案例》，介绍了一小组具有独特使用需求的应用案例，定义了 6LoWPAN 如何解决这些需求的方法，以及对于这些应用情景应当使用哪些协议和配置方式。该文档介绍的这些使用案例涉及了传输层协议、应用层协议、发现协议、配置协议和调试协议等协议内容。

（6）制定《6LoWPAN 安全性能分析》，定义了 6LoWPAN 的威胁模型，记录现有的密钥管理方案的适合程度，并讨论了引导/安装/调试/设置等问题。

9.2　6LoWPAN 的目标

一般，LoWPAN㊀设置了一些约束条件，特别是基于 IEEE 802.15.4（2003 年的修改版本）的系统，在开发协议栈时必须要将这些约束条件考虑进来。这些约束条件可以分为两类：

（1）底层的个域网（Personal Area Network，PAN）设定的通信约束条件：

1）小分组设置。考虑到最大的物理层分组长度为 127B，因此，在 MAC（Media Access Control，媒体访问控制）层上产生的最大 MAC 帧的长度只能为 102B。同时，链路层安全特性还需要一定的开销。所以，只剩下 81B 用于传输分

㊀　该讨论内容源自于对参考文献［1］部分内容的概括和整理。

组数据。设置的约束要求分组在添加了所有用于 IP 连接的各层首部之后，应当仍然可以使用一个 MAC 帧来传输，而不会产生过多的分片和进行重组处理。此外，“控制分组”/“协议分组” 只能包含在一个 IEEE 802.15.4 帧内传输，而不能对它们进行分片和重组。

2）需要同时支持 16 位短 MAC 地址和 IEEE 64 位扩展 MAC 地址。

3）低带宽。当前为物理层的不同频率：2.4GHz、915MHz 和 868MHz 分别定义了不同的数据率：250kbit/s、40kbit/s 和 20kbit/s。

4）网络拓扑包括星形结构操作和网状结构操作。

5）其他需要解决的问题。例如，有限的配置和管理能力、服务发现使用需求以及安全性需求（保密性和完整性保护）等。

（2）目标应用程序参数设定的系统约束条件：

这些受限特性包括低/电池功耗、成本低、处理能力低、内存空间小、设备数量大、自组网（ad-hoc）位置/逻辑拓扑、移动性以及不可靠的节点行为（例如，由不确定的无线电连接、干扰、睡眠状态、电池耗尽以及设备自身等问题导致的其他各种行为）等。

网络中很多 6LoWPAN 设备属于有限功能设备［即“精简功能设备（Reduced Function Device，RFD）”，参见第 6 章内容］，其他设备则为“全功能设备（Full Function Device，FFD）”。全功能设备通过提供诸如网络协调、分组转发和作为同其他类型网络进行通信的接口，辅助精简功能设备。LoWPAN 必须能够支持各种网络拓扑结构，包括网状结构和星形结构。网状拓扑结构意味着分组需要经过多跳路由才能到达期望的目的地。在这种情况下，链路层上的中间设备需要提供转发功能（类似于网络层上的路由器）。通常情况下，全功能设备在电源、计算能力等方面具有更强的能力。

对路由协议的要求如下：

（1）鉴于 LoWPAN 使用最小长度的分组大小，路由协议附加在数据分组上的字节开销必须尽可能地少（或者没有）。

（2）路由协议需要在适应拓扑结构变化和节省电量之间做出平衡，从而产生尽可能少的开销（尽可能少的无用信息）。

（3）路由协议应当使用最低程度的计算能力和内存需求，以满足低成本和低功耗目标。因此，大路由表的存储和维护不利于实现这一要求。

（4）支持网络拓扑的设备（可以是全功能设备，也可以是精简功能设备）既可能是使用电池的设备，也可能是电源供电的设备。这就意味着，在睡眠节点设计上需要适当考虑路由问题。

表 9-2 总结了部分 LoWPAN 的 IP 协议考虑事项，这部分内容定义在 RFC 4919 文档。

表 9-2　部分 LoWPAN 的 IP 协议考虑事项（定义在 RFC 4919 文档）

事　项	问题与方法
分片与重组层	IEEE 802.15.4 的协议数据单元（Protocol Data Unit，PDU）可以小到 81B，远远低于 IPv6 分组长度的最小值——1280B（参考 RFC 2460 文档：《IPv6 标准规范》第 5 节内容）。因此，必须要在 IP 层之下提供一个分片与重组适配层
首部压缩	在最糟的情况下，使用一个 IEEE 802.15.4 帧传输 IP 分组，负载数据部分最大的可用长度为 81B，而 IPv6 首部（不包含可选首部）的长度就占了 40B。这样，留给上层协议（例如，TCP 和 UDP 等）传输数据负载的字节大小只剩下了 41B。而且，UDP 的首部长度为 8B，TCP 的首部长度为 20B，此时使用 UDP 只能传输 33B 的负载数据，使用 TCP 只能传输 21B 的负载数据。此外，前面刚刚提到，还需要插入一个分片与重组适配层，这将需要更多的字节用于首部字段，而留给数据传输的字节部分空间将变得更少。因此，如果按照这样使用该协议，将导致过多的分片和重组处理，数据传输的效率会变得特别低。所以，必须采用首部压缩处理。预计 6LoWPAN 会使用现有的首部压缩技术，不过，如果需要的话，应当为其设计一些新的首部压缩技术
地址自动配置	需要为 6LoWPAN 定义新的 IPv6 无状态地址自动配置方法。对于 6LoWPAN 来说，无状态自动配置（相对于有状态）方法具有较大的吸引力，应用前景更好。因为，这一机制可以降低主机的地址配置开销。因此，需要设计一种方法可以为 IEEE 802.15.4 设备生成一个“接口标识符”，该标识符的取值范围为专用于分配给 IEEE 802.15.4 设备的 EUI-64 地址
Mesh 路由协议	具有支持多跳网状网络的路由协议是有必要的。目前，有很多已经发布的用于设备自组网多跳路由的协议，但是这些协议在设计上基本上都使用了基于传统 IP 的地址，这会造成很大的额外开销。例如，RFC 3561 文档介绍的自组网按需距离矢量（AODV）路由协议基于 IPv6 地址，需要使用 48B 用于路由请求。鉴于 6LoWPAN 对分组长度大小的限制，传输这样的分组如果不使用分片与重组处理的话，可能难以实现。因此，在使用现有的（或设计新的）路由协议时，应充分考虑如何将路由分组使用单个 IEEE 802.15.4 帧来传输

9.3　基于 IEEE 802.15.4 传输 IPv6 分组

RFC 4944 文档㊀介绍了用于传输 IPv6 分组的 IEEE 802.15.4 帧格式、IPv6 本地链路地址的形成方法，以及 IEEE 802.15.4 网络上的无状态自动配置地址方法。此外，该文档内容还包括一种简单地使用上下文共享的首部压缩方案和在 IEEE 802.15.4 网状网络中传送分组的规则。

第 6 章已经提到，IEEE 802.15.4 定义了四种类型的帧：信标帧、MAC 命令帧、应答帧和数据帧。IPv6 分组只能使用数据帧传输，并且，数据帧可以选择是否需要接收者对收到的数据帧回复应答帧予以确认。当 IPv6 分组使用数据帧传输

㊀ 该讨论内容源自于对参考文献［3］部分内容的概括和整理。

时，如果选择需要应答帧确认，可以辅助链路层对出错的数据帧进行恢复。IEEE 802.15.4 网络既可以使用信标帧，也可以不使用信标帧。6LoWPAN（定义在 RFC 4944 文档）没有要求该 IEEE 网络必须工作在启用信标的模式下。在不启用信标模式的网络中，数据帧（包括携带 IPv6 分组的数据帧）使用基于竞争的带有非时隙载波监听多路访问/冲突避免（Carrier Sense Multiple Access/Collision Avoidance，CSMA/CA）的信道访问机制发送。在不启用信标模式的网络中，不需要使用信标帧进行同步。不过，在连接和连接断开的事件中，信标帧仍然被用于链路层设备发现过程。RFC 4944 文档建议配置信标帧辅助这些功能。

在第 6 章已经提到，IEEE 802.15.4 标准既可以允许使用 IEEE 64 位扩展地址，也可以允许使用（在设备联结操作之后）在 PAN 内具有唯一性的 16 位地址。6LoWPAN/RFC 4944 同时支持 64 位扩展地址和 16 位短地址。不过，RFC 文档在 16 位短地址的格式上设置了额外的约束条件（不包括 IEEE 802.15.4 标准设置的约束条件）。短地址具有临时性，由 PAN 协调器在设备连接操作期间分配。因此，这些短地址的有效性和唯一性受限于设备连接状态的维持时间。此外，还应当指出的是，这种在 PAN 协调器上进行的集中分配和协调器可能出现的单点故障问题，会在网络扩展能力方面带来一定的问题。因此，部署者需要慎重考虑，仔细权衡基于这种短地址的网络的增长问题，从而采取必要的机制。

RFC 4944 文档假定，将一个 PAN 映射成一个特定的 IPv6 链路。注意 IEEE 802.15.4 本身不支持多播功能。因此，只能通过 IEEE 802.15.4 网络的链路层广播帧携带 IPv6 级别的多播分组实现多播功能。

基于 IEEE 802.15.4 标准的网络的 IPv6 分组的最大传输单元（MTU）的长度为 1280B。然而，这样对于完整的 IPv6 分组无法使用单一的 IEEE 802.15.4 数据帧传输。IEEE 802.15.4 的协议数据单元（PDU）的长度，根据实际首部开销有不同的大小。从最底层的物理层开始，最大的物理层帧长度（参数 aMaxPHYPacketSize 指定）为 127B（8 位比特组），到上层的 MAC 层，MAC 首部最大的长度为 25B（参数 aMaxFrameOverhead 指定），剩余 MAC 层负载的最大长度仅为 102B。如果，MAC 层之上的链路层使用安全模式，还将需要进一步的字节开销。在使用安全模式时，最大开销的情况下（比如，AES-CCM-128 需要 21B 开销、AES-CCM-32 需要 9B 的开销，而 AES-CCM-64 需要 13B 的开销），留给数据负载最少时只有 81B。这也就意味着，必须在 IP 层下提供用于分片与重组处理的适配层。

此外，IPv6 的首部为 40B，这样只能留给上层协议（例如，UDP 协议）41B。如果上层使用 UDP 协议，还需要占用 8B 用于 UDP 首部。此时，留给上层应用数据的负载容量只有 33B。而且，之前刚提到需要使用分片与重组适配层，势必将需要更多的字节开销。

在 RFC 文档（即名为《LoWPAN 封装》的 RFC 文档）中定义的封装格式主要是 IEEE 802.15.4 的 MAC 层 PDU 内的负载。LoWPAN 的负载（例如，IPv6 分组）

使用这一封装首部。

所有在IEEE 802.15.4网络上传输的已封装的LoWPAN数据报，都会以一个封装首部栈为前缀。封装首部栈内的每一个首部都是由一个首部类型字段和其后的0个或多个首部字段构成的。例如，对于IPv6首部来说，在其封装首部栈中依次包含的首部为地址、逐跳选项、路由、分片、目的地选项和最后的负载字段。同样，对于LoWPAN首部来说，在其封装首部栈中也将依次包含mesh（第2层）寻址首部、逐跳选项（包括第2层广播/多播）首部、分片首部和最终的负载字段。图9-1展示了LoWPAN网络中可能会出现的典型的首部栈示意图。如果在同一个分组中使用了多个LoWPAN首部，那么这些首部必须按照下述顺序在分组中出现：

LoWPAN封装的IPv6数据报

```
+-----------------+-----------------+--------+
|    IPv6 分发    |    IPv6 首部    |  负载  |
+-----------------+-----------------+--------+
```

LoWPAN封装的使用LOWPAN_HC1压缩的IPv6数据报

```
+-----------------+----------------+--------+
|    HC1 分发     |    HC1 首部    |  负载  |
+-----------------+----------------+--------+
```

LoWPAN封装的使用LOWPAN_HC1压缩的IPv6数据报，且需要进行mesh寻址

```
+-----------+--------------+-------------+-----------+-------+
| Mesh 类型 |  Mesh 首部   |  HC1 分发   | HC1 首部  | 负载  |
+-----------+--------------+-------------+-----------+-------+
```

LoWPAN封装的使用LOWPAN_HC1压缩的IPv6数据报，且需要进行分组分片

```
+-----------+--------------+-------------+-----------+-------+
|  分片类型 |   分片首部   |  HC1 分发   | HC1 首部  | 负载  |
+-----------+--------------+-------------+-----------+-------+
```

LoWPAN封装的使用LOWPAN_HC1压缩的IPv6数据报，且需要进行mesh寻址和分组分片

```
+---------+---------+--------+--------+---------+----------+--------+
|Mesh 类型|Mesh 首部|分片类型|分片首部| HC1 分发| HC1 首部 |  负载  |
+---------+---------+--------+--------+---------+----------+--------+
```

LoWPAN封装的使用LOWPAN_HC1压缩的IPv6数据报，且需要mesh寻址和广播首部，
用以支持mesh广播/多播

```
+---------+---------+--------+--------+---------+----------+--------+
|Mesh 类型|Mesh 首部|广播分发|广播首部| HC1 分发| HC1 首部 |  负载  |
+---------+---------+--------+--------+---------+----------+--------+
```

图9-1 LoWPAN网络的典型首部栈结构

（1）Mesh 寻址首部。

（2）广播首部。

（3）分片首部。

所有数据报（如在 IPv6 中，附加压缩的 IPv6 首部等）的前面都会附加上有效的 LoWPAN 封装首部（上面已经给出了这样的例子，读者可以回到前面查看）。因此，可以使用软件程序对这些数据报进行统一的处理，而无须考虑它们使用的传输方式。

LoWPAN 的首部在定义上，除了包括 mesh 寻址字段和分片字段外，还由分发值字段及其后面跟随的其他定义的首部构成，并且 LoWPAN 为所有的这些首部字段规定了次序限制。尽管，首部栈结构为 LoWPAN 适配层提供了一种解决今后功能需求的机制，但这种方法无法用来提供基于通用目的的扩展处理方法。

如果想要进一步了解人们对于 6LoWPAN 技术的讨论内容，请参阅 RFC 4944 文档以及表 9-1 列出的其他 RFC 文档和草案。

参考文献

1. Kushalnagar N, Montenegro G, Schumacher C. RFC 4919: IPv6 over Low-Power Wireless Personal Area Networks (6LoWPANs): Overview, Assumptions, Problem Statement, and Goals. IETF, August 2007.
2. Mulligan G. IPv6 over Low power WPAN (6LoWPAN). Description of Working Group, IETF, 2012, http://datatracker.ietf.org/wg/6lowpan/charter/, http://www.ietf.org/mail-archive/web/6lowpan/.
3. Montenegro G, Kushalnagar N, Hui J, Culler, D. Transmission of IPv6 Packets over IEEE 802.15.4 Networks, RFC 4944, Updated by RFC 6282, RFC 6775 (was draft-ietf-6LoWPAN-format), September 2007.

附录　英文缩略语

2G	Second Generation	第二代
3G	Third Generation	第三代
4G	Fourth Generation	第四代
3GPP	Third-Generation Partnership Project	第三代合作伙伴项目
3GPP2	Third-Generation Partnership Project 2	第三代合作伙伴项目 2
6LoWPAN	IPv6 over Low-Power Wireless Personal Area Network	基于低功耗无线个域网的 IPv6
ACK	Acknowledgement Message	确认消息
AES	Advanced Encryption Standard	高级加密标准
AF	Assured Forwarding	确保转发
AFH	Adaptive Frequency Hopping	自适应跳频
AFRINIC	American Registry for Internet Numbers	亚洲网络信息中心
AH	Authentication Header	认证首部
AI	Artificial Intelligence	人工智能
AMI	Advanced Metering Infrastructure	高级量测体系
AMR	Automated Meter Reading	自动读表系统
AODV	Ad-hoc On-demand Distance Vector	自组网按需距离矢量路由协议
API	Application Programming Interface	应用程序接口
APN	Access Point Name	接入点名称
APNIC	Asia-Pacific Network Information Centre	亚太互联网络信息中心
APPM	Address-Plus-Port Mapping	地址加端口映射
ARIN	American Registry for Internet Numbers	美国网络地址注册管理组织
ARP	Address Resolution Protocol	地址解析协议
ARP	Allocation and Retention Priority	分配与保留优先级
ARPAnet	Advanced Research Project Agency Network	ARPA 网络（互联网的前身）
AS	Autonomous System	自治系统
ASS	Application Support Sublayer	应用支持子层
ASTM	American Society for Testing and Materials	美国材料试验协会
AT	Assistive Technology	辅助科技

（续）

AUC	Authentication Center	认证中心
AVL	Automated Vehicle Locator	自动车辆定位技术
BA&C	Building Automation and Control	楼宇自控系统
BA	Binding Acknowledgement	绑定确认
BE	Binding Error	绑定报错
BER	Bit Error Rate	误码率
BLE	Bluetooth Low Energy	蓝牙低功耗（技术）
BNG	Broadband Network Gateway	宽带网络业务网关
BP	Blood Pressure	血压
BPL	Broadband Over Powerline	电力线宽带
BPSK	Binary Phase Shift Keying	二进制相移键控
BRAS	Broadband Remote Access Server	宽带远程接入服务器
BRR	Binding Refresh Request	绑定刷新请求
BSS	Base Station System	基站系统
BT	Bidirectional Tunneling	双向隧道
BTI	Bluetooth Transport Interface	蓝牙传输接口
C&I	Compliance And Interoperability	合规性与兼容互通性
C2C	Car-to-Car	车-车
C2I	Car-to-Infrastructure	车-基础设施
CAD	Card Acceptance Device	卡片的接入设备
CAP	Contention Access Phase	争用接入阶段
CAPEX	Capital Requirements	资本性支出
CCA	Clear Channel Assessment	空闲信道评估
CCTV	Closed Circuit TV	闭路电视
CE	Consumer Electronics	消费电子
CENELEC	European Electro technical Standardization Committee	欧洲电工标准化委员会
CEP	Customer Premise Equipment	用户终端设备
CFR	Code of Federal Regulation	美国联邦法规
CHA	Continua Health Alliance	康体佳健康联盟
CHAP	Challenge Handshake Authentication Protocol	挑战握手认证协议
CHP	California Highway Patrol	加利福尼亚高速警察
CID	Cluster Identity	簇标识
CID	Context Identifier	上下文标识符
CMCSA	Comcast Corporation	康卡斯特公司

（续）

CN	Core Network	核心网
CN	Correspondent Node	通信对端节点
CoA	Care-of Address	转交地址
CoAP	Constrained Application Protocol	轻量级应用层协议
COI	Communities of Interest	社区
CON	confirmable	可证实
CoRE	Constrained RESTful Environment	轻量级 REST 风格环境
CoT	Care-of Test	转交测试
CP	Control Protocol	控制协议
CS	Circuit Switched	电路交换
CSMA/CA	Carrier Sense Multiple Access/Collision Avoidance	载波监听多路访问/冲突避免
CSMA/CD	Carrier Sense Multiple Access/Collision Detect	载波监听多路访问/冲突检测
CTO	Chief Technical Officer	首席技术官
CW	Continuous Wave	连续波
CWPAN	Chinese Wireless Personal Area Network	中国无线个人局域网
D8PSK	Differential 8-Phase-Shift Keying	差分八相相移键控
DAG	Directed Acyclic Graph	有向无环图
DAO	Destination Advertisement Object	目的节点标记对象
DBPSK	Differential Binary Phase-Shift Keying	差分二元相移键控
DGTREN	Directorate-General for Transport and Energy	能源运输总署总理事
DHAAD	Dynamic Home Agent Address Discovery	动态家乡代理地址发现
DHCP PD	DHCP Prefix Delegation	地址前缀委派
DHCPv6	Dynamic Host Configuration Protocol version 6	版本号为6的动态主机配置协议
DI	Device ID	设备 ID
DIO	DAG Information Object	DAG 信息对象
DIS	DAG Information Solicitation	DAG 信息申请
DNP3	Distributed Network Protocol Version 3	分布式网络协议版本 3
DNS	Domain Name System	域名系统
DoD	U. S. Department of Defense	美国国防部
DODAG	Destination Oriented DAG	面向目的节点的有向无环图
DQPSK	Differential Quadrature Phase-Shift Keying	差分四相相移键控

（续）

DR	Demand Response	需求响应
DRM	Digital Rights Management	数字版权管理
DRSC	Dedicated Short-Range Communications	专用短程通信
DSCP	Differentiated Services Code Point	差分服务代码点
DSL	Digital Subscriber Line	数字用户专线
DSR	Dynamic Source Routing	动态源路由协议
DSRC	Dedicated Short-Range Communication	专用短程通信
DSSS	Direct Sequence Spread Spectrum	直接序列扩频
DTLS	Datagram Transport Layer Security	数据报传输层安全
DTN	Delay Rolerant Network	时滞容错网络
DVB	Digital Video Broadcasting	数字视频广播
DVS	Digital Video Surveillance	数字视频监视系统
DYMO	Dynamic MANET On-demand	动态移动自组网按需路由协议
EAB	Extended Access Barring	扩展访问限制
EAP1	Exclusive Access Phase 1	独占接入阶段1
EC	Electronic Commerce	电子商务
EC	European Commission	欧洲委员会
ECG	Electrocardiography	心电图
ECRTP	Enhanced Compression of RTP/UDP/IP	增强的RTP/UDP/IP首部压缩
EDGE	Enhanced Data Rates for Global Evolution	增强型数据速率GSM演进技术
EDI	Electronic Data Interchange	电子数据交换
EDR	Enhanced Data Rates	增强型数据速率
EF	Expedited Forwarding	加速转发
EFC	Electrostatic Field Communication	静电场通信
EGPRS	Enhanced GPRS	增强型GPRS
EHS	European Home Systems Protocol	欧洲家电系统协议
EIA	Electronic Industries Association	电子工业协会
EIB或Instabus	European Installation Bus	欧洲安装总线技术标准
EIRP	Effective Isotropic Radiated Power	全向有效辐射功率
EMC	Electromagnetic Compatibility	电磁兼容性
EMS	Engine Management System	发动机管理系统

（续）

eNodeB	Evolved NodeB	演进的 NodeB
EPA	Enhanced Performance Architecture	增强型性能体系架构
EPC	Electronic Product Code	电子产品码
EPC	Evolve Packet Core	演进分组核心
EPRI	Electric Power Research Institute	美国电力研究协会
EPS	Evolved Packet System	演进分组系统
ERM	Electromagnetic Compatibility and Radio Spectrum Matters	电磁兼容性和无线电频谱管理
ESO	European Standards Organizations	欧洲标准化组织
ESP	Encapsulating Security Payload	封装安全负载
ESP	Encapsulating Security Protocol	封装安全协议
ETSI	European Telecommunication Standards Institute	欧洲电信标准协会
E-UTRA	Evolved Universal Terrestrial Radio Access	改进型通用陆地无线接入
E-UTRAN	Evolved Universal Terrestrial Radio Access Network	改进型通用陆地无线接入网络
EV	Electric Vehicles	电动汽车
FCC	Federal Communications Commission	联邦通信委员会
FCS	Frame Check Sequence	帧校验序列
FDD	Frequency Division Duplex	频分双工
FEC	Forward Error Correction	前向纠错
FFD	Full Function Device	全功能设备
FL	Foreign Link	外地链路
FN	Future Network	未来网络
GAO	Government Accountability Office	美国政府问责办公室
GAP	Generic Access Profile	通用接入规范
GBR	Guaranteed Bit Rate	保证比特率
GDS	Gunshot Detection Systems	射程探测系统
GEO	Geosynchronous	地球同步
GERAN	GSM/EDGE Radio Access Network	GSM/EDGE 无线接入网
GIS	Geographic Information System	地理信息系统
GMSK	Gaussian Minimum Shift Keying	高斯最小频移键控
GPRS	General Packet Radio Service	通用分组无线业务
GPS	Global Positioning System	全球定位系统
GSM	Global System for Mobile Communication	全球移动通信系统

（续）

GTP	GPRS Tunneling Protocol	GPRS 隧道协议
GTPv2-C	Evolved GTP for Control Plane	控制平面的改进型 GTP
GTS	Guaranteed Time Service	时间保证服务
H2H	Human-to-Human	人对人
H2M	Human-to-Machine	人对机器
HA	Home Agent	家乡代理
HAAD	HA Address Discovery	家乡代理地址发现
HAd	Home Address	家乡地址
HAN	Home Area Network	家庭局域网（家域网）
HART	Highway Addressable Remote Transducer Protocol	可寻址远程传感器高速通道的开放通信协议
HBC	Human Body Communication	人体通信
HC	Header Compression	首部压缩
HCI	Host Controller Interface	主机控制接口
HDP	Health Device Profile	医疗设备规范
HDTV	High-Definition TV	高清电视
HEO	Highly Elliptical Orbit	高椭圆轨道
HFC	Hybrid Fiber Coax	混合光纤同轴电缆
HL	Home Link	家乡链路
HMI/MMI	Human Machine Interface/Man Machine Interface	人机界面
HN	Home Network	家乡网络
HoT	Home Test	家乡测试
HoTi	Home Test Init	家乡测试初始化
HPA	HomePlug Powerline Alliance	家庭电力线网络联盟
HR	Home Registration	家乡代理注册
HS	High Speed	高速
HSCSD	HS Circuit Switched Data	HS 电路交换数据
HSS	Home Subscriber Server	家乡用户服务器
HTTP	Hypertext Transfer Protocol	超文本传输协议
IA-NA	Identity Association for Non-temporary Addresse	非临时地址的身份关联
IANA	Internet Assigned Numbers Authority	互联网数字分配机构
IA-PD	Identity Association for Prefix Delegation	前缀委派的身份关联
IC	Integrated Circuit	集成电路
ICMP	Internet Control Message Protocol	互联网控制消息协议

（续）

ICMPv6	Internet Control Message Protocol version 6	互联网控制消息协议版本 6
ICS	IEEE Communications Society	IEEE 通信学会
IDS	Intrusion Detection System	入侵检测系统
IEC	International Electrotechnical Commission	国际电工委员会
IED	Intelligent Electronic Device	智能电子设备
IETF	Internet Engineering Task Force	互联网工程任务组
IGMP	Internet Group Management Protocol	互联网组管理协议
IMT-Advanced	International Mobile Telecom Advanced	高级国际移动通信
IOS	Integrated Open-air Surveillance	空中融合监视技术
IOS	Internetwork Operating System	互联网络操作系统
IoT	Internet of Things	物联网
IPHC	Internet Protocol Header Compression	IP 首部压缩
IPsec	IP Security	IP 安全体系结构
IPSO	IP in Smart Objects	智能物体中的 IP 技术
IPv6	Internet Protocol Version 6	网际协议版本 6
IR	Infrared Radiation	红外
IrDA	Infrared Data Association	红外数据协会
ISA	International Society of Automation	国际自动化协会
ISM	Industrial, Scientific, and Medical	工业、科学和医疗
ISOC	Internet Society	互联网协会
ISP	Internet Service Provider	互联网服务提供商
ITS	Intelligent Transportation System	智能交通系统
ITU	International Telecommunication Union	国际电信联盟
ITU-T	International Telecommunication Union-Telecommunication StandardizationSector	国际电信联盟-电信标准化组织
JIT	Just In Time	及时性
JPO	Joint Program Office	联合项目办公室
JSON	JavaScript Object Notation	JavaScript 对象表示法
L2CAP	Logical Link Control and Adaptation Protocol	逻辑链路控制和适配协议
LACNIC	Latin America and Caribbean Network Information Centre	拉丁美洲及加勒比地区互联网地址注册管理机构
LCP	Link Control Protocol	链路控制协议
LDADA	Link Duplicated Address Detection Algorithm	链路重复地址检测
LF NB	Low-frequency Narrowband	低频窄带

（续）

LISP	Locator/ID Separation Protocol	定位器/识别器分离协议
LLA	Link-Local Address	链路本地地址
LLN	Low-power and Lossy Network	低功耗有损网络
LM	Load Management	负荷管理
LNS	L2TP Network Server	L2TP网络服务器
LOS	Line of Sight	视线
LQI	Link Quality Indicator	链路质量指示
LR-WPAN	Low-Rate Wireless Personal Area Network	低速率无线个域网
LTE	Long Term Evolution	长期演进
M2M	Machine to Machine	机器对机器
MA	Mobility Anchor	移动锚点
MAC	Medium Access Control	媒体访问控制
MAN	Metropolitan Area Network	城域网
MANET	Mobile Ad-hoc Network	适用于移动自组网
MAS	M2M Authentication Server	M2M认证服务器
MBAN	Medical Body Area Network	医疗体域网
MBANS	Medical Body Area Network System	医疗体域网系统
M-Bus	Wireless Meter-Bus	无线仪表总线
MCAP	Multichannel Adaptation Protocol	多通道适配协议
MCL	Communication Link	通信链路
MDL	Data Link	数据链路
MEMS	Microelctromechanical System	微机电系统
MEO	Medium Earth Orbit	中地球轨道
MH	Mobility Header	移动性首部
MIB	Management Information Base	管理信息库
MICS	Medical Implant Communication Service	医疗植入设备通信服务
MiH	Machine-in-Human	体内设备
MIP	Mobile IPv4	移动IPv4
MIPv6	Mobile IPv6	移动IPv6
MLD	Multicast Listener Discovery	IPv6的多播监听发现
MME	Mobility Management Entity	移动管理实体
MN	Mobile Node	移动节点
MO	Management Object	管理对象
MPLS	Multiprotocol Label Switching	多协议标签交换

（续）

MRP	Material Requirement Planning	物料需求计划
MS	Mobile Station	移动台
MSBF	M2M Service Bootstrap Function	M2M 业务引导程序功能
MTC	Machine Type Communication	机器类型通信
MTU	Master Terminal Unit	主终端单元
MTU	Maximum Transmission Unit	最大传输单元
NAS	Non-Access Stratum	非接入层
NAT	Network Address Translation	网络地址转换
NB	Narrowband	窄带
NBMA	Non-Broadcast Multi-Access	非广播多路接入
NCP	Network Control Protocol	网络控制协议
NCS	National Communications System	国家安全系统
ND	Neighbor Discovery	邻居发现
NDP	Neighbor Discovery Protocol	邻居发现协议
NEMO	Network Mobility	网络移动性
NFC	Near Field Communication	近场通信
NGN	Next Generation Network	下一代互联网络
NON	non-confirmable	非可证实
NPRM	Notice of Proposed Rule Making	法规制定提案通知
NUD	Neighbor Unreachability Detection	邻居不可达检测
OA	Office Automation	办公自动化
OBU	On-Board Unit	车载单元
OEM	Original End Manufacturer	原始终端制造商
OFDM	Orthogonal Frequency-Division Multiplexing	正交频分复用
OID	Object ID	对象识别符
OLP	Open Loop Power	开环功率控制
OLSRv2	Optimized Link State Routing Protocol version 2	优化链路状态路由协议第2版
ONS	Object Name Service	对象名解析服务
OPEX	Operating Expense	运营成本
O-QPSK	Offset Quadrature Phase Shift Keying	偏移正交相移键控
ORCHID	Overlay Routable Cryptographic Hash Identifier	重叠路由的加密散列标识符
OSI	Open System Interconnection	开放系统互连

（续）

OSPF/IS-IS	Open Shortest Path First/Intermediate System to Intermediate System	开放的最短路径优先/中间系统到中间系统
PAN	Personal Area Network	个域网
PAP	Password Authentication Protocol	密码认证协议
PAYD	Pay-As-You-Drive	按公里数付费
PCB	Printed Circuit Board	印制电路板
PCEF	Policy Control Enforcement Function	策略控制执行功能
PCRF	Policy Control and Charging Rules Function	策略控制与计费规则功能
PDCP	Packet Data Convergence Protocol	分组数据汇聚协议
PDN	Packet Data Network	分组数据网
PDU	Protocol Data Unit	协议数据单元
PEV	Plug-in Electric Vehicle	插电式电动汽车
P-GW	PDN Gateway	PDN 网关
PHHC	Personal Home and Hospital Care	个人家庭及医院监护
PHR	PHY Header	PHY 首部
PICS	Protocol Implementation Conformance Statement	协议实现一致性声明
PIO	Prefix Information Option	前缀信息选项
PJM	Phase Jitter Modulation	相位抖动调制
PLC	Power Line Communication	电力线通信
PLC	Programmable Logic Controller	可编程序控制器
PLCP	Physical Layer Convergence Procedure	物理层会聚过程
PLMN	Public Land Mobile Network	公共陆地移动网
PMIPv6	Proxy Mobile IPv6	基于代理移动 IPv6
PMTUD	Path MTU Discovery	路径 MTU 发现
PND	Proxy Neighbor Discovery	代理邻居发现
PPDU	Physical Protocol Data Unit	物理层协议数据单元
PPP	Point-to-Point Protocol	点对点协议
PPPoX/L2TP	Layer 2 Tunneling Protocol	第 2 层隧道协议
PRS	Photogrammetry and Remote Sensing	数学摄影和遥感技术
PS	Packet Switched	分组交换
PSDU	PHY Service Data Unit	物理层服务数据单元
PSIC	Public Safety Interoperable Communications	公共安全互操作通信
PSN	Public Switched Network	公共交换网络
PTA	PPP Termination And Aggregation	汇聚点

（续）

PTR	Pointer RR	指针资源记录
PUA	PLC Utilities Alliance	PLC 公用事业联盟
QCI	QoS Class Identifier	QoS 等级标识
QoS	Quality of Service	服务质量
RA	Router Address	路由地址
RADIUS	Remote Authentication Dial-in User Service	远程认证拨号用户服务
RAN	Radio Access Network	无线接入网
RAP1	Random Access Phase 1	随机接入阶段 1
RAP2	Random Access Phase 2	随机接入阶段 2
RC	Remote Control	远程控制
RED	Receiver Energy Detection	接收器能量检测
RF	Radio Frequency	射频
RF4CE	Radio Frequency for Consumer Electronics	消费电子射频
RFD	reduced function devices	精简功能设备
RFID	Radio Frequency Identification	射频识别
RH	Routing Header	路由首部
RIO	Route Information Option	路由信息选项
RIP	Routing Information Protocol	路由信息协议
RIPE NCC	RIPE Network Coordination Centre	欧洲网络协调中心
RITA	Research and Innovative Technology Administration	研究及创新科技署
RLC	Radio Link Control	无线链路控制
RLC/MAC	Radio Link Control/Medium Access Control	无线链路控制/媒体访问控制
RNC	Radio Network Controller	无线网络控制器
RO	Route Optimization	路由优化
ROHC	Robust Header Compression	鲁棒首部压缩
ROLL	Routing for Low-power and Lossy Network	低功耗有损网络路由算法
ROM	Read-Only Memory	只读存储器
RPL	Routing Protocol for Low-power and Lossy Network	低功耗有损网络路由协议
RR	Resource Record	资源记录
RRC	Radio Resource Control	无线资源控制
RRM	Radio Resource Management	无线资源管理
RST	Rest Message	复位消息
RSU	Road Side Unit	路测单元

（续）

RSVP	Resource Reservation Protocol	资源预留协议
RTCP	Real-Time Control Protocol	实时控制协议
RTP	Real-time Transport Protocol	实时传输协议
RTSP	Real-Time Streaming Protocol	实时流媒体协议
RTT	Radio Transmission Technology	无线电传输技术
RTT	Round-Trip Time	往返时延
RTU	Remote Terminal Unit	远程终端单元
SAE International	International Society of Automative Engineer	国际汽车工程师协会
SAE	System Architecture Evolution	系统架构演进
SAP	Service Access Point	业务接入点
SC	Smart Card	智能卡
SCADA	Supervisory Control And Data Acquisition	监控和数据收集
SDL	Specification and Description Language	规范描述语言
SDP	Service Discovery Protocol	服务发现协议
SDP	Standard Development Process	标准开发过程
SE	Smart Energy	智能能源
SFD	Start Frame Delimiter	帧开始定界符
SG	Smart Grid	智能电网
S-GW	Serving Gateway	服务网关
SHR	Synchronization Header	同步首部
SIG	Special Interest Group	特别兴趣小组
SLAAC	Stateless Address Autoconfiguration	无状态地址自动配置
SMTP	Simple Mail Transfer Protocol	简单邮件传输协议
SOA	Service Oriented Architecture	以服务为中心的体系架构
SOAP	Simple Object Access Protocol	简单对象访问协议
SOHO	Small Office Home Office	家里或家居办公室
SPP	Serial Port Profile	串行端口配置文件
SRD	Short-range Device	短距设备
SRdoc	System Reference Document	系统参考文档
SSP	Secure Simple Pairing	简单安全配对
SUN	Smart Ubiquitous Network	智能泛在网
SVT	Stolen Vehicle Tracking	失窃车辆追踪
TBRPF	Topology Based Reverse Path Forwarding	基于拓扑的反向路径转发
TCP	Transmission Control Protocol	传输控制协议

（续）

TCU	Telematics Control Unit	车载资讯控制单元
TDD	Time Division Duplex	时分双工
TFT	Traffic Flow Template	业务流模版
TG4j	Task Group 4j	4j 任务组
TI	Texas Instruments	德州仪器
TR	Technical Report	技术报告
TTL	Time to Live	生存时间
U. S. DoT	U. S. Department of Transportation	美国交通运输部
UDP	User Datagram Protocol	用户数据报协议
UE	User Equipment	用户设备
UICC	Universal Integrated Circuit Card	通用集成电路卡
UID	Unique Identification	唯一标识
ULP	Ultra Low Power	蓝牙超低功耗
UMTS	Universal Mobile Telecommunications System	通用移动通信系统
URI	Uniform Resource Identifier	统一资源标识符
URL	Uniform Resource Locator	统一资源定位器
USIM	Universal Subscriber Identity Module	通用用户识别模块
UTRA	Universal Terrestrial Radio Access	通用地面无线接入技术
UTRAN	UMTS Terrestrial Access Network	UMTS 地面接入网
UTRAN	Universal Terrestrial Radio Access Network	通用地面无线接入网
UWB	Ultra Wide Band	超宽带
V2I	Vehicle-to-Infrastructure	车辆-设施
V2V	Vehicle-to-Vehicle	车辆-车辆
VLAN	Virtual Local Area Network	虚拟局域网
VLR	Visitor Location Register	访问用户位置寄存器
VN	Vehicular Network	车载网
VoIP	Voice over IP	网络电话
VPN	Virtual Private Network	虚拟专用网
VSAT	Very Small Aperture Terminal	甚小口径天线地球站
WAVE	Wireless Access in Vehicular Environment	无线接入车载环境
WBAN	Wireless Body Area Networks	无线体域网
WCDMA	Wideband Code Division Multiple Access	宽带码分多址接入
WG	Working Group	工作组
WICT	Wireless Information and Communication Technology	无线信息与通信技术

（续）

WiMAX	Worldwide Interoperability for Microwave Access	全球微波互联接入
WLAN	Wireless Local Area Network	无线局域网
WMBAN	Wireless Medical Body Area Network	无线医疗身体区域网络
WMTS	Wireless Medical Telemetry Services	无线医疗遥感服务
WN	Wireless Node	无线节点
WPAN	Wireless Personal Area Network	无线个域网
WS	Web Service	网络服务
WSDL	Web Services Description Language	Web 服务描述语言
WSM	WAVE Short Message	WAVE 短消息
WSN	Wireless Sensor Network	无线传感网
ZDO	ZigBee Device Object	ZigBee 设备对象

图书在版编目（CIP）数据

构建基于 IPv6 和移动 IPv6 的物联网：向 M2M 通信的演进/（美）迈诺里（Minoli. D.）著；郎为民等译．—北京：机械工业出版社，2015.3
（国际信息工程先进技术译丛）

书名原文：Building the internet of things with IPv6 and MIPv6：The Evolving World of M2M Communications

ISBN 978-7-111-49482-9

Ⅰ.①构… Ⅱ.①迈…②郎… Ⅲ.①互联网络－应用②智能技术－应用 Ⅳ.①TP393.4②TP18

中国版本图书馆 CIP 数据核字（2015）第 041330 号

机械工业出版社（北京市百万庄大街 22 号 邮政编码 100037）
策划编辑：张俊红 责任编辑：林 桢
责任校对：刘雅娜 封面设计：马精明
责任印制：乔 宇
北京机工印刷厂印刷（三河市南杨庄国丰装订厂装订）
2015 年 5 月第 1 版第 1 次印刷
169mm×239mm · 18.5 印张 · 380 千字
0 001—2 500 册
标准书号：ISBN 978-7-111-49482-9
定价：79.80 元

凡购本书，如有缺页、倒页、脱页，由本社发行部调换

电话服务	网络服务
服务咨询热线：010-88361066	机 工 官 网：www.cmpbook.com
读者购书热线：010-68326294	机 工 官 博：weibo.com/cmp1952
010-88379203	金 书 网：www.golden-book.com
封面无防伪标均为盗版	教育服务网：www.cmpedu.com

机械工业出版社电子信息类部分精品图书

序　号	代　号	书　　名	定　价
1	48726	虚拟网络——下一代互联网的多元化方法	69.8
2	48359	下一代融合网络理论与实践	149
3	47637	认知视角下的无线传感器网络	59.8
4	47635	移动通信室内分布系统规划、优化与实践	39.9
5	47741	移动云计算：无线、移动及社交网络中分布式资源的开发利用	49.8
6	47721	Android 系统安全与攻防	49.8
7	40052	内容分发网络	98
8	47060	计算机网络仿真 OPNET 实用指南	99
9	46783	基于 Selenium 2 的自动化测试——从入门到精通	39.8
10	46047	移动无线信道（原书第 2 版）	138
11	45058	LTE-Advanced：面向 IMT-Advanced 的 3GPP 解决方案	68
12	43877	声学成像技术及工程应用	99.8
13	43441	LTE/SAE 网络部署实用指南	99
14	43741	认知无线电通信与组网：原理与应用	99
15	43624	WCDMA 信令解析与网络优化	65
16	42051	网络性能分析原理与应用	49.8
17	42029	云连接与嵌入式传感系统	78
18	40870	IP 地址管理原理与实践	89.8
19	40347	自组织网络：GSM，UMTS 和 LTE 的自规划、自优化和自愈合	78
20	40381	物联网关键技术与应用	49.8
21	40130	实现吉比特传输的 60GHz 无线通信技术	69.8
22	40385	分组城域网演进技术	25
23	39936	LTE 自组织网络（SON）：高效的网络管理自动化	98
24	39870	演进的移动分组核心网架构和关键技术	25
25	39440	UMTS 中的 LTE：向 LTE-Advanced 演进（原书第 2 版）	98
26	39746	无线网络架构与演进趋势	29
27	36685	UMTS 中的 WCDMA-HSPA 演进及 LTE（原书第 5 版）	158
28	36827	无线传感器及执行器网络	78
29	36232	LTE 关键技术与无线性能	39.8
30	32040	认知无线电网络	88
31	31899	网络融合——服务、应用、传输和运营支撑	98
32	31218	UMTS 中的 LTE：基于 OFDMA 和 SC-FDMA 的无线接入	88
33	30301	吉规模集成电路互连工艺及设计	78
34	30561	高性能微处理器电路设计	88
35	29626	高级电子封装（原书第 2 版）	128
36	29117	基于 4G 系统的移动服务技术	78